AF532873

Kaufmann

Data Science für Einsteiger

Uwe H Kaufmann
Amy BC Tan

Data Science für Einsteiger

Daten analysieren, interpretieren und
richtige Entscheidungen treffen

Bibliografische Information der Deutschen Nationalbibliothek:

Die Deutsche Nationalbibliothek verzeichnet diese Publikation in der Deutschen Nationalbibliografie; detaillierte bibliografische Daten sind im Internet über <http://dnb.d-nb.de/> abrufbar.

Print-ISBN 978-3-446-46348-6
E-Book-ISBN 978-3-446-46677-7

www.hanser-fachbuch.de
Lektorat: Lisa Hoffmann-Bäuml
Herstellung: Carolin Benedix
Satz: Eberl & Kœsel Studio GmbH, Krugzell
Coverrealisation: Max Kostopoulos
Titelmotiv: © gettyimages.de/sesame
Druck und Bindung: CPI books GmbH, Leck
Printed in Germany

Für Nicole und Christopher, Priscilla und Pearl

Vorwort

Ein neues Buch zur Nutzung von Daten – ist das eher etwas für Manager oder für Spezialisten in der Datenverarbeitung? Oder ist heute nicht fast jeder damit konfrontiert, sich mit einer größeren Datenfülle auseinanderzusetzen? In dem vorliegenden Werk von Amy BC Tan und Dr. Uwe Kaufmann ist der Anwendungsbereich daher deutlich weiter gespannt, als wir es in der bisherigen Literatur zum Thema gewohnt sind. Das liegt u. a. an der beruflichen Entwicklung der beiden Autoren. Amy BC Tan hat ihren Erfahrungshintergrund in der Organisationsentwicklung, insbesondere im Studium des Verhaltens bei Veränderungsdruck, und Uwe Kaufmann als messtechnisch orientierter Ingenieur und Unternehmensberater fokussiert auf datengestützte Prozessverbesserungen.

Anfang 1991 lernte ich Uwe Kaufmann als frisch Promovierten der Uni Jena kennen und konnte ihn für die neu gegründete Consulting Tochter des TÜV Rheinland, Köln, und der EBASCO, USA, gewinnen. Durch seine empathische Art und seine analytischen Fähigkeiten konnte er schnell im Team überzeugen und wurde deren Leiter. Sein nächster Karriereschritt in der Inhouse-Beratung des General-Electric-Konzerns war geprägt von der Weiterentwicklung und Nutzung des gesamten Lean-Six-Sigma-Werkzeugkastens. Auch nach der Verlegung seiner Aktivitäten nach Singapur haben wir u. a. durch Buchprojekte im TÜV Verlag immer Kontakt gehalten. Es ist eine Freude, mit ihm zusammenzuarbeiten.

Was mir an diesem Buch besonders gefällt, ist die klare Strukturierung mit datenbezogenen Fallbeispielen aus unterschiedlichsten Bereichen, wobei immer der Nutzen für die Organisation im Vordergrund steht. Woran erkennt man das? Bevor Daten erfasst, vorbereitet und analysiert werden, steht die Frage der Geschäftsrelevanz. Profitieren werden alle Leser, die Ursache-Wirkungs-Zusammenhänge bei kleinen und großen Datenmengen analytisch erfassen wollen. Dies hilft dem Management, richtungsweisende Entscheidungen für die gesamte Organisation zu treffen; und es dient auch der Fachebene bei Organisationsverbesserungen in allen Bereichen.

Prof. Dr. Hermann J. Thomann

Ehemals Senior Vice President Global Consulting TÜV Rheinland

Entfesseln Sie das Potenzial Ihrer Daten!

Aus Daten aussagekräftige Informationen zu gewinnen wird immer mehr zum entscheidenden Wettbewerbsfaktor. Dabei reicht es nicht aus, einfach nur Zahlen ohne wissenschaftliche Grundlagen zu verwenden, sondern es werden Informationen benötigt, die auf Daten basieren und statistisch fundiert sind! Dazu gehört, so nah wie möglich am Kunden zu sein. Doch auch jegliche Organisationsentwicklungsmaßnahme oder Prozessverbesserung muss auf Daten aufbauen.

Es stehen uns eine Unmenge Daten zur Verfügung, mehr als jemals zuvor. Und wir haben leistungsfähige Soft- und Hardware zur Hand, die jeder – auch ohne Informatikstudium – anwenden kann.

Statistik muss nicht abschrecken und das Gewinnen von aussagekräftigen Informationen muss nicht mit einer großen Investition verbunden sein. Dieses Werk zeigt, dass auch mit geringen Mitteln Großes erreicht werden kann. Sie erhalten eine Anleitung, wie Sie mit leicht zugänglichen Programmen (MS Excel, MS Power BI oder R) die für Ihren Geschäftserfolg zentralen Daten erfassen, umwandeln und daraus aussagekräftige Informationen ableiten. Mit den dargestellten Beispielen können typische Datenanalysefälle Schritt für Schritt nachvollzogen werden. Diese Schritte können Sie einfach für Ihre eigene Datenanalyse anpassen und für Ihre individuellen Belange gewinnbringend einsetzen. Erleichtert wird Ihnen die Umsetzung durch umfassende Arbeitshilfen, die kostenlos zum Download zur Verfügung stehen (siehe vorne eingedruckten Code oder entsprechenden Downloadhinweis am Ende des Werks).

Eine gewisse Affinität zur Statistik und zum Einsatz entsprechender Software erleichtert die Lektüre. Aber das Werk ist auch ohne Vorkenntnisse verständlich.

Dieses Buch ist für alle, die das Potenzial ihrer Daten freisetzen und der Konkurrenz einen Schritt voraus sein wollen.

Wir wünschen Ihnen bei der Umsetzung viel Erfolg!

Singapur, Januar 2021

Uwe H Kaufmann

Amy BC Tan

Inhalt

1 Einführung

1.1 Warum Datenanalytik wichtig ist

„Auf Gott vertrauen wir, alle anderen bringen Daten."

W Edwards Deming

Jeder erinnert sich an den mühsamen Prozess, bei der IT-Abteilung oder einem IT-Unternehmen eine Anfrage für eine Datenanalyseaufgabe zu stellen und Tage oder sogar Wochen zu warten, bis das Ergebnis vorliegt. In den meisten Fällen wurde das Ergebnis nicht auf die nützlichste Weise präsentiert oder hat eine Folgefrage aufgeworfen, für deren Beantwortung neue Daten, neue Anfragen an die IT-Abteilung oder den IT-Consultant erforderlich waren. Jahrzehntelang haben sich Manager auf diese Art und Weise der Datenanalyse verlassen, weil sie keine Wahl hatten. Dieses Verfahren hat einen fundamentalen Fehler: Wenn man zeitnahe Entscheidungen treffen will, können verzögerte und veraltete Informationen nicht verwendet werden. Daher mussten kurzfristige Entscheidungen ohne die Grundlage von Echtzeitdaten und manchmal auf der Basis des Bauchgefühls getroffen werden.

Die Zeit hat sich geändert. Die Menge der verfügbaren Daten in allen Funktionen jeder Organisation wächst täglich. Und der Zugang zu diesen Daten wird immer einfacher. Nahezu jeder kann sich die Daten beschaffen, die er für seine eigenen Analysen benötigt. Und fast jeder hat einen modernen Computer mit leistungsstarken Analysewerkzeugen direkt auf seinem Schreibtisch. Die Frage ist nun, wie die Daten in geschäftsrelevante Informationen umgewandelt werden können, um im Bedarfsfall die richtigen Schlussfolgerungen zu ziehen.

Datenanalytik ist der Prozess des Sammelns, Verarbeitens und Analysierens von Daten mit dem Ziel, nützliche Informationen aufzuspüren, Schlüsse anzubieten und die Problemlösung sowie die Entscheidungsfindung zu unterstützen.

Datenanalytik ist eine Geschäftspraxis, mit der jeder Manager vertraut sein sollte. ■

Die Datenanalytik umfasst die Hauptkomponenten Deskriptive Analytik (Post-Mortem-Analyse), Prädiktive Analytik und Präskriptive Analytik.

Big Data beschreibt Datensätze, die so umfangreich und komplex sind, dass herkömmliche Datenverarbeitungswerkzeuge sie nicht bearbeiten können. Big Data wird definiert durch seine drei Vs, Volumen, Geschwindigkeit (velocity), Vielfalt (Russom, 2011). Zu Beginn der 2000er-Jahre stellten große Datenmengen für viele Organisationen ein ernstes Problem dar. Einerseits nahm die Menge der verfügbaren Daten exponentiell zu. Auf der anderen Seite konnten CPU-Geschwindigkeit und Speicherkapazität nicht mit der vorhandenen Datenmenge Schritt halten. Zu dieser Zeit war der Umgang mit großen Daten einigen wenigen Unternehmen und Organisationen vorbehalten, die auf die Analyse von Daten angewiesen waren, um im Geschäft zu bleiben.

Heutzutage stehen jedoch Computer mit riesigen Datenspeicher- und Verarbeitungskapazitäten nahezu jeder Organisation zur Verfügung, sei es durch die Installation von Hard- und Software im eigenen Haus oder durch die Anmietung externer Kapazitäten. Zwei Trends scheinen das Ergebnis dieses Wandels in der IT-Umgebung zu sein. Erstens haben immer mehr Organisationen die Mittel und sehen die Notwendigkeit, Daten über ihre Betriebsumgebung zu sammeln. Zweitens erweitern diese Organisationen daher den Umfang ihrer Datenanalysetätigkeiten mit steigender Geschwindigkeit.

Während einige Forscher früher die Auffassung vertraten, dass Datenanalyse hauptsächlich den Umgang mit Benutzerdaten beschreibt, die von CRM- und ähnlichen Systemen erzeugt und in Kundenintelligenz umgesetzt werden, öffnet sich der Anwendungsbereich der Datenanalyse heute auf alle Funktionen einer Organisation.

Es gibt nicht nur eine Bewegung von der sogenannten „Big Data“-Analyse hin zur Analyse jeglicher Art von Daten, sondern es gibt auch einen gesunden Trend zur Einbeziehung aller Managementebenen und sogar der Mitarbeiter in dieses nicht so neue Gebiet des Informationsmanagements. Fortschrittliche Manager sind mit den verfügbaren Daten und mit Trends, Verschiebungen oder anderen Mustern in ihren Daten vertraut und nutzen sie für die Entscheidungsfindung.

Das frühere Spezialgebiet der Datenanalyse gewinnt unter allen Managern einer Organisation an Popularität. Es ist daher an der Zeit, dafür zu sorgen, dass die richtigen Daten in geeigneter Weise erhoben, gesichtet, transformiert und mit gültigen Methoden so analysiert werden, dass sie geschäftsrelevante Informationen liefern, die in Erkenntnisse umgewandelt werden und geeignete Entscheidungen für den Geschäftserfolg vorbereiten.

„Die Fähigkeit, Daten aufzunehmen - sie zu verstehen, zu verarbeiten, aus ihnen Wert zu schöpfen, sie zu visualisieren und zu kommunizieren - das wird in den nächsten Jahrzehnten eine enorm wichtige Fähigkeit sein.“

Hal R Varian (2009)

1.2 Warum dieses Buch geschrieben wurde

Auf falsche Daten zu vertrauen ist schlimmer als gar keine Daten zu haben.

Es ist gut und wichtig, Zahlen zu haben, aber das ist nicht hinreichend. Darüber hinaus müssen wir sicherstellen, dass die Daten ordnungsgemäß gesammelt, bereinigt und analysiert werden, bevor wir eine Entscheidung treffen.

Blutbank mit schlechten Leistungsindikatoren

Bei einem internationalen Vergleich von Leistungsindikatoren bei Blutbanken kam heraus, dass eine Blutbank deutlich mehr Blutprodukte verschwendet als die anderen. Es war die Rede von Beuteln mit Blutplättchen, die von Blutspendern entnommen, getestet und dann entsorgt wurden, weil sie nicht den Qualitätsstandards entsprachen. Eine solche Situation war für die Leiterin der Blutbank nicht zu akzeptieren.

Ein Team wurde eingesetzt, um die Ursachen für die Verschwendung der wertvollen Blutprodukte zu untersuchen. Nach der Datenerhebung und einigen grundlegenden Analysen wurde klar, dass die Blutprodukte nicht von geringerer Qualität waren als in anderen Ländern. Die Grundursache lag in der Bewertung der Qualität der Blutbeutel - der Datenerfassung.

(Auf dieses Beispiel werden wir im Buch später zurückkommen.)

Nachfolgend einige zentrale Empfehlungen:

- Erstens: Vertrauen Sie Zahlen nicht blind. Selbst Zahlen, die von einem Computer ausgespuckt werden, können falsch, verzerrt oder anderweitig unbrauchbar gemacht worden sein. Prüfen Sie, wie diese Zahlen überhaupt erst in den Computer gelangt sind.
- Zweitens: Bevor Sie Datenanalysen durchführen, stellen Sie sicher, dass die Daten nach dem richtigen Verfahren erfasst wurden. Daher beginnen wir dieses Buch nicht mit der Datenanalyse, sondern dort, wo die Erhebung der Daten konzipiert wird.

- Drittens: So wie die Leiterin der Blutbank ihren sehr aussagekräftigen Business Case hatte, sichern Sie, dass Ihre Datenanalyse einem Zweck dient, einem Bedürfnis, das die Menschen, für die Sie mit Ihrer Datenanalyse arbeiten, kennen, verstehen und teilen. Nur mit diesem Zweck, diesem Business Case, ist Ihr Datenanalyse-Fall mehr als ein Spiel mit Zahlen.

In den folgenden Kapiteln werden wir den Einsatz der Datenanalyse zur Lösung von Geschäftsproblemen, zum Treffen kritischer Entscheidungen und zur Steuerung der Unternehmensstrategie erläutern. Und wir werden einige typische Fallstricke und Abhilfemaßnahmen auf dem Weg zur Datenanalyse aufzeigen.

Gegenwärtig sind auf dem Markt zahlreiche Kurse zur Datenanalyse verfügbar. Interessanterweise sind viele von ihnen mit Datenanalyse für HR-Fachleute oder für das Kundenbeziehungsmanagement (CRM) betitelt. Dieses Buch spannt einen breiteren Rahmen und zeigt den Gebrauch der Datenanalyse in vielen organisatorischen Situationen, in denen die richtige Verwendung von Daten entscheidend ist. Daher nennen wir es „Das Potenzial von Daten freisetzen – Nutzung von Data Science für die Organisationsentwicklung".

Jeder Manager sollte vier leistungsfähige Analysekonzepte kennen, um über seine Organisation informiert zu sein und datengestützte Entscheidungen treffen zu können (Gallo, 2018). Diese Konzepte sind keineswegs neu. Sie gewinnen jedoch mit der zunehmenden Menge an verfügbaren Daten und dem offensichtlichen Bedarf – und der Chance –, diese Daten in geschäftsrelevante Informationen umzuwandeln, an Bedeutung. Unterstützt wird dies durch die Verfügbarkeit einer Vielzahl von einfach zu handhabenden Werkzeugen zur Datenanalyse und Datenvisualisierung.

Diese Werkzeuge können von Managern nur dann genutzt werden, wenn diese Manager die Grundlagen der Datenanalyse von der Datenerfassung bis zur Entscheidung verstehen. Daher müssen Manager die grundlegendsten Konzepte kennen (Gallo, 2018). Bei diesen Konzepten handelt es sich um randomisierte kontrollierte Experimente, Hypothesentests, Regressionsanalysen und statistische Signifikanz.

Zu den **randomisierten kontrollierten Experimenten** gehören Datenerfassungstechniken wie Umfragen und Erhebungen aller Art, Pilotstudien, Feldexperimente und Laborforschung. Anstatt solche Dienstleistungen an Spezialisten auszulagern und sich darauf zu verlassen, dass diese das Ergebnis analysieren und Empfehlungen entwickeln, ist es oftmals von Vorteil, die Daten und den Analyseprozess zu verstehen. Dieses Wissen würde helfen, maßgeschneiderte Schlussfolgerungen für die Organisation zu ziehen; Schlussfolgerungen, die ein Außenstehender nicht ohne Weiteres ziehen kann. Experimente umfassen auch das Testen neuer Routinen oder Produkte auf ihre Leistungsfähigkeit. Das Experimentieren mit Prozessen ist eine wirkungsvolle Möglichkeit, die Ausbeute zu verbessern und gleichzeitig andere wichtige Indikatoren kontrolliert zu verändern.

Die Gruppe der **Hypothesentests** enthält statistische Instrumente, die geschichtete geschäftsrelevante Daten vergleichen und die Frage nach dem „Besseren" beantworten, einschließlich der Berechnung des inhärenten Risikos, dass diese Entscheidung falsch sein könnte. Hypothesentests finden ihre Anwendung in allen Einheiten jeder Organisation. Bei der Analyse von Umfrageergebnissen werden Hypothesentests zur Beantwortung von Fragen wie „Gibt es einen Unterschied zwischen dem letztjährigen und dem diesjährigen Rating?" oder „Hat Abteilung A besser als Abteilung B abgeschnitten?" eingesetzt. Das Ergebnis eines Hypothesentests kann viel mehr sein als nur ein „Ja" oder „Nein" zu solchen Fragen. Hypothesentests zeigen immer ein Risiko, das mit dem Treffen einer Entscheidung einhergeht; ein Risiko, eine falsche Schlussfolgerung zu ziehen. Viele Hypothesentests geben sogar einen Hinweis darauf, was der minimale Unterschied oder die minimal erreichbare Verbesserung ist, was zu viel besseren Entscheidungen über die Auswirkungen einer Änderung oder Verbesserung führt. „Was ist die minimale Verbesserung, wenn wir unsere Lieferungen von Lieferant B im Vergleich zu Lieferant A kaufen?" kann mit Hypothesentests beantwortet werden.

Die Gruppe der **Regressionsanalysen** umfasst statistische Werkzeuge, die für ähnliche Aufgaben wie Hypothesentests verwendet werden. Während Hypothesentests in der Regel Fragen über die Beziehung zwischen zwei Variablen beantworten, können Regressionsmodelle eine große Anzahl von Variablen gleichzeitig umfassen. Damit kann die Interaktion zwischen mehreren Treibern (unabhängige Variablen) für dasselbe Ergebnis (abhängige Variable) analysiert werden, was bei Hypothesentests schwieriger ist. Regressionsmodelle helfen daher, komplexe Zusammenhänge zwischen vielen Variablen gleichzeitig zu erklären. Darüber hinaus werden diese Werkzeuge häufig in der prädiktiven Statistik eingesetzt, d.h. um vorhandene Daten für die Vorhersage des Verhaltens von Kunden, Maschinen, Organisationseinheiten und sogar Arbeitskräften zu nutzen.

Den genannten Methoden liegt ein wichtiges Konzept zugrunde: die **statistische Signifikanz**. Dieses oft missverstandene Konzept ist das Rückgrat aller Statistiken, das Rückgrat aller Datenanalysen. Die statistische Signifikanz informiert über das Risiko, das man eingehen muss, wenn man eine geschäftliche Entscheidung auf der Grundlage der Datenanalyse trifft.

In der Statistik gibt es „nie" und „immer" nicht. „0 % Wahrscheinlichkeit" und „100 % Wahrscheinlichkeit" sind in der Regel nicht das Ergebnis von randomisierten, kontrollierten Experimenten, Hypothesentests oder Regressionen. Höchstwahrscheinlich liegt das Ergebnis einer Analyse irgendwo dazwischen. Dann obliegt es dem Manager, eine kluge, sachkundige und datenbasierte Schlussfolgerung zu ziehen. Das Verständnis des Konzepts der Signifikanz ist der Schlüssel auf dem Weg zu einer Qualitätsentscheidung.

1.3 Wie dieses Buch strukturiert ist

Da es in diesem Buch um die Anwendung der Datenanalyse für die Organisationsentwicklung geht, decken die später besprochenen Fälle verschiedene Datenanalysesituationen in jedem Bereich der Wertschöpfungskette einer Organisation ab (Bild 1.1).

Die **Kundendomain** schließt die Erfassung, Verarbeitung und Analyse von kundenbezogenen Daten ein. Dazu gehören Umfragedaten aus verschiedenen Kundenumgebungen und Daten, die den „Moment der Wahrheit" messen, den Moment, in dem der Kunde das angebotene Produkt oder die angebotene Dienstleistung „erlebt".

Die **Prozessdomain** umfasst das Sammeln von Daten aus verschiedenen Betriebsumgebungen und die Umwandlung dieser Daten in kritische Informationen für die Entscheidungsfindung.

Die **Arbeitskräftedomain** bietet Ideen für den Umgang mit Daten aus dem Personalwesen, die verwendet werden, um Rückschlüsse auf verschiedene Aspekte im Zusammenhang mit der Belegschaft zu ziehen, wie z.B. Einstellung, Mitarbeiterfluktuation, Mitarbeiter-Engagement oder Personalplanung.

So wie im Unternehmen alle Bereiche zusammenarbeiten müssen, um Kundenforderungen unter bestmöglichen Bedingungen zu erfüllen, so ist es auch erforderlich, Daten aus unterschiedlichen Bereichen zu sammeln, zu verarbeiten und zu analysieren, um daraus unternehmensweit Schlussfolgerungen ziehen zu können. Unsere Fallbeispiele sollen dies verdeutlichen.

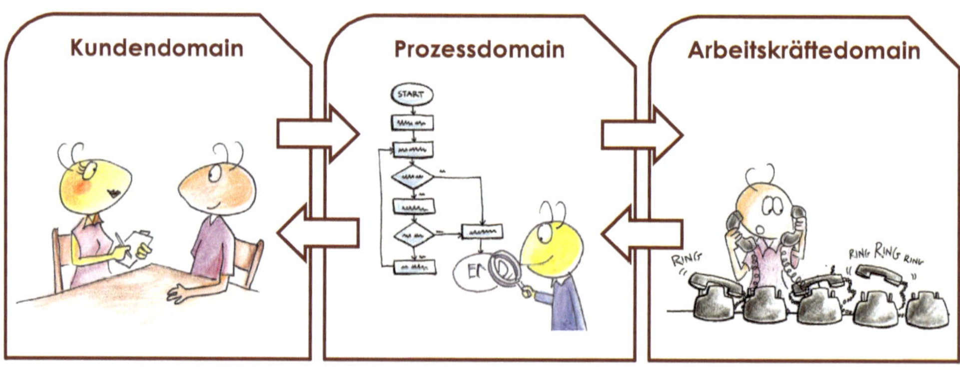

Bild 1.1 Bereiche der Wertschöpfungskette einer Organisation

Für jeden Fall verfolgen wir alle Schritte von der Aufgabenstellung, den Hypothesen oder Geschäftsfällen über die Stufen der Datenanalyse, um die richtige Auswahl zu treffen. Die in den folgenden Abschnitten erwähnten Schritte zeigt

Bild 1.2.: Formulieren einer geschäftsrelevanten Hypothese, Durchführen der Datenerfassung, der Datenvorbereitung und der Datenanalyse sowie das Ziehen von Schlussfolgerungen für das Geschäft.

Bild 1.2 Schritte eines Datenanalysefalls in Data Science

1.3.1 Geschäftsrelevante Frage formulieren

In den meisten Fällen beginnt die Datenanalyse aus der Verfügbarkeit von Daten. Dies kann zu einigen Erkenntnissen führen, die der Organisation sogar helfen können. Das kann jedoch auch in einer enormen Verschwendung von Zeit und Ressourcen aufgrund mangelnder Zweckmäßigkeit enden.

Der intelligentere Auslöser für die Datenanalyse ist eine geschäftsrelevante Frage wie „Warum vernichten wir mehr von unserem kostbaren gesammelten Blut als in vielen anderen Blutbanken?“

Diese Frage leitet sich nicht nur aus der Prozesseffizienz ab. Sie vermittelt auch die Botschaft, mehr Ressourcen als wahrscheinlich notwendig aufzuwenden. Dies ist für das Management immer von Interesse.

In diesem ersten Schritt muss das geschäftsbezogene Thema klar identifiziert werden. Und es muss in einen Indikator übersetzt werden, einen KPI (Key Performance Indicator), der das Thema messbar macht. Besser noch, dieser Indikator befindet sich auf der Scorecard oder dem Dashboard von Managementmitgliedern, d. h., er ist für jemanden wichtig.

1.3.2 Daten erfassen

Es gibt eine Vielzahl von Möglichkeiten, Daten zur Beantwortung der geschäftsrelevanten Frage zu sammeln. In der Regel ist es notwendig, die Methode der Datenerhebung zu validieren, um nützliche Daten für die Analyse zu gewährleisten, d. h. Daten, die repräsentativ, reproduzierbar und genau genug sind, um ausreichende Informationen für die Beantwortung der Geschäftsfrage zu liefern. Es gibt statistische Instrumente, die dabei helfen, potenzielle Probleme innerhalb des Datenerhebungsprozesses zu identifizieren.

In unserem Beispiel der Blutbank war mit der Qualität des Blutes alles in Ordnung. Es war die Methode der Datenerhebung, die zu falschen Schlussfolgerungen führte.

1.3.3 Daten vorbereiten

Selbst wenn sich die Methode der Datenerhebung bewährt hat und das Instrument statistisch akzeptiert ist, kann es sein, dass Daten nicht nützlich sind.

Bei Umfragen zum Beispiel geben einige Umfrageteilnehmer möglicherweise keinen nützlichen Input. Das könnte daran liegen, dass sie entweder zur Teilnahme an der Umfrage gezwungen oder angeregt wurden. Im Allgemeinen können wir davon ausgehen, dass sie dann nicht daran interessiert waren. Es kann daher sein, dass sie einen gültigen Input zu einem etablierten Fragebogen geliefert haben, aber der Input ist möglicherweise nicht hilfreich. Oder schlimmer noch, der Input könnte die folgenden Analyseschritte verderben und Ergebnisse verfälschen. Solche Eingaben könnten zufällige Bewertungszahlen sein oder dieselben Bewertungszahlen für alle Fragen oder Aussagen. Derart Inputs sind unbrauchbar und manchmal schädlich.

Daher ist eine Datenaufbereitung notwendig, um solche Eingaben zu finden und zu eliminieren, um nur Daten in die Analyse einzuspeisen, die wirklich wertschöpfend sind.

Zur Datenaufbereitung gehört auch die Formatierung der Daten, sodass sie von der bevorzugten Analysesoftware verwendet werden können. In den meisten Fällen sind die von einem System heruntergeladenen Daten nicht im richtigen Format, um in die Analysesoftware, z. B. Excel, importiert zu werden. In den meisten Fällen können Daten jedoch reorganisiert, neu formatiert oder transformiert werden, sodass die Software damit umgehen kann.

Nicht immer wird die Analysesoftware wegen der falsch formatierten Daten nicht mehr funktionieren. Im schlimmsten Fall kann sie einfach funktionieren und falsche Ergebnisse ausspucken.

1.3.4 Daten analysieren

Im Allgemeinen wird die Datenanalyse auf grafische und statistische Weise durchgeführt. In der Regel ist beides notwendig, um korrekte Schlussfolgerungen zu gewährleisten. Zusätzlich kann eine grafische Analyse zur Visualisierung der Daten und zum Storytelling erforderlich sein.

Eine grafische Analyse ohne statistische Unterstützung kann jedoch zu falschen Entscheidungen führen. Ähnliches gilt für die Durchführung statistischer Analysen ohne die Verwendung grafischer Werkzeuge.

Daher sollten alle Datenanalysen in einem zweistufigen Ansatz durchgeführt werden. Zuerst sollten ein oder mehrere Diagramme zur Visualisierung der Daten erstellt werden. Allein diese Visualisierung kann die Entscheidung beeinflussen.

Zweitens ist es eine gute Praxis und oftmals eine Notwendigkeit, die grafische Analyse durch Statistiken zu validieren.

Für die Analyse von Daten steht eine Vielzahl von Werkzeugen zur Verfügung. Die Auswahl des geeigneten Werkzeugs hängt von der zu beantwortenden Geschäftsfrage, der Art der gesammelten Daten und deren Eigenschaften ab. Die eine Entscheidung beeinflussenden Faktoren werden üblicherweise als „*X*" bezeichnet. Das daraus resultierende Ergebnis wird gewöhnlich „*Y*" genannt.

Wenn z. B. die Ablehnungsrate eines Produkts zwischen den Monaten Januar und April verglichen wird, dann bedeutet Monat die unabhängige Variable *X*, während die Ablehnungsrate die abhängige Variable *Y* bezeichnet. Die Anwendung von Werkzeugen hängt vom Datentyp ab, der in *X* und *Y* gefunden wird.

Monat ist zum Beispiel ein diskretes *X* und die Ablehnungsrate ist ein diskretes *Y*, das durch die Zählung zufriedener Kunden und nicht zufriedener Kunden erzeugt wird. Daher wird das obere linke Feld in Bild 1.3 verwendet. Da wir nur zwei Kategorien in *X* haben, Januar und April, wäre das geeignete statistische Werkzeug ein 2-Proportionen-Test.

Diese Aufstellung in Bild 1.3 wird in den folgenden Fällen zur Auswahl des anwendbaren grafischen und statistischen Werkzeugs herangezogen.

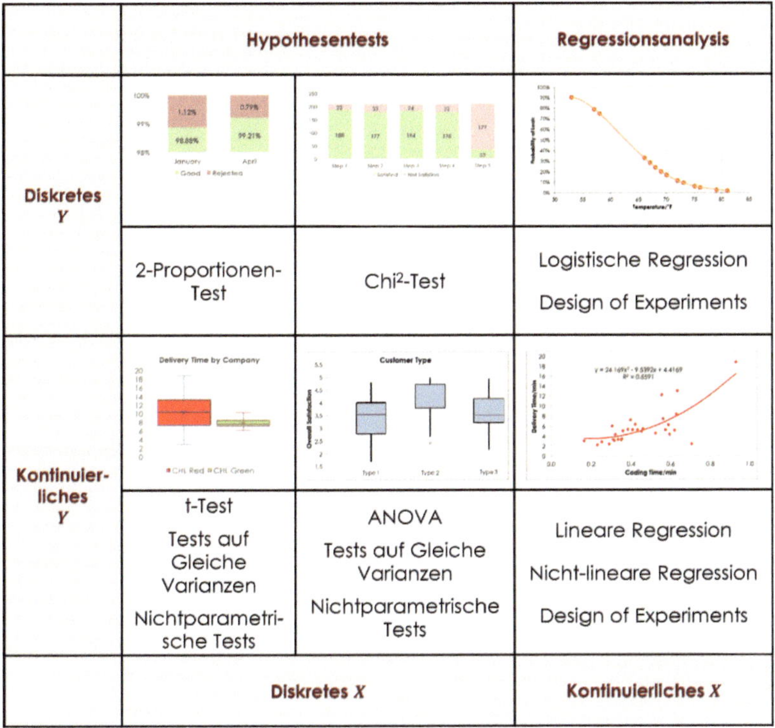

Bild 1.3 Analysewerkzeuge für verschiedene Datentypsituationen

Es wird eine Auswahl und Anwendung geeigneter grafischer und statistischer Instrumente demonstriert. Auf die Herleitung und detaillierte Beschreibung des statistischen Verfahrens wird verzichtet.

1.3.5 Geschäftsentscheidung vorbereiten

Sehr oft führt die Datenanalyse zu Ergebnissen, die für Mitarbeiter, die nicht in der Datenanalyse geschult sind, schwer zu verstehen sind. Ein „*p*-value" zum Beispiel ist ein Schlüsselergebnis vieler statistischer Instrumente, das jedoch für die Mehrheit unverständlich ist.

Die Analyseausgabe wie „*p*-Wert = 0,03" ist ein wichtiges Ergebnis, allerdings verwirrend für viele. Wenn es jedoch übersetzt wird in „Das Risiko, unser Geld zu verschwenden, wenn wir von diesem teureren Anbieter kaufen, beträgt nur 3 %", verändert sich das Gespräch über Datenanalyse sofort.

Es ist nicht länger der Fall, sich bei der Übersetzung auf den Datenanalytiker oder Datenwissenschaftler verlassen zu müssen. Das Management sollte die Grundlagen der Datenanalyse verstehen, um Daten in Informationen umzuwandeln und entsprechende Schlussfolgerungen ziehen zu können.

Jeder der im Folgenden beschriebenen Fallbeispiele basiert auf einem realen Kundenprojekt. Um unsere Mandanten zu schützen, haben wir jedoch Namen und Daten geändert.

1.4 Welche Werkzeuge werden verwendet?

Unsere Absicht war es, ein Nachschlagewerk bereitzustellen, dem die Lernenden Schritt für Schritt folgen können. Dazu wird gängige Software verwendet. Aus unserer Arbeit mit unseren Kunden kennen wir deren Anforderungen an die eingesetzte Software, die wir hier umgesetzt haben:

Software muss leicht verfügbar sein. Nahezu jeder Mensch auf der Welt hat eine Version von Microsoft Office auf dem Computer. Integraler Bestandteil davon ist MS Excel. Ein Zusatzmodul, das MS-Excel-Benutzer herunterladen können – höchstwahrscheinlich kostenlos – ist MS Power BI. MS Excel enthält viele Funktionen, die bei den meisten der in diesem Buch beschriebenen Aufgaben der Datenerfassung, Datenaufbereitung und Datenanalyse helfen. Nur wenige Excel-Benutzer kennen das jedem zugängliche Add-In „Analyse-Funktionen", das weitere statistische Tools in die MS-Excel-Umgebung einfügt.

MS Power BI erweitert die MS-Office-Umgebung mit leistungsfähigen Visualisierungs-Werkzeugen.

R ist eine Programmiersprache für statistische Berechnungen und Grafiken. R Studio bietet eine Benutzerschnittstelle und eine Entwicklungsumgebung für R. Beide Softwarepakete sind sowohl für Windows, als auch für MacOS und Linux kostenlos erhältlich.

Software muss einfach zu bedienen sein. Zumindest MS Excel ist eine Software, die fast jeder schon einmal benutzt hat. Das bedeutet, dass Analysten mit einer vertrauten Umgebung arbeiten können, indem sie einfach einige neue Tools hinzufügen. Fast dasselbe gilt für MS Power BI. Einerseits mag es für viele Nutzer neu sein, aber andererseits hat es die Microsoft-Benutzeroberfläche und viele Funktionen, die von MS Excel übernommen wurden. Die Lernkurve für MS Power BI sollte sehr steil und kurz sein.

R ist eine Programmiersprache und freie Softwareumgebung für statistische Berechnungen und Grafiken. Die Sprache R ist unter Statistikern und Datenanalysten für die Behandlung, Analyse und Visualisierung von Daten weit verbreitet. Das Erlernen von R (über R Studio) ist für Leute mit einem leichten Programmierhintergrund einfacher. Die Lernkurve für R könnte für viele etwas länger sein. Aber die Vorteile sind ausgezeichnet. R verfügt über eine schier endlose Sammlung vorgefertigter Funktionen, die jeden Tag wächst. R kann auch in MS Power BI integriert werden, sodass spezielle Funktionen und Diagramme in R erstellt und in der vertrauten MS-Umgebung angezeigt werden können.

Software muss mit anderer allgemein verwendeter Software kompatibel sein. Die Integration von MS-Excel-Tabellen und -Diagrammen in jede MS-PowerPoint-Präsentation ist so nahtlos wie möglich. Es besteht zusätzlich die Möglichkeit, MS Excel oder MS Power BI dynamisch mit der Datenquelle auf einem beliebigen Server oder einer beliebigen Website zu verknüpfen und die Analyseausgabe in MS PowerPoint einzufügen. Dies erlaubt es dem Analysten, die gewohnte beeindruckende PowerPoint-Präsentation mit den tatsächlichen Daten zu verwenden, wann immer PowerPoint aktualisiert wird.

Jedes Mal, wenn wir andere Software wie Minitab, SigmaXL, SAS oder SPSS für Ausbildungszwecke benutzten, war die begrenzte Verfügbarkeit dieser Softwarepakete im Unternehmen ein Hindernis für die Implementierung der neu erlernten Tools in der Organisation. Und wenn wir die Analysten mit der Universion oder Testversion einer Software unterrichteten, war es vorhersehbar, dass die Software nach Ablauf der Testphase nicht mehr verwendet wurde.

Wenn Sie bei Ihren Veränderungsbemühungen erfolgreich sein wollen, sollten Sie daher die genannten Punkte berücksichtigen. Ein Manager, der für Gewinn und Verlust verantwortlich ist, muss sorgfältig abwägen, ob eine Anzahl Lizenzen mit einer jährlichen Lizenzgebühr für eine neue Software sinnvoll ist, wenn MS Excel, MS Power BI Desktop und R oder Python kostenlos zur Verfügung stehen.

Die Fallbeispiele in diesem Buch zeigen daher Analysen, die mit MS Excel, MS Power BI und R Studio durchgeführt wurden. Um die Analyse nachzuvollziehen, müssen Sie ein MS-Excel-Add-In aktivieren und Power BI und R bzw. R Studio herunterladen.

1.5 Aktivieren und Verwenden der erforderlichen Software

Vielen MS-Excel-Benutzern sind die Tools, die in dieses sehr vertraute Office-Paket geladen werden, nicht bekannt. Nicht nur, dass MS Excel mit Funktionen für fast alle möglichen Datenmanipulations- und Analyseaufgaben ausgestattet ist. Es wird auch ein Analyse-Paket mitgeliefert, das kaum benutzt wird.

Dieses muss nur aktiviert werden, damit es als eine Sammlung von Makros erscheint, die das Potenzial haben, Ihre Analysearbeit erheblich zu erleichtern.

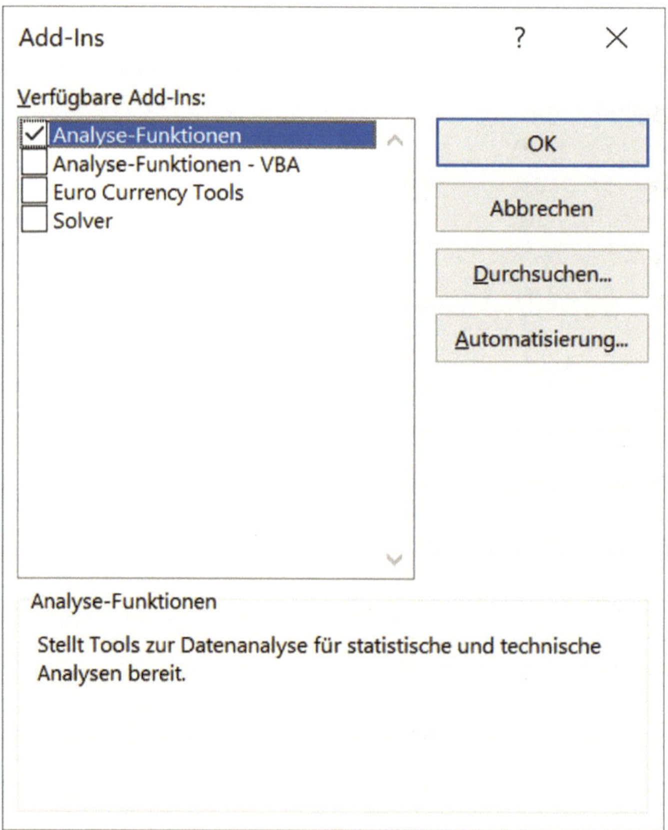

Bild 1.4 Aktivieren von MS Excels Analyse-Funktionen

Nach dem Laden von MS Excel wählen Sie Datei – Optionen – Add-Ins – Los ... und markieren das Kontrollkästchen Analyse-Funktionen (Bild 1.4). Dies ist alles, was Sie tun müssen, um eine Sammlung von häufig benötigten Analyse-Tools zu Ihrem Excel hinzuzufügen (Tabelle 1.1). Diese Tools finden Sie unter Daten – Datenanalyse (Bild 1.5).

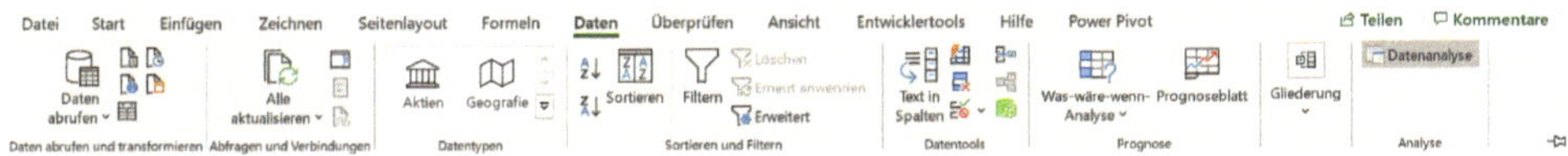

Bild 1.5 Analyse-Funktionen in MS Excel

Nach der Aktivierung der Analyse-Funktionen stehen zusätzlich die in Tabelle 1.1 dargestellten Werkzeuge zur Verfügung.

Tabelle 1.1 In MS Excel Analyse-Funktionen verfügbare Tools

Deskriptive Tools	Präskriptive Tools	Regressionsanalysen	Hypothesentests
Fourieranalyse Histogramm Populationskenngrößen Rang und Quantil Stichprobenziehung Zufallszahlengenerierung	Exponentielles Glätten Gleitender Durchschnitt	Kovarianz Korrelation Regression	Anova Gaußtest (z-Test) t-Test Zwei-Stichproben-F-Test

Machen wir uns mit dem neu entdeckten Instrumentarium besser vertraut.

Aufgabe 1.1: Erzeugen von Zufallsdaten

1. Öffnen Sie eine neue Excel-Tabelle.
2. In Reihe 1 benennen Sie Spalte A Norm und Spalte B Gruppe.
3. Wählen Sie **Daten – Datenanalyse – Zufallszahlengenerierung.**
4. Wählen Sie 1 für die **Anzahl der Variablen,** 1000 für die **Anzahl der Zufallszahlen,** Standard für die **Verteilung,** 100 für den **Mittelwert** und 5 für die **Standardabweichung** und platzieren Sie den Cursor in A2, nachdem Sie **Ausgabebereich** gewählt haben (Bild 1.6).
5. Wählen Sie **Daten – Datenanalyse – Zufallszahlengenerierung.**
6. Wählen Sie 1 für die **Anzahl der Variablen,** 1000 für die **Anzahl der Zufallszahlen,** Schematisch für die **Verteilung, Zwischen** 1 und 2, wobei **jede Zahl** 5-mal und **jede Folge** 100-mal wiederholt wird und der Cursor nach Auswahl von **Ausgabebereich** in B2 gesetzt wird (Bild 1.6). ■

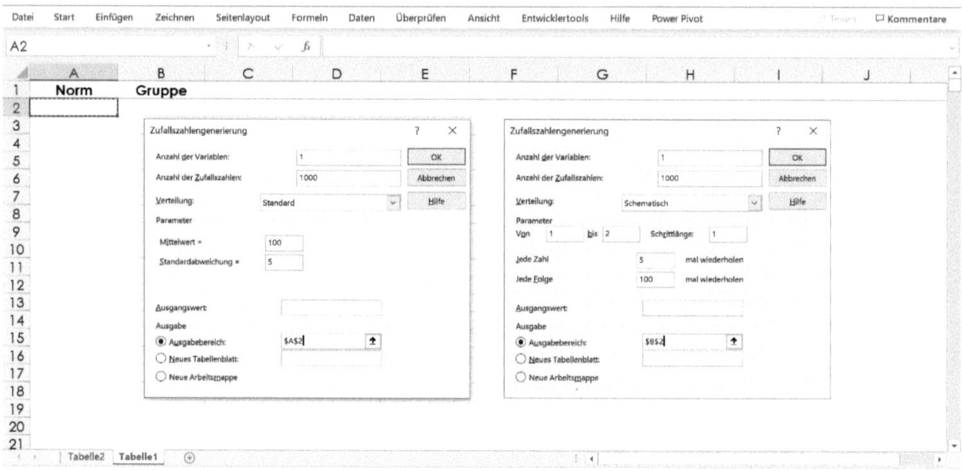

Bild 1.6 Generieren von zwei Spalten mit Zufallsdaten

Nach dem Generieren der Daten (Bild 1.7) werden Sie ein anderes Ergebnis auf Ihrem Arbeitsblatt haben.

Aufgabe 1.2: Analyse der deskriptiven Statistik von Norm

1. Wählen Spalte Gruppe, dann **Start – Suchen und Auswählen – Ersetzen** und ersetzen Sie 1 mit Gruppe 1 und 2 mit Gruppe 2.
2. Wählen Sie **Daten – Datenanalyse – Populationskenngrößen.**
3. Wählen Sie $A$1:$A$1001 als Eingabebereich. Oder wählen Sie einfach A1 mit dem Cursor und wählen Sie dann **Strg** + ↑ + ↓, um den gesamten Datenbereich zu markieren.
4. Wählen Sie **Neues Tabellenblatt** und markieren Sie **Statistische Kenngrößen** und **Konfidenzniveau für Mittelwerte bei 95 %** (Bild 1.7).

■

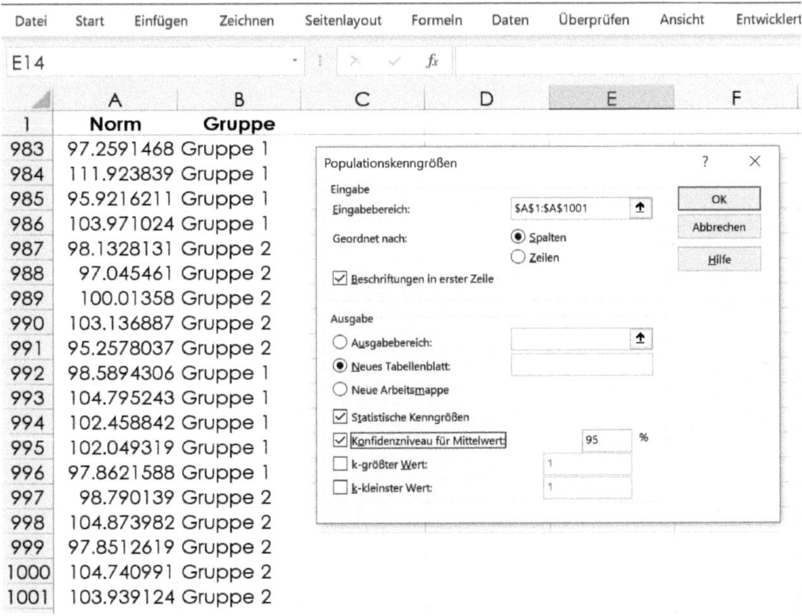

Bild 1.7 Bestimmung der deskriptiven Statistik für Norm

Als Ergebnis werden die statistischen Kenngrößen für unsere Daten angezeigt (Bild 1.8), Ihre statistischen Kenngrößen werden anders aussehen.

Aufgabe 1.3: Histogramm für Norm aufzeichnen

1. Wählen Sie Norm auf Blatt 1 (Markieren Sie A1 und wählen Sie **Strg + ↑ + ↓**).
2. Wählen Sie **Einfügen – Diagramme – Histogramm**.
3. Speichern Sie Ihre Arbeit unter dem Namen Norm.xlsx auf dem Desktop oder in einem Ordner Ihrer Wahl. ■

Norm	
Mittelwert	99.89
Standardfehler	0.16
Median	99.74
Modus	102.16
Standardabweichung	4.94
Stichprobenvarianz	24.45
Kurtosis	0.02
Schiefe	-0.03
Wertebereich	35.36
Minimum	79.95
Maximum	115.31
Summe	99891.74
Anzahl	1000.00
Konfidenzniveau (95.0%)	0.31

Bild 1.8 Deskriptive Statistik für Norm

Das Histogramm für Norm wird erstellt (Bild 1.9). Dieses Histogramm wurde verschönert, indem die *X*-Achse, in die Breite gezogen und ein Diagrammtitel hinzugefügt wurden. Dieses Histogramm könnte in eine PowerPoint-Präsentation, in ein Word-Dokument, in eine E-Mail oder einen Chat eingefügt zu werden.

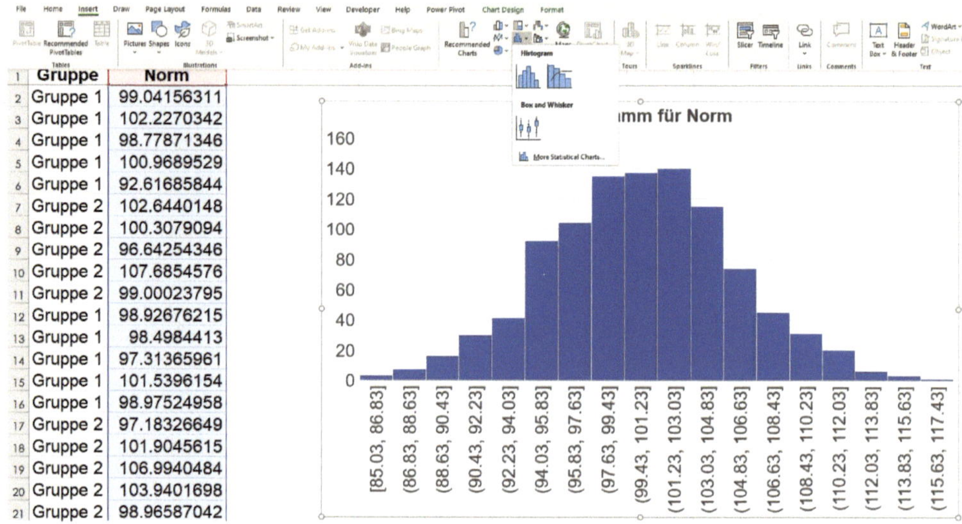

Bild 1.9 Histogramm für Norm

Aufgabe 1.4: Boxplot für Norm nach Gruppe anzeigen

1. Wählen Sie Norm auf Blatt 1 (markieren Sie A1:B1 und wählen Sie **Strg + ↑ + ↓**).
2. Wählen Sie **Einfügen - Diagramme - Kastengrafik.**

■

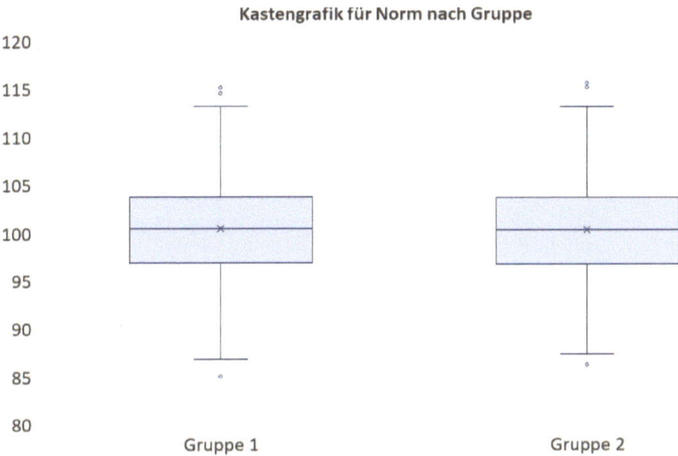

Bild 1.10 Kastendiagramm von Daten in Norm nach Gruppe

Dieser Befehl führt zu dem in Bild 1.10 gezeigten Kastendiagramm oder Box-Plot.

Herunterladen und Verwenden von MS Power BI

MS Power BI ist im Microsoft Store zum Download bereit, wenn MS Office auf Ihrem Computer läuft. Mit Microsoft Power BI stehen Ihnen Visualisierungen zur Verfügung. Mit dem optionalen Power-BI-Webdienst können Sie Ihre Visualisierungen, d. h. Ihre Dashboards, über den Power-BI-Server mit Ihrem Team gemeinsam nutzen.

Nach dem Download kann es erforderlich sein, eine kostenlose Registrierung vorzunehmen.

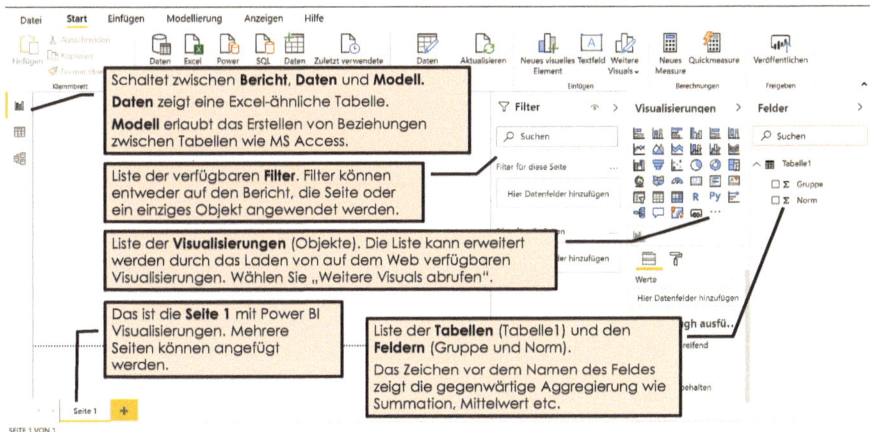

Bild 1.11 Power BI Benutzeroberfläche

Aufgabe 1.5: Laden der Daten aus Norm.xlsx in Power BI

1. Öffnen Sie MS Power BI-Desktop (Bild 1.11).
2. Wählen Sie **Daten abrufen - Excel - Verbinden.**
3. Öffnen Sie Norm.xlsx an dem Ort, an dem Sie es gespeichert haben.
4. Aktivieren Sie das Kästchen vor Tabelle 1 - **Laden** (Blatt1 trägt die Datentabelle).

■

Im Gegensatz zu Excel erscheinen die Daten nicht als Tabelle auf dem Bildschirm. Datentabellen und deren Spalten (Variablen) sind unter Felder auf der rechten Seite aufgeführt (Bild 1.11).

Aufgabe 1.6: Laden eines Bildmaterials für ein Histogramm aus dem Power-BI-Repository

1. Wählen Sie ... unter **Visualisierungen** und **Weitere Visuals abrufen.**
2. Suchen Sie nach **Histogramm.**
3. **Histogram Chart hinzufügen** (oder ein anderes Histogramm Ihrer Wahl).
4. Wählen Sie das neu importierte **Histogramm**-Symbol.
5. Verändern Sie die Größe des Bereichs nach Ihren Wünschen.
6. Stellen Sie sicher, dass der Histogramm-Bereich ausgewählt ist.
7. Ziehen Sie das Feld Norm von rechts in das Feld **Werte** unter **Visualisierungen.**
8. Ändern Sie das **Format** (Malerbürste) von Titel, Achsen usw.

■

Power BI gibt es für Desktop- und mobile Geräte. Alle Versionen sind über den Microsoft Store erhältlich.

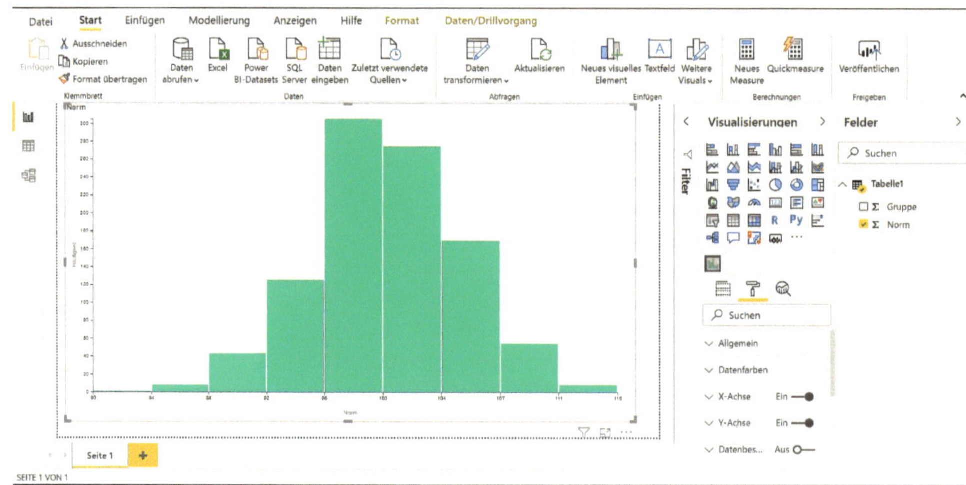

Bild 1.12 Power-BI-Histogramm von Daten in Norm

Herunterladen und Verwenden von R und R Studio

Installieren Sie R und R Studio von einem beliebigen Server, der auf den Websites bereitgestellt wird:

- Laden Sie R von *https://www.r-project.org/* herunter.
- Laden Sie R Studio von *https://www.rstudio.com/* herunter.
- Starten Sie R Studio.

Die R-Software bietet einen umfangreichen und ständig wachsenden Satz an Bibliotheken, die bei der Programmierung von Routinen, der Datenanalyse und der Visualisierung von Daten mit minimalem Code und großer Flexibilität helfen. Die meisten dieser Bibliotheken müssen geladen werden, bevor Funktionen verwendet werden können. Wir werden dies im Detail während unserer Fallanwendungen in diesem Buch erläutern.

Aufgabe 1.7: Laden der Daten aus Norm.xlsx in R Studio

1. Öffnen Sie R Studio (Bild 1.13).
2. Wählen Sie **Files,** navigieren Sie zur früher gespeicherten Datei Norm.xlsx, wählen Sie **Import Dataset** – **Sheet:** Tabelle 1 – **Range:** A1:B1001 – **Import.**
3. Die Datentabelle Norm wird im Register Norm und in Environment angezeigt.
4. Suchen Sie im Register **Packages** nach „pastecs"; wenn gefunden, wählen Sie es aus.
5. Falls nicht gefunden, wählen Sie **Install.**
6. **Install Packages** – **Packages:** pastecs – **Install.**

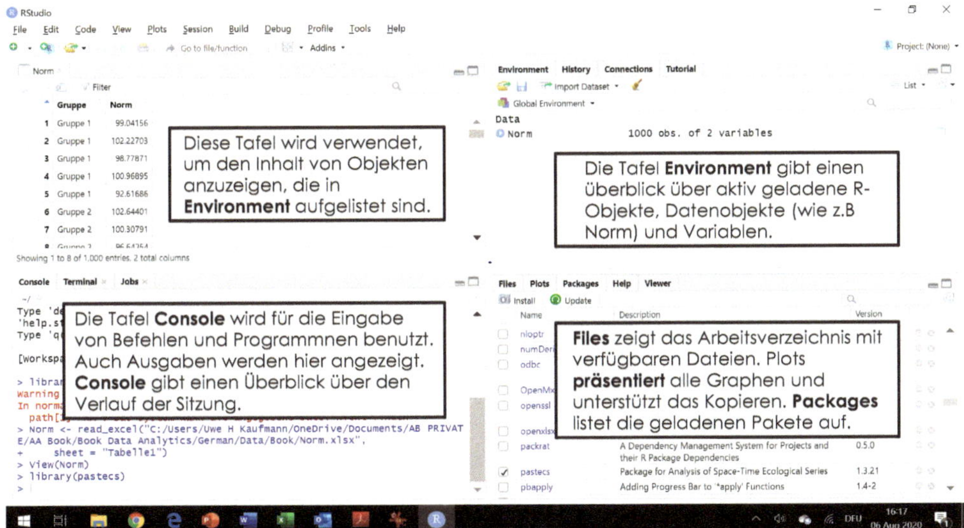

Bild 1.13 R-Studio-Benutzeroberfläche

Aufgabe 1.8: Deskriptive Statistik der Daten in Norm analysieren

Geben Sie Folgendes in die Konsole (Console) ein:

 # Installation einer Erforderlichen Bibliothek

install.packages("pastecs")

library("pastecs")

 # 1. Beschreibende Statistiken für alle Spalten im Datenrahmen (Tabelle) Norm anzeigen

stat.desc(Norm)

 # 2. Beschreibende Statistik für Spalte Norm im Datenrahmen (Tabelle) Norm anzeigen

stat.desc(Norm$Norm)

Ausgabe:

1. Alle Spalten der Tabelle Norm sind in der deskriptiven Statistik enthalten (Bild 1.14).

	Gruppe	Norm
nbr.val	NA	1000
nbr.null	NA	0
nbr.na	NA	0
min	NA	85.02608
max	NA	115.6317
range	NA	30.60559
sum	NA	100,354.1
median	NA	100.4036
mean	NA	100.3541
SE.mean	NA	0.1593795
CI.mean	NA	0.3127570
var	NA	25.40182
std.dev	NA	5.040022
coef.var	NA	0.05022239

2. Nur die Spalte Norm in der Tabelle Norm ist in der deskriptiven Statistik enthalten (Bild 1.14)

nbr.val	nbr.null	nbr.na	min	max
1.000000e+03	0.000000e+00	0.000000e+00	8.502608e+01	1.156317e+02
range	sum-	median	mean	SE.mean
3.060559e+01	1.003541e+05	1.004036e+02	1.003541e+02	1.593795e-01
CI.mean.0.95	var	std.dev	coef.var	
3.127570e-01	2.540182e+01	5.040022e+00	5.022239e-02	

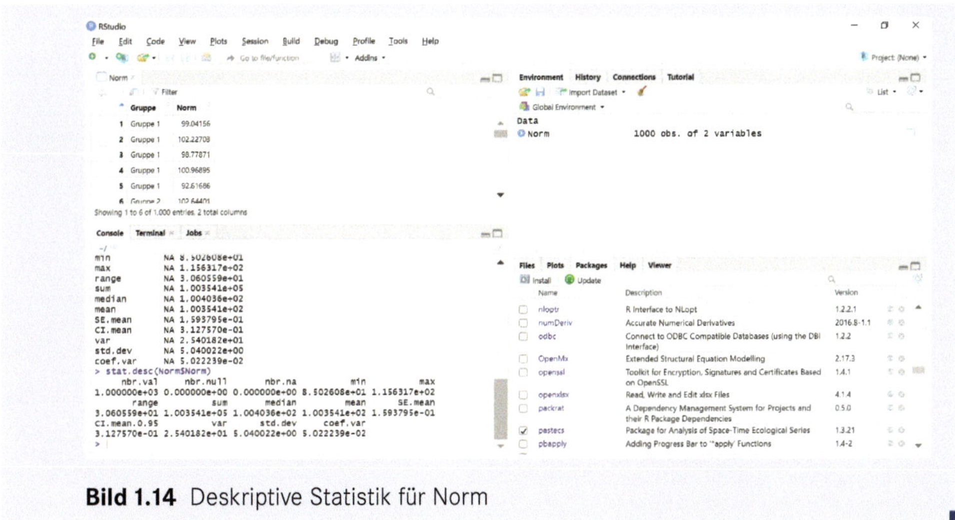

Bild 1.14 Deskriptive Statistik für Norm

Die Ausgabe der deskriptiven Statistik gibt einen Überblick über die Parameter, die den Datensatz beschreiben. Sie ist die grundlegendste Analyse, um Schlussfolgerungen über die zentrale Tendenz, Variation und Form der Verteilung des Datensatzes zu ziehen.

Aufgabe 1.9: Normalitätstest (Shapiro-Wilk-Test) für Norm durchführen

 # Durchführung eines Tests der Normalverteilung der Spalte Norm shapiro.test(Norm$Norm)

shapiro.test(Norm$Norm)

Ausgabe:

Shapiro-Wilk normality test

data: Norm$Norm

W = 0.99896, p-value = 0.8525

Um eine Normalverteilung der Daten annehmen zu können, muss der *p*-Value des Tests größer als 0,05 sein. Daher sagen die Indikatoren des Normalverteilungstests für Norm aus, dass Norm einer Normalverteilung folgt (Bild 1.15), d.h. *p*-value > 0,05.

Aufgabe 1.10: Histogramm für Norm zeichnen

 # Plotten eines Histogramms für Norm

hist(Norm$Norm)

Ausgabe:

Ein Histogramm für Norm wird im Register Plots angezeigt (Bild 1.15).

Da wir gerade bestätigt haben, dass unsere Daten in der Spalte Norm tatsächlich normalverteilt sind, können wir auch die Glockenkurve zum Histogramm hinzufügen.

Bild 1.15 Deskriptive Statistik, Normalverteilungstest und Histogramm für Norm

Aufgabe 1.11: Histogramm für Norm mit Glockenkurve zeichnen

 # Verschieben der Spalte Norm in Variable Norm

Daten <- Norm$Norm

 # Berechnen von Mittelwert und Standardabweichung für Daten

m <- mean(Daten)

std <- sqrt(var(Daten))

 # Darstellen des Histogramms für Norm mit Glockenform in Plots Window

hist(Daten, density=20, breaks=20, xlab="Norm", main="Normalverteilung über Histogramm", cex.main=1.50, cex.lab=1.25, cex.axis=1.00, prob=TRUE,)

curve(dnorm(x, mean=m, sd=std), col="magenta", lwd=2, add=TRUE, yaxt="n")

 # Speichern der Grafik als PDF-Datei in Home Verzeichnis, definiert in Files Window

pdf(file="HistogramAndBell.pdf", width = 10, height = 6) **# Dateiname und Plotgröße in Zoll**

par(mar = c(5, 5, 5, 5)) **# Rand in Zoll (unten, links, oben, rechts)**

hist(Daten, density=20, breaks=20, xlab="Norm", main="Normalverteilung über Histogramm", cex.main=1.50, cex.lab=1.25, cex.axis=1.00, prob=TRUE,)

curve(dnorm(x, mean=m, sd=std), col="magenta", lwd=2, add=TRUE, yaxt="n")

dev.off() **# Abschluss der Ausgabe auf pdf**

Ausgabe:

Ein Histogramm für Norm einschließlich Glockenkurve, die die Normalverteilung darstellt, wird im Register Plots angezeigt (Bild 1.16) und als PDF-Datei gespeichert.

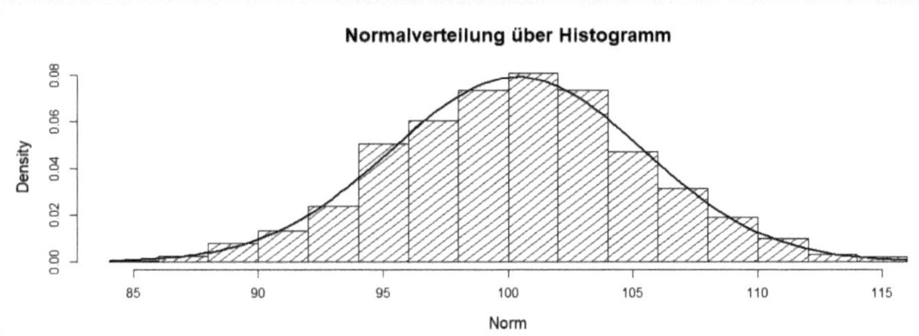

Bild 1.16 Histogramm und Glockenform für Norm

Plots – Export – Copy to Clipboard – Copy Plot macht das Histogramm für die Verwendung in anderen Programmen verfügbar, falls Sie es nicht gespeichert haben. Bild 1.16 wurde auf diese Weise eingefügt.

■

Diese sehr grundlegenden Beispiele zeigen, wie R Studio dabei helfen kann, Analysen und Visualisierungen sehr schnell und mit minimalem Aufwand durchzuführen. Der Shapiro-Wilk-Test auf Normalverteilung existiert in MS Excel nicht und ist daher eine ausgezeichnete Ergänzung zu Ihrer Sammlung von Werkzeugen.

Insbesondere komplexe Datenanalysen wie die explorative Faktoranalyse (EFA), die konfirmatorische Faktoranalyse (CFA), die Strukturgleichungsmodellierung (SEM) und viele weitere recht komplizierte Verfahren können in R Studio mit minimalem Aufwand durchgeführt werden. Es kann sein, dass zusätzliche Pakete (Bibliotheken) geladen werden müssen, um andere Tools verfügbar zu machen. Alle diese Pakete sind zum Download und zur Installation erhältlich.

Die Registerkarte Hilfe bietet Informationen zu gängigen Funktionen und den Paketen, in denen sie sich befinden.

Die genannten Funktionen sind in MS Excel nicht abrufbar und wären in Visual Basic nur sehr schwer zu programmieren. R Studio füllt diese Lücke und bereichert Ihren Werkzeugkasten enorm.

1.6 Was wird bereitgestellt

Zusätzlich zu diesem Buch wird dem Leser eine umfassende Reihe von Hilfsmitteln zur Verfügung gestellt (siehe vorne eingedruckten Code oder die entsprechende Überblicksseite im Anhang). Das sind:

- Alle in den Fallstudien dieses Buches verwendeten Daten werden im Format Microsoft Excel zum Download angeboten.
- Alle Datenanalysen wurden mit Microsoft Excel vorbereitet, teilweise mit den eingebauten Makrosammlungen „Data Analysis Tools“ und R Studio.
- Alle grafischen Analysen wurden entweder mit Microsoft Excel, Microsoft Power BI oder R Studio durchgeführt.

Es gibt eine Vielzahl von Analysesoftware-Paketen. Und die meisten Fälle in diesem Buch können mit jedem dieser Programmpakete analysiert werden. Wir wollen jedoch mit diesem Werk dazu beitragen, dass bekannte und vorhandene Analysewerkzeuge benutzt werden, bevor in neue Software investiert wird. Eine gute Datenanalyse entsteht nicht in erster Linie durch die Verwendung der neuesten Software.

Einen viel größeren Anteil am Erfolg haben Kenntnisse und Erfahrungen der Analysten, die wir mit den folgenden Kapiteln zu erweitern helfen wollen.

Nutzen Sie Microsoft Excel und Power BI für die Datenanalyse und -präsentation in vollem Umfang. Es besteht kein Grund zur Eile zum Kauf zusätzlicher Softwarepakete, wenn MS Excel und Power BI die Anforderungen erfüllen.

Damit sollte es Ihnen, dem Leser, möglich sein, typische Datenanalysefälle Schritt für Schritt, wie im Buch beschrieben, nachzuvollziehen und diese Schritte für Ihre eigenen Datenanalysefälle anzupassen.

1.7 Welche Fallbeispiele sollte ich studieren?

Die Fallbeispiele in diesem Buch verwenden unterschiedliche Werkzeuge für die Datenanalyse. Wenn Sie mit Excel beginnen möchten, bieten sich folgende Kapitel an:

- Welcher Anbieter hat die bessere Produktqualität?
- Warum zahlt die Finanzabteilung unsere Verkäufer verspätet aus?
- Ist unsere Personalstärke angemessen?

In den genannten Kapiteln wird vorzugsweise MS Excel für die Datenaufbereitung und -analyse eingesetzt. Dabei helfen die in MS Excel eingebetteten Datenanalysefunktionen.

Wenn Sie zusätzlich zu MS Excel auch MS Power BI ausprobieren möchten, um Ihre Daten darzustellen und daraus interessante und informative Dashboards zu erstellen, sind folgende Kapitel empfehlenswert:

- Wie erstellt man ein Dashboard zur Patientenzufriedenheit?
- Was beeinflusst das innovative Arbeitsverhalten unserer Mitarbeiter?

Nachdem Sie sich mit den genannten Beispielen in die Datenanalyse eingearbeitet haben, werden Sie vielleicht Ihren Werkzeugkasten und damit Ihr Wissen mit einer weiteren Analyseumgebung ergänzen wollen. Die Grundlagen der Programmiersprache R und der Entwicklungsumgebung R Studio sind recht mühelos zu erlernen. Es ist nicht wirklich erforderlich, Programmierschritte zu erstellen, sondern einfach die Befehle einzugeben, die wir für Sie vorbereitet und getestet haben. Sie werden dann leicht feststellen, dass in vielen Situationen R schneller zum Ziel führt, als das MS Excel kann. Viele R-Funktionen existieren in MS Excel nicht oder können nur umständlich erstellt werden. Anwendungsbeispiele dafür finden Sie in diesen Kapiteln:

- Toll, wir haben uns verbessert ... Oder nicht?
- Was treibt unsere Patientenzufriedenheit an?
- Wie erstellt man ein Dashboard zur Patientenzufriedenheit?
- Warum verschwenden wir kostbares Blut?
- Was bedeutet das Ergebnis unserer Umfrage zur Mitarbeiterzufriedenheit?
- Was treibt unsere Mitarbeiter aus dem Unternehmen?
- Bessere Entscheidungen treffen – Wissen um das Risiko, falsch zu liegen

Teil I: Einführung in Data Science und Datenanalytik

„Nicht die Stärksten überleben, sondern die, die sich am schnellsten anpassen können."

Charles Darwin

Datenanalytik ist keine neue Wissenschaft. Es ist ein altes Fachgebiet, das es neu zu entdecken gilt, um aus den verfügbaren Daten schnell und effizient für die Organisation nützliche Informationen gewinnen zu können.

In diesem Teil werden die unterschiedlichen Komponenten von Data Science und Datenanalytik sowie jede einzelne Phase vom Geschäftsproblem bis zur datenbasierten Schlussfolgerung erläutert. Außerdem werden einige der wichtigsten grafischen und statistischen Werkzeuge für verschiedene Datentyp-Konstellationen vorgestellt.

Ferner diskutieren wir die Kompetenzen, die ein Datenanalyst sowie ein Manager haben sollten, um mit der Entwicklung in den Datenwissenschaften Schritt halten zu können.

Inhalt

- Komponenten der Datenanalytik
- Data Science, Big Data, Datenanalytik und künstliche Intelligenz
- Phasen der Datenanalytik – Ablauf eines Analytik-Projektes
- Kompetenzen eines Datenanalysten
- Kompetenzen eines Managers

Höhepunkte

Nachdem Sie diesen Teil abgeschlossen haben, werden Sie in der Lage sein, ...

- zwischen Data Science, Datenanalytik, künstlicher Intelligenz und Big Data zu unterscheiden,
- den typischen Ablauf eines Datenanalytik-Projektes zu beschreiben,
- Aufbau und Ausbau von Datenanalytik-Kompetenzen zu planen und umzusetzen.

2 Data Science und Datenanalytik

2.1 Komponenten der Datenanalytik

Die Datenanalytik ist eine übergreifende Disziplin, die das gesamte Datenmanagement einschließlich der Sammlung, Validierung, Bereinigung, Organisation, Speicherung und Analyse von Daten umfasst. Die Datenanalytik ist ein Prozess, bei dem die Komponenten eines bestimmten Datensatzes im Detail untersucht, herausgetrennt und die Teile einzeln und in ihrer Beziehung zueinander untersucht werden. Die Datenanalyse als solche ist eine Phase der Datenanalytik. Die gesamte Datenanalytik und insbesondere die Phase der Datenanalyse werden verwendet, um Muster, Trends und Anomalien aufzudecken, die in den Daten enthalten sind, und so die Erkenntnisse liefern, die Unternehmen benötigen, um eine evidenzbasierte Entscheidungsfindung zu ermöglichen. Vereinfacht ausgedrückt, betrachtet die Datenanalyse die Vergangenheit, während die Datenanalytik versucht, auch die Zukunft vorherzusagen (Xia, 2014).

Die Datenanalytik umfasst die folgenden Hauptkomponenten:

- Die *deskriptive Analytik* (Post-Mortem-Analyse) bietet eine Zusammenfassung der historischen Daten, um nützliche Informationen für organisationsrelevante Schlussfolgerungen zu generieren. Sie liefert Ursache-Wirkung-Zusammenhänge für vergangene Ereignisse.
- Die *prädiktive Analytik* gewährt eine Zusammenfassung historischer Zahlen, um Muster in Daten zu verstehen, mit dem Ziel, Vorhersagen über zukünftige Ereignisse zu erstellen. Die prädiktive Analytik basiert auf der deskriptiven Analytik.
- Die *präskriptive Analytik* basiert auf diesen Vorhersagen und den zugrunde liegenden Ursachen. Die präskriptive Analytik hilft, Maßnahmen vorzuschlagen und ihren potenziellen Nutzen zu bewerten. Die präskriptive Analytik wird oft als integraler Bestandteil der prädiktiven Analytik behandelt.
- Die *Textanalytik* verwendet statistische und nichtstatistische Methoden, um nützliche Informationen und Schlussfolgerungen aus unstrukturierten Daten aus Textquellen zu extrahieren.

Es gibt nicht nur eine Bewegung von der sogenannten „Big Data"-Analyse hin zur Analyse jeglicher Art von Daten, sondern es gibt auch einen gesunden Trend zur Einbeziehung aller Managementebenen und sogar der Mitarbeiter in dieses nicht so neue Gebiet des Informationsmanagements. Fortschrittliche Manager sind mit den verfügbaren Daten und mit Trends, Verschiebungen oder anderen Mustern in ihren Daten vertraut und ziehen daraus die nötigen Schlussfolgerungen für ihre Organisation.

Das frühere Spezialgebiet der Datenanalytik gewinnt unter allen Managern einer Organisation an Popularität. Es ist daher an der Zeit, dafür zu sorgen, dass die richtigen Daten in geeigneter Weise erhoben, gesichtet, organisiert und mit erprobten Instrumenten analysiert werden, um Erkenntnisse zu gewinnen, die Organisationen für ihre Entscheidungsfindung benötigen.

2.2 Big Data und ihre Beziehung zur Datenanalytik

Big Data beschreibt Datensätze, die so umfangreich und komplex sind, dass herkömmliche Datenverarbeitungsprogramme sie nicht verarbeiten können. Big Data wird definiert durch seine drei Vs: Volumen, Geschwindigkeit (velocity), Vielfalt (Russom, 2011).

Zu Beginn der 2000er-Jahre stellten große Datenmengen für Organisationen ein ernstes Problem dar. Einerseits nahm die Menge der verfügbaren Daten exponentiell zu. Auf der anderen Seite konnten CPU-Geschwindigkeit und Speicherkapazität nicht mit der vorhandenen Datenmenge Schritt halten. Zu dieser Zeit war der Umgang mit großen Daten einigen wenigen Unternehmen und Organisationen vorbehalten, die auf die Analyse von Daten angewiesen waren, um im Geschäft zu bleiben.

Wie groß ist Big Data? Hier sind einige Beispiele für Daten, die **pro Minute** erstellt oder verwendet werden (Data Never Sleeps 7.0, 2020):

- 511 000 auf Twitter gesendete Tweets,
- 694 444 Stunden Video über Netflix angeschaut,
- 4 500 000 Videos, die von Benutzern auf YouTube angesehen wurden,
- 4 500 000 Suchanfragen bei Google durchgeführt,
- 18 100 000 Nachrichten werden gesendet.

Insgesamt schätzt man, dass die weltweit gespeicherten Informationen im Jahr 2020 etwa 40 Zetabyte übersteigen werden (NodeGraph, 2020). Das sind 40 mal

1000^7 Bytes oder 40×10^{21} Bytes. Es ist ziemlich schwer, sich diese Art von Zahl vorzustellen. Im Jahr 2010 bewertete Google die Gesamtzahl der jemals veröffentlichten Bücher auf 129 Millionen. Unter bestimmten Annahmen würden diese Bücher bequem auf eine Festplatte mit einer Kapazität von etwa 60 Terrabyte passen. Dies würde alle Bücher einbeziehen, einschließlich der philosophischen Lehren Platons, von denen wir immer profitieren werden, jener wissenschaftlichen Bücher von Albert Einstein, die die Physik veränderten, der Reden von John F. Kennedy, an die sich die Welt immer noch erinnert, und all der selbstdarstellenden Autobiografien, die die Menschheit sicherlich nicht braucht. All das befindet sich auf einem Speicher, den einige von uns zu Hause und zweifellos in der Firma haben.

Die weltweit gespeicherte Informationsmenge im Jahr 2020 ist etwa 670 Millionen Mal so groß wie die Information aller jemals veröffentlichten Bücher. ■

Das wirkt riesig und klingt nach großen technologischen Errungenschaften der Menschheit. Um all diese Daten zu speichern, wurden auf der ganzen Welt riesige Serverfarmen aufgebaut. Diese Server müssen mit Strom versorgt werden. Es wird geschätzt, dass allein das Internet in 2020 mehr als 10% der Weltenergie verbraucht (Jensen, 2019). Und all diese Zahlen nehmen schnell zu. Wenn man bedenkt, dass nur etwa 20% des gesamten Energieverbrauchs von Rechenzentren aus erneuerbaren Quellen stammen – für 80% entziehen wir unseren natürlichen Ressourcen immer noch massiv Energie – muss diese Leistung in einem anderen Licht betrachtet werden.

Die Natur kann es viel besser

Wie geht die Natur mit der Aufgabe der Datenspeicherung um? Die Information, die alle Arten von Leben auf der Erde organisiert, ist die DNA, der Bauplan für jede Form von Leben, vom kleinsten Virus bis zum menschlichen Körper. Eine vollständige menschliche DNA ist ziemlich komplex und besteht aus etwa 1,5 Gigabyte an Informationen. Die DNA eines Virus trägt mit einigen Megabyte drastisch weniger Informationen, da sie nicht das Design einer Nase, der Beine oder die Farbe der Augen speichern muss. Die menschliche DNA wird durch Mutter Natur laufend kopiert und in jeder einzelnen Zelle unseres Körpers gespeichert, von der Haarzelle bis zur Blutzelle.

Unser menschlicher Körper hat im Durchschnitt etwa 30 Billionen Zellen (Falck, 2018). Dany de Vito hat wahrscheinlich weniger, während Arnold Schwarzenegger mehr als der Durchschnitt haben sollte. Wir werden das nie genau wissen.

Wenn man bedenkt, dass jede einzelne Zelle im Körper den kompletten Bauplan, die komplette DNA für den ganzen Körper trägt, können wir einfach unseren DNA-Speicher von 1,5 Gigabyte ($1{,}5 \times 10^9$) mit 30 Billionen (30×10^{12}) Zellen multiplizieren, um zu einer Gesamtkapazität des Datenspeichers des menschlichen Körpers von 45×10^{21} Byte oder 45 Zetabyte zu gelangen.

Wie gezeigt, handelt es sich dabei in etwa um die gleiche Datenmenge, wie die aggregierten Informationen aller jemals von der Menschheit erstellten und auf Tausenden von Servern weltweit gespeicherten Daten. Mutter Natur kann all dies in einem menschlichen Körper unterbringen.

Die Energie, die benötigt wird, um diesen räumlich kleinen Datenspeicher mit dieser riesigen Kapazität am Laufen zu halten, wird aus drei gesunden Mahlzeiten pro Tag gewonnen, die vollständig aus erneuerbaren Ressourcen hergestellt werden.

Der menschliche Körper kann andere Aufgaben erfüllen, die über die Speicherung hinausgehen. Zum Beispiel verfügt der Mensch über extrem gute Sensoren zur Datenerfassung, und er kann Befehle unmittelbar auf Aktoren, die Muskeln, weiterleiten. Mit deren Hilfe kann er sich selbst bewegen, er kann laufen und sogar tanzen.

In Anbetracht all dessen sollten wir bescheiden sein. Mit dem, was wir Big Data nennen, geht die Natur seit Millionen von Jahren sehr erfolgreich um. ■

Die verfügbaren Informationen enthalten oftmals wichtige Details über unsere Kunden und deren Kaufverhalten; oder über unsere Wettbewerber und deren Angebote; über potenzielle Neueinstellungen und deren Social-Media-Profile und viele andere Aspekte des persönlichen und geschäftlichen Lebens. Ein großer Teil dieser Informationen steht uns zum Abruf zur Verfügung – kostenlos oder gegen eine angemessene Gebühr.

Es ist eine Frage der Zeit, ob diese Informationen unter die Kategorie „Big Data" fallen. Wenn dies heute so ist, dann vielleicht nicht morgen und sicher nicht übermorgen. Immer mehr Organisationen und sogar Privathaushalte können auf Computer mit riesigen Datenspeicher- und Datenverarbeitungskapazitäten zurückgreifen, sei es durch die Installation von Hard- und Software im eigenen Haus oder durch den Zugriff auf externe Kapazitäten.

Aus diesem Grund haben immer mehr Unternehmen die Mittel und sehen die Notwendigkeit, Daten über ihre Kunden und Konkurrenten, über ihr Betriebsumfeld und über alle Aspekte ihrer Belegschaft zu sammeln. Diese Organisationen erweitern den Umfang ihrer Datenanalytik-Tätigkeiten und bauen die dafür erforderlichen Fähigkeiten auf und aus.

Obwohl Big Data einige spezifische Merkmale aufweist, die für die Erfassung, Bereinigung und Umwandlung der Daten eine spezielle Ausrüstung erfordern können, gelten die im Buch aufgezeigten Regeln und Arbeitsmittel für die Datenanalytik für Big Data gleichermaßen.

2.3 Voraussetzung für Data Science und künstliche Intelligenz

Es gibt viele Begriffe, die auftauchen, wenn es um den Umgang mit Daten geht. Neben „großen Daten“ gibt es Begriffe wie „Data Science“ (Datenwissenschaft), „Data Mining“, „künstliche Intelligenz“, „maschinelles Lernen“, „Tiefenlernen“, „Mustererkennung“, „neuronale Netze“ usw. Hier ist ein Versuch zur Disambiguierung.

Wenn Data Science (Datenwissenschaften) ein Zuhause für alle Methoden und Werkzeuge ist, dann ist die Datenanalytik ein Raum in diesem Haus. Die Datenanalytik ist spezifischer und konzentrierter als Data Science (Springboard India, 2019). Datenanalytiker untersuchen Datensätze, um Trends zu erkennen, Diagramme zu entwickeln und visuelle Präsentationen zu erstellen, mit denen Unternehmen Strategie, Aufbau und Abläufe optimieren können. Datenwissenschaftler (Data Scientists) hingegen entwerfen und konstruieren neue Prozesse für die Datenmodellierung und -produktion mithilfe von Prototypen, Algorithmen, prädiktiven Modellen und kundenspezifischen Analysen (Burnham, 2020). Daher ist die Datenanalytik die Grundlage für die Datenwissenschaft, für Data Science.

Bild 2.1 Bausteine der künstlichen Intelligenz

Die künstliche Intelligenz (KI) wird durch maschinelles und tiefes Lernen und viele andere Bereiche angetrieben. Künstliche Intelligenz basiert auf vielen Disziplinen, die Teil der Datenwissenschaft und damit oftmals der Datenanalytik sind (Bild 2.1).

Es ist zwar schwierig, zwischen Data Science und Datenanalytik zu trennen, aber man kann mit Sicherheit sagen, dass der Erwerb von Datenanalytik-Fähigkeiten auf das Erlernen und Tätigkeiten in allen verwandten Gebieten vorbereitet. Ohne Datenanalytik können diese nicht verstanden werden und nicht funktionieren.

In diesem Buch werden zum überwiegenden Teil Methoden der Datenanalytik besprochen, die Bestandteil von Data Science sind. Daher sind beide Begriffe für die betrachteten Fälle austauschbar und werden auch so behandelt.

Amazons Alexa – Eine Einführung in die künstliche Intelligenz

Die scheinbar einfachste KI-Lösung ist Ihre Alexa zu Hause. Damit dieses kleine Gerät, das tut, was es tut, muss es mit den sogenannten Big Data, dem Internet, verbunden sein. Wenn Alexa eine Standardfrage beantworten muss, die von einer ihr bekannten Stimme gestellt wird, geht das sehr schnell, denn die Übersetzung der empfangenen Schallwellen in nützliche Informationen folgt einem Muster, das Alexa zuvor gelernt hat. Und die Antwort auf eine solche Frage kann sehr schnell heruntergeladen werden, weil Amazons Suchmaschinen diese Frage bereits kennen und sie für den schnellen Zugriff bereitgestellt haben.

Wenn Alexa eine Frage beantworten muss, die noch niemand zuvor gestellt hat, braucht Alexa einige Sekunden, um alle verfügbaren Quellen zu durchsuchen, die eine Antwort auf diese Frage haben könnten. Bevor eine Suche beginnen kann, muss Alexa Schallwellen empfangen und diese Schallwellen in nützliche Informationen umwandeln. Wenn Alexa einem menschlichen Sprecher mit einem nicht bekannten und schwer verständlichen Dialekt ausgesetzt ist, kann es sein, dass es – zunächst – nicht funktioniert. Alexa muss den neuen Dialekt mit der Zeit lernen. Und Sie werden sehen, dass Alexa besser und schneller wird.

Irgendwo in den Rechenzentren von Amazon wird die neue Frage erkannt, untersucht und mit der Antwort gespeichert, die vom Hörer akzeptiert wurde. Da diese Frage nur einmal gestellt wurde, erhält sie möglicherweise keine hohe Priorität. Die Maschinen werden jedoch erfahren, dass Interesse an einem neuen Thema besteht. Allein dies wird weitere Aktionen auslösen.

Diese durch eine Frage an Alexa von Ihnen ausgelösten Aktivitäten sind Teil des Bereichs der künstlichen Intelligenz, der das Lernen aus den empfangenen Daten und die Verbesserung der Algorithmen im Laufe der Zeit umfasst. Aktivitäten zur Aufnahme von Sprachdaten und deren Übersetzung in maschinenverwertbare Information fallen in den Bereich der Datenwissenschaft, während unterwegs durchgeführte Analysen durch Datenanalytik-Tools abgedeckt werden.

■

Übung

Nachdem Sie diesen Teil abgeschlossen haben, können Sie die folgenden Fragen beantworten:

- Was sind die Hauptbestandteile der Datenanalytik?
- Was sind die Merkmale von Big Data? Was sind die drei V?
- Wie ist die Beziehung zwischen künstlicher Intelligenz, Datenwissenschaft und Datenanalytik?

■

3 Phasen von Data Science und Datenanalytik

An der Universität haben wir uns höchstwahrscheinlich bereits mit Datenanalytik beschäftigt und die Ableitung und Details der Datenanalyse-Tools erklärt bekommen. Zum Beispiel lernten viele von uns alles über den *t*-Test, einschließlich seiner *t*-Verteilung, des *t*-Wertes, des *p*-Wertes usw. Die interessanteste Tatsache schien seine Herkunft von der Guinness-Brauerei und dem Studenten William Gossett zu sein, der ihn entwickelt hat, was der Grund dafür war, dass er nicht unter seinem richtigen Namen, sondern unter dem Namen Student veröffentlichen durfte. Deshalb heißt der Test seither Student-Test.

Die Anwendungsbeispiele waren recht schwach, sodass viele die Universität mit der Einstellung verließen, in Zukunft Statistiken zu vermeiden, weil es offensichtlich nicht viel praktische Anwendung gibt.

Die Grundlagen der Statistik stellen eine Kompetenz dar, deren alleiniges Wissen den Datenanalytiker nicht sehr weit bringen wird. Ein guter Statistiker ist nicht unbedingt ein guter Datenanalytiker. Im Gegenteil, von den fünf Phasen eines jeden Datenanalytik-Projektes (Bild 3.1) ist der Datenanalyse-Schritt, d.h. die Anwendung der grafischen und statistischen Instrumente, sehr oft der einfachere. Oftmals sind größere Aufwendungen erforderlich, um Daten zu erfassen und diese für die Analyse vorzubereiten. Wenn die Daten sauber und validiert im entsprechenden Format bereitstehen, ist die Analyse eine eher weniger zeitaufwendige Aktivität.

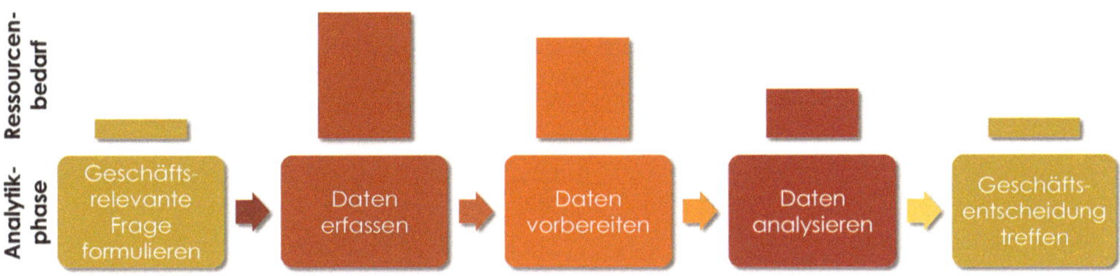

Bild 3.1 Phasen der Datenanalytik während der Bearbeitung eines Datenanalytik-Falles

Im Folgenden werden die fünf Phasen der Datenanalytik erläutert. Diese Phasen werden in den Anwendungsfällen dieses Buches betrachtet.

3.1 Geschäftsrelevante Frage formulieren

Der erfolgversprechende Auslöser für die Datenanalytik sollte eine geschäftsrelevante Frage sein wie „Warum vernichten wir mehr von unserem kostbaren gesammelten Blut als in vielen anderen Blutbanken?“

Diese Frage hängt mit Prozesseffizienz zusammen. Und sie vermittelt auch die Botschaft, mehr Ressourcen als wahrscheinlich notwendig auszugeben. Dies ist für das Management sicher von Interesse.

Im ersten Schritt muss dieses geschäftsbezogene Thema klar identifiziert werden. Und es muss in einen Indikator übersetzt werden, einen KPI, der das Thema messbar macht. Besser noch, dieser Indikator befindet sich auf der Scorecard oder dem Dashboard der Managementmitglieder, d. h., er ist für jemanden von Bedeutung.

Diese Übersetzung der geschäftlichen Fragen oder Probleme in ein Datenanalytik-Problem sollte von der Unternehmensleitung vorgenommen werden.

Oft scheitern Datenanalytik-Aufgaben bereits am Anfang an einem der folgenden Fehler, bevor ein zufriedenstellendes Ergebnis erzielt werden kann:

- Der die Aufgabe zur Datenanalytik formulierende Manager versteht die Grundlagen der Datenanalytik nicht.
- Der mit der Analyse der Daten beauftragte Statistiker ist mit dem Geschäft nicht vertraut.

Für ein erfolgreiches Datenanalytik-Projekt sind daher beide Kompetenzen erforderlich. Am besten ist es, wenn sie in der gleichen Person vereint sind.

Ziel dieses Schrittes ist es, eine wichtige Geschäftsfrage in eine datenbezogene Frage oder Hypothese zu übersetzen (Tabelle 3.1).

Tabelle 3.1 Übersetzung der Geschäftsfrage in eine Datenanalytik-Frage

Geschäftsrelevante Frage	Datenanalytik-Frage
▪ Warum verschwenden wir kostbare Blutprodukte? ▪ Wie können wir die Verschwendung reduzieren?	▪ Vernichten wir wirklich mehr Blutprodukte als andere Blutbanken? Was ist der signifikante Unterschied? ▪ Was sind die Ursachen für die hohe Verschwendung? ▪ Können wir die zugrunde liegenden Ursachen bearbeiten, um die Verschwendung zu verringern?

Geschäftsrelevante Frage	Datenanalytik-Frage
▪ Hat sich die Bewertung in der Mitarbeiterumfrage nach unseren Investitionen im letzten Jahr verbessert?	▪ Gibt es einen signifikanten Unterschied zwischen dem Ergebnis der Mitarbeiterumfrage in diesem Jahr im Vergleich zum Vorjahr?
▪ Warum brauchen wir so lange, um über Innovationsideen zu entscheiden?	▪ Wie lange ist die Bearbeitungszeit für die Entscheidung über unsere Innovationsideen? ▪ Wie hoch ist der Prozentsatz der Ideen, die nach Ablauf der Zielzeit angenommen oder abgelehnt werden? ▪ Was sind die Treiber für lange Durchlaufzeiten?

3.2 Daten erfassen

Es gibt eine Vielzahl von Möglichkeiten, Daten zur Beantwortung der Datenanalytik-Frage zu sammeln. Und es sind keine ausgeklügelten Werkzeuge oder teure Hard- und Software erforderlich, um diese Daten zur Analyse auf Ihren Computer zu bekommen. MS Excel und MS Power BI allein verfügen über leistungsfähige Datenerfassungsschnittstellen, die sowohl in öffentlich zugängliche Datenquellen als auch in Server mit unterschiedlicher Struktur hineinreichen können. Eine Schnittstelle für den Server Ihrer Organisation gehört sicher dazu.

Wie Bild 3.2 zeigt, ermöglichen MS Excel und MS Power BI das Hochladen von Daten aus mehreren Dateitypen, wie z. B. aus Text/CSV-Dateien, aus R- und Python-Scripts usw. Zusätzlich können Daten aus internen und externen Datenbanken heruntergeladen werden, sei es aus MS Access, SQL oder MySQL oder sei es von Amazon, IBM, SAP, MS Azure, Salesforce, Google. Dazu gehören Big-Data-Dateien auf Computernetzwerken im Hadoop-Format und andere. Darüber hinaus können Daten von fast jeder Website wie Wikipedia, Facebook, LinkedIn, EU Open Data Portal, Amt für Statistik und vielen anderen heruntergeladen werden. Es gibt praktisch keine Einschränkungen.

MS Excel und MS Power BI und viele andere Programmpakete ermöglichen nicht nur das Herunterladen von Daten aus den genannten und vielen anderen Quellen. Sie gestatten auch, einen „heißen Link“ zu installieren, d. h., sobald die Zieldatei in MS Excel oder MS Power BI aktualisiert wird, werden die aktualisierten Daten aus der Quelldatei neu geladen und aktualisiert. Dadurch wird sichergestellt, dass die Daten auf dem Computer immer auf dem neuesten Stand sind.

Auf dem Internet veröffentlichte Daten sind nicht zwangsläufig korrekt. Verwenden Sie nur Daten aus vertrauenswürdigen Quellen. ▪

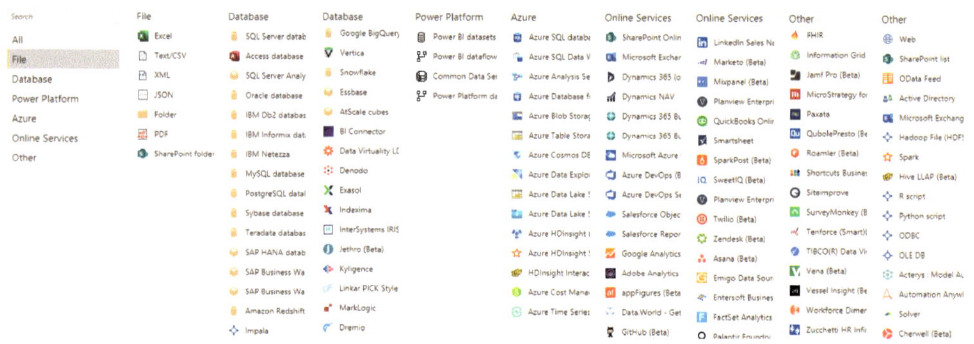

Bild 3.2 MS Excel und MS Power BI bieten leistungsfähige Schnittstellen für die Datenerfassung

In der Regel ist es notwendig, die Methode der Datenerhebung zu validieren, um nützliche Daten für die Analyse sicherzustellen, d. h. Daten, die repräsentativ, reproduzierbar und genau genug sind, um ausreichende Informationen für die Beantwortung der geschäftsrelevanten Frage zu liefern. Es gibt statistische Instrumente, die dabei helfen, potenzielle Probleme innerhalb des Datenerhebungsprozesses zu identifizieren.

Eine Datenstichprobe ist eine Teilmenge von Daten, die aus einer größeren Datenpopulation mit dem Ziel ausgewählt wird, die Merkmale der Population genau widerzuspiegeln. Anstatt die Daten der Gesamtpopulation zu erfassen, werden häufig Stichproben gezogen, um den Zeit- und Arbeitsaufwand für die Datenerhebung zu reduzieren. Eine Stichprobe ist dann repräsentativ, wenn jede Einheit der Population eine Chance hat, Teil der Stichprobe zu sein.

Wenn Sie z. B. den Personalbestand, die Anzahl der Call-Agenten, die für jeden Wochentag und jedes Zeitfenster im Callcenter eingesetzt werden müssen, vorhersagen möchten, müssen Sie entweder alle Anrufdaten für einige Wochen für jedes Zeitfenster des Betriebs haben. Oder Sie benötigen eine Stichprobe, die den gleichen Zeitraum abdeckt. Wenn die Anzahl der Anrufe in der Regel zu Beginn eines jeden Monats steigt, müssen Sie sicherstellen, dass Sie über historische Daten für einige Monate verfügen. Kurz gesagt umfasst eine repräsentative Stichprobe alle bekannten Variationen in den Daten von Interesse.

Wenn Sie den Personalbestand für eine Finanzabteilung auf der Grundlage von Volumendaten für Rechnungen, Zahlungen, Berichte usw. planen möchten und Sie wissen, dass deren arbeitsreiche Zeit Ende November beginnt, müssen Sie sicherstellen, dass Ihr Datensatz diesen Zeitraum umfasst. ■

Die Datenerfassungsmethode muss reproduzierbar sein. Nicht nur, aber vor allem im Dienstleistungsbereich werden bei der Datenerfassung oft subjektive Methoden verwendet. Die Daten werden mittels Auswertung durch Mitarbeiter, die Prüfer, erzeugt. Um aussagekräftige Analyseergebnisse zu generieren, müssen wir sicherstellen, dass alle Mitarbeiter das gleiche Verständnis von der operationellen Definition haben, also davon, was „ok“ und was „defekt“ ist.

In der Blutbank wird die Bewertung der Qualität eines der Endprodukte, des Beutels mit Blutplättchen, von einem Bediener vorgenommen, nachdem alle Labortests günstige Ergebnisse gezeigt haben. Es ist notwendig, dass alle Bediener die gleiche Auffassung von der operationellen Definition haben, um sicherzustellen, dass sie bei der Beurteilung desselben Blutbeutels reproduzierbare Ergebnisse liefern, das heißt, zum gleichen Ergebnis gelangen. ■

Die Datenerfassung muss genaue Ergebnisse liefern, d. h., es müssen nicht nur alle Prüfer über das Ergebnis übereinstimmen. Sie müssen auch allen festgelegten Standards und Schwellenwerten entsprechen.

Wie bereits erwähnt, gibt es zusätzlich zu den traditionellen Methoden der Datenerhebung sehr interessante neue Möglichkeiten, mit geringem Aufwand auf verfügbare Daten zuzugreifen. Mit MS Excel, MS Power BI und R können Sie Ihren Computer mit jedem beliebigen Datensatz (HTML-Datentabelle) auf Wikipedia, Facebook, LinkedIn usw. verknüpfen (Bild 1.3). Sie können diese Verknüpfung dynamisch gestalten, d. h. die Daten auf Ihrem Computer bei jeder Erneuerung des Online-Datensatzes aktualisieren.

Denken Sie jedoch daran, dass selbst die Herkunft von sogenannten glaubwürdigen Datenquellen keine Garantie dafür ist, dass die Daten repräsentativ, reproduzierbar und genau sind, d. h. hilfreich für das, was Sie analysieren möchten.

Wenn Daten im Internet veröffentlicht werden, bedeutet dies nicht automatisch, dass Sie diesen Daten vertrauen können. Validieren Sie diese Daten oder validieren Sie die Quelle, bevor Sie sie verwenden. ■

■ 3.3 Daten vorbereiten

Selbst wenn sich die Methode der Datenerhebung bewährt hat und das Instrument statistisch validiert ist, kann es sein, dass die Daten nicht nützlich sind.

Bei Umfragen zum Beispiel geben einige Umfrageteilnehmer möglicherweise keinen sinnvollen Input. Das könnte daran liegen, dass sie zur Teilnahme an der Umfrage entweder gezwungen oder angeregt wurden. Im Allgemeinen können wir davon ausgehen, dass sie nicht daran interessiert waren. Es kann daher sein, dass sie einen gültigen Input zu einem gut etablierten Fragebogen geliefert haben, aber der Input ist möglicherweise nicht nützlich. Oder schlimmer noch, der Input könnte die folgenden Analyseschritte beeinflussen und die Ergebnisse verfälschen. Solche Eingaben könnten zufällige Bewertungszahlen sein oder dieselben Bewertungszahlen für alle Fragen oder Aussagen.

Daher ist eine Datenaufbereitung notwendig, um solche Eingaben zu finden und zu eliminieren und nur Daten in die Analyse einzuspeisen, die einen Nutzen bieten.

Blood Bag ID	Result	Date	DOW	Centrifuge Type	1st Spin Time - Start	Resting Time Before Pro	Resting Time - Start	Resting Time - End	Resting Time After Pro
64988	ok	14 Nov 2019	Thu	G9	14:35	264	16:30	18:00	90
64989	ok	14 Nov 2019	Thu	G9	14:35	256	16:30	18:00	90
64990	ok	14 Nov 2019	Thu	H10	14:40	218	16:30	18:00	90
64991	ok	14 Nov 2019	Thu	G9	14:35	204	16:30	18:00	90
64992	ok	14 Nov 2019	Thu	G9	14:35	201	16:30	18:00	90
64993	ok	14 Nov 2019	Thu	H10	14:40	220	16:30	18:00	90
64994	ok	14 Nov 2019	Thu	H10	14:40	222	16:30	18:00	90
64995	ok	14 Nov 2019	Thu	H10	14:40	195	16:30	18:00	90

Bild 3.3 Datentabelle vor der Neuformatierung

Zur Datenaufbereitung gehört auch die Formatierung der Daten, sodass sie von der bevorzugten Analysesoftware verwendet werden können. In den meisten Fällen sind die von einem System heruntergeladenen Daten nicht im richtigen Format, um in die Software, z. B. Excel, eingespeist zu werden. In der Regel können Daten jedoch reorganisiert, neu formatiert oder transformiert werden, sodass die Software damit umgehen kann. Eine perfekt formatierte Datentabelle ist in Bild 3.4 dargestellt.

Einige Analysewerkzeuge wie die ANOVA und andere Hypothesentests benötigen gestapelte Daten, einige andere Werkzeuge wie die Regressionsanalyse arbeiten mit nicht gestapelten Daten, einige Werkzeuge wie die deskriptive Statistik arbeiten mit beiden Anordnungen. Nicht gestapelte Daten werden auch als „kurze Daten" bezeichnet, weil die Informationen für verschiedene Indikatoren in Spalten nebeneinander angeordnet sind. Gestapelte Daten werden auch als „lange Daten" bezeichnet, weil die Informationen für verschiedene Indikatoren in derselben Spalte organisiert sind, während der Name des Indikators in einer Spalte daneben steht.

Das Stapeln oder Entstapeln von Daten kann ein notwendiger Schritt in jeder Datenanalytik sein.

Tabelle 3.2 Regeln für die Formatierung von Datentabellen

Regeln für die Formatierung von Datentabellen
Vermeiden Sie aggregierte Daten. Wenn möglich, erfassen Sie die Rohdaten in einer einfachen Tabelle (Bild 3.4).
Eine Tabelle mit Daten zur Analyse zeigt normalerweise Variablen, die in Tabellenspalten organisiert sind, während in Tabellenzeilen Datensätze angezeigt werden, d. h. Datensätze, die zu derselben Einheit gehören. In der gezeigten Tabelle markiert die Blutbeutel-ID (Blood Bag ID) die Zeile mit allen Daten, die für diesen Blutbeutel gesammelt wurden.

Regeln für die Formatierung von Datentabellen

Stellen Sie sicher, dass Ihre Daten für jede Einheit eine ID-Nummer haben. Dies ermöglicht Lookup-Links zu anderen Tabellen. Außerdem hilft es bei der Anonymisierung der Daten.

Datentabellen für die Analyse sollten keine persönlichen Daten enthalten. Erstens ist dies in vielen Ländern gesetzlich geregelt. Zweitens könnte die Offenlegung von Namen gegenüber dem Analysten zu einer Verzerrung während der Analyse führen. Anonymisieren Sie Ihre Daten.

Stellen Sie sicher, dass Ihre Tabelle nur eine Kopfzeile hat. Die meisten Programme würden automatisch die komplette Tabelle auswählen, auch wenn mehrere Kopfzeilen vorhanden sind. Wenn die Software mehrere Kopfzeilen nicht zulässt, zeigt sie während der Analyse Fehlermeldungen an.

Verwenden Sie einfache, kurze Überschriften, d. h. Namen für Variablen. Analysesoftware kann lange Variablennamen nach einer bestimmten Anzahl von Zeichen abschneiden. Es kann schwierig sein, sie im Analyseergebnis zu unterscheiden.

Es könnte von Vorteil sein, keine Leerzeichen in den Variablennamen, d. h. in den Kopfzeilen, zu haben. Auf diese Weise liefert manche Analysesoftware Ausgaben, die leichter zu lesen sind.

Stellen Sie sicher, dass alle Daten in der gleichen Spalte das gleiche Format haben. Insbesondere MS Excel erlaubt es, das Datum „14 Nov 2019" in unserer Tabelle als Datum oder als Text zu speichern. Beide Formate können genau gleich aussehen. Eine Analyse mit dieser Spalte wird dann jedoch nicht funktionieren. Es zahlt sich aus, von Beginn der Datensammlung an sehr vorsichtig zu sein. Diese Art von Fehler ist nicht leicht zu finden und führt oft zu Frustration.

Standardisieren Sie alle Namen. Insbesondere müssen Textfelder wie „Typ der Zentrifuge (Centrifuge Type)" den gleichen Namen für den gleichen Typ aufweisen. „H10" und „H 10" würden verschiedene Typen kennzeichnen und Ihre Datenbasis in kleinere Proben pro Typ aufteilen.

Nicht immer wird die Analysesoftware wegen der falsch formatierten Daten nicht mehr funktionieren. Im schlimmsten Fall kann sie einfach laufen und falsche Ergebnisse ausgeben.

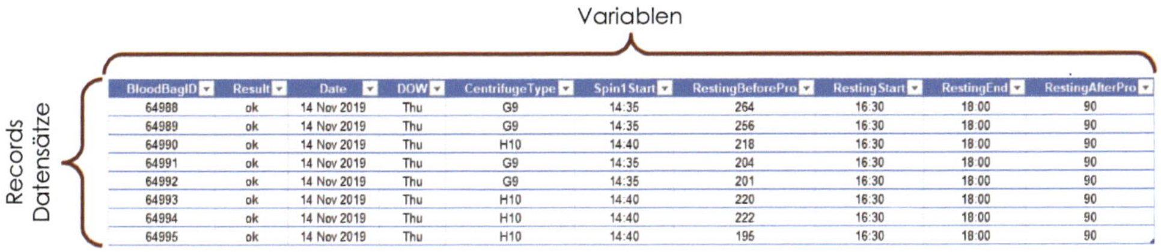

Variablen

Records
Datensätze

BloodBagID	Result	Date	DOW	CentrifugeType	Spin1Start	RestingBeforePro	RestingStart	RestingEnd	RestingAfterPro
64988	ok	14 Nov 2019	Thu	G9	14:35	264	16:30	18:00	90
64989	ok	14 Nov 2019	Thu	G9	14:35	256	16:30	18:00	90
64990	ok	14 Nov 2019	Thu	H10	14:40	218	16:30	18:00	90
64991	ok	14 Nov 2019	Thu	G9	14:35	204	16:30	18:00	90
64992	ok	14 Nov 2019	Thu	G9	14:35	201	16:30	18:00	90
64993	ok	14 Nov 2019	Thu	H10	14:40	220	16:30	18:00	90
64994	ok	14 Nov 2019	Thu	H10	14:40	222	16:30	18:00	90
64995	ok	14 Nov 2019	Thu	H10	14:40	195	16:30	18:00	90

Bild 3.4 Datentabelle nach Neuformatierung

Die Datenkonvertierung und -transformation wird in Fallbeispielen später im Buch gezeigt. Wir werden allgemein verfügbare Software wie MS Excel verwenden und an einigen Stellen R zurate ziehen.

3.4 Daten analysieren

3.4.1 Deskriptive Statistik

Das Ziel der meisten unserer Datenanalyseverfahren ist es, Muster in Daten zu erkennen. Diese Muster werden durch Variation erzeugt. Diese Variation und ihre Ursachen zu erklären, ist eine Schlüsselaufgabe für einen Datenanalytiker.

Der erste Schritt in jeder Datenanalyse sollte die Bestimmung der deskriptiven Statistik sein. Bild 3.5 zeigt eine Teilmenge der deskriptiven Statistik des Plättchenspendeprozesses in einer Gesundheitseinrichtung. Im Durchschnitt dauert ein Zyklus einer Spende etwa 73 Minuten.

Blutplättchen-Spende-Zeit in min	
Mittelwert	73.05
Standardfehler	1.09
Median	74.00
Modus	81.20
Standardabweichung	16.39
Stichprobenvarianz	268.70
Kurtosis	-0.11
Schiefe	-0.08
Wertebereich	91.70
Minimum	28.00
Maximum	119.70
Anzahl	228.00
Konfidenzniveau(95.0%)	2.14

Bild 3.5 Deskriptive Statistik für die Dauer einer Blutplättchenspende

Warum ist es wichtig, dies zu wissen? Das ist die Grundlage für jede Terminplanung von Spendern oder für die Personalplanung von Krankenschwestern usw. Viele Entscheidungen werden auf der Grundlage dieser Zahl getroffen. Zum Beispiel weiß die Krankenschwester, nachdem sie den Spender eingerichtet hat und der Prozess begonnen hat zu laufen, dass es für diesen Spender in den nächsten mehr als einer Stunde nicht viel zu tun gibt.

Wie gut ist diese Schlussfolgerung? Schlussfolgerungen, die auf Durchschnittswerten, auf Mittelwerten beruhen, sind selten gut. Meistens können diese Schlussfolgerungen ziemlich irreführend sein. Es könnte beispielsweise nie eintreten, dass der Zyklus 73,05 Minuten dauert. Er kann von 28 Minuten bis zu 119 Minuten anhalten.

Um zu beschreiben, was in Geschäftssituationen wirklich passiert, sind Indikatoren besser, die die Abweichung erklären, wie Minimum, Maximum, Wertebereich und Standardabweichung. Während Minimum und Maximum, d.h. Wertebereich = Maximum − Minimum, für jeden Datensatz mit immer gleicher Bedeutung berechnet werden können, hängt die Bedeutung der Standardabweichung von der Verteilung der Daten, von der Form des Histogramms, ab.

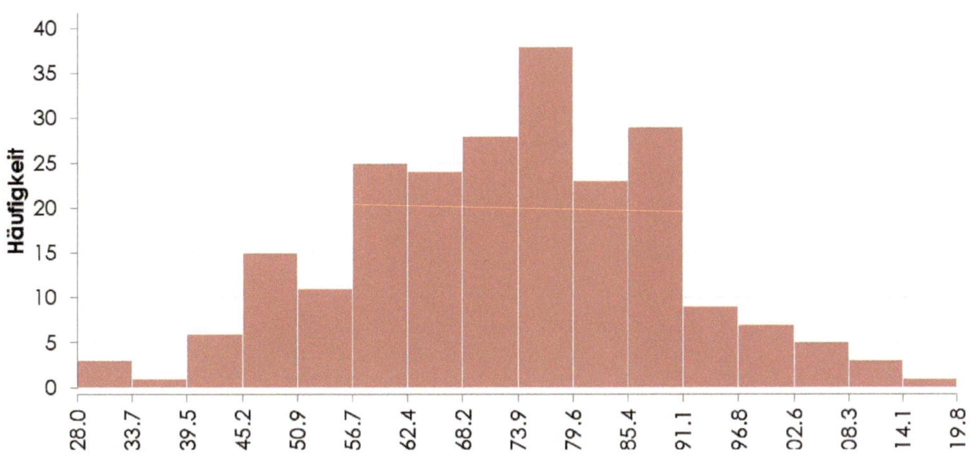

Bild 3.6 Histogramm zur Dauer des Prozesses der Blutplättchenspende in Minuten

Vertrauen Sie nicht auf Mittelwerte. Mittelwerte sind oft Lügen. Bestimmen Sie die Variation. ■

Auch hier gilt: „Bilder sagen mehr als tausend Worte". Das Histogramm unserer Thrombozytenspendedaten in Bild 3.6 sagt Ihnen viel mehr, als es die deskriptiven Statistiken je können. Es zeigt Ihnen, dass die Thrombozytenspende in den meisten Fällen etwa 74 Minuten dauert. Manchmal kann der Prozess in etwa einer Stunde abgeschlossen sein. Manchmal kann der Prozess bis zu anderthalb Stunden dauern. Je mehr wir vom Mittelwert, den 73,05 Minuten, abweichen, desto unwahrscheinlicher ist das Auftreten des Wertes für die Dauer.

3.4.2 Normalverteilung

Die Normalverteilung wurde erstmals vor mehr als 200 Jahren von Carl Friedrich Gauß, dem „größten Mathematiker seit der Antike" (G. Waldo Dunnington), entdeckt und beschrieben. Gauß fand nach der Beobachtung der Variation von Abweichungen in Astronomie, Physik und Natur heraus, dass viele von diesen ein ausgeprägtes Muster aufweisen. Dieses Muster ist unserer Durchlaufzeit für die Blutspende sehr ähnlich. Eine seiner größten Errungenschaften war die Schaffung einer mathematischen Funktion, die dieses sehr typische Muster beschreibt.

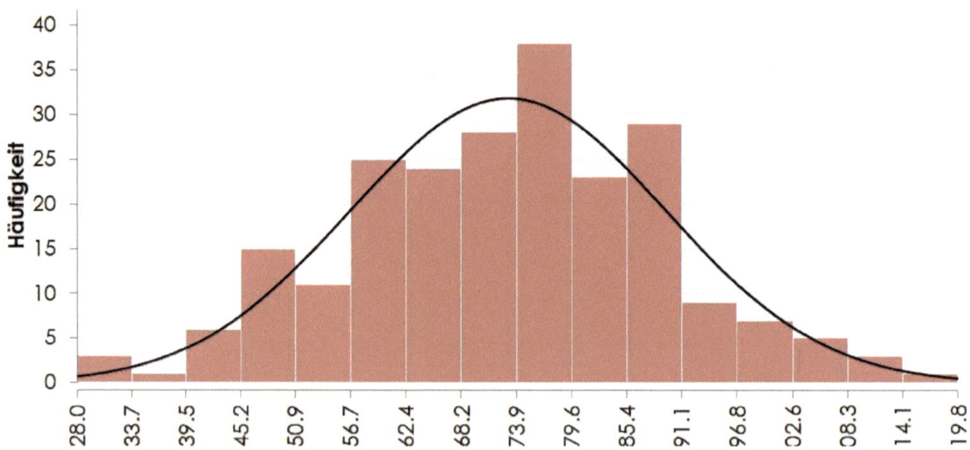

Bild 3.7 Histogramm und Glockenkurve der Dauer des Spendenprozesses in Minuten

Unter Anwendung dieser mathematischen Funktion wurde die Normalverteilungskurve, die Glockenform, zu unserem Histogramm der Verarbeitungszeit der Thrombozytenspende hinzugefügt (Bild 3.7).

Diese Glockenform ist die Grundlage jeder Datenanalyse, die Sie jemals durchführen werden. Selbst wenn es im Ihnen vorliegenden Prozess keine Glockenform gibt, ist es aufgrund des zentralen Grenzwertsatzes von Gauß wahrscheinlich, dass alle Verteilungen unter bestimmten Umständen eine Normalverteilung approximieren.

Wie Bild 3.7 zeigt, folgt das Histogramm nicht perfekt dem Modell, der Glockenform. Das tut es fast nie. Es ist jedoch sehr oft nahe genug, um Berechnungen und Entscheidungsvorbereitungen mit der Glockenform anstelle des Histogramms durchführen zu können. Die Glockenform ist durch den Mittelwert von 73,05 und die Standardabweichung von 16,39 vollständig definiert (Bild 3.7).

Es ist nicht schwer zu identifizieren, ob sich ein Datensatz signifikant von der Glockenform unterscheidet. R kann hier helfen:

Aufgabe 3.1: Normalitätstest (Shapiro-Wilk-Test) für Thrombozytenspendezeit durchführen

```
# Laden von PlateletDonation.xlsx in Datenrahmen PlateletDonation
library(readxl)
PlateletDonation <- read_excel("~/PlateletDonation.xlsx",
+    sheet = "Platelet", range = "A1:A229")
View(PlateletDonation)
# Laden von Daten aus Spalte Data von PlateletDonation
Daten <- PlateletDonation$Data
# Durchführen eines Tests zur Normalität von Daten
shapiro.test(Daten)
```

Ausgabe:

```
Shapiro-Wilk normality test
data: Daten
W = 0.99615, p-value = 0.8463
```

Die Normalitätsstatistik für Daten zeigt, dass Daten einer Normalverteilung folgt, d. h. einen *p*-Wert > 0,05 aufweist.

Daten können als normalverteilt angesehen werden, wenn der *p*-Wert des Normalverteilungstests größer als 0,05 ist.

Warum ist es besser, die Glockenform zur Beschreibung unseres Prozesses oder unserer Situation zu verwenden, als nur das Histogramm? Die Glockenform hat eine sehr ausgeprägte Charakteristik mit mehreren Indikatoren, die das Histogramm nicht hat. Diese Indikatoren können uns helfen, Entscheidungen zu treffen. Voraussetzung ist, dass die Glockenform das Histogramm genau genug repräsentiert. Der Grad der Übereinstimmung zwischen Glockenform und Histogramm kann mit einem Normalitätstest geprüft werden. Wir haben diesen Test bereits abgeschlossen und können feststellen, dass unser Datensatz als „normal“, d. h. glockenförmig, angesehen werden kann.

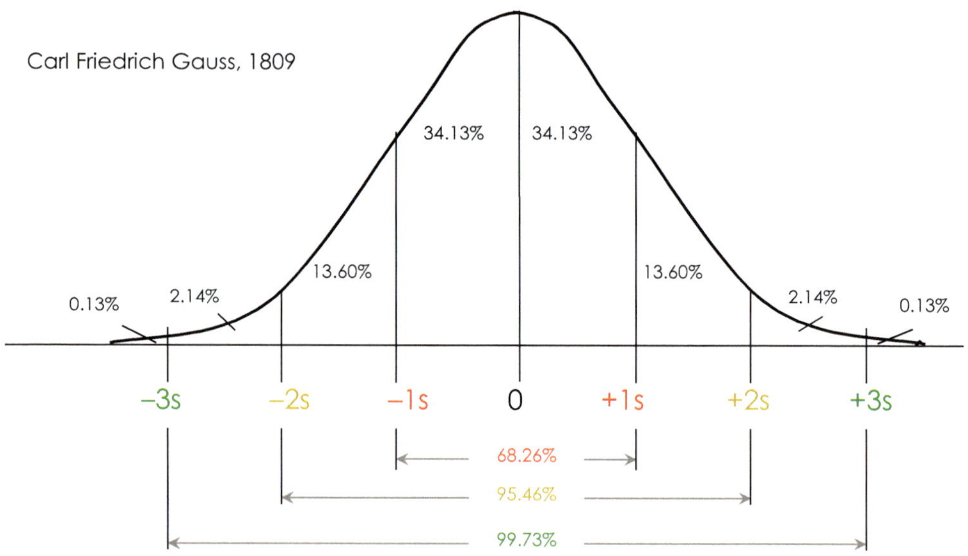

Bild 3.8 Gauß'sche Glockenkurve als Normalverteilung

Die Glockenkurve beschreibt den vorliegenden Datensatz nie genau. Sie ist oft nahe genug, sodass wir sie als Modell für die Daten verwenden können.

Bild 3.8 gibt eine Einführung. In jeder Glockenform liegt der Mittelwert $\overline{x}$, der Durchschnitt, in der Mitte. Rechts und links davon sind die Bereiche von einer, zwei und drei Standardabweichungen mit der Verteilungsdichte eingezeichnet. So sind beispielsweise 13,60 % der Daten in einer Normalverteilung zwischen den Werten für 1*s* und 2*s* zu erwarten.

Für unseren Prozess liegt der Mittelwert bei 73,05 min und die Standardabweichung bei 16,39 min. Wenn wir diese Zahlen in Bild 3.9 projizieren, können wir die entsprechenden Prozentbereiche berechnen. Das bedeutet zum Beispiel, dass etwa 68 % aller Spende-Prozeduren zwischen etwa 57 min und etwa 89 min abgeschlossen sind, während etwa 95 % innerhalb von etwa 40 min und etwa 106 min erledigt sein werden. Schließlich sind fast alle Verfahren (99,73 %) innerhalb von etwa 24 bis 122 Minuten abgeschlossen. Nur etwa 0,13 % würden länger dauern. Dies ist gut zu wissen für die Planung der nächsten Spender, der Arbeitskräfte und der Ausrüstung.

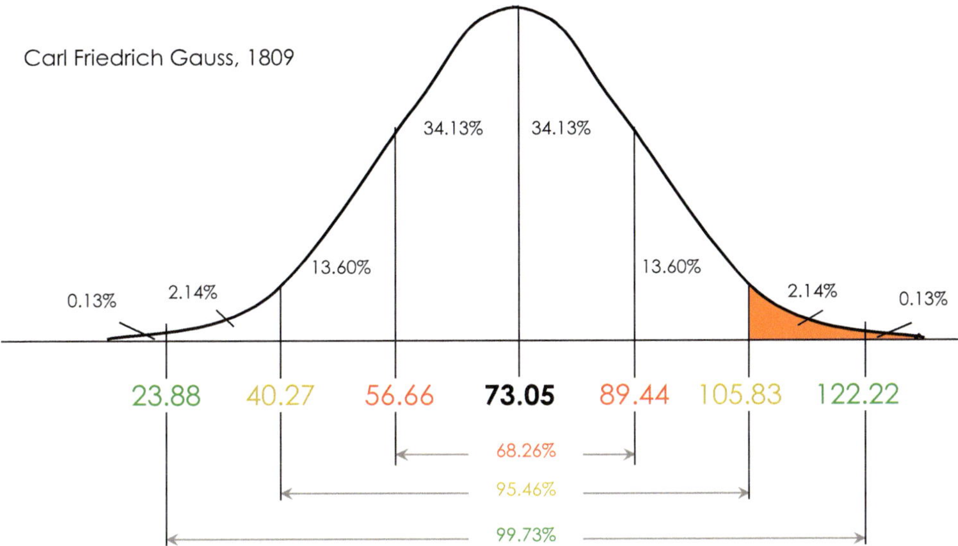

Bild 3.9 Gauß'sche Glockenkurve für die Verteilung der Plättchenspende-Durchlaufzeit in Minuten

Nehmen wir an, die Krankenschwester hat ein Spendenverfahren eingeleitet, und sie will wissen, ob sie ihren Bus nach Hause rechtzeitig erwischen kann, um ihren Sohn von der Kinderbetreuung abzuholen. Als sie den Prozess begann, übernahm sie die Verantwortung für diese Spenderin. Kann sie den Zyklus mit dieser Spenderin abschließen? Der Bus fährt in einer Stunde und 45 Minuten (105 min). Wie wahrscheinlich ist es, dass sie zum Bus gehen muss, bevor der Spendenprozess beendet ist?

Die Grafik zeigt, dass 105,83 min am Ende der Spanne von 95,46 % liegt. Das bedeutet, es besteht eine Wahrscheinlichkeit von 4,54 %/2 = 2,27 % (schraffierter Bereich), dass dieser Vorgang länger als 105,83 min dauert. Die Schwester würde sicher entscheiden, dass sie den Zyklus für diese Spenderin höchstwahrscheinlich abschließen kann. Sie muss sie nicht an ihren Kollegen „übergeben".

Dieses einfache Beispiel zeigt den grundlegenden Mechanismus der Funktionsweise zahlreicher statistischer Instrumente. Wir haben bekannte Kenngrößen benutzt, um den zukünftigen Prozessverlauf vorherzusagen. Aus deskriptiver Analyse wurden Daten für die präskriptive Analyse gewonnen.

Viele Datensätze zeigen nicht von Anfang an eine Glockenform. Das klingt schlecht, da viele unserer leistungsstarken statistischen Werkzeuge nicht anwendbar zu sein scheinen. Dennoch ist dies sehr oft ein Hinweis auf etwas, das den Prozess verändert. Bild 3.10 zeigt ein nicht glockenförmiges Histogramm. In vielen Fällen könnte dies der Beginn für die Analyse sein.

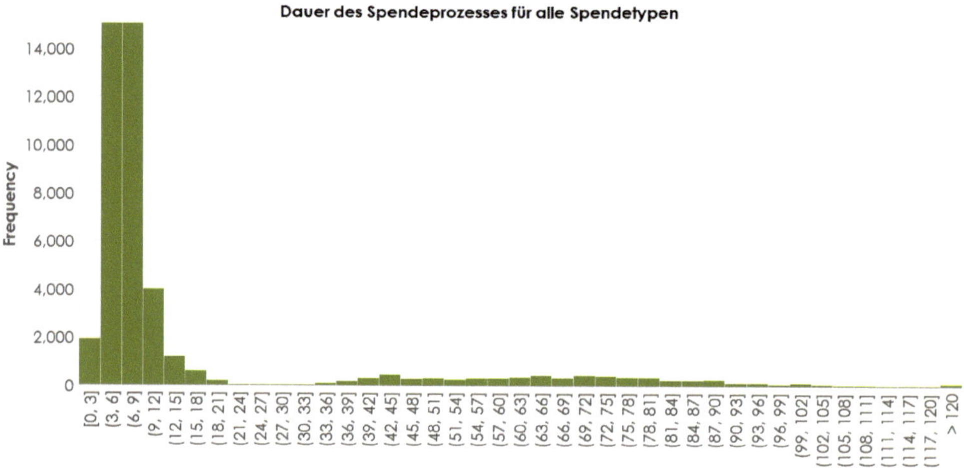

Bild 3.10 Histogramm für die Dauer aller Spendenarten

Die Aufgabe des Datenanalytikers ist es, die Gründe für dieses Muster zu identifizieren. In unserem Fall haben wir ein Histogramm der Dauer unterschiedlicher Arten von Blutspenden erstellt, d. h., die reine Blutspende, die Plasmaspende und die Plättchenspende sowie die Spenden von mobilen Blutspendeeinheiten sind zusammen aufgetragen. Die Merkmale dieser Spendetypen sind recht unterschiedlich, sie zeigen sich als multimodales Muster. Dies ist an sich schon eine Entdeckung, die typischerweise die nächsten Analyseschritte bestimmt.

3.4.3 Arten von Daten

Für die Analyse von Daten steht eine Vielzahl von Werkzeugen zur Verfügung. Bild 1.3 zeigt eine kleine Auswahl der in Fällen der Datenanalyse am häufigsten verwendeten Tools. Fast alle in dieser Übersicht vorgestellten Tools basieren auf der Normalverteilung. Ohne die Grundlagen der Normalverteilung zu verstehen, ist es recht schwierig, diese Tools anzuwenden.

Die Auswahl des geeigneten Instruments hängt von der zu beantwortenden Fragestellung, der Art der gesammelten Daten und deren Eigenschaften ab. Der Faktor, die unabhängige Variable, die eine Entscheidung steuert, wird normalerweise „*X*" genannt. Das daraus resultierende Ergebnis, die abhängige Variable, wird gewöhnlich als „*Y*" bezeichnet.

Im Allgemeinen wird die Datenanalyse auf grafische und statistische Weise durchgeführt. In der Regel ist beides notwendig, um korrekte Schlussfolgerungen zu gewährleisten. Außerdem kann eine grafische Analyse zur Visualisierung der Daten und zum Storytelling hilfreich sein.

Eine grafische Analyse ohne statistische Unterstützung kann zu falschen Entscheidungen führen. Ähnliches gilt für die Durchführung statistischer Analysen ohne grafische Hilfe.

Daher sollten alle Datenanalysen in einem zweistufigen Ansatz durchgeführt werden. Zuerst sollten ein oder mehrere Diagramme zur Visualisierung der Daten erstellt werden. Allein diese Visualisierung kann die Entscheidung beeinflussen. Zweitens ist es eine gute Praxis, die grafische Analyse durch Statistiken zu ergänzen.

Wenn zum Beispiel die Ablehnungsrate eines Produkts zwischen den Monaten Januar und April verglichen wird, dann bedeutet Monat die unabhängige Variable *X*, während die Ablehnungsrate die abhängige Variable *Y* bezeichnet. Viele Datenanalyseaufgaben passen in diese *X-Y*-Struktur.

Die Anwendung der Werkzeuge hängt vom Datentyp ab, der in *X* und *Y* gefunden wird. Es gibt zwei Haupttypen von Daten, kontinuierliche und diskrete Daten. Tabelle 3.3 zeigt diese Typen einschließlich der Unterkategorien für diskrete Daten.

Tabelle 3.3 Diskrete versus kontinuierliche Daten

Datentyp	Mögliche Werte	Beispiele
Kontinuierliche Daten	Jeder Wert.	Temperatur, Entfernung, Größe ...
Diskret: Zählungsdaten	Jede nicht negative ganze Zahl.	0, 1, 2, 3, 4, 5 ...
Diskret: Ordinale Daten	Rangfolge von Kategorien. Likert-Skala.	Job Level 1, 2, 3, 4 ... Hierarchiestufe Führungskraft, Manager, Leiter ... Bewertung Schlecht, Fair, Befriedigend, Gut, Ausgezeichnet.
Diskret: Kategoriedaten	Kategorien ohne Rangfolge. Keine Grundsequenz.	Gruppen wie CHL Grün, CHL Rot. Mannschaft A, Mannschaft B, Mannschaft C. Operator Schmidt, Operator Müller.

Abhängig von der Art der Daten in *X* und *Y* werden geeignete Werkzeuge für die Analyse ausgewählt. Andernfalls wird die Analyse nicht funktionieren. Oder, viel schlimmer, die Analyse wird funktionieren und irreführende Ergebnisse liefern.

Im Allgemeinen ist es möglich, kontinuierliche Daten in diskrete Daten umzuwandeln. In Bild 3.11 ist die Leistung von CHL Orange, einem fiktiven Logistikdienstleister, auf zwei verschiedene Arten dargestellt. Auf der linken Seite wird jeder einzelne Datenpunkt der Lieferzeit über die Zeit aufgetragen. Durch Einfügen der Kundenanforderung, der Lieferzeit von fünf Minuten, werden die Anzahl der pünktlichen und verspäteten Lieferungen ermittelt. Auf der rechten Seite wird dieser Prozentsatz als Tortendiagramm dargestellt. Das Diagramm auf der linken

Seite kann als Darstellung kontinuierlicher Daten betrachtet werden, während das Diagramm auf der rechten Seite diskrete Daten anzeigt.

Durch die Transformation kontinuierlicher Daten in diskrete, durch die Aggregation von Daten werden folgende Nachteile erkauft:

- Es gibt keine Informationen über die Leistung im Laufe der Zeit.
- Es gibt keine Informationen darüber, wie gut „gut“ und wie schlecht „schlecht“ ist, d. h., wie nahe die Datenpunkte an der Grenze liegen.
- Es gibt keine Informationen über die Variation in den Daten.
- Es gibt viel weniger Analysewerkzeuge für die Behandlung diskreter Daten als für kontinuierliche Daten. Werkzeuge für kontinuierliche Daten sind leistungsfähiger als solche für diskrete Daten.

Daher ist es eine sehr schlechte Idee, kontinuierliche in diskrete Daten umzuwandeln. Behalten Sie die Rohdaten. Aggregierte Daten sind für die Datenanalyse viel weniger nützlich.

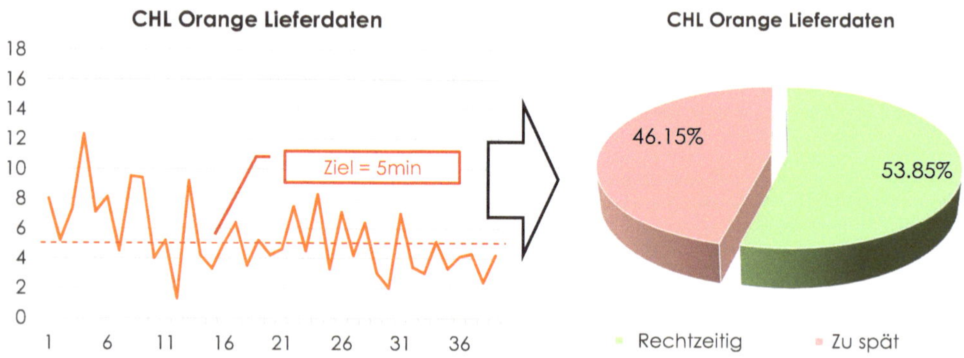

Bild 3.11 Vergleich zwischen kontinuierlichen Daten und diskreten Daten

3.4.4 Werkzeuge für die Datenanalyse

Dennoch werden diskrete Daten immer ein wichtiger Teil der Analyse sein. Monat ist zum Beispiel ein diskretes *X* und die Rückweisungsrate ist ein diskretes *Y*, das durch Zählen von guten Einheiten und zurückgewiesenen Einheiten erzeugt wird (Bild 3.12). Daher wird das obere linke Feld in Bild 1.3 angewendet. Da wir nur zwei Kategorien haben, Januar und April in *X*, wäre das geeignete statistische Werkzeug ein Zwei-Proportionen-Test. Während die Grafik darauf hindeuten könnte, dass es einen Unterschied in der Ablehnungsrate zwischen Januar mit 1,12 % und April mit 0,79 % gibt, kann diese Hypothese mit dem geeigneten statistischen Instrument bestätigt werden.

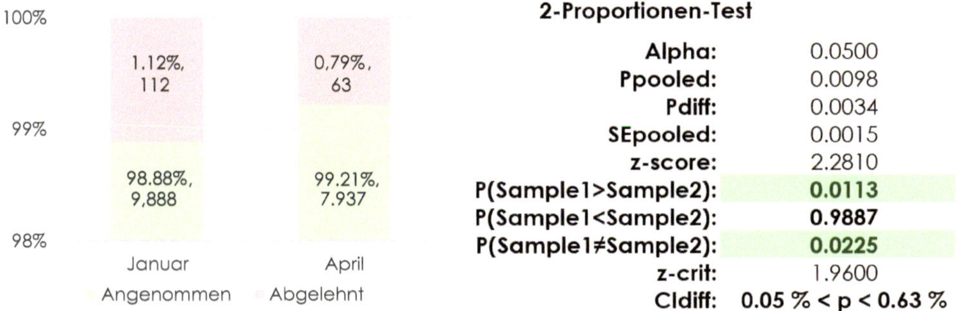

2-Proportionen-Test

Alpha:	0.0500
Ppooled:	0.0098
Pdiff:	0.0034
SEpooled:	0.0015
z-score:	2.2810
P(Sample1>Sample2):	**0.0113**
P(Sample1<Sample2):	**0.9887**
P(Sample1≠Sample2):	**0.0225**
z-crit:	1.9600
CIdiff:	**0.05 % < p < 0.63 %**

Bild 3.12 Datenanalyse für diskrete *X* (Monat) und diskrete *Y* (angenommene/abgelehnte Einheiten)

Bild 3.12 zeigt, dass die Wahrscheinlichkeit (*p*-value), mit der Hypothese „Ablehnungsrate im Januar (Stichprobe1) ist höher als die Ablehnungsrate im April (Stichprobe2)" falsch zu liegen, nur 1,13 % beträgt, d. h. *P*(Stichprobe1 > Stichprobe2): 0,0113 = 1,13 %. Ein wichtiger Faktor für die statistische Entscheidung ist die Stichprobengröße von 8000 für Stichprobe April und 10 000 für Stichprobe Januar. Diese Tatsache macht den Unterschied zwischen dem Diagramm und der Statistik aus.

Das Diagramm würde bei einer Stichprobengröße von 800 bzw. 1000 bei ähnlichem Fehleranteil gleich aussehen. Allerdings würde der Test ein Risiko von etwa 22 % anzeigen, denn die Statistik wird mit geringerer Stichprobengröße schwächer und die Chance, ein Muster statistisch zu bestätigen, wird geringer.

Eine größere Stichprobe ist für die Analyse immer besser. Kleinere Stichproben verringern die Chance, das Gesuchte zu finden. ■

Für die gleiche Kombination von diskretem *X* und diskretem *Y* und mehr als zwei Gruppen kann als grafisches Werkzeug ebenso ein Säulendiagramm (oder eine Reihe von Tortendiagrammen) dienen, während das statistische Werkzeug der Wahl ein Chi²-Test wäre.

Wenn es ein diskretes *X* (CHL-Gruppe) und ein kontinuierliches *Y* (Lieferzeit) gibt, wird das untere linke Feld in Bild 1.3 verwendet, d. h., das grafische Werkzeug der Wahl ist in der Regel ein geschichtetes Häufigkeitsdiagramm wie beispielsweise eine Serie von Histogrammen oder Punktdiagrammen oder ein Kasten-Diagramm (Box Plot oder Box and Whisker Plot). Wenn es nur zwei Gruppenmittelwerte zu vergleichen gibt, ist das statistische Werkzeug der Wahl ein *t*-Test oder ein gepaarter *t*-Test.

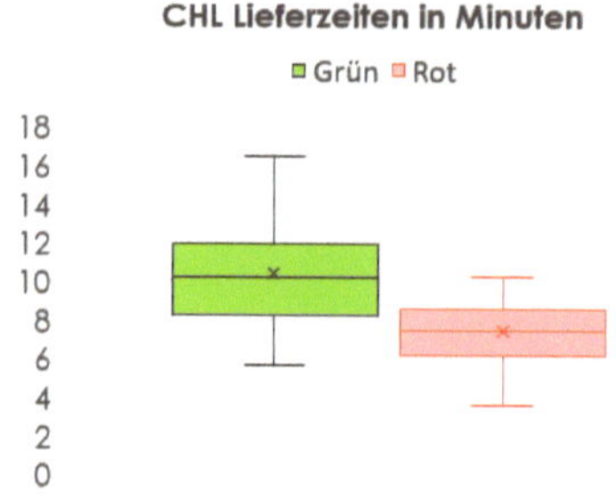

Zweistichproben t-Test unter der Annahme unterschiedlicher Varianzen

	Grün	Rot
Mittelwert	10.41	7.44
Varianz	7.02	2.43
Beobachtungen	29	38
Hypothetische Differenz der Mittelwerte	0	
Freiheitsgrade (df)	43	
t-Statistik	5.36	
P(T<=t) einseitig	0.00	
Kritischer t-Wert bei einseitigem t-Test	1.68	
P(T<=t) zweiseitig	**0.00**	
Kritischer t-Wert bei zweiseitigem t-Test	2.02	

Bild 3.13 Datenanalyse für diskretes *X* (CHL-Gruppe) und kontinuierliches *Y* (Lieferzeit)

Bild 3.13 zeigt diese Kombination. Die Grafik präsentiert, dass die Lieferzeit für CHL-Rot kürzer ist als für CHL-Grün. Dann gibt es aber immer noch einen großen Teil von Überschneidungen zwischen den Datensätzen für Rot und Grün. Nur das statistische Werkzeug, der *t*-Test für zwei unabhängige Stichproben, liefert die Wahrheit. Der Test resultiert im *p*-Wert (P(T<=t) zweiseitig) von 0,00, d. h. 0 % Risiko für die Annahme, dass CHL Rot schneller als CHL Grün liefert (siehe auch DeliveryTime.xlsx).

Wenn es mehr zu vergleichende Gruppenmittelwerte gibt, sind die anzuzeigenden Diagramme die gleichen, d. h. geschichtete Häufigkeitsdiagramme wie Histogramme, Punktdiagramme oder Kasten-Diagramme (Bild 3.14). Das statistische Werkzeug der Wahl wäre die ANOVA (Varianzanalyse, Bild 3.15).

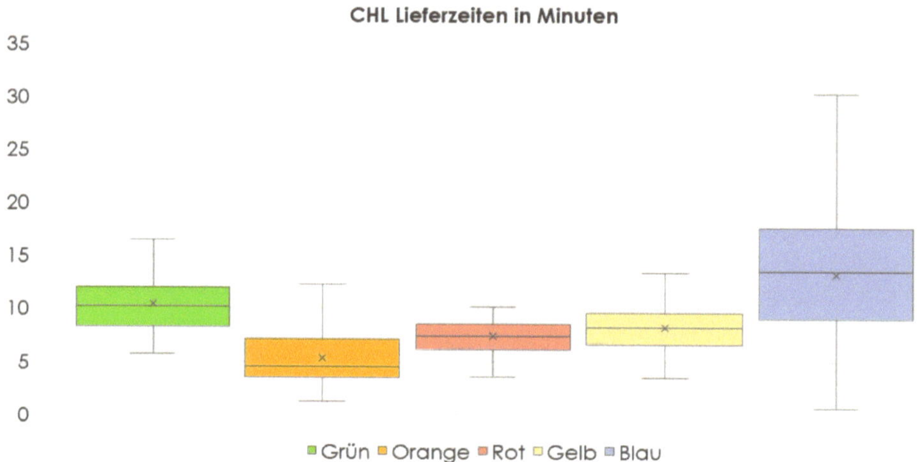

Bild 3.14 Grafische Datenanalyse von mehreren Gruppen mit unterschiedlichen Mittelwerten

Anova: Einfaktorielle Varianzanalyse

ZUSAMMENFASSUNG

Gruppen	*Anzahl*	*Summe*	*Mittelwert*	*Varianz*
Grün	29	301.9000	10.4103	7.0195
Rot	38	282.9000	7.4447	2.4323
Orange	39	210.6000	5.4000	5.7542
Gelb	32	263.3000	8.2281	6.2356
Blau	100	1322.2891	13.2229	39.3957

ANOVA

Streuungsursache	*SS*	*DF*	*MS*	*F*	**P-Wert**	*kritischer F-Wert*
Zwischen Gruppen	2217.4029	4	554.3507	28.0871	**0.0000**	2.4104
Innerhalb Gruppen	4598.6829	233	19.7368			
Gesamt	6816.0858	237				

Bild 3.15 Statistische Datenanalyse von mehreren Gruppen mit unterschiedlichen Mittelwerten

Wenn es darum geht, Varianzen, die Streuungen mehrerer Gruppen, zu vergleichen, muss ein anderes Instrumentarium eingesetzt werden. Der Vergleich von Varianzen könnte zum Beispiel notwendig werden, wenn Sie herausfinden möchten, ob verschiedene Prozesse, Verfahren oder sogar Bediener unterschiedliche Variationen erzeugen. Wenn Sie zum Beispiel wissen, dass eine Lieferung von CHL Grün immer länger dauert als von CHL Rot, können Sie sich darauf vorbereiten. Wenn ein anderes Team, CHL Blau (Bild 3.14), mit einer größeren Variation arbeitet, könnte dies für jeden Kunden dieses Teams größere Auswirkungen haben, weil derartige Schwankungen nicht vorhersehbar wären.

Nichtparametrische Tests sind eine Gruppe von statistischen Werkzeugen, die als letztes Mittel eingesetzt werden können, nämlich dann, wenn Ihre Daten keiner bekannten Verteilung folgen und Sie dennoch Vergleiche anstellen müssen.

Auf der rechten Seite in Bild 1.3 ist eine Reihe von Regressionswerkzeugen dargestellt. Das am häufigsten verwendete Regressionswerkzeug ist die lineare Regression. Das Verständnis dieses Werkzeugs bildet die Grundlage für viele Prognosemodelle. Dieses Werkzeug kann die Beziehung zwischen vielen Treibern, vielen X und einem Y analysieren. Diese X können kontinuierlich und auch diskret sein. Die Regressionsanalyse wird häufig zur Analyse von Umfragedaten angewendet und hilft, Beziehungen zwischen Umfrageindikatoren zu finden.

Eine typische Aufgabe für eine Regression wäre die Analyse der Treiber für das Engagement der Mitarbeiter oder die Kundenzufriedenheit. Cronbach-Alpha-Berechnung, explorative und konfirmatorische Faktorenanalyse sind spezielle Anwendungen der Regressionsanalyse.

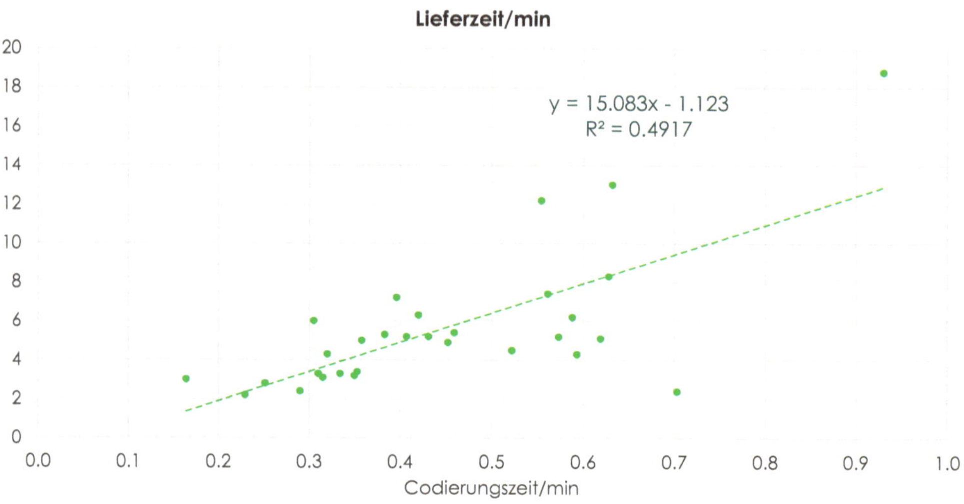

Bild 3.16 Grafische Datenanalyse für kontinuierliches *X* (Codierungszeit) und kontinuierliches *Y* (Lieferzeit)

AUSGABE: ZUSAMMENFASSUNG

Regressions-Statistik	
R square	**0.4917**
Standardfehler	2.5812
Beobachtungen	30

ANOVA

	DF	*SS*	*MS*	*F*	***P-Wert***
Regression	1	180.4523	180.4523	27.0847	**0.0000**
Residue	28	186.5507	6.6625		
Gesamt	29	367.0030			

	Koeffizienten	*Standardfehler*	*t-Statistik*	***P-Wert***
Schnittpunkt	-1.1230	1.3805	-0.8135	**0.4228**
Codierung/min	15.0826	2.8981	5.2043	**0.0000**

Bild 3.17 Regressionsanalyse für kontinuierliches *X* (Codierungszeit) und kontinuierliches *Y* (Lieferzeit)

Bild 3.16 und Bild 3.17 veranschaulichen grafische bzw. statistische Analyse für kontinuierliches *X* und *Y*. In Bild 3.16 ist das Streudiagramm zwischen Kodierungszeit und Lieferzeit dargestellt, während in Bild 3.17 die Regressionstabelle gezeigt wird. Wie diese Regressionstabelle bestätigt, besteht eine signifikante Beziehung zwischen beiden Variablen, da der *p*-Wert für die ANOVA weniger als 0,05 beträgt. Die Qualität der Beziehung kann aus dem R^2 mit 49,17 % (R square = 0,4917) abgeleitet werden. Dies bedeutet, dass die Variation der Kodierungszeit etwa die Hälfte der Variation der Lieferzeit erklärt. Es könnte weitere *X* geben, die einen Teil der restlichen Variation von 50,83 % abdecken. Für einen Dienstleistungsprozess kann ein R^2 von 49,17 % für nur ein *X* als sehr gute Quote angesehen werden.

Die logistische Regression ist ein Werkzeug, das eine Lücke füllt. Da die Regressionsanalyse ein kontinuierliches *Y* – oder ein quasikontinuierliches *Y* wie eine Likert-Skala – benötigt, kann die Regression nicht verwendet werden, wenn das *Y* nur wenige Stufen hat.

Angenommen, Sie möchten die Einflussfaktoren für Mitarbeiter analysieren, die Ihr Unternehmen auf eigenen Wunsch verlassen. Es gibt eine lange Liste potenzieller Faktoren wie Alter, Amtszeit, Gehalt, Arbeitsbelastung, Engagement, Zufriedenheit mit dem Vorgesetzten, Arbeitsniveau, Zeit seit der letzten Beförderung usw. Das einzige *Y* ist, ob dieser Mitarbeiter das Unternehmen verlässt oder nicht. Dieses *Y* kann nicht als kontinuierlich betrachtet werden. Es ist diskret mit nur zwei Ebenen, ein Worst-Case-Szenario, ein Extremfall für die Datenanalyse. Für diese Art von Situation wurde eine logistische Regression entwickelt, die bewirkt, dass das Ja/Nein-*Y* in eine Wahrscheinlichkeit für Ja und Nein umgewandelt wird, die Wahrscheinlichkeit, dass ein Mitarbeiter die Organisation verlässt. Diese Wahrscheinlichkeit verhält sich wie ein kontinuierliches *Y*, und die Analyse wird wesentlich aussagekräftiger.

Alle genannten Instrumente werden in Falldiskussionen als Teil dieses Buches behandelt. In diesen Fällen wird bei der Auswahl des anwendbaren grafischen und statistischen Werkzeugs auf Bild 1.3 zurückgegriffen.

Es wird zwar die Anwendung geeigneter grafischer und statistischer Instrumente demonstriert, aber die Instrumente werden nicht im Detail erläutert.

■ 3.5 Geschäftsentscheidung vorbereiten

Sehr oft führt die Datenanalyse zu Ergebnissen, die für das Management oder die Mitarbeiter, die nicht in der Datenanalytik geschult sind, nur schwer nachvollziehbar sind. Ein „*p*-Wert" zum Beispiel ist eine Schlüsselausgabe vieler statistischer Instrumente, wird aber von der Mehrheit nicht leicht verstanden.

Jedoch verändert die Übersetzung einer Analyseausgabe wie „*p*-Wert = 0,03" in ein Ergebnis wie „Das Risiko, unser Geld zu verschwenden, wenn wir von diesem teureren Anbieter kaufen, beträgt nur 3 %" das Gespräch über Datenanalytik.

Es ist nicht länger der Fall, dass man sich bei der Übersetzung auf den Datenanalytiker oder Datenwissenschaftler verlassen muss. Das Management sollte die

Grundlagen der Datenanalytik verstehen, um Daten in Informationen umwandeln und entsprechende Schlussfolgerungen ziehen zu können (Gallo, 2018).

■ 3.6 Geschäftsentscheidung kommunizieren – Storytelling

In Organisationen gibt es viel Enthusiasmus für Big Data und Data Science. Doch solange Entscheidungsträger die Analytik und ihre Auswirkungen nicht verstehen, können sie ihr Verhalten nicht ändern, um Schlussfolgerungen mit analytischen Ansätzen zu begründen. Datenanalytiker, denen es wichtig ist, ob ihre Arbeit umgesetzt wird, d. h., ob sie Beschlüsse verändert und andere beeinflusst, interessieren sich für dieses Thema und widmen ihm viel Zeit und Mühe.

Die Kommunikation über Analytik wurde traditionell nicht als ein Thema der Ausbildung von quantitativen Analytikern betrachtet. Typischerweise konzentrieren sich diejenigen mit einer starken analytischen Orientierung fast vollständig auf die analytischen Methoden und nicht so sehr darauf, wie man effektiv über Analytik kommuniziert. Heute besteht die Aufgabe des Datenanalytikers nicht nur darin, repräsentative Daten zu sammeln und zu validieren, sie zu bereinigen, zu transformieren und zu analysieren. Heute besteht seine Aufgabe auch darin, die statistische Botschaft auf eine Weise zu erklären, die verständlich, überzeugend und interessant genug ist, um sie bei der Strategieplanung und Entscheidungsfindung zu berücksichtigen.

Menschen erinnern sich kaum an Zahlen. Sie erinnern sich an Bilder und Geschichten, die von diesen Bildern geschaffen und inspiriert werden. Das Erzählen von Geschichten, das sogenannte Storytelling, ist zu einer wichtigen Fähigkeit in Organisationen geworden. Wenn Sie Ihre Botschaft in eine gute Geschichte packen können, haben Sie eine bessere Chance, sie zu „verkaufen“, Ihr Publikum zu erreichen und zu überzeugen.

Eine gute Geschichte zu erzählen bedeutet, zumindest die folgenden Fragen zu berücksichtigen.

3.6.1 Wer ist das Publikum?

Eine bestimmte Geschichte mag für dieses Publikum sehr gut funktionieren, aber nicht für jenes. Eine Gruppe des mittleren Managements im Gesundheitswesen hat einen begrenzten Appetit auf Statistiken. Eine Gruppe von Wissenschaftlern aus einem Blutlabor erwartet dagegen Details. Sie brauchen Statistiken und werden enttäuscht sein, wenn Sie Ihre Analyseschritte und die Ausgabe der Tests nicht erklären können. Sie werden Sie höchstwahrscheinlich herausfordern. Informieren Sie sich über Ihre Zielgruppe und denken Sie darüber nach, was für diese wichtig ist.

3.6.2 Wie werden die Daten angezeigt?

Es gibt eine reiche Auswahl an Instrumenten, mit denen Sie die Ergebnisse von Analysen kommunizieren können, und Sie sollten sich über die Möglichkeiten im Klaren sein. Das geeignete Kommunikationsinstrument hängt von der Situation und Ihrem Publikum ab. Der Datentyp hilft Ihnen bei der Entscheidung über das zu verwendende Werkzeug. Nicht alles kann und muss mit Balken- oder Liniendiagrammen dargestellt werden. Das können wir besser machen. Ein Säulen- oder Balkendiagramm sollte der letzte Ausweg sein.

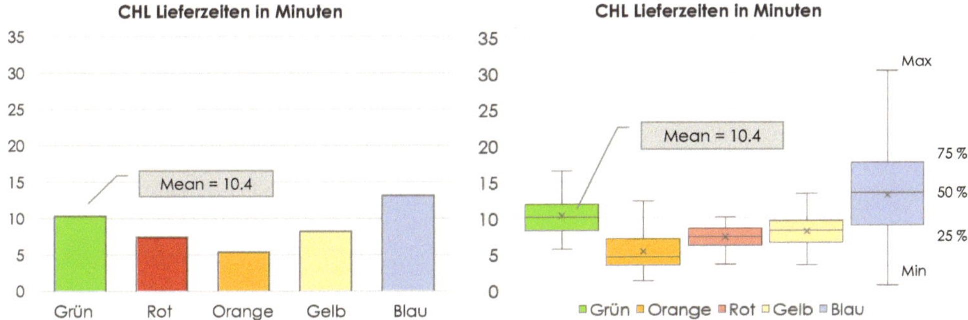

Bild 3.18 Säulendiagramm versus Kastendiagramm (Box-Plot) zur Darstellung von Daten

Bild 3.18 zeigt die unterschiedliche Geschichte, die Sie mit einem Box-Plot im Vergleich zu einem Säulendiagramm erzählen können. Das Säulendiagramm veranschaulicht lediglich den Mittelwert Ihrer Datensätze. Nachdem Sie erwähnt haben, dass CHL Blue im Durchschnitt länger braucht als alle anderen Teams und CHL Orange das schnellste Team ist, endet Ihre Geschichte. Das Kastendiagramm zeigt jedoch, dass das blaue Team nicht nur das langsamste ist, sondern auch eine enorme Variation in der Lieferzeit aufweist. Die schnellste Leistung von Blau ist mit 1 min schneller als die beste Leistung aller anderen Teams. Die längste Lieferzeit für Blau liegt bei 31 min. 50 % aller Lieferungen dauern für Blau jedoch länger als die langsamste Lieferung von Team Gelb, Team Orange und Team Rot.

Für kontinuierliche Daten ersetzen Sie Ihre Balkendiagramme durch Box-Plots. Ihr Publikum wird dies sehr zu schätzen wissen.

3.6.3 Was ist der Zweck der Präsentation?

Überlegen Sie sich die Absicht für Ihre Präsentation. Was soll das Publikum mit Ihren Darlegungen machen? Ist es nur zu Informationszwecken oder muss das Analyseergebnis als wichtig genug angesehen werden, um eine geschäftliche Entscheidung zu treffen? Stellen Sie sicher, dass Ihr Publikum „Ihre Botschaft versteht".

Nehmen wir an, Ihre Präsentation muss eine Änderung, eine Vorher-Nachher-Situation oder Vor- und Nachteile usw. hervorheben, die zu einer wichtigen Schlussfolgerung wie dem Kauf der besseren Ausrüstung oder der Änderung eines Verfahrens führt. Dann hängt es von Ihrer Präsentation ab, ob Sie Daumen hoch oder runter für Ihren Investitionsvorschlag bekommen. Machen Sie die Botschaft verständlich und bringen Sie sie mehrfach rüber.

Es dem Publikum zu überlassen, aus den Daten zu lesen, was die „gute Nachricht" ist, ist höchstwahrscheinlich nicht die beste Strategie. Dafür zu sorgen, dass die Mitteilung ankommt, bedeutet in der Regel, sie auf interessante Weise zu präsentieren. Fügen Sie Grafiken und Bilder hinzu, die helfen, Ihre Botschaft zu vermitteln (Bild 3.19).

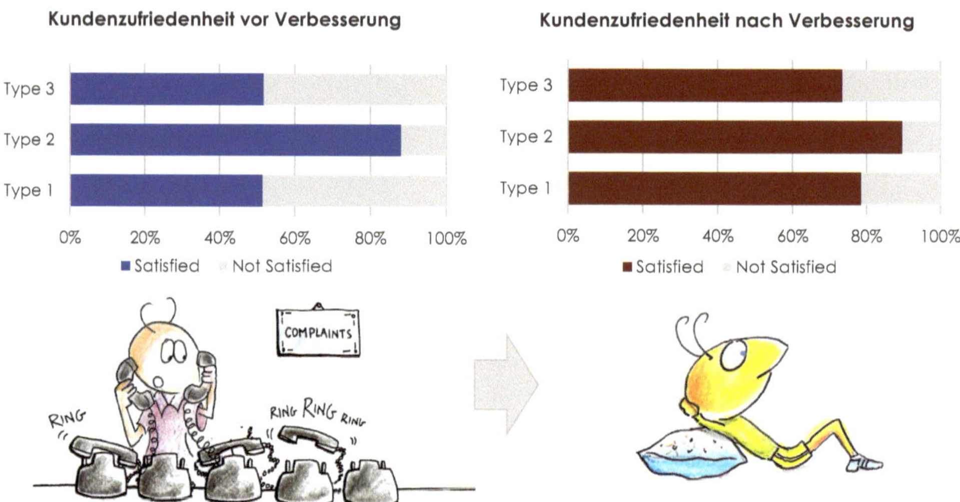

Bild 3.19 Veranschaulichung einer Verbesserung in Ihrer Präsentation

Und stellen Sie sicher, dass Sie die Schlüsselbotschaft wiederholen.

Will Smith machte einmal den Witz, eine überzeugende Präsentation in drei Schritten zu bringen (in Video „Sieben Leben", 2008):

- Erstens, sagen Sie Ihrem Publikum zunächst, was Sie zu sagen haben.
- Zweitens, sagen Sie es.
- Drittens, sagen Sie Ihrem Publikum, was Sie ihnen gesagt haben.

Die Kernaussage in nur einem Satz als Schlussfolgerung am Ende Ihrer Geschichte zu formulieren, könnte nicht ausreichen. Abhängig von der Länge Ihrer Ausführungen könnten Sie Ihr Publikum verloren haben, bevor Sie dort ankommen.

3.6.4 Wie kann die Präsentation vereinfacht werden?

Wahrscheinlich sind Sie sehr stolz darauf, dass Sie die Aufgabe der Datenanalytik und all die neuen Instrumente gemeistert haben, und Sie möchten Ihrem Publikum Ihre Leistungen zeigen. Stopp! Überlegen Sie, was für Ihr Publikum wichtig ist.

Lassen Sie uns einen Blick auf diese Botschaft werfen, die der Führungsspitze vorgelegt wurde:

> *„Im vergangenen Jahr lag die Zufriedenheit unserer Kreditkunden bei 67 %. Nach Schichtung der Daten nach Darlehenstypen stellten wir fest, dass der Wert mit 52 % besonders niedrig für Kunden vom Typ 1 und 3 war. Kunden vom Typ 2 waren mit 88 % zufriedener. Nachdem wir den Prozess der Darlehensbeantragung mit Schwerpunkt auf Darlehen vom Typ 1 und Typ 3 geändert hatten, liegt unser durchschnittlicher Zufriedenheitsgrad nun bei 80 %, wobei Typ 1 79 %, Typ 2 90 % und Typ 3 73 % beträgt.*
>
> *Wir wollten herausfinden, ob diese Veränderung signifikant ist und haben einen Zwei-Proportionen-Test angewandt, da wir diskrete Daten in X und Y haben. Der Test ergab einen p-Wert von 0,0141. Das bedeutet, dass es einen signifikanten Unterschied zwischen der Kundenzufriedenheit des letzten Jahres und der Stichprobe gibt, die dieses Jahr nach der Einführung des Pilotverfahrens genommen wurde.*
>
> *Daher schlagen wir vor, die Änderung einzuführen, da wir die Kundenzufriedenheit sicherlich erhöhen werden."*

Obwohl Ihr Management das Ergebnis, das zu einer erhöhten Kundenzufriedenheit führt, zweifellos zu schätzen weiß, wird es das „Statistik-Gerede" vielleicht nicht begrüßen. Ein Teil des Grundes mag darin liegen, dass einige von ihnen nicht wissen, worüber Sie sprechen, aber sie werden dieses Defizit nicht gerne zugeben, und deshalb werden sie Sie nicht um Aufklärung bitten.

Was sie denken könnten, ist Folgendes: Führt diese Steigerung der Kundenzufriedenheit nun zu erhöhter Kundenbindung und Kundentreue und folglich zu einem Wachstum des Marktanteils oder nicht? Eine Aussage wie

„Die Datenerhebung des letzten Jahres hat gezeigt, dass eine 10 %ige Steigerung der Kundenzufriedenheit zu einem Marktanteilszuwachs von 3 % führen könnte. Daher sollten wir in der Lage sein, unseren Marktanteil um etwa 7 % zu erhöhen, wenn wir unsere Lösung implementieren"

trifft den Nerv der Geschäftsleitung. Niemand muss über die verwendeten Werkzeuge und den sich daraus ergebenden *p*-Wert Bescheid wissen. Der *p*-Wert steht in der Regel für ein Risiko.

„Das Risiko, in den neuen Prozess zu investieren und keine Rendite zu erzielen, ist mit 1,4 % recht gering. Daher schlage ich vor, dass wir die Investition vornehmen"

ist eine viel klarere Botschaft. Risiko ist Management-Sprache!

Falls jemand aus Ihrer Zuhörerschaft an den Werkzeugen interessiert sein sollte, die Sie gelernt und angewendet haben, wären diese Informationen auf Back-up-Folien vorzuhalten. Dies würde den Eindruck vertiefen, dass Sie vorbereitet sind. Zeigen Sie, was Sie gelernt haben, wenn Sie danach gefragt werden. Schließlich hat man Sie wahrscheinlich zu diesem Zweck in einen Data Science-Kurs geschickt.

Das Geschichtenerzählen ist wahrscheinlich so alt wie die Menschheit selbst. Wir wissen, dass starke Führungspersönlichkeiten Geschichten erzählen, um Informationen zu vermitteln und die Zuhörer zu motivieren. Analytisches Storytelling oder Datenjournalismus kann, wenn es auf die Zuhörerattribute und -bedürfnisse zugeschnitten ist, jedem oder jeder Organisation helfen, Gedankengänge zu erläutern und damit Zuhörer zum Handeln anzuregen.

Der Erfolg Ihrer Präsentation hängt mehr vom „Wie" als vom „Was" ab. Gute Inhalte können eine schlechte Darbietung nicht kompensieren. ■

■ 3.7 Überlegungen zu den wichtigsten verwendeten Analysewerkzeugen

Viele der in diesem Buch erwähnten Datenanalyse-Tools benötigen normale Daten, d. h. Daten mit einer Verteilung, die einer Normalverteilung nahekommt. Ohne die Hilfe von statistischen Werkzeugen ist es nicht leicht festzustellen, ob eine Normalverteilung angenommen werden kann.

Bei großen Stichprobengrößen – mehr als 100 – kann das Histogramm der Daten einen Hinweis darauf geben, ob die Daten normal sein könnten. Bei kleineren Stichproben sind Histogramme jedoch ein schlechtes Mittel zur Beurteilung.

Bei Verwendung der Deskriptiven Statistik unter **Daten – Datenanalyse – Populationskenngrößen** in MS Excel werden Kurtosis und Schiefe erzeugt. Als Faustregel gilt, dass Normalität angenommen werden kann, wenn folgende Annahmen zutreffen: $-2 \leq$ Kurtosis ≤ 2 und $-2 \leq$ Schiefe ≤ 2.

Der beste Weg ist immer noch, einen Normalitätstest mit Ihren Daten durchzuführen. Ein sehr leistungsfähiger Test für die Normalität ist der Shapiro-Wilk-Test. Wenn dieser Test aus irgendeinem Grund nicht verfügbar ist, verwenden Sie einen anderen Test aus dem unten aufgeführten R-Code (Tabelle 3.4).

Tabelle 3.4 Normalverteilungstests

Daten:	Kontinuierliche Daten. Diskrete Ordinaldaten.
Null-Hypothese H_0:	Es gibt keinen signifikanten Unterschied zwischen Data und der Gauß'schen Normalverteilung. Data ist normal.
Alternative Hypothese H_A:	Es besteht ein signifikanter Unterschied zwischen Data und der Gauß'schen Normalverteilung.
Entscheidung:	Wenn p-Wert < 0,05, verwerfen H_0 und akzeptieren H_A. Das heißt, wenn p-Wert ≥ 0,05, können Daten als normalverteilt betrachtet werden.
Annahmen:	Keine
R-Code:	**# Laden von Daten in Data** Data <- IhrDatenRahmen$IhreDatenSpalte **# Laden notwendiger Pakete für Shapiro-Wilk** install.packages("stats") library(stats) **# Durchführen des Shapiro-Wilk-Tests** shapiro.test(Data) **# Laden notwendiger Pakete für Anderson-Darling** install.packages("nortest") library(nortest) **# Durchführen des Anderson-Darling-Tests** ad.test(Data) **# Durchführen des Lilliefors (Kolmogorov-Smirnov)-Tests** lillie.test(Data) **# Durchführen des Pearson-Chi-Quadrat-Tests** pearson.test(Data) **# Durchführen des Cramer-von-Mises-Tests** cvm.test(Data)

Übung

Nachdem Sie diesen Teil abgeschlossen haben, können Sie die folgenden Fragen beantworten:

- Was sind die typischen Phasen, die man bei der Arbeit an Datenanalytik-Fällen durchlaufen muss?
- Was sind potenzielle Quellen für die Datenerfassung?
- Was sind die Merkmale der Gauß'schen Glockenkurve? Wie ist sie zu konstruieren? Was ist die Wahrscheinlichkeit, dass Datenpunkte in einem Bereich von +/− 2 Standardabweichungen um den Mittelwert liegen?
- Welche grafischen und statistischen Hilfsmittel werden für jede *X-Y*-Kombination verwendet?
- Was sind Merkmale von diskreten und kontinuierlichen Daten? Warum ist es wichtig, zu unterscheiden? Nennen Sie drei Beispiele für jede Kategorie!

Bitte führen Sie die folgenden Schritte aus:

1. Laden Sie die Daten für diesen Fall herunter. Benutzen Sie die vorne eingedruckten Zugangsdaten und die Hinweise in Abschnitt „Zusatzmaterial zum Download".
2. Erstellen Sie grafische Darstellungen für jede *X-Y*-Kombination.
3. Führen Sie für jede *X-Y*-Kombination eine statistische Analyse durch.
4. Bereiten Sie eine kurze Präsentation vor, um zu erklären, warum Sie sich für welchen Werkzeugsatz zur Analyse entschieden haben.
5. Bereiten Sie eine Geschichte vor, um Ihre Ergebnisse zu erzählen.

■

4 Kompetenzen eines Datenanalytikers

„Data Scientist - The Sexiest Job of the 21st Century“

Thomas H. Davenport (2012)

Die Kompetenzen eines Datenanalytikers und eines Data Scientists sind weitgehend ähnlich und hängen von der Quelle ab. Den Datenanalytik-Profi gibt es schon seit Jahrzehnten, während der Name des Datenwissenschaftlers (Data Scientist) erst vor nicht allzu langer Zeit geschaffen wurde (Hayashi, 1998). Selbst für den Datenanalytiker hat sich die Aufgabe im Laufe der Zeit verändert.

In der Vergangenheit waren Big Data nicht existent und später unerreichbar. Jetzt sind sie in Reichweite. Der Datenanalytiker sollte in der Lage sein, damit umzugehen. Früher konzentrierte sich der Datenanalytiker hauptsächlich auf die Statistik. Heutzutage braucht dieser Fachmann eine gute Portion IT-Hintergrund im Rucksack.

Der Datenanalytiker war früher, falls er überhaupt in einer Organisation existierte, nicht ein Mitglied der Leitungsebene. Heute hat der Datenanalytiker die Chance, sich zum vertrauenswürdigen Berater des Managements zu entwickeln. Der Analytiker könnte zu demjenigen werden, der vor wichtigen Entscheidungen nach datengetriebenen Erkenntnissen gefragt wird.

4.1 Benötigte Kompetenzen in den Phasen der Datenanalytik

In den beschriebenen Phasen der Datenanalytik-Projektarbeit werden unterschiedliche Kompetenzen benötigt (Bild 4.1).

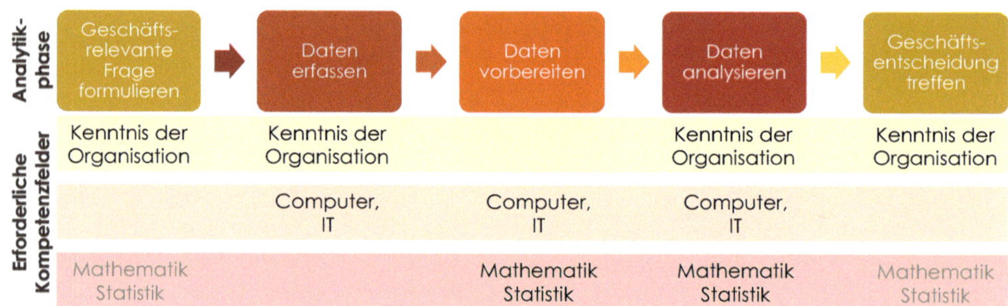

Bild 4.1 Phasen der Datenanalytik und erforderliche Kompetenzfelder

Geschäftsrelevante Frage formulieren

Für die erste Phase der Formulierung einer Geschäftshypothese und deren Übersetzung in eine Datenanalytikfrage wird vom Datenanalytiker ein guter Geschäftssinn verlangt. Dieser Geschäftssinn befördert den Datenanalytiker von jemandem, der als „Datentyp“ oder „Statistiker“ angesehen wird, zum „vertrauenswürdigen Berater“, der das Geschäft versteht und mit Daten umgehen kann.

Daten erfassen

In der zweiten Phase, der Datenerfassungsphase, muss der Datenanalytiker wissen, wie man an Daten gelangt. In der Vergangenheit haben wir eine Anfrage an die IT-Abteilung geschrieben, um sie zu bitten, die Daten herunterzuladen. Diese IT-Anforderung brauchte in der Regel Zeit, um umgesetzt zu werden, wurde sehr oft nicht so umgesetzt, wie wir es wollten, und musste daher mehrmals wiederholt werden, bis die von uns benötigten Daten verfügbar waren.

Die Aufforderung an die IT-Abteilung, die Daten zur Analyse herunterzuladen, bedeutete in der Regel, dass die Daten bereits veraltet waren, als wir sie erhielten. Fast nie bekamen wir einen Link in die Datenbank, der es uns erlaubte, die jeweils aktuellen Informationen zu bekommen. Heute haben wir die Hardware, die eine große Datenmenge auch auf einem Notebook verarbeiten kann. Und wir haben Software, die es erlaubt, Verbindungen zu praktisch jeder Datenquelle herzustellen, die uns immer auf dem neuesten Stand hält. Etwas Informatik- und IT-Kenntnisse sind für den Datenanalytiker daher nützlich, um das meiste selbst zu erledigen. Zu diesem Zweck sollte er sich vielleicht mit Grundkenntnissen in SQL (Structured Query Language) ausstatten, um in der Lage zu sein, interne und externe Datenbanken zur Datenerfassung anzuzapfen. Unterschätzen Sie nicht das gute alte MS Excel. Das bringt eine beeindruckende Datenerfassungsleistung selbst für recht große Datensätze und den großen Vorteil der Vertrautheit mit sich.

Daten vorbereiten

Die dritte Phase befasst sich mit der Datenvorbereitung, die das Bereinigen, Transformieren und Validieren von Datensätzen umfasst, bevor eine Analyse durchgeführt werden kann. Diese Phase wird oft als die zeitaufwendigste Phase der Datenanalytik angesehen.

Ähnlich wie bei der Datenerfassung sind dafür Fähigkeiten und Erfahrungen in Informatik und IT sehr hilfreich, da neben MS Excel für „normale Datensätze" auch zusätzliche Software wie R oder Python für größere Daten und erweiterte Transformationen nützlich sein könnte.

Was wird als normaler Datensatz betrachtet? Dies ist schwer zu beantworten. Die neueste Hardware auf Ihrem Computer, die neueste Version von MS Excel und die hervorragende Erfahrung im Umgang damit verschieben die Grenze ziemlich weit hinaus. Wenn der Computer zu lange braucht, um die MS-Excel-Tabelle mit einigen Hunderttausend Datensätzen zu öffnen, oder der Vlookup zwischen einigen dieser Tabellen aufgibt, dann ist es an der Zeit, über R oder Python nachzudenken – bevor man einen neuen Computer kauft.

Da die Bereinigung und Validierung der Daten Aufgaben sind, die der Datenanalytiker nicht an jemand anderen delegieren kann, sind Statistikkenntnisse von großem Vorteil. In den meisten Fällen weisen die Datensätze Tippfehler oder Auslassungen oder irreführende Eingaben auf. Einige von ihnen können anhand ihrer Merkmale gefunden werden, da sie wie Ausreißer aussehen. Es sollte nicht unserem Bauchgefühl überlassen bleiben, zu entscheiden, ob ein Datenpunkt ein Ausreißer ist. Statistik kann hier helfen.

Wenn beispielsweise ein Datenpunkt weit vom Rest entfernt ist und die Wahrscheinlichkeit, dass dies passiert, nur eins zu einer Million beträgt, könnte dieser Datenpunkt als Ausreißer gezählt werden. Beim Umgang mit Umfragedaten müssen wir sicherstellen, dass die Umfrage bewusst ausgefüllt wurde. Es gibt statistische Techniken, um Eingaben zu entdecken, die nach dem Zufall getätigt wurden.

Daher muss der Datenanalytiker in dieser Phase mit mathematischen und insbesondere statistischen Fähigkeiten ausgestattet sein.

Daten analysieren

Die vierte Phase, die Analysephase, bildet den Kern der datenanalytischen Projektarbeit. Obwohl sie höchstwahrscheinlich weniger zeitaufwendig ist als die vorangegangene Phase, erzeugt sie den wichtigen Output und ist daher kritisch. In dieser Phase sind aus dem gleichen Grund wie zuvor oft einige Informatik- und IT-Kenntnisse erforderlich. Die Analyse wird mit Software wie MS Excel, R, Python, SPSS, SigmaXL, Minitab, SAS usw. durchgeführt. Diese Software muss richtig gehandhabt werden, bevor sie von Nutzen sein kann.

Mathematik und Statistik werden hier mehr gebraucht als in jeder anderen Phase. Es ist zwar nicht notwendig, einen vollständigen statistischen Hintergrund zu haben, aber es ist entscheidend, die Anwendung von Statistik zu verstehen.

Die Datenanalytik ist fast nie geradlinig. Da es der Prozess ist, Einblicke in die Organisation zu gewinnen, ist es der Prozess des kontinuierlichen Lernens über die Organisation und der Anpassung der Methodik auf dem Weg dorthin. Und es ist die Phase der Überraschungen. Fast immer erzeugt unsere Analyse ein „Aha!" oder ein „Wirklich?". Dann muss der Datenanalytiker entweder zurück zum Unternehmen gehen mit Fragen wie „Kann das wirklich sein?". Oder er kann die meisten Fragen dieser Art selbst beantworten, wenn er mit einer guten Portion Geschäftssinn und Unternehmenserfahrung ausgestattet ist.

Bild 3.10 veranschaulicht diese Art von Situation. Ein neu eingestellter Statistiker, der nicht viel über Blutspenden weiß, könnte diesen Plot erstellen und zu dem Schluss kommen, dass Blutspenden nicht normal verteilt sind – was viele Analysewerkzeuge von der Verwendung ausschließt. Wenn eine erfahrene Mitarbeiterin einer Blutbank diese Analyse durchführt, kommt sie sofort zu dem Schluss, dass in den zu analysierenden Daten verschiedene Arten von Blutspenden gemischt wurden. Sie einzeln zu untersuchen ist viel geeigneter, als die Analyse für alle zusammen durchzuführen. Die Kenntnis der Organisation vermeidet falsche Schlussfolgerungen.

Geschäftsentscheidung vorbereiten

In der fünften Phase muss der Datenanalytiker das Analyseergebnis in die Geschäftssprache übersetzen, um eine bestimmte Vorgehensweise vorzuschlagen oder eine Entscheidung vorzubereiten. Geschäftskenntnisse sind eine Voraussetzung für diese Arbeit. Diese Phase kann jedoch nicht von jemandem durchgeführt werden, der das Analyseergebnis nicht versteht. Daher ist auch hier ein gutes Verständnis der Statistik von entscheidender Bedeutung.

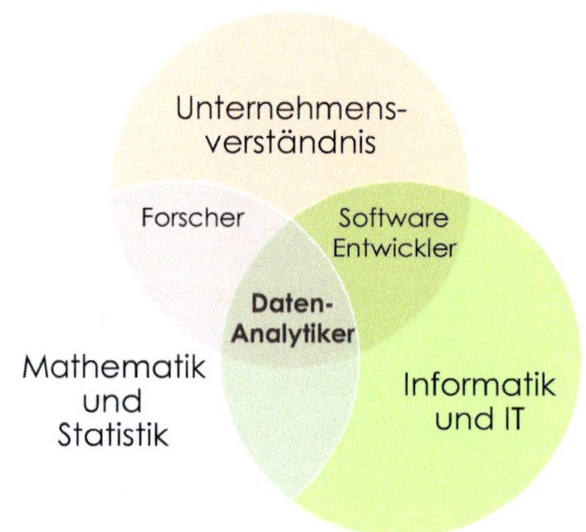

Bild 4.2
Kompetenzbereiche eines Datenanalytikers eines Data Scientists

Deshalb empfehlen wir dringend, dass ein Datenanalytiker mit Kenntnissen, Fähigkeiten und Erfahrungen in den Kompetenzbereichen Unternehmensverständnis, Informatik und IT sowie Mathematik und Statistik ausgestattet ist (Bild 4.2).

4.2 Schlüsselrollen der heutigen Manager und Führungskräfte

Die Manager von heute sind mit einem sich ständig verändernden Geschäftsumfeld konfrontiert. Und die Geschwindigkeit des Wandels nimmt stetig zu. Diese Veränderungen wirken sich auf das Verhalten von Kunden und Lieferanten, auf das Angebot der Wettbewerber und auf die Eigenschaften und Anforderungen der eigenen Mitarbeiter aus. Um mit diesen Veränderungen Schritt halten zu können, müssen „die Antennen der Manager ständig ausgefahren sein", und auch die Häufigkeit, mit der sie Informationen von diesen Antennen erhalten, muss zunehmen.

Daher haben datengesteuerte Unternehmen wie Google, Amazon, Microsoft, Walmart, eBay, LinkedIn und Twitter (Davenport, 2012) ihr eigenes Team von Datenwissenschaftlern aufgebaut, das in der Lage ist, den verfügbaren Werkzeugkasten für ihre Zwecke anzupassen und zu erweitern.

Ist es notwendig für Unternehmen und Organisationen, die nicht wie Google sind, ein Datenanalytik-Team zu haben? Sicherlich nicht. Verlangen wir von jedem Manager, die Finanzzahlen der Organisation zu verstehen? Ja, das tun wir. Die Finanzzahlen basieren auf nachlaufenden Indikatoren. Wenn wir sie also sehen, haben wir kaum eine Chance, sie zu beeinflussen. Die meisten Daten über Kunden, Prozesse und Mitarbeiter basieren auf vorlaufenden Indikatoren. Wenn wir sie verstehen, können wir die Ergebnisse – die Finanzzahlen – immer noch beeinflussen. Das macht einige von ihnen mindestens genauso wichtig wie die Finanzkennzahlen selbst.

> *„Wenn man nur einen Hammer hat, sieht alles aus wie ein Nagel."*
>
> *Abraham Maslow (1966)*

Daher sollten die heutigen Manager eine Schlüsselrolle beim Verständnis von Mustern in Daten spielen und daraus Schlussfolgerungen ziehen können. Sie sollten die Chance und den Willen haben, ihre Kompetenzen zu erweitern, um in die Rolle eines Datenanalytikers hineinzuwachsen (Gallo, 2018).

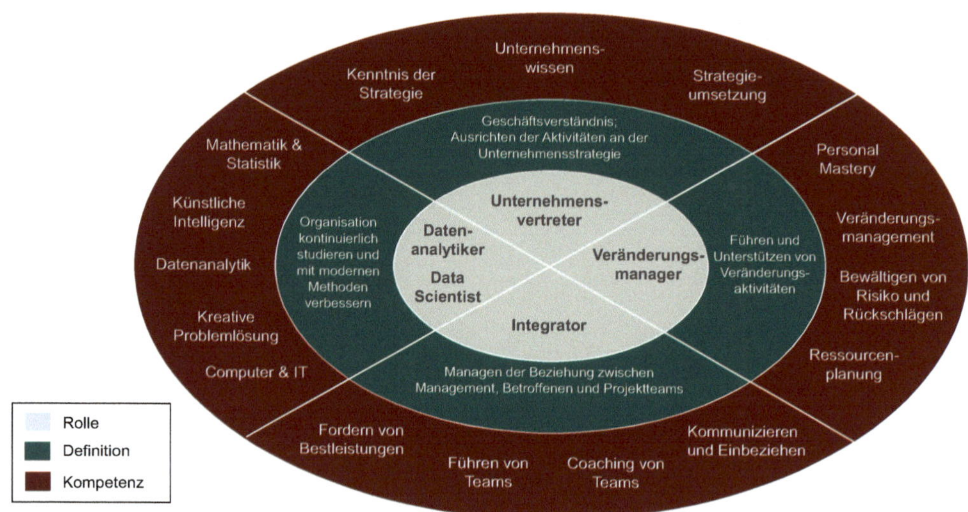

Bild 4.3 Rollen und Kompetenzen eines Managers mit Datenanalyse-Hintergrund

Bild 4.3 fasst die Kompetenzen zusammen, die vom heutigen Manager erwartet werden können. Die Tiefe des Erwerbs der Kompetenzen hängt von der Geschäftssituation, der Rolle des Managers in der Organisation und vielen anderen Faktoren ab. Dennoch ist es keine Option für die nahe Zukunft, die Rolle des Datenanalytikers und des Data Scientist einfach zu ignorieren.

Vom Manager zum Datenanalytik-Manager

Jeremy ist stellvertretender Abteilungsleiter in einer mittelgroßen Bildungseinrichtung. Wir lernten Jeremy kennen, als wir gemeinsam eine Reihe von Lean-Six-Sigma-Projekten mit dem Ziel durchführten, die Abläufe in allen Bereichen seiner Organisation schlanker zu gestalten.

Wann immer wir eine solche Reise mit einer Organisation beginnen, ist die Wahrscheinlichkeit hoch, dass sich die Teilnehmer mit der üblichen Entschuldigung wie „Ich mag keine Statistik und ich bin vielleicht nicht sehr gut in dieser Disziplin“ vorstellen. Sie sagen dies, weil sie wissen, dass ein fachgemäßes Lean Six Sigma mit einer guten Portion Statistik einhergeht. Und sie sagen dies, weil der Umgang mit Statistik für sie der obligatorische Unterricht an der Universität war - was ziemlich herausfordernd und oft sehr trocken sein kann.

Jeremy hatte diese Erklärung nicht benutzt. Stattdessen sagte er: „Ich muss meine Statistik auffrischen.“ Während unserer gemeinsamen Lean-Six-Sigma-Projekte war Jeremy ein eifriger Lerner und ein hervorragender Herausforderer. Wir wussten, dass Jeremys Fragen normalerweise für die ganze Klasse von Vorteil war. Er konzentrierte sich darauf, zu lernen und zu verstehen, was gelehrt wurde.

Seine Abteilungsleiterin, nennen wir sie Amanda, erwies sich als eine außergewöhnliche Unterstützung für Jeremy und ihre Lean-Six-Sigma-Projekte. Sie stellte sicher, dass Jeremy Zugang zu allen notwendigen Daten hatte. Nach jeder Lean-Six-Sigma-Trainingseinheit mussten alle Teilnehmer das Erlernte auf ihre eigenen Daten anwenden. Amanda bat Jeremy während seiner Projektarbeit um aktualisierte Präsentationen. Gemeinsam mit ihrer Abteilung setzten sie das Gelernte um mit dem Ziel, aus den vorhandenen Daten Informationen zu generieren, zu visualisieren und Schlussfolgerungen zu ziehen.

Und das taten sie. Sehr bald nach dem Anpfiff wurde die erste Änderung in ihrem Prozess durch den Mangel an einigen notwendigen Informationen ausgelöst. Amanda und Jeremy nahmen dies zur Kenntnis und änderten die Art und Weise, wie die Daten aufgezeichnet wurden. Viele weitere Vorschläge und schließlich Änderungen wurden durch die aus den Daten gewonnenen Erkenntnisse vorangetrieben.

Jahre später, als die gesamte Organisation ein Projekt zur strategischen Personalplanung durchlief, erwies sich Jeremy als die beste interne Ressource, die man bei der Vorbereitung und Durchführung eines solchen Projekts haben konnte. Er war nicht nur in der Lage, uns mit seinem institutionellen Wissen zu helfen, den geeigneten Weg für die Datensammlung, Analyse usw. zu finden. Er leitete diese Bemühungen auch für eine Reihe von Abteilungen in hervorragender Weise.

In der Zwischenzeit trafen wir Jeremy bei einem unserer Datenanalytik-Workshops. „Ich wollte nur meine Fähigkeiten in der Analytik verfeinern, da sie sich als eine sehr wichtige und vorteilhafte Disziplin für meine Arbeit als Manager erwiesen haben“, antwortete er auf die Frage nach dem Grund für seine Teilnahme.

Jeremy ist ein Beispiel für einen Manager, der offen dafür ist, eine wertvolle Fähigkeit, die Datenanalytik, in der datengesteuerten Welt von heute zu erwerben und anzuwenden. ■

Übung

Nachdem Sie diesen Teil abgeschlossen haben, können Sie die folgenden Fragen beantworten:

- Was sind die typischen Kompetenzen, die ein Datenanalyst erwerben sollte?
- Warum ist das Verständnis der Datenanalytik für jeden Manager wichtig?
- Warum sollte jeder Mitarbeiter in die Grundlagen der Datenanalytik eingeführt werden?
- Nennen Sie typische Rollen eines modernen Managers.

■

Teil II: Kundendomain – Kundenanalytik

Die Kundenanalytik ist ein Zweig der Datenanalytik, der sich mit Daten von und über Kunden befasst, insbesondere mit Daten über das Verhalten von Kunden vor, während oder nach der Lieferung von Produkten und Dienstleistungen. Die Analyse dieser Daten kann dazu führen, wichtige Informationen zum Zweck der Marktsegmentierung, der Entwicklung von Marketingstrategien und folglich der Erhöhung des Marktanteils zu extrahieren.

Inhalt

- Warum Kundenanalytik?
- Hören Sie auf die Stimme Ihrer bestehenden Kunden
- Kundenerwartungen verstehen
- Untersuchung der gesamten Kundenerfahrung
- Entwerfen von Kundenumfragen
- Schlussfolgerung

Fall	Fallbeschreibung	Verwendete Werkzeuge
1	Toll, wir haben uns verbessert ... Oder nicht?	Ex, R
2	Was beeinflusst unsere Patientenzufriedenheit?	Ex, R
3	Wie erstellt man ein Dashboard zur Patientenzufriedenheit?	Ex, BI, R
Verwendete Werkzeuge: Ex ... MS Excel, BI ... MS Power BI, R ... R und R Studio		

Höhepunkte

Nachdem Sie diesen Teil abgeschlossen haben, werden Sie ...

- die Bedeutung von Kundenanalytik verstehen und diese anwenden können,
- die Komplexität von Kundenanalytik einzuschätzen wissen,
- Ihre eigenen Systeme und Kanäle zur Kundenanalytik konzipieren können,
- Ihre Kundenanalytik in Ihrem Unternehmen aufbauen bzw. erweitern können.

5 Die Stimme des Kunden

5.1 Warum Kundenanalytik?

Die Kundenanalytik ist ein Zweig der Datenanalytik, der sich mit Daten von und über Kunden befasst, insbesondere mit Daten über das Verhalten von Kunden vor, während oder nach dem Umgang mit Produkten und der Erfahrung mit Dienstleistungen (Bild 5.1). Die Analyse dieser Daten kann dazu führen, wichtige Informationen zum Zweck der Marktsegmentierung, der Entwicklung von Marketingstrategien und folglich der Erhöhung des Marktanteils zu extrahieren.

Das zugrunde liegende Prinzip der Kundenanalytik ist die Vorhersage des zukünftigen Kundenverhaltens auf der Grundlage des Verständnisses des vergangenen Verhaltens. Sie hilft dabei, Ihre Kunden, bestehende und potenzielle Kunden, kennenzulernen.

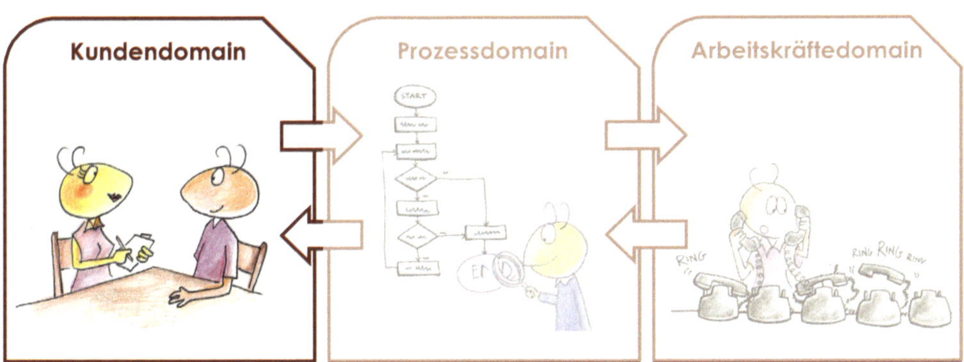

Bild 5.1 Kundenanalytik mit dem Fokus auf der Kundendomain

Was sind die Vorteile, wenn man seine Kunden kennt?

- **Vertrauen und Loyalität** aufbauen. Regelmäßiges Lauschen auf die Stimme bestehender Kunden ist entscheidend für die Erhaltung und den Aufbau einer dauerhaften Beziehung zu den Kunden. Das Einhalten unserer Versprechen und die Erfüllung der Kundenerwartungen ist die Grundlage unserer Kundenbeziehungen. Wenn die Kunden uns vertrauen, kommen sie zurück und kaufen wieder bei uns. Enttäuschte Kunden tun das nicht. Sie suchen nach Alternativen.

- **Wachstumschancen** schaffen. Die Kenntnis unserer Kunden gibt uns einen tieferen Sinn für Kundenverständnis, was wiederum der Wirtschaft Informationen über das Kaufverhalten, die Interessen und das Engagement der Verbraucher liefert. Es hilft Unternehmen, Gelegenheiten zur Einführung neuer Produkte oder Dienstleistungen zu finden.
- **Kundenorientiertes Geschäftsmodell** einrichten. Heute sind weltweit mehr als 50 Milliarden Geräte miteinander verbunden, wobei das Mobiltelefon für die meisten Kunden das primäre Internetgerät ist. Die Kenntnis der Kunden durch das Studium ihrer Erfahrungen hilft Unternehmen, von bestehenden Produkten und traditionellen Vertriebsmodellen zu solchen überzugehen, die den Kunden das liefern, was sie wollen.

Wie Sie Kunden an Ihr Unternehmen binden

Ein neuer Kunde einer Bank hätte die Bankfiliale besuchen und eine Unterschrift leisten müssen. Das ging aus diversen Gründen nicht. Diese Unterschrift war allerdings nötig, um Geschäfte über die Bank abwickeln zu können, was für den Kunden unbedingt notwendig war. Der verantwortliche Bankberater besuchte daraufhin spontan den Kunden daheim und holte so die notwendigen Unterschriften ein. Und alle Probleme waren gelöst. Die Konsequenz: Der Kunde ist nun der Bank treu verbunden und empfiehlt sie gerne weiter. ■

Vergessen Sie auch in der Zeit von Big Data nicht, mit Ihren Kunden zu kommunizieren. Die Datenanalytik ersetzt nicht die aufrichtige Unterhaltung. Datenanalytik trägt wenig zur Vertrauensbildung bei. Was Sie tun, zählt. ■

5.1.1 Hören Sie auf die Stimme Ihrer bestehenden Kunden

Wenn Kunden Ihnen ein Signal geben, nehmen Sie es sehr ernst.

„Oh, das ist nur die Beschwerde eines einzelnen Kunden“, wurde von jemandem geäußert, der in einem Finanzinstitut arbeitet. Wenn Sie Tausende von Kunden haben, könnten Sie versucht sein, so zu reagieren, wenn sich einer von ihnen über eine bestimmte Erfahrung beschwert. Diese Reaktion wird eine Denkweise hervorbringen, die völlig falsch ist.

Eine Studie in deutschen Finanzinstituten ergab, dass das, was Sie von Kunden sehen oder hören, nur ein Bruchteil der Wahrheit ist (Bonn, 2006). Diese Studie hat gezeigt, dass hinter jeder Beschwerde, die Sie erhalten, eine Vielzahl von Kunden steht, die einen ähnlichen Beschwerdegrund haben können. Sie beschweren sich jedoch nicht. Sie gehen einfach. Der Faktor könnte etwa 25 sein (Bild 5.2). Bei einer Beschwerde handelt es sich also nicht um einen einzelnen frustrierten Kunden, sondern um etwa 25 Kunden, die mehr oder weniger bereit sind, sich nach einem anderen Dienstleister umzusehen.

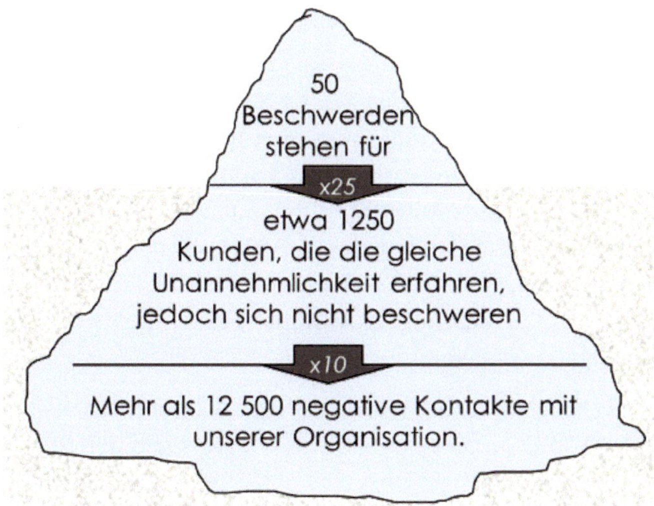

Bild 5.2
Der Eisberg – versteckte Beschwerden im Bankwesen

Darüber hinaus deckte diese Studie eine weitere verborgene Wahrheit auf. Nicht alles führt zu Beschwerden. Es gibt kleine Ärgernisse oder Irritationen, über die es sich nicht zu beschweren lohnt. Doch sollten sie einem Kunden lästig bleiben, könnte auch dieser Kunde gehen. Der Faktor liegt hier bei etwa 10. Folglich deutet eine Beschwerde darauf hin, dass es etwa 250 leicht verärgerte Kunden geben könnte, die sich früher oder später nach einem anderen Dienstleister umsehen.

Denken Sie immer daran: Es ist sehr leicht, einen Kunden zu verlieren! Nehmen Sie also Beschwerden unbedingt ernst und reagieren Sie darauf!

Solche Studien sind zwar nicht neu, die Schlussfolgerungen dieser und vieler anderer Studien dürfen jedoch nicht vergessen werden. Datenanalytik ist nicht nur bei Big Data und/oder zur Gewinnung von Neukunden anwendbar. Die Betreuung Ihrer bestehenden Kunden ist Ihre erste Verantwortung.

5.1.2 Kundenerwartungen verstehen

Um die Kundenerwartungen zu verstehen, können verschiedene Instrumente eingesetzt werden. Ein sehr einfaches, aber leistungsfähiges Werkzeug ist die Kano-Analyse (Revelle, 2004).

Die Kano-Analyse ist ein Werkzeug, das erheblich dazu beitragen kann, die Kundenbedürfnisse auf der Grundlage des gegebenen Feedbacks zu strukturieren. Sie teilt die Kundenbedürfnisse in vier Kategorien ein (Kaufmann, 2018):

Muss-Charakteristik: Der Kunde erwartet, dass diese Eigenschaft erfüllt wird, auch ohne darüber zu sprechen. Die Erfüllung dieses Bedürfnisses führt jedoch nicht zu Kundenzufriedenheit, sondern vermeidet nur Unzufriedenheit. Beispiel: Ihr neues Auto ist mit einer Klimaanlage ausgestattet (Bild 5.3). Sie werden wahrscheinlich nicht einmal fragen, ob Ihr neues Auto eine Klimaanlage an Bord hat, da diese serienmäßig ist. Sie werden sicherlich auch nicht nach Bremsen fragen. Wenn sie jedoch nicht vorhanden sind, werden Sie extrem enttäuscht sein.

Je-mehr-desto-besser-Charakteristik: Die Nichterfüllung dieses Bedürfnisses führt zu Unzufriedenheit. Die Erfüllung dieser Anforderung erzeugt Zufriedenheit – je mehr, desto besser. Beispiel: Die Treibstoffeffizienz eines Autos ist für die meisten Kunden von großem Interesse. Sie werden danach fragen oder die Spezifikationen überprüfen.

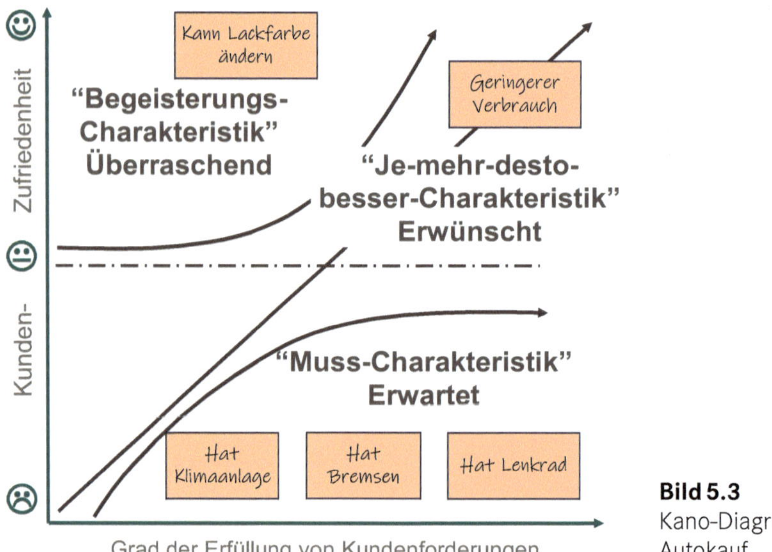

Bild 5.3 Kano-Diagramm für den Autokauf

Begeisterungs-Charakteristik: Der Kunde erwartet nicht, dieses Merkmal erfüllt zu bekommen, da er wahrscheinlich nicht einmal darüber nachdenkt. Daher führt es nicht zu Unzufriedenheit, wenn es nicht vorhanden ist. Dieses Merkmal kann jedoch genutzt werden, um Ihr Produkt oder Ihre Dienstleistung auf dem Markt zu differenzieren, so dass ein Alleinstellungsmerkmal geschaffen wird. Beispiel: Ihr neues Auto mit auf Knopfdruck veränderbarer Farbe des Außenlackes zu erhalten, würde Ihre Erwartungen sicher weit übertreffen.

Indifferente Charakteristik: Der Kunde nimmt diese Eigenschaft nicht als notwendig wahr und ist nicht zufrieden, wenn sie vorhanden ist. Beispiel: Autohandbuch zeigt ein zusätzliches Merkmal – eine Fremdsprache.

Die Kundenerwartungen sind in diesem Diagramm nicht stagnierend. Überraschungen für den Kunden von heute werden morgen gewünscht und später erwartet werden.

Beispiel: Zu Beginn der Achtzigerjahre war die Verfügbarkeit von Airbags in einem Auto nichts, worüber wir uns Sorgen machen mussten. Dies änderte sich im Laufe der Jahre. Von einem Airbag zu zwei Airbags war ein großer Schritt und ein Merkmal, das die Käufer beim Kauf in Betracht zogen.

Heutzutage gehen wir davon aus, dass unser Wagen über genügend Airbags verfügt, um unsere Sicherheit zu gewährleisten. Fragen wir nach der Anzahl? Meistens wahrscheinlich nicht.

Die Analyse unseres Kundenfeedbacks bezüglich dieser Kategorien der Kundenwahrnehmung für unser Produkt oder unsere Dienstleistung wird von großem Wert für die Verbesserung der Leistung und die Gewinnung von Marktanteilen sein. Wie können wir unsere Kundenzufriedenheitsdaten zur Erstellung einer Kano-Analyse nutzen? Es gibt Datenanalytik-Tools wie beispielsweise die Jaccard-Analyse (Kotu & Deshpande, 2019), die uns dabei helfen werden.

5.1.3 Untersuchen der Kundenerfahrung

Bei der Untersuchung der Kundenzufriedenheit, des Kundenerlebnisses, konzentrieren wir uns in der Regel auf die Hauptmerkmale unserer Produkte oder Dienstleistungserbringung, auf die Merkmale, von denen wir wissen, dass sie am meisten geschätzt werden. Viele Organisationen haben den Serviceverlauf als Service Blueprint abgebildet und konzentrieren sich auf die Berührungspunkte, die identifizierten „Momente der Wahrheit" (Eyung, 2019).

Sehr oft sind dies die Themen, die als Fragen in Kundenzufriedenheitsumfragen enden. Diese Umfragen sind unerlässlich und geben einen großen Teil des Feedbacks darüber, wie die Kunden die Organisation empfinden, also wie es der Organisation geht. In einem sich ständig ändernden Umfeld und häufig schwankenden Kundenerwartungen sollten sich diese Umfragen jedoch auch ändern. Eine Umfrage, die vor Jahren entwickelt wurde, könnte für die heutige Zeit nicht geeignet sein. Ein Grund liegt darin, dass sich die sogenannten Berührungspunkte möglicherweise verschoben haben und die Befragten nicht mehr in der Lage sind, sich über frühere Begeisterungsmerkmale zu freuen. Überraschungen werden mit der Zeit zu einem Muss.

Bei der Analyse aller Daten über Ihre bestehenden und potenziellen Kunden ist es entscheidend, die „alten Methoden" der Interaktion mit Ihren Kunden nicht zu unterschätzen.

Einige der Möglichkeiten, mit Kunden in Kontakt zu treten, sind (Hennessy, 2019):

- **Zeit mit Endbenutzern verbringen**. Selbst wenn Sie eher Business-to-Business-Beziehungen haben, nutzt jemand Ihre Produkte oder Dienstleistungen am Ende, der Endverbraucher. Mit dem Endverbraucher zu sprechen, anstatt sich auf den Händler oder Kanal oder Implementierer zu verlassen, erhöht den Wert Ihres Unternehmens. Ihr direkter Kunde, das andere Unternehmen, versucht, Ihnen dabei zu helfen, Informationen über die Bedürfnisse Ihrer Endverbraucher zu erhalten. Möglicherweise haben sie jedoch eine andere Sichtweise auf Ihre Produkte und Ihre Dienstleistungen
  Nehmen wir an, Sie kaufen bei Amazon oder Lazada. Amazon oder Lazada stellen keine Produkte her, der Logistikanbieter auch nicht. Sie handeln jedoch mit Millionen verschiedener Produkte, weshalb sie sich nicht um die Eigenschaften jedes einzelnen Produktes kümmern können. Das Warten auf die Rückmeldungen der Endverbraucher auf der Amazon- oder Lazada-Plattform ist oft nicht fruchtbar, weil Kunden sich normalerweise nicht die Zeit nehmen, Rückmeldungen zu geben.
  Wird direkt um Kommentare gebeten, ist dies allerdings ein wirkungsvolles Mittel, um Feedback von Endverbrauchern zu erhalten.
- **Kunden beim Produktkauf beobachten.** Die Analyse des Einkaufsverhaltens von Käufern könnte Ideen generieren, die den Erlebnischarakter beim Einkaufen verbessern und zu einer Steigerung der Einnahmen führen. Es gibt zwei Möglichkeiten, dies zu tun.
  Erstens können Sie in die Daten eintauchen, die das Kaufverhalten der Käufer zeigen. So erfahren Sie beispielsweise, was die Leute in einem Baumarkt kaufen, wenn sie ein bestimmtes Bau-Projekt haben. Und, Sie werden feststellen, dass sie bei manchen Projekten mehrfach auftauchen. Können Sie ihnen helfen, Mehrfachreisen zum Baumarkt zu vermeiden?
  Zweitens könnten Sie ihnen einfach zuschauen, wie sie im Laden ihre Runden drehen. Einige Baumarktgeschäfte sind riesig. Wenn Sie ihnen beim Auswählen und Ausprobieren zuschauen, lernen Sie vielleicht etwas über Ihr Ladenlayout und können es verbessern. Und Sie könnten etwas über ihre Bedürfnisse erfahren und ihnen besser helfen.

- **Gehen Sie an den „Ort des Geschehens" und beobachten Sie, wie die Verbraucher Ihr Produkt nutzen oder Ihre Dienstleistung erleben**. Abgesehen von allen heute verfügbaren Daten ist die Beobachtung von Kunden, die Ihre Dienstleistung erleben, immer noch eine unschlagbare Möglichkeit, Informationen über Ihre Dienstleistungsprozesse zu erhalten (Tan, 2017).

Ein junger Mann wurde direkt nach seiner Blutspende nach seiner Erfahrung befragt. „Oh, alle Krankenschwestern und der Arzt sind sehr freundlich und sehr professionell. Es ist eine sehr schöne Umgebung. Gute Arbeit", sagte er. Und er meinte das sehr ernst. Erst nach eingehenden Fragen, was in diesem Prozess verbessern werden könnte, erwähnte er – fast schämte er sich, es zu sagen: „Sie sind ein bisschen langsam." Dieses Feedback führte zu einer Überprüfung der Durchlaufzeiten und der von ihm abgegebenen Bewertung. Seine Bewertung war perfekt und wurde mit Komplimenten bedacht. Das Timing entsprach dem Durchschnitt.

Da die Blutbank immer hervorragende Bewertungen erhält, hatte der Abschluss eines „langsamen Prozesses" nicht ihre oberste Priorität. Nur wenige schrieben dies auf. ■

Ein aufrichtiges Gespräch mit einigen Ihrer Kunden kann niemals durch elektronische Mittel der Datenerfassung ersetzt werden. ■

■ 5.2 Entwerfen von Kundenumfragen

Das Gespräch mit dem Kunden kommt nie aus der Mode, und dieser Kanal der Rückmeldung darf nicht außer Acht gelassen werden! Doch auch per Umfrage gewonnene Informationen von Hunderten oder sogar Tausenden von Kunden und potenziellen Kunden sind sehr sinnvoll.

Wenn Sie eine Gasturbine entwerfen, liefern und bei einem Kunden installieren, stehen Sie in ständigem Kontakt mit den verschiedenen Vertretern Ihres Kunden. Und der Informationsfluss ist ziemlich reibungslos. Eine Umfrage ist möglicherweise nicht einmal notwendig.

Wenn Sie den Verbrauchern Bankprodukte anbieten, haben Sie einen Kundenstamm von Tausenden oder Millionen. Sie können nicht alle Kunden persönlich am Telefon erreichen, um sie um Feedback zu bitten. In diesem Fall könnte eine Umfrage eine gute Ergänzung zu anderen Mitteln wie der Beobachtung der Kunden und der Sammlung von Daten über ihr Verhalten sein. Für diese Art von Organisation ist die Durchführung von Umfragen ein Muss.

Ein weiterer Grund für die Durchführung von Umfragen könnte die Tatsache sein, dass nur einer von 25 Kunden, die einen schlechten Service erhalten, sich wirklich beschweren wird (Bonn, 2006). Es besteht die Möglichkeit, dass einige der anderen bereit sind, ein Feedback zu geben, wenn wir ihnen den Kanal der Umfrage zur Verfügung stellen.

Da Umfragen, insbesondere wenn sie von Marktforschungsunternehmen durchgeführt werden, sehr viel Geld kosten, könnte es eine gute Idee sein, Ihre eigene Umfrage zu entwerfen, durchzuführen und zu analysieren.

5.2.1 Entwicklung und Durchführung einer eigenen Umfrage

Den Zweck der Umfrage bestimmen

Erstens könnte sich eine Umfrage darauf konzentrieren, ein oberflächliches Feedback über Ihre Leistung als Organisation zu erhalten. Der Net Promoter Score (NPS) wird in der Regel aus einer einzigen Frage abgeleitet: „Wie wahrscheinlich ist es, dass Sie unser Produkt oder unsere Dienstleistung an einen Freund oder Kollegen weiterempfehlen?"

Auf diese Frage folgt in der Regel eine offene Nachfrage, die um eine Erklärung für die Bewertung bittet. Der größte Vorteil von NPS ist seine Einfachheit für die befragte Person. Es ist daher wahrscheinlich, dass der NPS eine Antwort erhält.

Der Nachteil ist, dass es sehr wenig Informationen gibt, wenn die befragten Personen keine Erklärung für ihre Bewertung abgeben. Auch wenn sie dies tun sollten, ist die Information nicht oder nur bedingt für eine Analyse geeignet.

Zweitens könnte eine Umfrage überprüfen, ob das Ergebnis Ihrer Dienstleistungserbringung den Erwartungen entspricht. Das Design könnte dem des NPS ähnlich sein.

Drittens könnte eine Umfrage das Kundenerlebnis an kritischen Berührungspunkten infrage stellen. Diese Umfrage ist in der Regel ausführlicher und hat sehr spezifische Fragen. Dies ist gleichzeitig der Vorteil dieser Art von Umfrage, weil sie viel mehr Informationen liefert, indem sie die Kunden virtuell noch einmal durch den Prozess führt und sie bittet, ihre Erfahrungen an diesen Berührungspunkten zu bewerten oder zu vergleichen. Der offensichtliche Nachteil ist, dass weniger Kunden sie annehmen, da sie viel mehr Zeit in Anspruch nimmt als die beiden anderen Befragungsarten. Für den Analytiker bietet diese Umfrage eine Fundgrube an reichen Informationen.

Sie können diese und andere Umfragen kombinieren, um denselben Kunden zu verschiedenen Zeitpunkten unterschiedliche Fragen zu stellen. Dies hängt sehr stark von Ihrem Unternehmen, Ihrem Angebot und Ihrem Kundenstamm ab.

Bewährte Fragebögen verwenden

Die Gestaltung eines Fragebogens ist nicht trivial. Wenn möglich, verwenden Sie Fragen aus glaubwürdigen Quellen, die getestet und validiert sind. Es stehen Fragen für fast alle Zwecke zur Verfügung. Verwenden Sie sie.

Die Entwicklung eigener Fragen sollte das letzte Mittel sein. Wenn man für diese Art von Tätigkeit nicht ausgebildet ist, kann dies sogar zu einer Peinlichkeit für Ihre Organisation führen. Einen unprofessionell entwickelten Fragebogen an Tausende von Verbrauchern zu verschicken, wäre keine Unterstützung Ihrer Marke.

Ein Fragebogen sollte eine Mischung aus verschiedenen Arten von Fragen enthalten.

Eine Umfrage sollte innerhalb von fünf Minuten abgeschlossen werden können. Je länger sie dauert, desto wahrscheinlicher ist es, dass der Befragte vor Beendigung aussteigt.

Es könnte eine gute Idee sein, Anreize zur Teilnahme zu schaffen.

Bewährte Skalen verwenden

Die meisten Fragen oder Aussagen werden mit Varianten der Likert-Skala beantwortet bzw. bewertet. Sie verwenden die Kriterien Intensität, Häufigkeit, Wahrscheinlichkeit, Qualität oder Übereinstimmung (Rohrmann, 2007). Während NPS in der Regel eine Zehn-Punkte-Skala hat, sind die meisten Zufriedenheitsbewertungen kürzer. Eine Vier-Punkte-Skala ist recht kurz, eine Sieben-Punkte-Skala ist recht lang. (Rohrmann, 2007) empfiehlt die Verwendung einer fünfstufigen Skala und bietet für jede Stufe Benennungen für unterschiedliche Zwecke an.

Den Fragebogen testen

Führen Sie immer eine Testumfrage mit Ihrem Fragebogen vor der ersten Benutzung durch. Laden Sie anschließend Ihre Pilotgruppe zu einer Rückmeldung ein – falls diese nicht bereits während der Umfrage erbeten wird. Überarbeiten Sie Ihren Fragebogen und führen Sie gegebenenfalls einen erneuten Test durch.

Wenn Ihr Fragebogen neu ist, kann es notwendig sein, die interne Konsistenz des Fragebogens zu testen. Einer der häufig verwendeten Indikatoren für die interne Konsistenz ist der Cronbachs-Alpha-Koeffizient. Durch den genannten Pilotlauf wird zusätzlich die Gültigkeit des Fragebogens überprüft. Auf diese Weise können Sie testen, wie gut der Fragebogen das misst, was er messen soll.

Erproben Sie, ob Ihre Umfrage auf allen Plattformen funktioniert. Beispielsweise sieht eine Umfrage, die auf Google Chrome entworfen wurde, auf Microsoft Edge anders aus. Testen Sie, ob sie auf verschiedenen Bildschirmgrößen funktioniert. Wenn sie auf Notebook und Tablet gut aussieht, könnte es immer noch notwendig sein, auf Mobiltelefonen von links nach rechts zu scrollen. Dies wird einige Nutzer abschrecken.

Über die Verteilung des Fragebogens entscheiden

Stellen Sie sicher, dass Ihre Umfrage die Chance hat, jede Verbrauchergruppe zu erreichen. Wenn Sie Verbraucher haben, die nicht online sind, aber einen bedeutenden Kundenstamm bilden, können Sie sie nicht auslassen. Stellen Sie sicher, dass Sie sie erreichen.

Den geeigneten Zeitpunkt für die Umfrage wählen

Umfragen sind am effektivsten, wenn der Kunde kürzlich Erfahrungen mit der Nutzung Ihres Produkts oder Ihrer Dienstleistungen gemacht hat. Wenn die Umfrage einmal pro Jahr verschickt wird, erinnert sich der Kunde möglicherweise nicht einmal mehr daran, wie die letzte Nutzung Ihrer Produkte oder Dienstleistungen ablief. Wenn Sie jedes Mal, wenn der Kunde mit der Nutzung Ihres Produkts fertig ist, eine kurze Umfrage durchführen, erhalten Sie möglicherweise Feedback. Wenn es etwas über die Erbringung der Dienstleistung zu sagen gibt, werden die Kunden dies höchstwahrscheinlich erläutern.

Beginnen Sie mit dem Ende im Blick

Es ist eine gute Praxis, Ihre Umfrage im Hinblick auf die Analyse zu entwerfen, die Sie nach der Umfrage durchführen möchten. Dazu gehört die Berücksichtigung der Stichprobengröße, die Sie benötigen, um am Ende nützliche Informationen zu erhalten.

Wenn z.B. 1000 Kunden auf Ihre Umfrage antworten, liegt Ihre Fehlermarge normalerweise bei +/−2% bis +/−3%. Das bedeutet, dass Ihr Zufriedenheitswert nur mit einem Konfidenzintervall von 4% bis 6% angegeben werden kann. Dies könnte in Ordnung sein. Wenn diese 1000 Antworten jedoch aus drei verschiedenen Regionen kommen, schmilzt Ihre Stichprobengröße pro Region dahin, und Ihre Ergebnisse werden einfach nutzlos. Das bedeutet, dass es notwendig ist, eine bestimmte Anzahl von Antworten aus allen demografischen Bereichen zu erhalten. Wenn 80% normale Girokonten und 20% Konten mit mehreren Währungen verwenden, möchten Sie vielleicht einen ähnlichen Prozentsatz an Antworten in Ihrer Umfrage haben, es sei denn, Sie beschließen, sich nur auf eine dieser Gruppen zu konzentrieren.

Eine Analyse der Treiber für die Kundenzufriedenheit ist ein überaus wichtiges Ergebnis einer Umfrage. Wenn Sie eine Korrelationsanalyse mit den Umfragedaten durchführen möchten, um zu ermitteln, was die Gesamtzufriedenheit oder die Loyalitätsbewertung beeinflusst, stellen Sie sicher, dass die Fragen für diese Indikatoren integriert sind. Das heißt, es sollten zwei oder drei Fragen zur Gesamtzufriedenheit eingebaut werden, die bei der Analyse der Treiber eine entscheidende Rolle spielen.

Einige weitere Erwägungen

- Zwingen Sie Ihre Kunden nicht, bestimmte Fragen auszufüllen. Sie könnten einen Grund haben, dies nicht zu tun. Wenn Sie sie dazu drängen, könnten Sie die gesamte Antwort verlieren, oder Sie könnten nutzlose Daten erhalten.
- Seien Sie vorsichtig, wenn Sie persönliche Fragen stellen. Ihre Kunden könnten Ihrer Anonymitätserklärung nicht trauen.
- Wenn Sie Umfrageergebnisse über die Zeit vergleichen möchten, können Sie dies nur tun, wenn Sie nichts ändern. Lassen Sie die Fragen unangetastet. Versenden Sie Ihre Umfrage auf die gleiche Weise und in einem vergleichbaren Zeitraum. Behalten Sie den Stil und das Format bei. Jede Änderung kann dazu führen, dass sich Ihre Umfrageergebnisse ändern. Das Ergebnis könnte unvergleichbar sein, das heißt unbrauchbar für eine Langzeitanalyse.

5.2.2 Schlussfolgerung

Heute verfügen alle Organisationen über mehr Daten als je zuvor. Die Analyse dieser Daten kann wichtige Lehren für das Unternehmen anbieten und damit große Chancen eröffnen. Lassen Sie sich jedoch nicht von Ihren Kunden isolieren, indem Sie sich zu sehr auf Daten konzentrieren. Daten enthalten nur einen Teil der Wahrheit. Der andere Teil kommt aus der Interaktion mit Ihren Kunden.

Kundenerwartungen ändern sich mit der Zeit. Und die Geschwindigkeit dieser Anpassungen nimmt zu. Daher reicht es nicht aus, die Kundenzufriedenheit häufig zu messen. Wir müssen die Art und Weise, wie wir messen und analysieren und was wir messen, an die sich ändernden Kundenerwartungen anpassen.

Große Organisationen haben den Nachteil, vom Kunden losgelöst zu sein. Sie erkennen zwar Trends, sind aber bei der Umsetzung von Veränderungen viel weniger agil als kleinere Akteure, die näher am Kunden und flexibel genug sind, um schnell zu wechseln oder ihre Angebote für bestimmte Kundengruppen anzupassen.

Übung

Nachdem Sie diesen Teil abgeschlossen haben, können Sie die folgenden Fragen beantworten:

- Was sind verschiedene Arten von Kundenbedürfnissen? Was sagt das Kano-Diagramm aus?
- Welche Möglichkeiten gibt es, Kundenerfahrungen zu untersuchen?
- Was müssen Sie beachten, wenn Sie Ihre eigene Kundenumfrage entwerfen möchten?

■

6 Fall: Toll, wir haben uns verbessert ... oder nicht?

Teure Fehlentscheidungen durch Datenanalytik vermeiden

Viele Unternehmen geben jedes Jahr eine beträchtliche Summe für Kundenumfragen aus. Die Ergebnisse von Kundenbefragungen werden verwendet, um Strategien zu ändern, neue Produkte und Dienstleistungen zu entwerfen, Verbesserungsaktivitäten zu fokussieren und Erfolge zu feiern. Da die Auswirkungen der Ergebnisse von Kundenbefragungen recht umfangreich sein können, sollten die Daten, die wichtige Entscheidungen vorantreiben, vertrauenswürdig sein. Die Frage ist: Können wir uns immer auf das verlassen, was wir sehen?

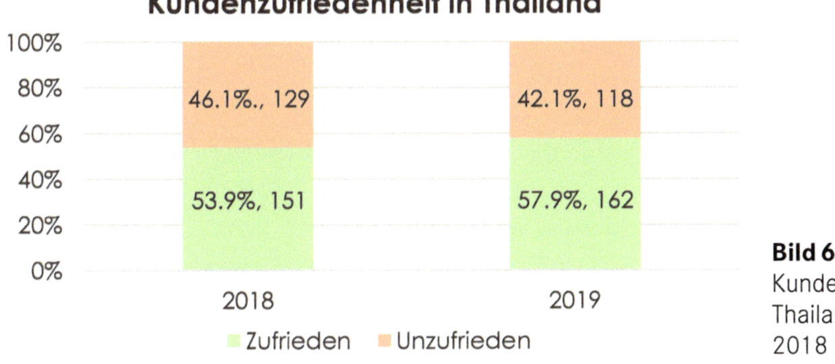

Bild 6.1
Kundenzufriedenheit in Thailand in den Jahren 2018 und 2019

Eine Lebensversicherungsgesellschaft – nennen wir sie MyInsurance – mit weltweiter Marktreichweite feierte 2019 ihren Erfolg, die Zufriedenheit ihrer Kunden verbessert zu haben. Stolz präsentierten sie die Ergebnisse: „In Thailand haben wir 58 % (57,86 %) zufriedene Kunden erreicht, im Vergleich zum Jahr 2018, als es nur 54 % (53,93 %) waren." Das klingt doch gut, oder? In einem Markt mit Millionen von Verbrauchern würde eine Steigerung der Zufriedenheit um 4 % bedeuten, dass die Zahl der Kunden, die gerne wieder bei MyInsurance kaufen würden, um etwa zehntausend gestiegen sei (Bild 6.1) (Kaufmann, 2012).

Eine solche Schlussfolgerung könnte zu schnell erfolgen. Und warum? Aus offensichtlichen Gründen hat MyInsurance nicht wirklich Millionen von Kunden nach ihrer Meinung gefragt. Es gelang ihnen lediglich, die Meinung von 280 Kunden einzuholen. Und das nennt man Stichprobe. Ein solcher Ansatz wird in jeder Art von Organisation in jedem Sektor viele Male am Tag angewandt.

6.1 Das Problem der Stichprobe

Die Stichprobenziehung basiert auf einer vergleichsweise kleinen Anzahl von Kunden, der sogenannten „Stichprobe", und dient dazu, Rückschlüsse auf die „Grundgesamtheit", die Population, zu ziehen. Die Population bezieht sich in diesem Fall auf den gesamten Pool von Kunden, an deren Meinung wir interessiert sind. Die Stichprobenziehung hat einen enormen Vorteil: Sie spart Geld und Zeit und wird vor allem dann eingesetzt, wenn es fast unmöglich ist, Daten von der gesamten Grundgesamtheit zu erheben, oder wenn der Prozess des Testens das Objekt zerstören kann, wie z. B. beim Falltest von Mobiltelefonen. Dieser Vorteil wird mit einem Nachteil erkauft: der „Fehlertoleranz" oder dem „Vertrauensintervall".

Was es heißt, auf Stichproben zu vertrauen

Ein einfaches Experiment soll illustrieren, was Stichprobenahme bedeutet:

Kaufen Sie eine 200-g-Packung M&Ms aus Schokolade. Öffnen Sie Ihre Packung und zählen Sie die Anzahl der M&Ms in Ihrer Packung. Diese Zahl – die Größe der Grundgesamtheit, der Population – betrug im Fall unseres Experiments 233.

Ihre Aufgabe ist es, durch Stichproben den Anteil der gelben M&Ms in diesem Paket herauszufinden.

Stichprobenziehung bedeutet, eine kleine Anzahl von M&Ms auf repräsentative Weise aus der Grundgesamtheit zu entnehmen. Wir nahmen eine Schüssel und füllten unsere M&Ms ein. Nach einigem Schütteln und Umrühren drehten wir uns um und zählten eine Probe von 20 M&Ms aus der Schüssel – blind. Die erste Probe gab uns überhaupt kein Gelb. Wir gaben die Probe zurück in die Grundgesamtheit und zählten eine neue Probe mit 20. Die zweite Stichprobe ergab 4 gelbe M&Ms. Acht weitere Stichproben ergaben 2, 3, 3, 6, 3, 5, 4 bzw. 3 gelbe M&Ms.

Bei der Durchführung der Berechnungen ergaben die Stichproben, dass in unserer Grundgesamtheit entweder 0 % oder 20 %, 10 %, 15 %, 15 %, 15 %, 30 %, 15 %, 25 % bzw. 15 % gelbe M&Ms waren. Welche Stichprobe war korrekt? Keine war korrekt. Alle Stichproben geben nur einen Anhaltspunkt für den tatsächlichen Anteil von Gelb in der Grundgesamtheit.

Zählen Sie nun bitte die Gesamtzahl der gelben M&Ms. In unserem Experiment betrug diese Zahl 43. Das bedeutet, dass wir 18,5 % (43/233) Gelb in der Population hatten. Keine der Proben war in der Lage, diesen Prozentsatz zu zeigen.

Die Ergebnisse der Stichproben variieren, obwohl die Population unangetastet ist. Aus dieser Variation Schlussfolgerungen zu ziehen, kann zu kostspieligen Fehlern führen. ■

Vertrauensintervalle verstehen

Das Vertrauensintervall ist der Bereich, in dem wir den Wert der Population erwarten. Da wir Stichproben ziehen, können wir nur raten, was der „reale" Wert ist. Bei Stichproben wissen wir es nie. Dieses Konfidenzintervall lässt sich nicht vermeiden, selbst bei einer vollkommen repräsentativen Stichprobe unter „idealen Bedingungen". Dieses Intervall kann jedoch verringert werden, indem man die Stichprobengröße erhöht oder die Varianz in der Grundgesamtheit verringert. Letzteres ist in der Regel nicht möglich. Daher bleibt einem nur die Wahl, die Mindeststichprobengröße für das zu erwartende Vertrauensintervall zu bestimmen.

Was bedeutet dies im Fall von MyInsurance? Mit einigen einfachen Statistiken können wir das Konfidenzintervall für unsere Stichproben auf der Grundlage des uns zur Verfügung stehenden Stichprobenumfangs berechnen: Im Jahr 2018 lag die „reale" Kundenzufriedenheit zwischen 48 % und 60 %. Im Jahr 2019 lag sie zwischen 52 % und 64 %. Können wir also immer noch feststellen, dass wir uns verbessert haben? Können wir nicht!

Wenn MyInsurance zwischen einem Kundenzufriedenheitsniveau von 54 % und 58 % unterscheiden möchte, muss es Vertrauensintervalle für 54 % und 58 % geben, die sich nicht überschneiden. Wenn sie sich überschneiden würden, könnten wir nicht zwischen beiden unterscheiden. Daher benötigen wir Konfidenzintervalle von +/− 2 % oder weniger für beide.

Die Schätzung der Stichprobengröße für diese Anforderung sagt uns, dass wir jedes Jahr fast 2500 Kunden in unsere Zufriedenheitsumfrage einbeziehen müssten. Hier kann es auf der Grundlage der vorhandenen Stichprobe von 280 Kunden leicht sein, dass es überhaupt keine Veränderung oder, noch schlimmer, einen Rückgang der Kundenzufriedenheit gegeben hat. Wir werden es nicht wissen, bis wir mehr Daten haben, die uns ein besseres Ergebnis liefern.

In dem Beispiel hat MyInsurance keinen Grund, den Erfolg zu feiern. Die Annahme einer Steigerung der Kundenzufriedenheit könnte völlig falsch sein.

Mittelwerte sind Lügen

Sehr oft basieren wichtige Entscheidungen auf Mittelwerten, die aus kleinen Datenstichproben stammen. Manchmal sind diese kleinen Stichproben schlecht erfasst oder weisen eine große Variation auf. Normalerweise kümmern wir uns wenig um die Variation in unserem täglichen beruflichen oder persönlichen Leben. Das, was am meisten zählt, ist der Durchschnitt, der Mittelwert. Dieser Mittelwert ist leicht zu berechnen, und jeder versteht, wofür er steht ... zumindest neigen wir dazu, zu glauben, dass wir dies verstehen. Allerdings ist jeder Mittelwert, der aus einer Stichprobe hervorgeht, nur für diese Stichprobe richtig, er ist „falsch“ für das Ganze, über das wir versuchen, eine Entscheidung zu treffen.

Das Management würde einen mächtigen Sprung in der Qualität der Entscheidungsfindung machen, wenn es die Art und Weise ändern würde, wie es Daten betrachtet: Vertrauen Sie nicht auf den Ertrag, den Sie für Ihre Produktionslinie erhalten haben, fragen Sie nach dem Vertrauensintervall dafür. Treffen Sie eine Investitionsentscheidung nicht auf der Grundlage einer kleinen Stichprobe von Daten, sondern fragen Sie nach der minimalen Verbesserung, die Ihnen diese Investition bringt.

Lassen Sie uns diesen Fall Schritt für Schritt betrachten, so wie alle anderen Fälle in diesem Buch auch.

6.2 Geschäftsrelevante Frage formulieren

Dieser Fall wirft die Frage auf: „Gibt es eine signifikante Verbesserung vom Kundenzufriedenheitsniveau im Jahr 2019 zum Niveau im Jahr 2018?“ Warum ist es wichtig, auf diese Frage eine Antwort zu erhalten? Es gibt einige Gründe:

- Zunächst einmal möchten Sie wissen, ob sich die Bemühungen um Verbesserungen, in die Sie investiert haben, ausgezahlt haben.
- Zweitens interessiert Sie vielleicht, mit welcher Verbesserung Sie rechnen können, da ein einfacher Vergleich des Zufriedenheitsniveaus nicht ausreicht.
- Drittens möchten Sie vielleicht sicherstellen, dass der Bonus, den Sie für eine verbesserte Kundenzufriedenheit auszahlen, gut begründet ist.

6.3 Daten erfassen

In unserer Situation wurden bereits Daten gesammelt, und es ist schwierig, zusätzliche Daten zu erhalten, ohne dem Marktforschungsunternehmen, das diese Arbeit leistet, mehr Geld zu zahlen. Daher verwenden wir die vorliegenden Daten, die durch Kundenbefragungen in den Jahren 2018 und 2019 in Thailand erhoben wurden (Tabelle 6.1).

Es ist eine gute Praxis von Marktforschungsunternehmen, die Anonymität der Umfrageteilnehmer zu schützen, indem sie die Rohdaten nicht offenlegen. Für die Datenanalytik stellt dies eine Herausforderung dar, da es in der Regel keine Möglichkeit gibt, weitergehende Analysen mit den Rohdaten durchzuführen.

Tabelle 6.1 Kundenzufriedenheitsdaten für MyInsurance in Thailand in den Jahren 2018 und 2019

	2018	2019
Zufriedene Kunden	151	162
Nicht zufriedene Kunden	129	118
Gesamt	280	280

Bild 6.1 zeigt ein Säulendiagramm zur Darstellung der Kundenzufriedenheitsdaten für die Jahre 2018 und 2019. Da die Rohdaten nicht vorhanden sind, stellen dieses Säulendiagramm oder ein Tortendiagramm die einzigen Datendiagramme dar, die sich in dieser Situation anbieten.

■ 6.4 Daten vorbereiten

Unsere Daten liegen als Kombination aus Stichprobengröße und prozentualer Zufriedenheit für 2018 bzw. 2019 vor. Die prozentuale Zufriedenheit markiert den Anteil der Kunden, die unsere Dienstleistungserbringung insgesamt mit 8, 9 oder 10 auf einer Zehn-Punkte-Skala bewertet haben. Die Datenanalytik ist mit dieser Art von Daten möglich. Da wir nur zwei Zufriedenheitsstufen verwenden, d. h. „zufrieden“ (Bewertung 8, 9 oder 10) oder „nicht zufrieden“ (Bewertung 1 bis 7), sind unsere Kundenzufriedenheitswerte als diskrete Daten zu behandeln.

■ 6.5 Daten analysieren

Wann immer Daten durch Stichprobenerhebung gewonnen werden, muss ein gewisser Grad an Stichprobenfehlern in Betracht gezogen werden. Dieser Stichprobenfehler – das sogenannte Konfidenzintervall, der Vertrauensbereich – kann berechnet werden und hängt von folgenden Parametern ab:

- dem Datentyp, der zur Beschreibung der betriebswirtschaftlich wichtigen Variablen verwendet wird. Dieser Datentyp kann diskret oder kontinuierlich sein.

Diskrete Daten werden häufig durch Zählen von Merkmalen erfasst. Kontinuierliche Daten werden oft durch das Messen von Dimensionen gesammelt.

- der Variation in den Daten.
- dem Konfidenzniveau für die erforderliche Schätzung. Normalerweise nehmen wir ein Konfidenzniveau von 95 % an.
- der Größe der Stichprobe und deren Verhältnis zur Größe der Grundgesamtheit. Wenn die Stichprobengröße weniger als 5 % der Grundgesamtheit beträgt, ist die Größe der Grundgesamtheit für die Schätzung des Konfidenzintervalls von geringerer Bedeutung. Dies ist hier gegeben.

Die Berechnung des Konfidenzintervalls für diskrete Daten kann mit Excel (Bild 6.2) durchgeführt werden.

Die Kundenzufriedenheit lag im Jahr 2018 (Stichprobe 1) zwischen 48,1 % und 59,8 %. Aufgrund der kleinen Stichprobe können wir keine genaueren Ergebnisse erwarten.

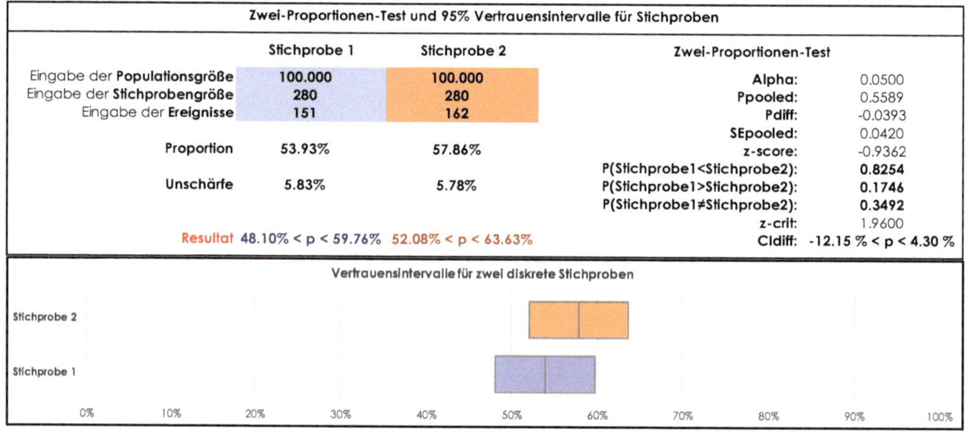

Zwei-Proportionen-Test und 95% Vertrauensintervalle für Stichproben

	Stichprobe 1	Stichprobe 2
Eingabe der **Populationsgröße**	100.000	100.000
Eingabe der **Stichprobengröße**	280	280
Eingabe der **Ereignisse**	151	162
Proportion	53.93%	57.86%
Unschärfe	5.83%	5.78%
Resultat	48.10% < p < 59.76%	52.08% < p < 63.63%

Zwei-Proportionen-Test	
Alpha:	0.0500
Ppooled:	0.5589
Pdiff:	-0.0393
SEpooled:	0.0420
z-score:	-0.9362
P(Stichprobe1<Stichprobe2):	0.8254
P(Stichprobe1>Stichprobe2):	0.1746
P(Stichprobe1≠Stichprobe2):	0.3492
z-crit:	1.9600
CIdiff:	-12.15 % < p < 4.30 %

Bild 6.2 Zwei-Proportionen-Test für Umfrageergebnisse in den Jahren 2018 und 2019

In ähnlicher Weise lag das Zufriedenheitsniveau im Jahr 2019 (Stichprobe 2) zwischen 52,1 % und 63,6 %. Mit den aktuellen Daten gibt es keine Möglichkeit, zwischen dem Zufriedenheitsniveau 2018 und 2019 zu unterscheiden. Schlimmer noch, es besteht ein geringes Risiko (17,5 %), dass das Zufriedenheitsniveau im Jahr 2019 niedriger ist als im Jahr 2018.

In diesem Fall kann ein Zwei-Proportionen-Test (Bild 6.2) durchgeführt werden, um das Risiko der Annahme einer Differenz, d. h. einer Verbesserung, zu identifizieren. Für diesen Test benötigen wir die Anzahl der zufriedenen und nicht zufriedenen Kunden für 2018 bzw. 2019.

Bild 6.2 zeigt die Ergebnisse des Zwei-Proportionen-Tests zum Vergleich des Kundenzufriedenheitsniveaus für 2018 und 2019. Das Risiko der Annahme, dass es einen Unterschied zwischen der Kundenzufriedenheit in den Jahren 2018 und 2019 gibt, beträgt 34,92 % (*P*(Stichprobe1 ≠ Stichprobe2)).

Ein weiterer nützlicher Indikator für die Entscheidungsfindung ist das Konfidenzintervall für die Differenz zwischen den Stichproben (CIdiff). Wenn dieses Konfidenzintervall 0 einschließt, bedeutet dies, dass die Differenz 0 sein kann. In unserem Fall kann die Differenz zwischen − 12,5 % und 4,3 % liegen, d. h., die Differenz kann positiv oder negativ sein. Es besteht also – wie bereits gesagt – sogar die Chance, dass die Kundenzufriedenheit im Jahr 2019 geringer ist als im Jahr 2018.

Diese Analyse kann auch mithilfe von R sehr komfortabel durchgeführt werden.

Aufgabe 6.1: Laden der erforderlichen Bibliothek und Ausführen des *z*-Tests für zwei Stichproben

Öffnen Sie *R Studio*.

 # Laden der benötigten Bibliothek

install.packages("stats")

library(stats)

 # Durchführen eines Zwei-Proportion z-Test, zweiseitig

prop.test(x = c(151, 162), n = c(280, 280))

Das Ergebnis dieses Zwei-Proportionen z-Tests:

2-sample test for equality of proportions with continuity correction

data: c(151, 162) out of c(280, 280)

X-squared = 0.72435, df = 1, **p-value = 0.3947**

alternative hypothesis: two.sided

95 percent confidence interval:

-0.12503912 ... 0.04646769

sample estimates:

prop 1	prop 2
0.5392857	0.5785714

■

Diese einfache Berechnung bestätigt, was wir bereits wissen. Anteil 1 liegt bei 53,93 % und Anteil 2 bei 57,86 %. Der *p*-Wert für diesen Test liegt bei 0,3947 (39,47 %). Folglich gibt es nicht genügend Beweise, um von einer Veränderung zu sprechen. Dieser *p*-Wert ist aufgrund eines etwas anderen Algorithmus nicht mit dem mit Excel generierten vergleichbar.

Das Konfidenzintervall für die Differenz zwischen beiden Anteilen reicht von −12,50 % bis +4,65 %. Dies wiederum besagt, dass sogar eine Chance besteht, dass das Rating gesunken ist.

Die R-Berechnung bestätigt, dass es von 2018 zu 2019 keine Verbesserung gibt.

■ 6.6 Geschäftsentscheidung vorbereiten

Der Test wird mit den in Tabelle 6.1 aufgeführten Daten durchgeführt und ergibt einen *p*-Wert von 0,3492. Dieser *p*-Wert kann direkt in das Risiko für die Annahme umgewandelt werden, dass es einen Unterschied zwischen beiden Anteilen gibt.

Wie bereits festgestellt, birgt die Annahme, dass es MyInsurance gelungen ist, die Kundenzufriedenheit in Thailand zu verbessern, ein Risiko von etwa 35 %. Wenn für eine gute Arbeit ein Bonus gezahlt wird, dann besteht ein Risiko von 35 %, dass dieser Bonus ohne Grund gezahlt wird.

Noch schlimmer ist, dass der Grad der Kundenzufriedenheit für 2018 zwischen 48 % und 60 % und für 2019 zwischen 52 % und 64 % liegt. Es besteht die Chance, dass die Zufriedenheit 2018 bei 58 % und 2019 bei 54 % lag. Das heißt, es besteht die Chance, dass die Kundenzufriedenheit von 2018 auf 2019 gesunken ist.

Die einzige gültige Schlussfolgerung in dieser Art von Situation ist, dass wir nicht über genügend Daten verfügen, um eine Verbesserung der Kundenzufriedenheit zu bestätigen.

Wie viele Daten wären also ausreichend? Das hängt von der Differenz ab, die wir feststellen wollen. Nehmen wir an, wir würden gerne eine Verbesserung von 2 % oder mehr zeigen können. Das bedeutet, dass die Unschärfe *d*, die Hälfte des Konfidenzintervalls, für beide Proben zusammen nicht mehr als 2 % betragen darf. Um den Fall zu vereinfachen, berechnen wir die Stichprobengröße für beide Stichproben einfach mit einem *d* von 1 % (in den Formeln sind es 0,01). Die Formel für den Stichprobenumfang wird direkt aus der Formel für das Konfidenzintervall abgeleitet. Mit der Formel für den Stichprobenumfang der diskreten Daten

Gleichung zur Berechnung der Stichprobengröße für die Schätzung von Anteilen (diskrete Daten)

$$n = \left(\frac{2}{d}\right)^2 p(1-p),$$

sehen die Berechnungen für 2018 und 2019 so aus:

$$n_{2018} = \left(\frac{2}{0{,}01}\right)^2 0{,}5393\,(1-0{,}5393) = 9{,}938$$

$$n_{2019} = \left(\frac{2}{0{,}01}\right)^2 0{,}5786\,(1-0{,}5786) = 9{,}753$$

Das bedeutet, dass für jedes Jahr fast 10 000 Umfrageantworten erforderlich sind, um eine Verbesserung der Kundenzufriedenheit um 2 % oder mehr feststellen zu können.

Die Formel zur Berechnung des Konfidenzintervalls bedeutet, dass zur Verringerung der Unschärfe *d*, d. h. des Konfidenzintervalls, auf 50 %, die Stichprobengröße *n* auf etwa das Vierfache erhöht werden muss. ■

■ 6.7 Was wäre, wenn wir alle Rohdaten hätten?

Diese geschäftliche Entscheidung ist alles, was wir liefern könnten, wenn wir unsere Umfrage an eine Marktforschungsagentur untervergeben hätten, die diese Studie jedes Jahr für uns durchführt.

Dieser Ansatz hat einige klare Vorteile:

- Unsere Kunden wissen, dass diese Umfrage von Dritten durchgeführt wird. Daher geben sie höchstwahrscheinlich wahrheitsgetreuere Antworten, wenn das Marktforschungsunternehmen ein „Anonymitätsversprechen" abgibt.
- Es besteht keine Notwendigkeit, ein Marktforschungsteam aufzubauen, das wir nur einmal im Jahr brauchen. Das spart uns Kosten.
- Die Marktforscher sind auf diese Umfrage spezialisiert. Wir können darauf vertrauen, dass die Umfrage auf höchst professionelle Weise vorbereitet, durchgeführt und analysiert wird.

Es gibt einen großen Vorbehalt gegenüber diesem Ansatz:

Wir werden die Rohdaten wahrscheinlich nie sehen, da das sicher vertraglich vereinbart wurde. Daher sind wir nicht in der Lage, eine „tiefere Analyse" durchzuführen.

Nehmen wir an, wir haben die Rohdaten zur Kundenzufriedenheit in Thailand für die Jahre 2018 und 2019. Dann wissen wir, wie unsere Daten verteilt sind.

Wie aus Bild 6.3 hervorgeht, gibt es eine Konzentration der Bewertungen um 7, 8 und 9. Da der Prozentsatz als Anteil der Ratings 8, 9 und 10 über alle Ratings berechnet wird, spielt die reale Verteilung unter 8 keine Rolle und ist in der prozentualen Bewertung nicht sichtbar.

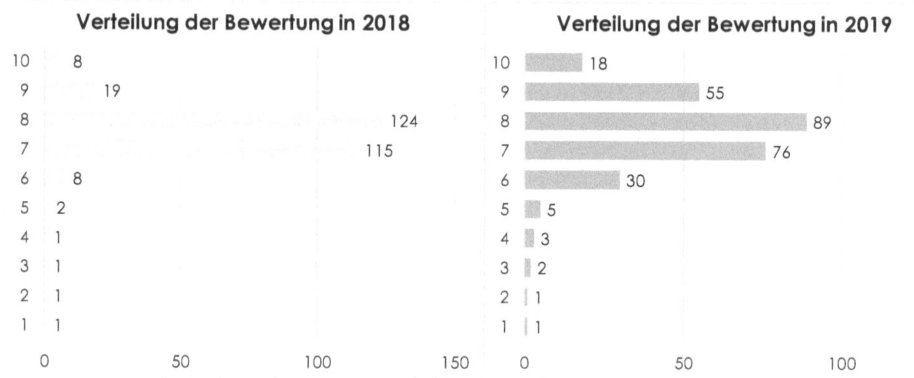

Bild 6.3 Verteilung der Bewertung in den Jahren 2018 und 2019

Eine Simulation einer potenziellen Ratingverteilung für die Bewertung in 2019 (Bild 6.4) zeigt, dass sich hinter genau demselben Rating von 57,9 % eine praktisch unendliche Anzahl von Mustern verbergen kann.

Bei Umfrageergebnissen nur auf den Prozentsatz zu schauen, ist eine denkbar schlechte Idee. ■

Die meisten Muster haben ihre Ursachen. Ohne die Rohdaten ist eine Ursachenanalyse unmöglich. Indem Sie der Marktforschungsorganisation potenzielle Ursachen für diese Muster nennen, ermöglichen Sie ihr jedoch, diese Aufgabe zu erfüllen.

Grundursachen für Muster in Daten sind Schichtungsfaktoren, durch die Ihre Daten geteilt werden. Bei diesen Schichtungsfaktoren handelt es sich häufig um demografische Faktoren wie Standort, Geschlecht, Alter, Arbeitgeber, Sektor wie „öffentlich“ oder „privat“ und viele andere.

Wenn Sie beispielsweise der Meinung sind, dass es aus verschiedenen Gebieten eine unterschiedliche Bewertung geben könnte, müssen Sie sicherstellen, dass Ihre Daten zu Umfrageteilnehmern entweder an Ihr Marktforschungsunternehmen einschließlich ihres Standorts weitergeleitet werden. Das bedeutet, dass Sie alle demografischen Daten zusammen mit den Namen Ihrer Kunden an Ihren Marktforschungsanbieter weitergeben, sodass dieser die Umfrageergebnisse mit diesen demografischen Daten verknüpfen und die erforderlichen Analysen durchführen kann, die Sie wünschen.

Oder Sie lassen die Befragten die demografischen Daten selbst angeben, indem Sie diese Option in der Umfrage vorsehen. Seien Sie vorsichtig: Nicht jeder wird antworten. Und nicht alle, die eine Antwort geben, werden korrekt deklarieren.

Die Lektion hier ist: Wenn Sie Ihren Marktforschungsanbieter mit allen notwendigen Informationen vorbereiten, kann er Ihre Daten in viele verschiedene Richtungen analysieren. Wenn er Rohdaten für Thailand erhält, wie in Bild 6.4 dargestellt, kann er analysieren, ob die demografische Struktur, die den Unterschied zwischen diesen beiden Clustern ausmacht, der Standort oder etwas anderes ist. Dies macht Ihre Kundenzufriedenheitsdaten viel aussagekräftiger und auch die nachfolgenden Aktivitäten leichter umsetzbar.

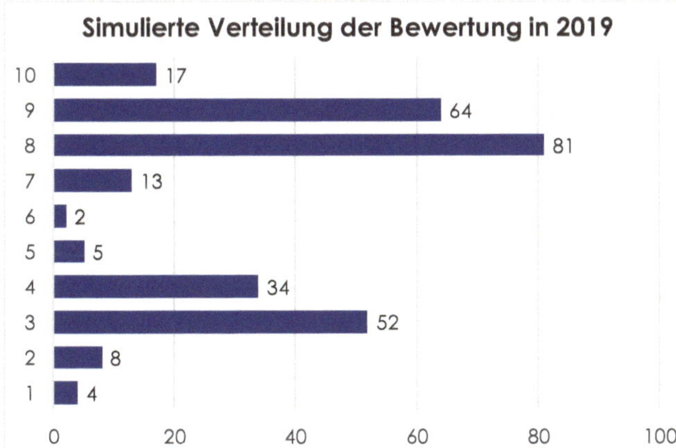

Bild 6.4
Simulierte Verteilung der Bewertung in 2019

Da diese simulierte Rating-Verteilung (Bild 6.4) exakt den gleichen Rating-Score von 57,9 % ergeben würde (Rating 8, 9 oder 10), würde sie keinen Verdacht erregen.

Aber nichts geht über das Darstellen der Daten. Ein Vergleich des Diagramms „Simulierte Verteilung der Bewertung in 2019“ mit „Verteilung der Bewertung in 2019“ in Bild 6.3 offenbart die Wahrheit:

Drei Regeln für die Datenanalyse: darstellen, darstellen, darstellen

Im Folgenden vergleichen wir zwei nichtnormale Datensätze miteinander und nutzen den Wilcoxon-Test.

Aufgabe 6.2: Laden der Daten von Great.xlsx in R Studio und Ausführen des Wilcoxon-Tests

- Öffnen Sie *R Studio*.
- Navigieren Sie im Fenster „Dateien“ zu Ihrem Verzeichnis und wählen Sie Great.xlsx.
- Wählen Sie Dataset importieren.
- Blatt Great auswählen.

Wählen Sie Bereich A1:D281.

 # Laden der Bibliothek für das Öffnen von Excel-Dateien erfolgt automatisch

library(readxl)

library(rstatix)

 # Laden der Datei Great.xlsx als Datenrahmen

Great <- read_excel("~/Great.xlsx", sheet = "Raw", range = "A1:D281")

 # Transformieren der kurzen Daten (ungestapelt) in lange Daten (gestapelt) ohne Spalte ID

GreatStacked <- stack(Great, select = -ID)

 # Durchführen des nichtparametrischen Wilcoxon-Tests

wilcox_test(GreatStacked, values ~ ind)

Ausgabe:

	group1	group2	n1	n2	statistic	p	p.adj
1	Sample2018	Sample2019	280	280	36219	0.101	0.202 ns
2	Sample2018	Sim2019	280	280	40200	0.589	0.589 ns
3	Sample2019	Sim2019	280	280	44124	0.009	0.026*

■

Dieser Wilcoxon-Test ist ein Ersatz für den *t*-Test bei zwei Stichproben für kontinuierliche, nichtnormale Daten. Die Ausgabe zeigt die paarweisen Vergleiche für alle Paarungskombinationen.

Zeile 1 präsentiert einen angepassten *p*-Wert – angepasst für Mehrfachvergleiche – von 0,202. Dies bedeutet, dass es nicht genügend Beweise dafür gibt, dass ein Unterschied zwischen dem in Stichprobe2018 und Stichprobe2019 gezeigten Bewertungen existiert.

Zeile 2 zeigt einen angepassten *p*-Wert von 0,589 an. Das drückt ebenfalls aus, dass es nicht genügend Beweise dafür gibt, dass ein Unterschied zwischen dem in Stichprobe2018 und Sim2019 gezeigten Rating besteht.

Zeile 3 weist jedoch einen angepassten *p*-Wert von 0,026 aus. Unter der Annahme, dass unser akzeptables Alpha-Risiko (Lesen Sie dazu Kapitel 18) bei 0,05 liegt, können wir schließen, dass die Bewertungen in Sample2019 und Sim2019 signifikant unterschiedlich sind (Tabelle 6.3).

Denken Sie daran, dass die Bewertung für Sample2019 und Sim2019 jeweils 57,9 % beträgt.

Wenn wir die Daten darstellen, erhalten wir einen Hinweis auf eine inkomparable Bewertung. Wenn wir geeignete Statistiken anwenden, bestätigt sich diese Indikation.

Auf Erfahrung basierende Annahmen zu besitzen ist ein guter Anfang. Wenn Sie imstande sind, diese Annahmen mit Daten und geeigneten Statistiken zu untermauern, sind Sie ein Datenanalytiker.

6.8 Überlegungen zu den wichtigsten verwendeten Analysewerkzeugen

Dieser Fall veranschaulicht, wie Kundenzufriedenheitswerte oft präsentiert werden. Da die Bewertungsdaten in der Regel in Likert-Skalen vorliegen, wäre es statistisch gesehen perfekt, wenn sie als diskrete Ordinale behandelt würden. Die Analyse diskreter ordinaler Daten bietet einen begrenzten Satz von Werkzeugen, die im Allgemeinen weniger leistungsfähig sind als Werkzeuge, die mit kontinuierlichen Daten arbeiten.

Wenn nur zwei Anteile zu vergleichen sind und wir nur Stichprobengrößen und Anzahl zufriedener Kunden kennen, kann der *z*-Test mit zwei Anteilen angewendet werden. Die Stichprobengrößen liegen bei 280. Die Zahl der zufriedenen Kunden liegt im Jahr 2018 bei 151 und im Jahr 2019 liegt diese Zahl bei 162 Kunden.

Dies setzt voraus, dass in beiden Gruppen mindestens 5 Erfolge und 5 Nichterfolge vorliegen.

Tabelle 6.2 *z*-Test mit zwei Anteilen

Daten in ***X***:	Diskret, Gruppen (1 und 2)
Daten in ***Y***:	Diskrete, Zählungen
Null-Hypothese H_0:	$P_1 = P_2$
Alternative Hypothese H_A:	$P_1 \neq P_2$
Entscheidung:	Wenn der *p*-Wert < 0,05 ist, verwerfen von H_0 und akzeptieren von H_A.

Tabelle 6.2 *z*-Test mit zwei Anteilen *(Fortsetzung)*

Annahmen:	Die Zählungen in allen vier Zellen müssen mindestens 5 betragen, d. h. x1, n1-x1, x2, n2-x2 müssen mindestens 5 betragen.
R-Code:	**# Laden der erforderlichen Pakete** install.packages("stats") library(stats) **# Durchführen des z-Tests für zwei Anteile** prop.test(x = c(x1, x2), n = c(n1, n2)) # x1 ... Anzahl der Erfolge für Gruppe 1 # n1 ... Anzahl der Daten für Gruppe 1 # x2 ... Anzahl der Erfolge für Gruppe 2 # n2 ... Anzahl der Daten für Gruppe 2

Wenn die Mittelwerte verglichen werden müssen, die Daten aber nichtnormal sind, können nichtparametrische Tests in Betracht gezogen werden. Diese Tests vergleichen nicht die Mittelwerte, sondern die Mediane, d. h. die Reihenfolge und Anzahl der Daten in den Stichproben. Sie basieren auf der Annahme, dass beide Stichproben eine ähnliche Verteilung, d. h. ein ähnliches Muster aufweisen.

Tabelle 6.3 Wilcoxon-Test für zwei Stichproben (Kaufmann, 2020)

Daten in ***X***:	Diskret, Gruppen (variabel)
Daten in ***Y***:	Kontinuierlich, Diskrete Ordinalzahl, nicht normalverteilt
Null-Hypothese H_0:	$\text{Median}_1 = \text{Median}_2$
Alternative Hypothese H_A:	$\text{Median}_1 \neq \text{Median}_2$
Entscheidung:	Wenn der *p*-Wert < 0,05 ist ($\alpha = 0{,}05$), ablehnen H_0 und akzeptieren H_A.
Annahmen:	Die Stichprobengröße muss mindestens 6 betragen. Die Proben müssen eine ähnliche Verteilung haben.
R-Code:	**# Laden der erforderlichen Pakete** library(rstatix) **# Durchführen eines nichtparametrischen Wilcox-Tests** wilcox_test(GreatStacked, value ~ variable)

Übung

Nachdem Sie diesen Teil abgeschlossen haben, können Sie die folgenden Fragen beantworten:

- Was ist eine Stichprobe und was ist die Folge einer Stichprobenahme?
- Was ist ein Konfidenzintervall/Vertrauensintervall?
- Wie müssen Sie die Stichprobengröße ändern, wenn Sie das Konfidenzintervall auf 50 % reduzieren wollen?

Bitte führen Sie die folgenden Schritte aus:

1. Laden Sie die Daten für diesen Fall herunter. Benutzen Sie die vorne eingedruckten Zugangsdaten und die Hinweise in Abschnitt „Zusatzmaterial zum Download".
2. Führen Sie Plots für die Daten für 2018 und 2019 mit R durch.
3. Führen Sie eine statistische Analyse für die Differenz zwischen 2018 und 2019 mit R durch.
4. Bereiten Sie eine kurze Präsentation vor, um dem Management über das Ergebnis und Ihre Empfehlung zu berichten.

■

7 Fall: Was beeinflusst unsere Patienten-zufriedenheit?

7.1 Analysieren der Treiber der Kunden-zufriedenheitswerte

Für viele medizinischen Dienstleistungsorganisationen ist die Durchführung von Befragungen zur Ermittlung des Zufriedenheitsgrades der Patienten ein Muss. Eine Möglichkeit besteht darin, ein- oder zweimal pro Jahr eine Umfrage abzuhalten. Diese ist jedoch weniger aussagekräftig, da einige Patienten ihre Erfahrung in der Klinik nach einer gewisser Zeit vielleicht vergessen haben und kein wirklich hilfreiches Feedback geben können, selbst wenn sie wollten. Teilweise nutzlose Umfrageantworten sind das Ergebnis.

Je näher die Umfrage dem Prozess folgt, desto aussagekräftiger ist der Eindruck über die gerade erhaltene Dienstleistung. Und das Ergebnis der Umfrage ist auch nützlicher. Viele Unternehmen bieten daher eine recht einfache Umfrage nach Abschluss der Kundenaktivität an. Bei Lieferungen von Online-Shopping-Diensten werden wir nach Erhalt der Ware beispielsweise per SMS aufgefordert, den Service des Logistikanbieters zu bewerten. Meistens bitten diese um zwei Eingaben. Erstens bieten sie eine Bewertung von einem Stern bis zu fünf Sternen an. Zweitens erlauben sie Kommentare. Eine ähnliche Fünf-Sterne-Bewertung wird nach einer Taxifahrt angeboten. Oder beim Verlassen einer öffentlichen Toilette können fünf oder sechs verschiedene Gesichter (Smileys) als Bewertung betätigt werden.

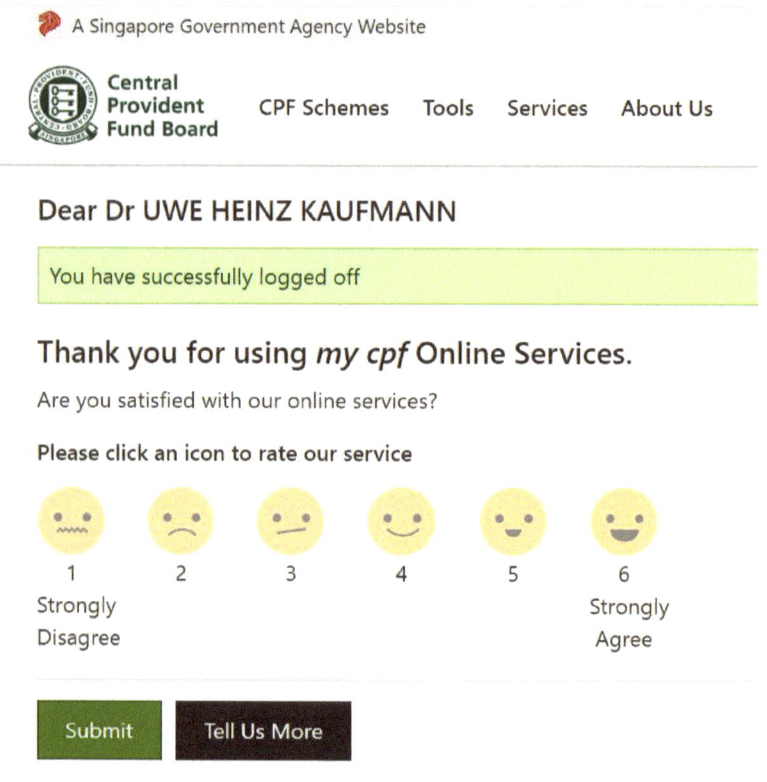

Bild 7.1 Einfache Sechs-Punkt-Bewertungsskala nach Likert

Die meisten mobilen Apps bieten eine Bewertungsmöglichkeit in ähnlichem Stil, wenn wir versuchen, die App zu schließen oder zu verlassen (Bild 7.1). Benutzer, die mehr über ihre Erfahrungen mit den Online-Diensten weitergeben möchten, können die Option „Tell Us More“ verwenden. Diese Option wird häufiger für Beschwerden oder Hinweise auf Verbesserungen als für Komplimente verwendet.

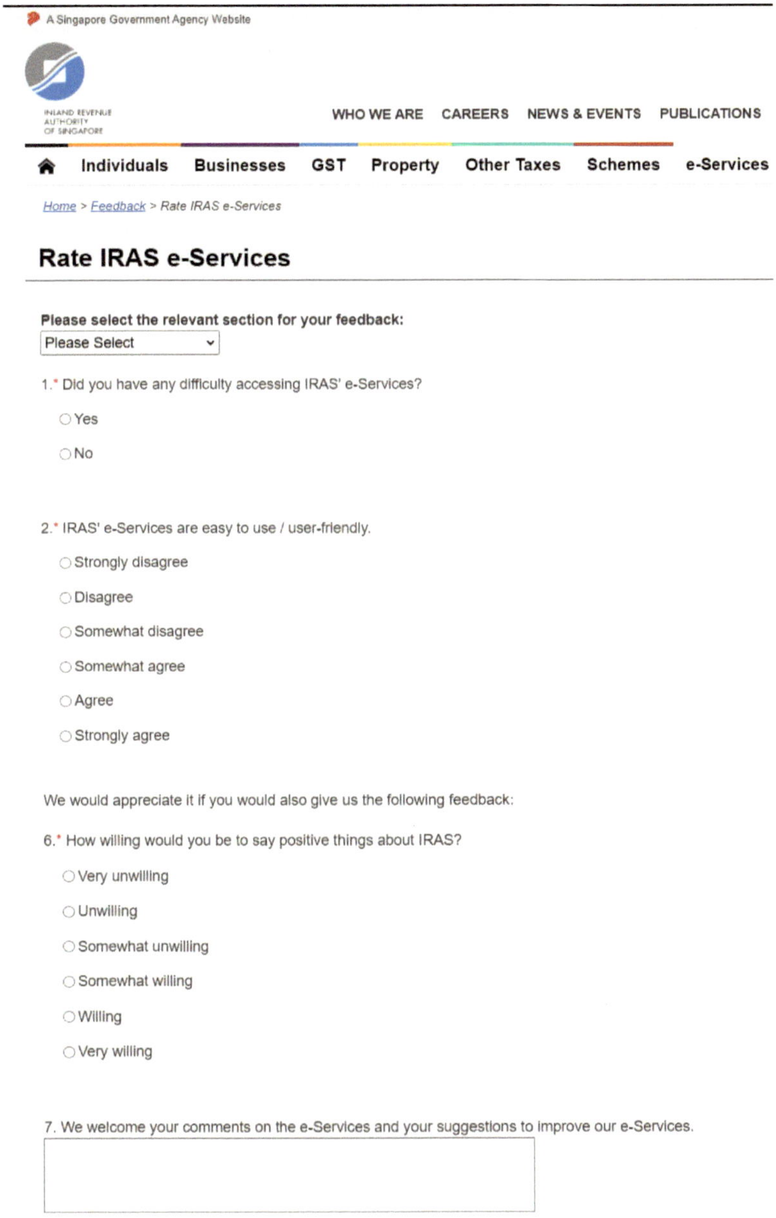

A Singapore Government Agency Website

INLAND REVENUE AUTHORITY OF SINGAPORE

WHO WE ARE CAREERS NEWS & EVENTS PUBLICATIONS

Individuals Businesses GST Property Other Taxes Schemes e-Services

Home > Feedback > Rate IRAS e-Services

Rate IRAS e-Services

Please select the relevant section for your feedback:

Please Select

1.* Did you have any difficulty accessing IRAS' e-Services?

- Yes
- No

2.* IRAS' e-Services are easy to use / user-friendly.

- Strongly disagree
- Disagree
- Somewhat disagree
- Somewhat agree
- Agree
- Strongly agree

We would appreciate it if you would also give us the following feedback:

6.* How willing would you be to say positive things about IRAS?

- Very unwilling
- Unwilling
- Somewhat unwilling
- Somewhat willing
- Willing
- Very willing

7. We welcome your comments on the e-Services and your suggestions to improve our e-Services.

Bild 7.2 Bewertungsskala nach der Nutzung einer Webpage

Diese einfachen Bewertungen erzeugen ein gewisses Feedback für den Dienstleistungsanbieter. Die Einfachheit wird jedoch mit einem Mangel an Details erkauft. Wenn Sie fünf Sterne erhalten, brauchen Sie sich keine allzu großen Sorgen zu machen. Wenn Sie jedoch einen Stern erhalten, ist jemand nicht glücklich. Wenn die Bewertung niedrig ist, sollten Sie den Kunden anrufen und nach dem Grund fragen. Bei der erwähnten Patientenumfrage ist ein Rückruf fast immer möglich, weil diese Umfragen mit einer Patienten-Nummer verbunden sind. Die Verbraucher werden den Anruf sehr wahrscheinlich zu schätzen wissen und ausführlich erklären, was genau passiert ist.

Wenn die einzige Rückmeldung, die Sie erhalten, eine Sternenbewertung oder ein Smiley und manchmal ein Kommentar ist, sind die Möglichkeiten für eine Analyse recht begrenzt. Langzeitstudien sind jedoch immer möglich, d. h. Untersuchungen des Feedbacks im Zeitverlauf. Dabei werden keine Angaben über die Gründe für eine Zunahme oder Abnahme gemacht. Dennoch kann ein solches Muster das erste Signal sein, dass eine Veränderung im Gange ist. Und das ist ein guter Anfang.

Die Patientenbefragung kann mehr Feedback geben, wenn Sie mehr Fragen stellen. Und wenn eine Struktur in die Fragen eingebaut ist, kann die Umfrageanalyse sehr wertvolle Ergebnisse liefern. Ein solches Beispiel ist in Bild 7.2 dargestellt. Die erste Frage nach „Schwierigkeiten beim Zugang zu den e-Services von IRAS“, IRAS ist die Steuerbehörde in Singapur, gibt nur zwei Antworten als Optionen, „Ja“ oder „Nein“. Bei den Fragen 2 bis 4 handelt es sich um Fragen nach weiteren Details wie Benutzerfreundlichkeit der Website, Verständlichkeit der Anleitungen, Vollständigkeit der e-Services. Frage 5 erfragt die Gesamtbewertung und Frage 6 ermittelt, ob der Nutzer Gutes über die e-Services von IRAS weitergeben würde und hat damit eine ähnliche Bedeutung wie der Net Promoter Score, verwendet aber sechs statt zehn Stufen.

Es gibt viel Raum für die Anwendung von Datenanalyseverfahren auf die auf diese Weise gesammelten Daten.

Da die Regierungsbehörde natürlich weiß, wer ihren Dienst in Anspruch genommen und bewertet hat, ist sie in der Lage, die Umfragebewertung mit allen verfügbaren demografischen Daten der betreffenden Personen zu verknüpfen. Diese Demografien bieten die Möglichkeit, die Daten zu stratifizieren, das heißt zu kategorisieren und zu hoffen, dass es ein Muster gibt. So können zum Beispiel Schlussfolgerungen darüber gezogen werden, ob die online verfügbaren Dienste auch für ältere Menschen einfach zu bedienen sind. Falls die Behörde messen würde, wie lange ihre „Kunden“ auf der Website beschäftigt sind, könnten Schlussfolgerungen zum Design der Website gezogen werden.

Die Möglichkeiten der Anwendung von Analytik auf Website-Nutzerdaten sind sehr vielfältig.

7.2 Aufbau der Patientenumfrage

Fast jeder hat die Ambulanz mit unseren Hausärzten für eine allgemeinmedizinische Beratung wie eine Erkältung oder andere kleinere Krankheiten schon mehrfach im Leben besucht.

Eine unserer Ambulanzen führt kontinuierlich Umfragen zur Patientenzufriedenheit durch. Früher gaben sie jedem Patienten beim Verlassen der Klinik ein Umfrageformular in Papierform. Heute wird die Umfrage über Mobiltelefone übertragen, um Rückmeldungen auf dem Heimweg aus der Ambulanz zu ermöglichen. Papier und digitales Formular enthalten die gleichen Informationen; daher gehen die Informationen in die gleiche Datenbank.

Die typischen Schritte, die ein Patient durchläuft, sind

- Schritt 1: Registrierung
- Schritt 2: Voruntersuchung mit Überprüfung von Temperatur, Blutdruck, Gewicht
- Schritt 3: Konsultation durch den Arzt
- Schritt 4: Medikamentenausgabe
- Schritt 5: Bezahlung (und Umfrage)

Diese Schritte werden von der Klinik als Berührungspunkte betrachtet (Bild 7.3). Für jeden dieser Berührungspunkte werden mehrere Indikatoren erfragt und eine Bewertung auf einer Skala von 1 bis 5 angeboten. Die Bewertung folgt einem Likert-Skalenaufbau mit den Stufen

1. Sehr unzufrieden.
2. Eher unzufrieden.
3. Neutral.
4. Eher zufrieden.
5. Sehr zufrieden.

Tabelle 7.1 Schritte in der Klinik und Bewertungskriterien für Patientenbefragung

Prozess-Schritt	Beschreibung/Mitarbeiter	Indikatoren
Schritt 1	Anmeldung durch Sachbearbeiter oder Krankenschwester	Freundlich & höflich Prompt & aufmerksam Hilfreich
Schritt 2	Vorkonsultationsscreening durch Krankenschwester	Freundlich & höflich Prompt & aufmerksam Hilfreich
Schritt 3	Konsultation mit Doktor	Freundlich & höflich Prompt & aufmerksam Kommuniziert klar und deutlich Kompetent
Schritt 4	Medizin ausgeben durch Apotheker oder Krankenschwester	Freundlich & höflich Prompt & aufmerksam Kommuniziert klar und deutlich Kompetent
Schritt 5	Bezahlung durch Sachbearbeiter oder Krankenschwester	Freundlich & höflich Prompt & aufmerksam Hilfreich

Warum sammelt die Klinik diese Art von Daten? Sie wollen herausfinden, wie ihre Leistungen von den Kunden empfunden werden und wo sie es besser machen können.

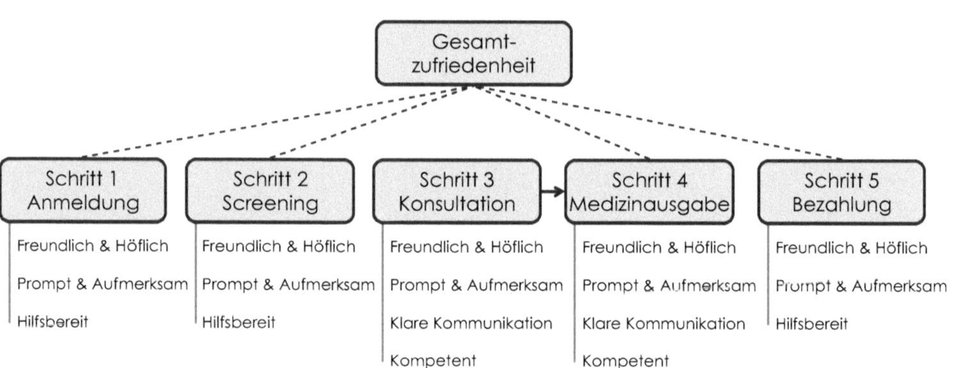

Bild 7.3 Patientenservice-Schritte mit Indikatoren für die Kundenzufriedenheit

Die Gesamtzufriedenheit – hier nur mit einer Frage repräsentiert – ist ein wichtiges Element, um Treiber für den Gesamteindruck ermitteln zu können.

7.3 Geschäftsrelevante Frage formulieren

Wann immer eine solche Umfrage durchgeführt wird, könnten zumindest die folgenden Fragen von Interesse sein:

- Wie verhält sich das Patientenfeedback bei allen Prozessschritten? Gibt es Prozessschritte, die unsere Patienten besonders schlecht bewerten?
- Welche Indikatoren zeigen Verbesserungsmöglichkeiten auf? Gibt es Indikatoren, in denen wir schlecht bewertet werden?
- Welche Schritte/Indikatoren sind für unsere Patienten am wichtigsten? Worauf sollten wir unsere Verbesserungsaktivitäten konzentrieren?
- Wie ist der zeitliche Verlauf der Bewertung? Gibt es Signale für unterschiedliche Bewertungen zu unterschiedlichen Zeitpunkten?

Die Übersetzung dieser Fragen in Hypothesen wird im Folgenden erläutert:

7.3.1 Hypothese 1: Es besteht ein signifikanter Unterschied zwischen den Bewertungen für die Prozessschritte – Mindestens ein Schritt wird unterschiedlich bewertet

Die allgemeine Absicht des Hypothesentests besteht immer darin, einen signifikanten Unterschied zu finden, d.h. einen messbaren Unterschied zwischen den Gruppen, für die die Wahrscheinlichkeit, diesen Unterschied zufällig zu erhalten, sehr gering ist (normalerweise weniger als 5%). Die meisten statistischen Werkzeuge sind genau für diesen Zweck konzipiert. In unserem Fall gehen wir davon aus, dass mindestens einer der Schritte eine signifikant höhere oder niedrigere Bewertung erhält. Wir sind besonders an den schlechten Nachrichten interessiert, da hier Handlungsbedarf bestehen könnte.

7.3.2 Hypothese 2: Es besteht ein signifikanter Unterschied zwischen den Bewertungen der Indikatoren – Mindestens ein Indikator wird unterschiedlich bewertet

Es reicht nicht aus, die Schritte mit signifikant unterschiedlicher Bewertung herauszufinden. Für die Planung von Maßnahmen ist es von Vorteil, zu sehen, welcher Indikator niedriger bewertet wird. Das heißt, es wäre von großem Interesse zu wissen, ob die potenziell unterschiedliche Bewertung für beispielsweise den Arzt durch Kompetenz oder durch den Kommunikationsstil usw. verursacht wird.

7.3.3 Hypothese 3: Es besteht eine signifikante Beziehung zwischen der Bewertung für einen Prozessschritt und der Gesamtbewertung

Zu wissen, welche Prozessschritte oder Indikatoren am meisten zur Gesamtbewertung beitragen, hilft bei der Priorisierung möglicher Maßnahmen. Eine signifikant niedrigere Bewertung für einen Schritt, der dem Patienten nicht zu wichtig erscheint, ist weniger kritisch als die Bewertung für einen starken Treiber für die Gesamtzufriedenheit.

7.3.4 Hypothese 4: Es gibt ein Muster über die Zeit

Häufig ändert sich das Rating im Laufe der Zeit. Dies gilt nicht nur von Woche zu Woche oder von Monat zu Monat. Dies könnte auch für die Bewertung im Laufe des Tages oder die Bewertung im Laufe der Woche zutreffen. In einigen Branchen ist der Montag ein „schlechter Tag“. Andere Dienstleistungsanbieter erleben Nachmittagsmüdigkeit. Dies zu analysieren, könnte uns helfen, den Prozess weiter umzugestalten oder die Belegschaft, die Besetzung der unterschiedlichen Stationen, für diese Art von Situation zu anzupassen.

■ 7.4 Daten erfassen

Die Daten wurden in dem Beispiel von der Sachbearbeiterin der Klinik zur Verfügung gestellt, deren Aufgabe es ist, alle Daten wöchentlich zu sammeln. Zu ihren Aufgaben gehört es auch, das Feedback-Formular auszuhändigen oder die Patienten dazu zu bringen, vor dem Verlassen der Klinik den QR-Code einzuscannen, um das Formular online ausfüllen zu können. Die Zusammenstellung der Rating-Ergebnisse wird von nur einem Sachbearbeiter vorgenommen, sodass es weniger Raum für sachbearbeiterbedingte Fehler gibt.

Bei der Konzeption der Umfrage wollte die Klinik eine umfassende Befragung anbieten, die leicht zu beantworten ist. Daher wurden keine Fragen oder Aussagen formuliert, sondern stattdessen nur Namen der Schritte und Indikatoren mit Ankreuzfeldern für die Bewertung aufgelistet. Es schien weniger zeitaufwendig zu sein, diese Umfrage auszufüllen.

7.5 Daten vorbereiten

In der Patientenumfrage wurden die Daten in Excel erfasst. Nachfolgende Aufgabe illustriert die Vorgehensweise.

Aufgabe 7.1: Konvertieren des Datenbereichs in eine Excel-Tabelle (Bild 7.4)

- Öffnen Sie die Datei *ClinicSurvey.xlsx*
- Wählen Sie den gesamten Datenbereich aus wie folgt:
- Markieren Sie dazu Zelle *A1*.
- ↑ + *Strg* + → zum Wählen der gesamten Kopfzeile.
- ↑ + *Strg* + ↓ zum Wählen der gesamten Tabelle.
- Wählen Sie *Start - Als Tabelle formatieren*. Der gewählte Stil macht keinen Unterschied.
- Da Sie die Kopfzeile in Ihre Auswahl aufgenommen haben, achten Sie darauf, das Kästchen *„Tabelle hat Überschriften"* zu klicken.
- In *Tabellenentwurf - Tabellenname* wählen Sie einen Namen wie „Patientenumfrage".
- Es ist sinnvoll, die obere Zeile, die Kopfzeile der Tabelle „einzufrieren". Wählen Sie dazu *Ansicht - Fenster fixieren - Oberste Zeile fixieren*.

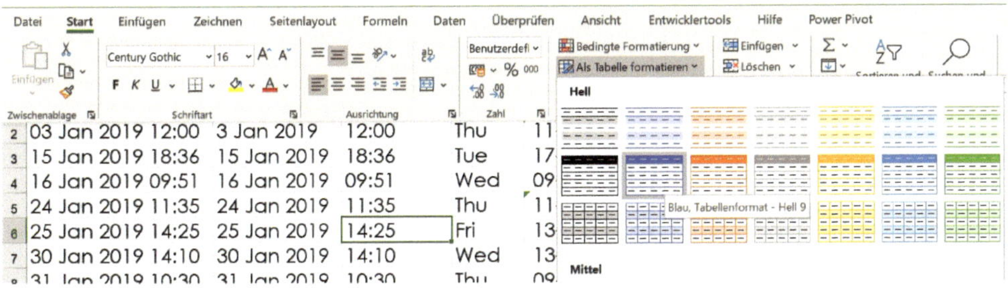

Bild 7.4 Datentabelle als Excel-Tabelle formatieren

7.5.1 Daten transformieren

Datentransformation umfasst Aktivitäten zur Konvertierung von Daten von einem Format in ein anderes, von einer Struktur in eine andere. Die Konvertierung von Zahlen in Text (Zeichenfolge) oder die Aggregation von Rohdaten zur Erstellung einer neuen Variablen sind Anwendungen der Datentransformation. Das Übertragen eines Datensatzes mit einer bestimmten, kontinuierlichen Verteilung in einen anderen Datensatz zum Zweck der Anwendung spezifischer Werkzeuge stellt eine komplexere Aufgabe der Datentransformation dar.

Eine andere Art der Transformation von Daten, die Umwandlung von kurzen Daten (ungestapelten Daten) in lange Daten (gestapelte Daten) wird später erläutert (Aufgabe 7.5, Tabelle 7.2).

Dieser Datensatz zeigt Bewertungen für alle Indikatoren und für den Gesamteindruck. Er enthält keine Gesamtbewertung für jeden Schritt. Daher müssen wir die Indikatoren für Schritt 1 (Indikatoren des Beispiels: Schritt1freundlich, Schritt1prompt, Schritt1hilfreich) in einen Gesamtindikator für diesen Schritt umwandeln.

Aufgabe 7.2: Transformieren von Indikator-Daten in Schritt-Daten

- Positionieren Sie den Cursor in die erste freie Zelle in *Z1*.
- Geben Sie *„Schritt1"* oder *„Step1"* etc. ein, sodass die Tabelle automatisch um eine Spalte erweitert wird.
- In *Z2* geben Sie dann wie im Beispiel bzw. zu Ihren Daten passend ein: *Step1 = MITTELWERT(Patientenumfrage[@[Step1friendly]:[Step1helpful]])*

■

Diese Formel wurde auch für das Beispiel angewandt und ergibt für alle fünf Schritte die Bewertung für jeden Schritt durch jeden teilnehmenden Patienten.

7.5.2 Umgang mit nicht hilfreichen Eingaben

Nach Erhalt der Datei in unserem Fall waren einige Bereinigungen notwendig. Beispielsweise gab es einige Bewertungen von Personen, die offensichtlich nicht in der Stimmung waren oder keine Zeit hatten, ernsthaftes Feedback zu geben. Sie bewerteten alle Indikatoren mit der gleichen Bewertung, d. h., alle Indikatoren für alle Schritte erhielten eine 3, andere taten dies mit 4 oder 5.

Diese Art der Eingabe ist nicht hilfreich, wird aber die aus den Daten analysierten Informationen leicht verändern. Durch Hinzufügen einer Spalte mit der Formel für die Standardabweichung

StandardAbweichung = =STABW.S(Patientenumfrage[@[Overall]:[Step5helpful]]).

konnten in dem Beispiel die Zeilen mit Bewertung ohne Variation erkannt werden. Nach Eingabe dieser Formel kann die Drop-Down-Funktion im Tabellenkopf benutzt werden, um den Inhalt dieser Spalte auf 0 zu prüfen. Diese Zeilen wurden eliminiert (Zeile 2 in Bild 7.5).

Step5prompt	Step5helpful	Step1	Step2	Step3	Step4	Step5	StandardAbweichung
3	2	3.33	2.67	2.25	2.75	2.33	0.59
4	4	3.33	3.00	2.75	3.00	3.33	0.84
4	4	4.33	3.67	3.75	4.00	4.00	0.42
3	3	3.00	2.67	2.75	3.00	3.00	0.58
4	4	3.67	3.67	3.75	3.50	4.00	0.46
4	4	3.33	3.00	2.75	2.75	3.33	0.77
3	3	2.00	2.67	2.00	2.00	2.67	0.55
4	4	4.67	3.33	3.50	4.00	4.00	0.58

Bild 7.5 Berechnung der Standardabweichung zur Identifizierung nicht hilfreicher Ratings

7.5.3 Umgang mit fehlenden Eingaben

Fehlende Einträge kommen bei allen Arten von Umfragen vor, wenn die Eingabe nicht erzwungen wird. Wenn die Eingabe erzwungen wird, um leere Zellen zu vermeiden, d. h. die Umfrage nicht abschicken zu dürfen, bevor alle Kästchen angekreuzt sind, könnte die Eingabe verloren gehen, da einige Teilnehmer einfach aufgeben könnten. Andere könnten willkürliche Eingaben machen, nur um die Umfrage absenden zu können. Daher wurde in dem Beispiel beschlossen, Patienten zu erlauben, Bewertungen offenzulassen. Es könnte Gründe dafür geben, dass sie dies tun.

Um leere Zellen insbesondere in sehr großen Arbeitsblättern zu erkennen, wurde bei der Patientenumfrage eine weitere Spalte hinzugefügt, die die Anzahl der Leerzeichen mit dieser Funktion zählt

Leer = ZÄHLENWENN((Patientenumfrage[@[Overall]:[Step5helpful]]),"")

Der Bereich „Patientenumfrage[@[Overall]:[Step5helpful]]" umfasst alle Bewertungsdatenspalten von „Gesamt" bis „Step5helpful" in der Tabelle „Patientenumfrage". Auch hier werden durch Sortieren der Spalte Leer in absteigender Reihenfolge alle Zeilen mit leeren Zellen oben angezeigt.

Einige Analysewerkzeuge tolerieren leere Zellen, d. h., diese Werkzeuge können problemlos angewendet werden. Deskriptive Statistik und Hypothesentests arbeiten in der Regel mit Spalten, die leere Zellen enthalten. Einige andere Analyseinstrumente – Regressionsanalyse ist eines davon – funktionieren jedoch nicht mit leeren Zellen. Sie benötigen einen vollständigen Satz aller *x-y*-Kombinationen ohne Leerzellen.

Was machen wir mit fehlenden Eingaben, wenn wir eine Regressionsanalyse durchführen wollen?

- Strategie 1: Löschen Sie den gesamten Datensatz, der leere Zellen enthält. Diese Strategie kann immer dann angewendet werden, wenn ein großer Datenbestand nur wenige Datensätze mit leeren Zellen enthält. Dann ändert sich die Stichprobengröße nicht drastisch.

- Strategie 2: Ersetzen Sie die leere Zelle entweder durch den Mittelwert, den Median oder den häufigsten Wert dieser Spalte. Diese Strategie behält den Stichprobenumfang bei, d.h., sie ist der richtige Weg, wenn der Stichprobenumfang klein ist.

In der Datendatei der Patientenumfrage gab es bei 514 Datenzeilen nur einen Datensatz mit leeren Zellen. Daher wurde beschlossen, die entsprechende Zeile zu eliminieren, sodass 513 vollständige Datensätze übrigblieben.

Manchmal werden fehlende Eingaben mit „0" oder „NA" oder ähnlich codiert. Während „NA" oder jeder andere Text in der Regel einen Fehler ausgibt und den entsprechenden Vorgang abbricht, ist dies bei „0" nicht der Fall. Da „0" eine Zahl genau wie „1", „2" usw. ist, wird sie als gültige Eingabe behandelt. Dies wird zu trügerischen oder falschen Schlussfolgerungen führen und muss vermieden werden. Deshalb wurde bei der Patientenumfrage die Formel um Leerzeichen erweitert:

Leerzeichen =SUMME(ZÄHLENWENN((Patientenumfrage]]),{"0"," ","NA"})).

Diese Formel zählt, wie viele Einträge mit „0", oder „NA" gefunden werden und summiert diese Zählungen zu einer Gesamtzahl auf. Wenn Ihre Daten einen anderen Code für fehlende Eingaben aufweisen, können Sie diesen Code in die {} aufnehmen. Dies hilft, die Daten leicht zu bereinigen.

7.6 Daten analysieren

7.6.1 Deskriptive Statistik und Darstellung

Vor jeder Analyse zur Bestätigung unserer Hypothesen ist es eine gute Praxis, deskriptive Statistiken für alle Variablen zu erstellen. Es gibt viele Möglichkeiten, deskriptive Statistiken zu berechnen. Excel bietet in seinen Datenanalyse-Funktionen umfassende deskriptive Statistiken an:

Daten – Datenanalyse – Populationskenngrößen.

Bei der Patientenumfrage wurden die deskriptiven Statistiken mithilfe von Excel-Funktionen berechnet. Aufgabe 7.3 illustriert die Berechnung für den Indikator Step1friendly:

Aufgabe 7.3: Berechnen der deskriptiven Statistiken für ClinicSurvey (Bild 7.6)

- Berechnen Sie die Anzahl der Bewertung „1“ für die Gesamtbewertung Overall mit *=ZÄHLENWENN(Patientenumfrage[[#Alle],[Overall]], "1")*
- Danach wiederholen Sie dies mit den Bewertungen „2“ bis „5“.
- Wiederholen Sie dies für alle Indikatoren durch das Ziehen der Formel nach rechts.
- Berechnen Sie den Prozentsatz der zufriedenen Patienten in Overall durch *=SUMME(B5:B6)/SUMME(B2:B6)*. Formatieren Sie diese Zelle als Prozent.
- Danach wiederholen Sie dies für alle Indikatoren durch das Ziehen der Formel nach rechts.
- Berechnen Sie den Mittelwert für jeden Indikator und Schritt durch *=MITTELWERT(Patientenumfrage[Overall])*. Ziehen Sie die Formal nach rechts.
- Berechnen Sie die Standardabweichung in dergleichen Weise durch *=STABW .S(Patientenumfrage[Overall])*. Ziehen Sie die Formal nach rechts. ■

Rating	Overall	Step1friendly	Step1prompt	Step1helpful	Step2friendly	Step2prompt
1	2	1	1	0	1	0
2	55	70	131	63	156	163
3	230	230	214	172	215	219
4	201	185	135	205	117	119
5	26	28	33	74	25	13
%4/5	44%	41%	33%	54%	28%	26%
Mittelwert	3.38	3.33	3.13	3.56	3.02	2.96
Std Abweichung	0.76	0.78	0.88	0.88	0.86	0.81

Bild 7.6 Deskriptive Statistik für Indikatoren (Auszug)

In ähnlicher Weise wurden in dem Beispiel deskriptive Statistiken für jeden Schritt anhand der während der Transformation erstellten Daten berechnet.

Es gibt mehrere Möglichkeiten, Umfragedaten zu analysieren. Bleiben wir bei dem Beispiel. Geht man davon aus, dass die Patientenzufriedenheit erreicht ist, wenn der Patient eine Bewertung von 4 oder 5 gibt, ist ein Prozentsatz dieser Bewertung, der wünschenswerten Bewertung, eine sehr gebräuchliche Methode zur Darstellung von Umfrageergebnissen. Bild 7.7 veranschaulicht die Bewertungsergebnisse pro Indikator. Zu Vergleichszwecken zeigen wir ein weiteres Balkendiagramm an, das den Mittelwert für dieselben Indikatoren präsentiert (Bild 7.8).

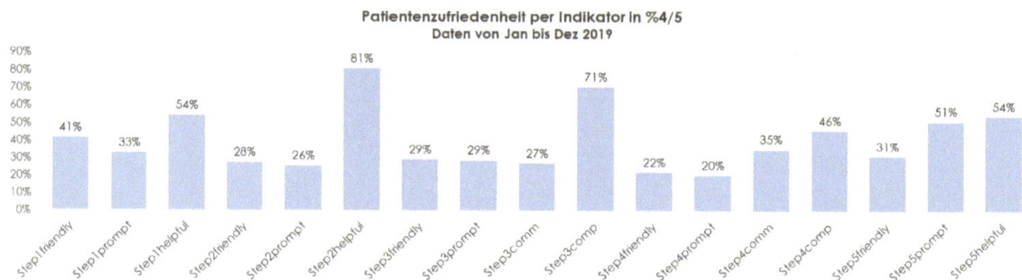

Bild 7.7 Patientenzufriedenheitsbewertung für jeden Indikator in %4/5

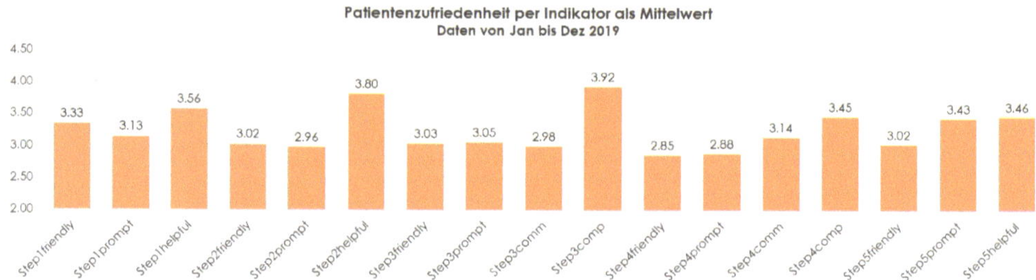

Bild 7.8 Kundenzufriedenheitsbewertung für jeden Indikator als Durchschnittswerte

Die Bilder, die durch Prozentsatz 4/5 und durch Durchschnittswerte erzeugt werden, zeigen zwar ein ähnliches Muster, aber sie tragen nicht die gleiche Botschaft oder die gleiche Betonung der Botschaft. Beispielsweise wird Step2helpful zu 81 % mit 4 oder 5 bewertet und zeigt einen Durchschnitt von 3,8. Step3competent wird zu 71 % mit 4 oder 5 bewertet, zeigt aber einen Durchschnitt von 3,9. Dies deutet darauf hin, dass die Verteilung der einzelnen Bewertungen für beide Indikatoren unterschiedlich sein könnte, wie aus der Standardabweichung von 0,41 gegenüber 0,79 hervorgeht. Im Falle von Indikatoren können Balkendiagramme nicht durch Box-Plots ersetzt werden, da sie nur fünf verschiedene Werte annehmen können, d.h. der Box-Plot wird nicht sehr aussagekräftig aussehen. Da es sich jedoch bei der Bewertung durch jeden Patienten pro Schritt um einen Durchschnitt handelt, bietet ein Box-Plot eine bessere Darstellung (Bild 7.9).

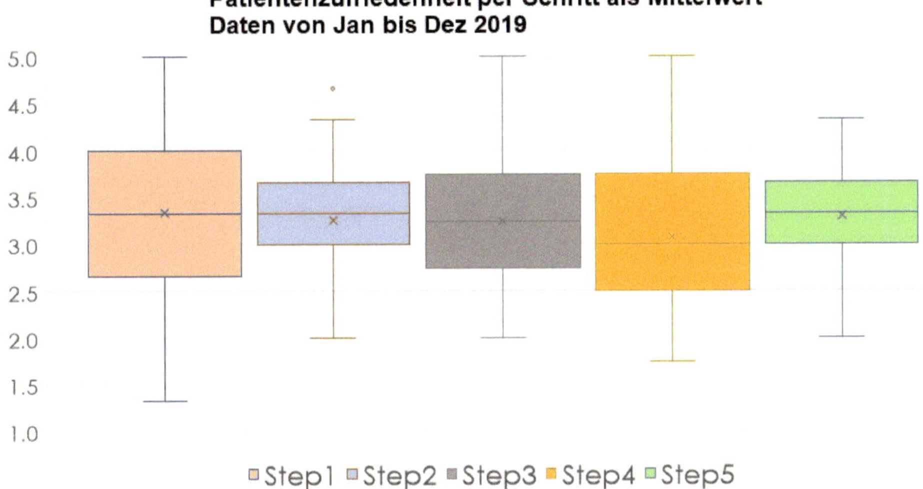

Bild 7.9 Box-Plot (Kastendiagramm) für die Bewertung pro Schritt

7.6.2 Hypothese 1: Es besteht ein signifikanter Unterschied zwischen den Bewertungen für Schritte (X)

Dieser Box-Plot ist zwar eine klarere Illustration und hat mehr Potenzial für das Geschichtenerzählen, aber er kann nicht für die Entscheidungsfindung verwendet werden, d. h. für die Beantwortung der Frage, ob wir in den Augen des Patienten in einem der Schritte besser oder schlechter abschneiden.

Zu diesem Zweck ist eine ANOVA ein besseres Instrument. Mit der Varianzanalyse (Analysis Of Variance) (ANOVA) soll überprüft werden, ob scheinbar unterschiedliche Mittelwerte durch unterschiedliche Datensätze gebildet werden. Das heißt, sie beantwortet die Frage, ob es einen signifikanten Unterschied zwischen den Durchschnittsbewertungen für Prozessschritte gibt. Die ANOVA kann in Excel ausgeführt werden.

Z	AA	AB	AC	AD
Step1	Step2	Step3	Step4	Step5
4.00	4.00	3.50	3.75	3.67
4.33	3.67	3.75	4.00	4.00
3.33	3.(			
4.00	3.:			
2.67	3.:			
3.67	3.:			
3.00	3.(			
4.00	4.(			
4.00	3.:			
2.67	3.(			
3.00	3.(			

Bild 7.10 Excel-Funktion für Anova: Einfaktorielle Varianzanalyse

Aufgabe 7.4: Durchführen der ANOVA in Excel (Bild 7.10)

- Wählen Sie *Daten – Datenanalyse – Anova: Einfaktorielle Varianzanalyse*
- *Eingabebereich* ist der gesamte Datenbereich für Schritt 1 bis 5 (**Step1 ... Step5**).
- Wenn Sie den Tabellenkopf einbeziehen, müssen Sie *Beschriftungen in erster Zeile* auswählen.

Der Name ANOVA ist irreführend. ANOVA ist dazu gedacht, signifikante Unterschiede zwischen Durchschnittswerten zu finden. Dazu vergleicht sie die gemittelte Varianz innerhalb der Gruppen (Schritt 1, ... Schritt 5) mit der Gesamtvarianz.

Anova: Einfaktorielle Varianzanalyse

ZUSAMMENFASSUNG

Gruppen	*Anzahl*	*Summe*	*Mittelwert*	*Varianz*
Step1	514	1717.67	3.34	0.57
Step2	514	1676.67	3.26	0.27
Step3	514	1668.50	3.25	0.49
Step4	514	1583.50	3.08	0.48
Step5	514	1697.33	3.30	0.24

ANOVA

Streuungsursache	*Quadratsummen (SS)*	*Freiheitsgrade (df)*	*Mittlere Quadratsumme (MS)*	*Prüfgröße (F)*	*P-Wert*	*kritischer F-Wert*
Unterschiede zwischen den Gruppen	20.506	4.000	5.127	12.551	0.000	2.375
Innerhalb der Gruppen	1047.727	2565.000	0.408			
Gesamt	1068.234	2569.000				

Bild 7.11 Ergebnis der ANOVA für Schritt1 bis Schritt5

Das Ergebnis der ANOVA der Patientenumfrage für Schritt 1 bis Schritt 5 ist in Bild 7.11 dargestellt. Das wichtigste Einzelergebnis der ANOVA ist der *p*-Wert. In diesem Fall sagt uns die ANOVA, dass es einen signifikanten Unterschied zwischen den Mittelwerten der einzelnen Schritte gibt. Die ANOVA von Excel sagt nicht, wo der Unterschied liegt. Dies kann durch Berechnung der Konfidenzintervalle (95% Konfidenzniveau für einen Alpha-Wert von 0,05) der Durchschnittswerte für Schritt 1 bis Schritt 5 herausgefunden werden. Als Faustregel gilt: Wenn sich Konfidenzintervalle von zwei Schritten überlappen, kann die Annahme eines signifikanten Unterschieds zwischen diesen beiden Schritten nicht akzeptiert werden. Dieser Schritt wurde in der Datei ClinicSurvey.xlsx manuell durchgeführt.

Hier kann R schneller zum Ziel führen. Zuvor müssen die Daten in R Studio geladen und umgeformt werden. Die folgenden zwei Aufgaben erledigen dies sehr schnell.

Aufgabe 7.5: Laden der Daten aus ClinicSurvey.xlsx in R Studio und Laden des Basisanalyse- und Grafikpakets „pastecs“

- Öffnen Sie *R Studio.*
- Wählen Sie *Environment - Import Dataset - From Excel ... - Browse.*
- Navigieren Sie zu Ihrem Verzeichnis und wählen Sie **ClinicSurvey.xlsx.**
- Wählen Sie *Sheet* Survey.
- Setzen Sie **TimeStamp** und **Date** auf *Date.*
- Wählen Sie *Import.*
- In *Console* geben Sie ein **install.packages("pastecs") ← library(pastecs).**

 # Bibliothek zum Laden von Excel-Dateien lädt automatisch

library(readxl)

 # Excel-Datei ClinicSurvey.xlsx wird in den Datenrahmen ClinicSurvey geladen

```
ClinicSurvey <- read_excel("...Data Analytics/Data/ClinicSurvey.xlsx",
sheet = "Survey", range = "A1:AD515",
col_types = c("numeric", "date", "text", "date", "text", "numeric", "text",
"numeric", "numeric", "numeric",
"numeric", "numeric", "numeric",
"numeric", "numeric", "numeric",
"numeric", "numeric", "numeric",
"numeric", "numeric", "numeric",
"numeric", "numeric", "numeric",
"numeric", "numeric", "numeric",
"numeric", "numeric"))
# Installieren erforderlicher Pakete
install.packages("pastecs")
library(pastecs)
```

■

In der Console sehen Sie die folgende Liste von Kommandos, die fast ausschließlich automatisch generiert werden.

Einige Analysewerkzeuge wie die ANOVA und andere Hypothesentests benötigen gestapelte Daten, einige andere Werkzeuge wie die Regressionsanalyse arbeitet mit nicht gestapelten Daten, einige Werkzeuge wie die deskriptive Statistik arbeitet mit beiden Konstellationen. Es gibt in MS Excel keine komfortable Möglichkeit, ungestapelte in gestapelte Daten zu konvertieren und umgekehrt.

Nicht gestapelte Daten (unstacked data) werden auch „Kurzdaten" genannt, weil die Informationen für verschiedene Indikatoren in Spalten nebeneinander angeordnet sind. Gestapelte Daten (stacked data) werden auch als „lange Daten" bezeichnet, weil die Informationen für verschiedene Indikatoren in derselben Spalte organisiert sind (in der Tabelle 7.2 rechts wird sie als Value bezeichnet), während der Name des Indikators in einer Spalte daneben steht (in der Tabelle 7.2 wird er als Step bezeichnet).

Die ungestapelte Datentabelle der Patientenumfrage zeigt 514 Zeilen, während die gestapelte Version 5 × 514 = 2570 Zeilen umfasst, daher der Name „lange Daten".

Da diese Transformation oder Konvertierung in Excel nicht einfach ist, wurde entschieden, sie in R auszuführen.

Aufgabe 7.6: Stapeln von Werten für Schritte (Step) und Indikatoren (Indicator)

```
# Stapeln von Indikatordaten
stackedInd <- stack(ClinicSurvey, select = c("Overall", "Step1friendly",
"Step1prompt", "Step1helpful", "Step2friendly","Step2prompt", "Step2helpful",
"Step3friendly", "Step3prompt", "Step3comm", "Step3comp", "Step4friendly",
"Step4prompt", "Step4comm", "Step4comp","Step5friendly", "Step5prompt",
"Step5helpful"))
# Auflisten von Indikatordaten
View(stackedInd)
# Stapeln von Schrittdaten
stackedStep <- stack(ClinicSurvey, select = c("Step1", "Step2", "Step3",
"Step4", "Step5"))
# Auflisten von Schrittdaten
View(stackedStep)
```

Tabelle 7.2 Vergleich von nicht gestapelten und gestapelten Daten für Schritte (Step)

Nicht gestapelte Daten für Schritte Kurze Daten					Gestapelte Daten für Schritte Lange Daten	
Step1	Step2	Step3	Step4	Step5	Step	Value
3.33	2.67	2.25	2.75	2.33	Step1	3.33
3.33	3.00	2.75	3.00	3.33	Step2	2.67
4.33	3.67	3.75	4.00	4.00	Step3	2.25
3.00	2.67	2.75	3.00	3.00	Step4	2.75
3.67	3.67	3.75	3.50	4.00	Step5	2.33
3.33	3.00	2.75	2.75	3.33	Step1	3.33
2.00	2.67	2.00	2.00	2.67	Step2	3.00
4.00	3.33	3.00	3.50	3.83	Step3	2.75
3.33	4.00	4.00	3.25	4.00	Step4	3.00
3.33	3.00	3.00	3.00	3.67	Step5	3.33

Nachdem die Patientenumfragedaten in R Studio geladen und in gestapelte Daten (stacked data) umgewandelt wurden, wurde mit der Analyse begonnen. Eine deskriptive Statistik wurde erstellt, um die in Excel generierten Daten zu bestätigen.

Aufgabe 7.7: Erstellen der deskriptiven Statistik für alle Schritte

```
# Installieren und laden des Paketes ggpubr
install.packages("ggpubr")
library(ggpubr)
# Installieren und laden des Paketes dplyr
install.packages("dplyr")
library(dplyr)
```

 # Erstellen der deskriptiven Statistik in Gruppen: Anzahl, Mittelwert, Standardabweichung

```
group_by(stackedStep, ind) %>%
summarise(
count = n(),
mean = mean(values, na.rm = TRUE),
sd = sd(values, na.rm = TRUE)).
```

Eine zusammenfassende Statistik für Schritt 1 bis Schritt 5 wird angezeigt:

'summarise()' ungrouping output (override with '.groups' argument)

A tibble: 5 x 4

	ind	count	mean	sd
1	Step1	514	3.34	0.755
2	Step2	514	3.26	0.522
3	Step3	514	3.25	0.699
4	Step4	514	3.08	0.690
5	Step5	514	3.30	0.485

■

Die nächste Aufgabe illustriert eine ANOVA in R.

Aufgabe 7.8: Ausführen der ANOVA für alle Schritte

```
# Berechnen Sie die Varianzanalyse
stepANOVA <- aov(values ~ ind, data = stackedStep)
# Zusammenfassung der Analyse
summary(stepANOVA)
```

Die R Studio ANOVA-Ausgabe liest sich wie folgt:

	Df	Summe Sq	Mittlere Sq	F-Wert	Pr(>F)
ind	4	20.5	5.127	12.55	**4.1e-10** ***
Residuals	2565	1047.7	0.408		

Signif. codes: 0 '***' 0.001 '**' 0.01 '*' 0.05 '.' 0.1 ' ' 1

■

Das Ergebnis der ANOVA zeigt, dass es mindestens einen signifikanten Unterschied zwischen den Schritten gibt. Die wichtige Information ist Pr(>F), der *p*-Wert für den eingebauten *F*-Test. Wenn dieser *p*-Wert weniger als 0,05 beträgt, gehen wir davon aus, dass es einen signifikanten Unterschied gibt. Wir können diese

Wahrscheinlichkeit als das Risiko betrachten, mit dieser Annahme falsch zu liegen. In diesem Fall besteht absolut kein Risiko, da Pr(>F) $4{,}1 \times 10^{-10}$ beträgt, was praktisch 0 ist.

Der Signifikanzkode „***“ bedeutet, dass der *p*-Wert zwischen 0 und 0,001 liegt.

Der Mechanismus der ANOVA sagt jedoch nicht, wo der Unterschied wirklich liegt. Und er sagt auch nichts darüber aus, ob eine oder mehrere der Schritte signifikant niedriger oder höher bewertet werden als der Rest.

Wenn ANOVA einen *p*-Wert < 0,05 ausgibt, sind weitere Analysen notwendig.

Daher wurde eine weitere Berechnung durchgeführt, um die Konfidenzintervalle (95 % Konfidenzniveau) für jeden Schrittunterschied zu identifizieren. Wenn diese Konfidenzintervalle 0 einschließen, bedeutet dies, dass die Differenz null sein könnte. Nur wenn die Konfidenzintervalle nicht null enthalten, können wir davon ausgehen, dass die beobachtete Differenz wirklich signifikant ist.

Aufgabe 7.9: Ausführen des paarweisen Vergleichs für Schritte mit TukeyHSD

 # Paarweisen Vergleich berechnen

TukeyHSD(stepANOVA)

TukeyHSD-Ausgabe:

$ind	diff	lwr	upr	p adj
Step2-Step1	-0.0800	-0.1886	0.0291	0.27
Step3-Step1	-0.0957	-0.2045	0.0132	0.12
Step4-Step1	-0.2610	-0.3699	-0.1522	**0.00**
Step5-Step1	-0.0396	-0.1484	0.0693	0.86
Step3-Step2	-0.0159	-0.1247	0.0929	0.99
Step4-Step2	-0.1813	-0.2901	-0.0724	**0.00**
Step5-Step2	0.0402	-0.0686	0.1490	0.85
Step4-Step3	-0.1654	-0.2742	-0.0565	**0.00**
Step5-Step3	0.05610	-0.0527	0.1649	0.62
Step5-Step4	0.2215	0.1126	0.3303	**0.00**

Die Ausgabe des paarweisen Vergleichs zeigt die Differenz für jede Schrittkombination, die untere und obere Vertrauensgrenze (Lwr, Upr) sowie den *p*-Wert für diese Differenz. Wir haben die Unterschiede mit einem *p*-Wert von weniger als 0,05 fettgedruckt. Auf einen Blick sind alle Schrittunterschiede zu Schritt 4 signifikant. Die zusätzliche Überprüfung der jeweiligen Konfidenzintervalle bestätigt, dass diese keine 0 zwischen unterer und oberer Grenze enthalten.

Es wäre gut, einen Plot, eine Darstellung zu haben, der genau diese Beziehung veranschaulicht. Und für Präsentationszwecke ist die TukeyHSD-Ausgabe nicht geeignet.

Aufgabe 7.10: Darstellen der Konfidenzintervalle für alle Schritte

```
# Installieren der erforderlichen Bibliothek
install.packages("ggpubr")
library(ggpubr)
# Vertrauensbereiche für Schritte darstellen
ggline(stackedStep, x = "ind", y = "values", add = c("mean_ci"), ylab = "Rating",
xlab = "", main = "Vertrauensintervalle für Schritt-Mittelwerte") +
theme(text = element_text(size = 16), plot.margin = margin(t=1, r=2, b=1, l=2,
unit = "cm")) + grids(linetype = "dashed")
```

■

Das resultierende Diagramm veranschaulicht, was die Zahlen bereits vorausgesagt haben: Schritt 4 ist deutlich niedriger bewertet durch die Patienten als alle anderen Schritte (Bild 7.12).

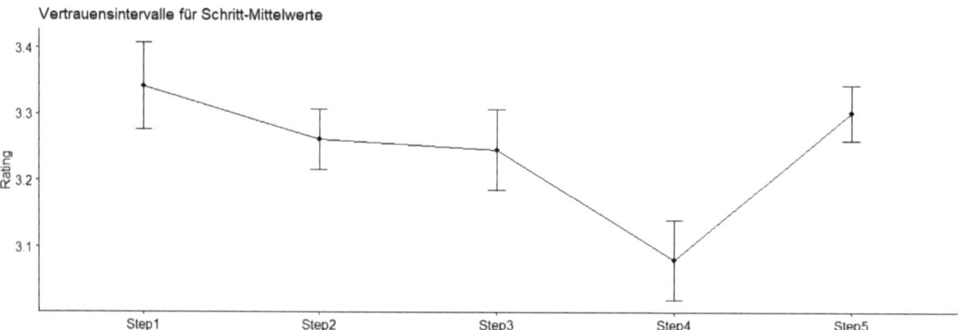

Bild 7.12 Vergleich der Vertrauensintervalle für alle Schritte

Tatsächlich ist es nicht ratsam und statistisch gesehen falsch, davon zu sprechen, dass Schritt 1 eine höhere Bewertung erhält als Schritt 2 und Schritt 3. Ein solcher Vergleich wird nicht durch Statistiken gestützt. Wenn Sie über den Unterschied zwischen Schritt 1 und Schritt 2 sprechen, besteht ein Risiko von 27 %, dass Sie sich irren. Diese Aussage würde als „Fake News“ bezeichnet.

Ein Datenanalytiker oder Datenwissenschaftler spricht nicht über den Unterschied, der z. B. zwischen Schritt 1 und Schritt 2 gesehen wird. Der einzige signifikante, das heißt statistisch gesicherte Unterschied ist in dem Beispiel zwischen Schritt 4 und allen anderen. ■

Es gibt viele Möglichkeiten, Analysen mit R durchzuführen. Dieses Statistikpaket ist in seinen Funktionen mit SPSS vergleichbar. Aufgrund seiner offenen Architektur wächst es schneller als dieses und bietet mehr Flexibilität, um all Ihre Anforderungen an Statistik, Grafik und Programmierung zu erfüllen.

Hier ist ein weiteres Beispiel für das Zeichnen eines ähnlichen Diagramms.

```
# Laden der erforderlichen Bibliothek
install.packages ("gplots")
library("gplots")
# Vertrauensbereiche für Schritte darstellen
plotmeans(values ~ ind, data = stackedStep, p=0.95, barwidth=2,
xlab = "", ylab = "Rating", ylim = c(2.9, 3.5),
main="Mittelwerte für Schritte mit 95% CI")
```

■

7.6.3 Hypothese 2: Es besteht ein signifikanter Unterschied zwischen den Bewertungen der Indikatoren (X)

Wie in Bild 7.7 und Bild 7.8 zu sehen ist, scheint es einen Unterschied zwischen den Indikatoren zu geben. Da wir 17 Indikatoren haben, ist der paarweise Vergleich aller zusammen möglicherweise keine kluge Art, sie zu analysieren.

In der Praxis werden die fünf Schritte meist von fünf verschiedenen Personen oder Teams durchgeführt. Es könnte praktischer sein, den Teilnehmern an jedem einzelnen Schritt Hinweise zur Verbesserung zu geben. Das heißt, Indikatoren werden Schritt für Schritt betrachtet. Wir beginnen mit Schritt 4, da der in der Patientenumfrage die schlechteste Bewertung erhielt.

Aufgabe 7.11: Stapeln der Indikatordaten für jeden Schritt in jeweils einem Datensatz

```
# Stapeln der Indikatordaten für Schritt 1 bis Schritt 5
stackedInd1 <- stack(ClinicSurvey, select = c("Step1friendly", "Step1prompt",
"Step1helpful"))
stackedInd2 <- stack(ClinicSurvey, select = c("Step2friendly", "Step2prompt",
"Step2helpful"))
```

```
stackedInd3 <- stack(ClinicSurvey, select = c("Step3friendly", "Step3prompt",
"Step3comm", "Step3comp"))
stackedInd4 <- stack(ClinicSurvey, select = c("Step4friendly", "Step4prompt",
"Step4comm", "Step4comp"))
stackedInd5 <- stack(ClinicSurvey, select = c("Step5friendly", "Step5prompt",
"Step5helpful"))
```

■

Wenn Sie die Ergebnisse dieser Operationen sehen möchten, verwenden Sie die View-Funktion *View(stackedInd1)*, um die resultierende Tabelle im Datenrahmenfenster in R Studio anzuzeigen.

Aufgabe 7.12: Ausführen der ANOVA und des paarweisen Vergleichs für Indikatoren in Schritt 4

```
# Berechnen der ANOVA für Schritt 4
step4ANOVA <- aov(values ~ ind, data = stackedInd4)
# Ausgabe der ANOVA-Ergebnisse für Schritt 4
summary(step4ANOVA)
# Paarweisen Vergleich für alle Indikatoren in Schritt 4 durchführen
TukeyHSD(step4ANOVA)
```

ANOVA und TukeyHSD-Ausgabe für Schritt 4:

	Df	Sum Sq	Mean Sq	F value	Pr(>F)
ind	3	120.3	40.10	61.2	<2e-16 ***
Residuals	2052	1344.3	0.66		

Tukey multiple comparisons of means

95 % family-wise confidence level

Fit: aov(formula = values ~ ind, data = stackedInd4)

$ind	Diff	lwr	upr	p adj
Step4prompt-Step4friendly	0.0331	-0.0967	0.1629	0.91
Step4comm-Step4friendly	0.2860	+0.1562	0.4158	0.00
Step4comp-Step4friendly	0.6031	+0.4733	0.7330	0.00
Step4comm-Step4prompt	0.2529	+0.1231	0.3827	0.00
Step4comp-Step4prompt	0.5700	+0.4402	0.6999	0.00
Step4comp-Step4comm	0.3171	+0.1873	0.4469	0.00

■

Dieses Ergebnis bedeutet, dass es signifikante Unterschiede zwischen allen Indikatoren für Schritt 4 gibt. Und nach der Mathematik können wir für Schritt 4 feststellen, dass das Merkmal „Hilfreich" die höchste Bewertung erhält, während das Merkmal „Prompt & aufmerksam" die niedrigste Bewertung erhält.

Aufgabe 7.13: Darstellen der Konfidenzintervalle für alle Indikatoren in Schritt 4

```
# Vertrauensbereiche für Indikatoren in Schritt 4 aufzeichnen
ggline(stackedInd4, x = "ind", y = "values", add = c("mean_ci"), ylab = "Rating",
xlab = "", main = "Vertrauensbereiche für Indikatoren in Schritt 4 – Medizinaus-
gabe") + theme(text = element_text(size = 16), plot.margin = margin(t=1, r=1,
b=1, l=1, unit = "cm")) + grids(linetype = "dashed")
```

■

Die Bewertung in Schritt 4, Medizinausgabe, deutet auf Folgendes hin:

- Die Mitarbeiter in der Medizinausgabe, meist ausgebildete Apotheker, erwecken einen hochkompetenten Eindruck (Step4comp).
- Sie bekommen eine gute Bewertung für ihre Kommunikation mit den Patienten (Step4comm).
- Freundlichkeit (Step4friendly) und prompte Bedienung (Step4prompt) erhalten eine vergleichsweise und signifikant schlechtere Bewertung. Beides sind Zeichen für längere Wartezeiten, die sowohl dem Patienten nicht gefallen als auch beim Personal Stress verursachen. Dadurch scheint die Freundlichkeit auf der Strecke zu bleiben.

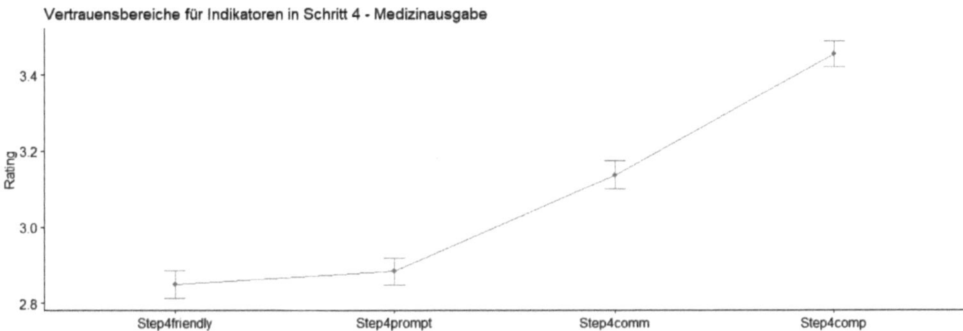

Bild 7.13 Bewertung der Indikatoren von Schritt 4

In gleicher Art und Weise können die Indikatoren der anderen Schritte analysiert werden.

In dem Beispiel wurde das Personal in der Klinik als sehr hilfsbereit bewertet. Arzt und Apotheker erhalten eine hohe Bewertung für ihre Kompetenz, könnten aber freundlicher und schneller sein. Die Angestellten am Zahlungsschalter wirken zwar weniger freundlich, aber sie sind prompt und hilfsbereit.

Diese Bewertung lieferte wichtige und interessante Daten für die dem Management zu präsentierenden Empfehlungen.

7.6.4 Hypothese 3: Es besteht eine signifikante Beziehung zwischen der Bewertung für mindestens einen der Prozessschritte (Step1 ... Step5, *X*) und der Gesamtbewertung (Overall, *Y*)

Diese Analyse hilft, Prioritäten für die Aktivitäten zu setzen. Eine signifikant niedrigere Bewertung einer Stufe, die bei der Umfrage dem Patienten nicht so wichtig erscheint, ist weniger kritisch als die Bewertung einer starken Triebkraft für die Gesamtzufriedenheit.

Das Mittel der Wahl für diese Aufgabe ist die Regressionsanalyse. In der Regel beginnt die Arbeit mit linearen Modellen. Bevor wir etwas analysieren, stellen wir unsere Daten dar. Für mehrere *X* (Step1 ... Step5) und ein *Y* (Overall) ist ein Streumatrix-Plot das Werkzeug der Wahl.

Auch hier ist das Arbeiten in R Studio wesentlich einfacher und schneller als in Excel.

Aufgabe 7.14: Erstellen eines Streumatrix-Plots aller Schritte im Vergleich zum Gesamtergebnis

```
# Laden der erforderlichen Bibliothek
library(graphics)
# Generieren des oberen Teils, der Pearsons Korrelationskoeffizienten zeigt
cor.panel <- function(x, y, ...)
{
par(usr = c(0, 1, 0, 1))
txt <- as.character(format(cor(x, y), digits=2))
text(0.5, 0.5, txt, cex = 4* abs(cor(x, y)))
}
# Generieren des unteren Teils, der die Plots zeigt (Overall zuletzt, sodass die letzte Zeile als Vergleich mit den Schritt-Bewertungen benutzt werden kann) + oberer Teil
pairs(~ Step1+Step2+Step3+Step4+Step5+Overall, upper.panel = cor.panel,
data = ClinicSurvey, main = "Correlation Matrix of Steps versus Overall")
```

■

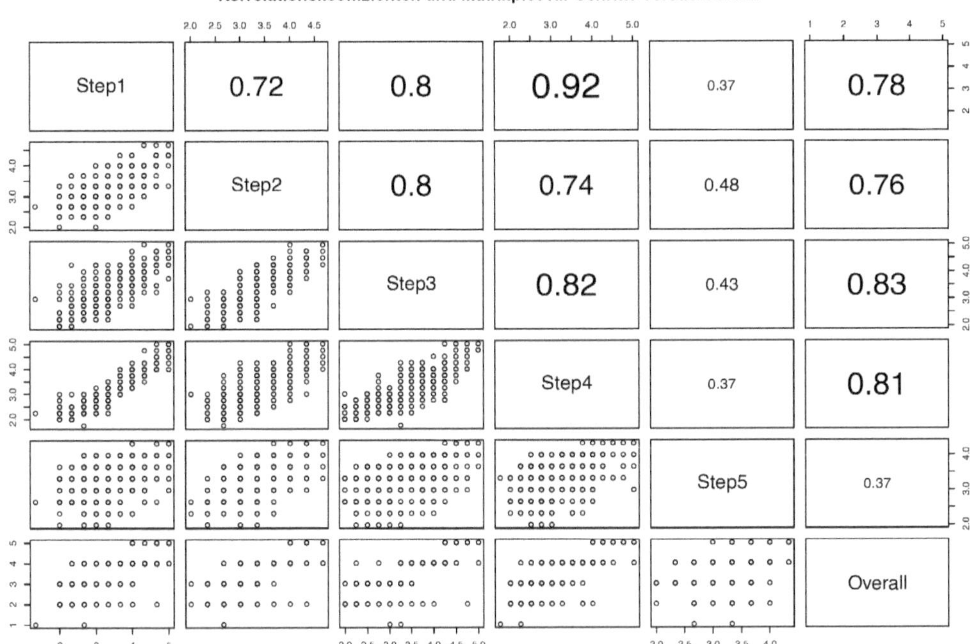

Bild 7.14 Korrelationsmatrix aller Schritte versus Gesamt

Bild 7.14 zeigt das Streumatrixdiagramm für alle *X*, d. h. Bewertung aller Schritte gegeneinander und gegen die Gesamtbewertung in Overall. Durch das Wählen von Overall (*Y*) als letztes Element der Matrix in der Funktion pairs() erreichen wir, dass die Streudiagramme aller Schritte (*X*) gegen Overall (*Y*) in der letzten Zeile des Diagramms und die Korrelationkoeffizenten aller Schritte gegen Overall in der rechten Spalte stehen. Die Korrelationskoeffizienten wurden nach Pearson generiert.

Diese Darstellung bietet erste Einblicke in unseren Datensatz ClinicSurvey:

Schritt 5 (Step5) scheint mit $r = 0{,}37$ der schwächste Treiber für Overall zu sein. Das bedeutet, dass die Gesamtbewertung der Patienten nur wenig durch die Bewertung in Schritt 5 getrieben wird. Das Streudiagramm für Schritt 5 versus Overall unten rechts zeigt kein eindeutiges Muster. Das heißt, wenn Patienten ihren Gesamteindruck wiedergeben, haben sie dabei nur wenig den Eindruck im letzten Prozessschritt im Kopf.

Alle anderen Schritte scheinen das Gesamtergebnis viel stärker zu beeinflussen, wobei Schritt 3 der stärkste Treiber ist ($r = 0{,}83$). Dies wird durch größere *r*-Werte repräsentiert, die ausgeprägteren Mustern entsprechen.

Es scheint eine starke Korrelation zwischen allen Schritten zu existieren, wobei die höchste Korrelation zwischen Schritt 1 und Schritt 4 ($r = 92$) besteht. Daher ist das Streudiagramm zwischen den Schritten und Schritt 4 dasjenige mit dem deutlichsten Muster (drittes von unten in der linken Spalte). Dies wird höchstwahrscheinlich ein Problem in unserem Regressionsmodell darstellen, wenn die Varianzinflationsfaktoren (VIF) zu hoch ausfallen.

Aufgabe 7.15: Erstellen eines linearen Modells und Durchführen der Regression aller Schritte im Vergleich zum Gesamtergebnis

```
# Laden der erforderlichen Bibliothek
install.packages("tidyverse")
library(tidyverse)
install.packages("caret")
library(caret)
# Bilden des linearen Modells (Modell 1)
stepModel1 <- lm(Overall~Step1+Step2+Step3+Step4+Step5, data = ClinicSurvey)
summary(stepModel1)
```

Ausgabe der linearen Regression:

lm(formula = Overall ~ Step1 + Step2 + Step3 + Step4 + Step5, data = ClinicSurvey)

Residuals:

Min	1Q	Median	3Q	Max
-2.71190	-0.12085	0.03562	0.19806	1.55119

Coefficients:

	Estimate	Std. Error	t value	Pr(>|t|)
(Intercept)	-0.04366	0.12896	-0.339	0.735
Step1	0.09010	0.05685	1.585	0.114
Step2	0.30510	0.05626	5.423	**9.06e-08** ***
Step3	0.40977	0.04891	8.379	**5.27e-16** ***
Step4	0.29710	0.06508	4.565	**6.26e-06** ***
Step5	-0.03655	0.03928	-0.930	0.353

Signif. codes: 0 '***' 0.001 '**' 0.01 '*' 0.05 '.' 0.1 ' ' 1

Residual standard error: 0.3777 on 508 degrees of freedom
Multiple R-squared: 0.7541, Adjusted R-squared: 0.7517
F-statistic: 311.6 on 5 and 508 DF, p-value: < 2.2e-16

■

Der *p*-Wert für das Regressionsmodell ist mit $2{,}2 \times 10^{-16}$ extrem niedrig, praktisch 0. Dies bedeutet, dass das Regressionsmodell gültig ist, d. h., es besteht eine signifikante Beziehung zwischen dem Rating für mindestens einen der Schritte und dem Gesamtrating. Praktisch heißt das, dass die Patienten beim Bewerten des Gesamteindrucks eine ähnliche Bewertung abgaben, wie beim Beurteilen mindestens eines Schrittes. Sie hatten also den Eindruck besonders eines Schrittes (oder mehrerer) im Kopf, als sie die Gesamtbeurteilung vornahmen.

Bei einer multiplen Regression, d. h. einer Regression mit mehreren unabhängigen Variablen (den vermeintlichen Treibern *X* für das *Y*), muss die Beziehung zwischen den *X* überprüft werden, bevor ein endgültiges Urteil gefällt werden kann. Zu diesem Zweck werden Varianzinflationsfaktoren (VIF) berechnet.

Varianzinflationsfaktoren (VIF) zeigen, ob es eine Beziehung, eine Kollinearität zwischen den Treibern im Regressionsmodell gibt. Wenn es diese gibt, kann der Einfluss der Treiber auf das *Y* nicht klar unterschieden werden, sodass das Modell falsch werden kann. Wenn dieses Modell zur Vorhersage verwendet werden sollte, könnte die Vorhersage falsch ausfallen.

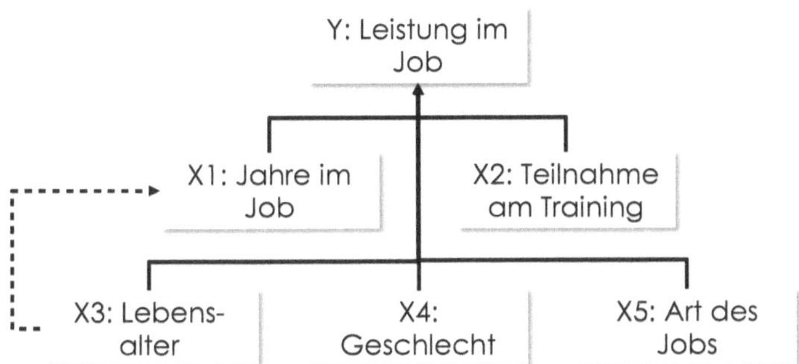

Bild 7.15 Regressionsmodell mit möglicher Kollinearität zwischen X1 und X3

Bild 7.15 zeigt ein Regressionsmodell mit wahrscheinlicher Kollinearität. Alle fünf *X* beeinflussen potenziell das *Y*. Darüber hinaus besteht eine hohe Wahrscheinlichkeit, dass X3 auf X1 einwirkt, da die Betriebszugehörigkeit mit zunehmendem Alter zunimmt. Das bedeutet, dass der Einfluss des Alters auf die Leistung im Job direkt und über die Dauer der Betriebszugehörigkeit indirekt besteht. Bei dieser Beziehung zwischen zwei oder mehr *X* wird das Modell überlastet und *p*-Werte, R^2 sowie Koeffizienten sind sehr wahrscheinlich fehlerhaft. Das resultierende Modell ist für Berechnungen ungeeignet.

Gewöhnlich haben zwei oder mehr *X* eine erhöhte VIF, da dieses Konzept mehr als ein *X* umfasst. Der Ausweg besteht darin, eines der *X* zu eliminieren, in der Hoffnung, dass dies das Problem behebt. Das zu entfernende *X* ist nicht unbedingt das mit dem höchsten VIF. Es wird empfohlen, das X zu entfernen, das schwieriger zu bestimmen, zu kontrollieren oder auf andere Weise weniger praktikabel ist.

Aufgabe 7.16: Bestimmen der VIF für alle potenziellen Treiber von Overall, das heißt Step1 bis Step5

```
# Laden der erforderlichen Bibliothek
library(car)
# Bestimmen der VIF für Modell 1 (Für ein akzeptables Modell: VIF < 5)
vif(stepModel1)
```

VIF-Ausgabe:

Step1	Step2	Step3	Step4	Step5
6.614960	3.106476	4.197051	**7.254017**	1.306832

■

Die VIF-Ausgabe zeigt Step1 und Step4 mit VIF-Werten, die höher als 5 sind. Es ist sehr wahrscheinlich, dass die Bewertungen für diese beiden Schritte zusammenhängen. Dies könnte darauf zurückzuführen sein, dass das Personal, das normalerweise die Medikamentenausgabe durchführt, oft auch bei der Registrierung aushilft. Wenn dies zutrifft, sollte das Entfernen von Schritt 1 aus dem Modell die VIF von Schritt 4 senken.

Aufgabe 7.17: Schritt1 aus dem Modell eliminieren und VIF erneut berechnen

```
# Ändern des linearen Modells
stepModel2 <- lm(Overall~Step2+Step3+Step4+Step5, data = ClinicSurvey)
# Berechnen der VIF für Modell 2 (Für ein akzeptables Modell: VIF < 5)
vif(stepModel2)
# Ausgeben der Regressionsanalyse-Details
summary(stepModel2)
```

VIF-Ausgabe:

Step2	Step3	Step4	Step5
3.086915	4.103151	3.252918	1.306778

■

Dies bestätigt die Vermutung in der Patientenumfrage. Nun ist das Modell gut analysierbar.

Regressionsausgabe:

lm(formula = Overall ~ Step2 + Step3 + Step4 + Step5, data = ClinicSurvey)

Residuals:

Min	1Q	Median	3Q	Max
-2.6880	-0.1383	0.0366	0.2004	1.5397

Coefficients:

	Estimate	Std. Error	t value	Pr(>|t|)
(Intercept)	-0.04060	0.12914	-0.314	0.753
Step2	0.31218	0.05616	5.559	**4.4e-08** ***
Step3	0.42136	0.04843	8.701	**< 2e-16** ***
Step4	0.37371	0.04364	8.563	**< 2e-16** ***
Step5	-0.03615	0.03934	-0.919	0.359

Signif. codes: 0 '***' 0.001 '**' 0.01 '*' 0.05 '.' 0.1 ' ' 1

Residual standard error: 0.3783 on 509 degrees of freedom

Multiple R-squared: 0.7529, Adjusted R-squared: 0.751

F-statistic: 387.7 on 4 and 509 DF, p-value: < 2.2e-16

Die Analyse eines Regressionsmodells erfordert in der Regel die folgenden Schritte:

- Analyse von VIF, wenn mehrere X im Modell vorhanden sind. Alle VIF müssen < 5 sein.
  Dies wurde bereits erreicht.
- Analyse des Modell-p-Wertes. Der Modell-p-Wert muss < 0,05 sein.
  Wie gezeigt, beträgt der Modell-p-Wert $2{,}2 \times 10^{-16}$, d. h. praktisch null.
- Alle p-Werte für X (Pr(>|t|) müssen < 0,05 sein. Der p-Wert von Schritt 5 beträgt 0,359, d. h., dieser Faktor beeinflusst die Gesamtbewertung nicht signifikant. Der Gesamteindruck wird nicht wesentlich durch den Eindruck bestimmt, den Patienten im letzten Schritt gewonnen haben. Daher müssen wir diesen Schritt aus dem Modell entfernen und erneut analysieren.
- Der R^2-Wert zeigt an, wieviel Variation im Ergebnis (Y) von den Faktoren (X) erklärt ist. Je höher dieser Wert liegt (zwischen 0 und 100 %), desto besser repräsentiert das Modell die Realität. In subjektiv geprägten Prozessen, in Prozessen mit starkem menschlichen Einfluss, liegt der R^2-Wert oftmals niedriger, als in Fertigungsprozessen.

- Die Residuen müssen bestimmte Bedingungen erfüllen, damit das Modell gültig ist.

Aufgabe 7.18: Schritt5 eliminieren und Regressionsmodell analysieren

 # Ändern des linearen Modells

stepModel3 <- lm(Overall~Step2+Step3+Step4, data = ClinicSurvey)

 # Ausgeben der Regressionsanalyse-Details

summary(stepModel3)

Regressionsausgabe:

lm(formula = Overall ~ Step2 + Step3 + Step4, data = ClinicSurvey)

Residuals:

Min	1Q	Median	3Q	Max
-2.67049	-0.15299	0.03824	0.21925	1.52789

Coefficients:

	Estimate	Std. Error	t valu	Pr(>|t|)
(Intercept)	-0.10838	0.10599	-1.023	0.307
Step2	0.29935	0.05439	5.504	**5.9e-08** ***
Step3	0.41772	0.04826	8.656	**< 2e-16** ***
Step4	0.37438	0.04363	8.581	**< 2e-16** ***

Residual standard error: 0.3782 on 510 degrees of freedom

Multiple R-squared: 0.7525, Adjusted R-squared: 0.751

F-statistic: 516.8 on 3 and 510 DF, p-value: < 2.2e-16

■

Nun sind die p-Werte für alle X (Pr(>|t|) < 0,05. Das Modell scheint gültig zu sein und die Faktoren Schritt 2, Schritt 3 und Schritt 4 sind Treiber für die Gesamtbewertung. Um herauszufinden, welcher der stärkste Treiber ist, verwenden wir die Koeffizienten. Schritt 3, die Konsultation durch den Arzt, hat mit einem Koeffizienten von 0,42 (0,41772) den größten Einfluss auf die Gesamtbeurteilung durch die Patienten. Schritt 4 zeigt einen Koeffizienten von 0,37 (0,37438) und Schritt 2 ist mit 0,30 (0,29935) der am wenigsten einflussreiche Treiber.

Mit diesem Modell sind wir in der Lage, 75,1 % der Gesamtvariation durch die drei genannten Schritte zu erklären. Das Regressionsmodell zeigt damit einen hohen korrigierten R^2-Wert (Adjusted R-squared: 0.751), da nur 25 % der Variation in der Gesamtbewertung (Overall) nicht auf die drei Schritte zurückzuführen sind.

Um sicherzustellen, dass dieses Modell wirklich gültig ist, müssen wir die Residuen überprüfen. Residuen sind die Differenzen zwischen den durch die Regressionsgleichung aus den *X* berechneten Punkten und der abhängigen Variablen *Y*. Die Gleichung lautet

$$Overall = -0.11 + 0.30 * Step2 + 0.42 * \text{Step3} + 0.37 * \text{Step4}.$$

Wenn diese Gleichung auf alle Kombinationen von Schritt 2, Schritt 3, Schritt 4 angewendet wird, ergibt das Ergebnis der Gleichung die sogenannten Fits. Die Differenz zwischen der Bewertung für Overall und Fit wird als Residual, d. h. Restvariation, bezeichnet. Diese Residuen müssen untersucht werden, um das Modell zu bestätigen.

Die Anforderungen an Residuen sind:

- Residuen sind normalverteilt.
- Residuen über alle *X* zeigen kein Muster.
- Residuen über die Zeit zeigen kein Muster.
- Residuen über alle Fits zeigen kein Muster.

Bei der Analyse von Umfragedaten, d. h. Daten, die unter Verwendung einer Likert-Skala erhoben wurden, können sich die Residuen möglicherweise nicht als „perfekt“ erweisen. Residuen, die „perfekt“ aussehen, zeigen kein Muster. Allerdings ist es nicht möglich, mithilfe der Likert-Skala generierte Daten ohne Muster zu sehen, da die Eingabe sehr strukturiert ist und nur fünf Ebenen hat. Die erwähnten Plots zeigen einige Unregelmäßigkeiten. Um herauszufinden, wann diese Unregelmäßigkeiten auftreten, wenden wir den Residualplot über die Zeit an.

Aufgabe 7.19: Darstellen von Residuen

```
# Darstellen der Residuen in 2 × 2-Matrix
par(mfrow = c(2, 2))
plot(stepModel3)
```

■

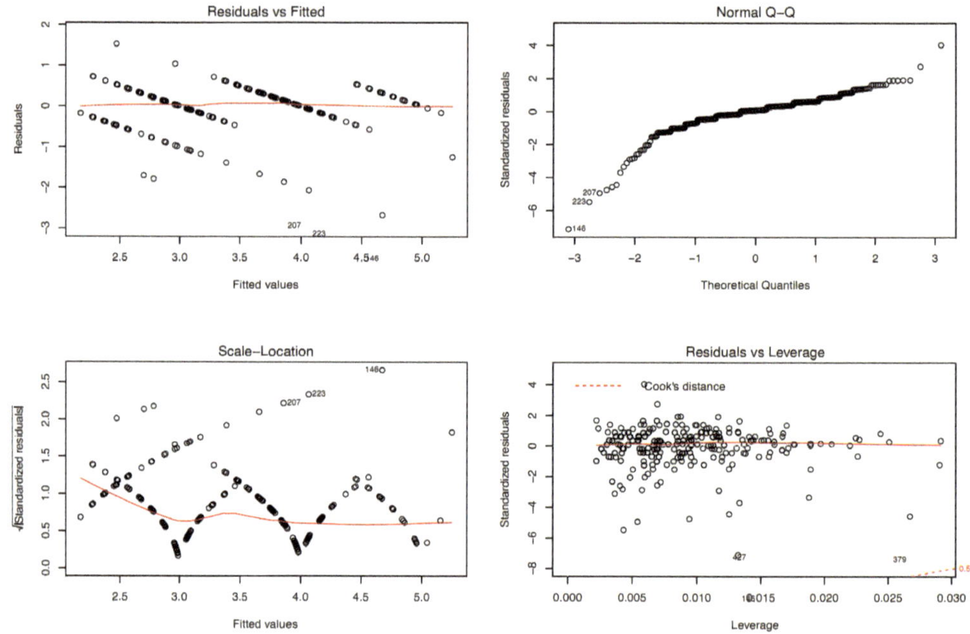

Bild 7.16 4-in-1-Residual-Matrix

Dadurch wird die 4-in-1-Residual-Matrix ausgegeben (Bild 7.16). Die Residuen zeigen eine Reihe von großen Abweichungen. Wenn die standardisierten Residuen außerhalb von −2 und +2 liegen, sollte nach den Ursachen geforscht werden. Um das Bild zu komplettieren, wird noch eine Residuen-Darstellung über der Zeit erstellt.

Aufgabe 7.20: Darstellen der standardisierten Residuen über der Zeit (Date)

```
# Sortieren der Daten in ClinicSurvey über der Zeit (Date) und wiederholen der Regression
ClinicSurvey <- ClinicSurvey[order(ClinicSurvey$Date),]
stepModel3 <- lm(Overall~Step2+Step3+Step4, data = ClinicSurvey)
# Laden der erforderlichen Bibliothek
install.packages("olsrr")
library(olsrr)
# Darstellen der Residuen über der Zeit (Date)
ols_plot_resid_stand(stepModel3)
```

■

Standardisierte Residuen in Beobachtungsreihenfolge über der Zeit sind in Bild 7.17 dargestellt.

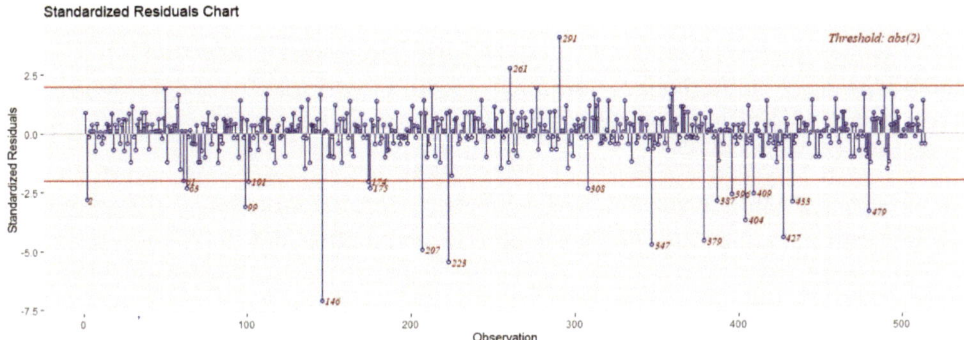

Bild 7.17 Standardisierte Residuen, dargestellt in Beobachtungsreihenfolge

Standardisierte Residuen sollen innerhalb von −2 und +2 liegen. Da wir viel größere standardisierte Residuen beobachten, listen wir sie zur leichteren Orientierung auf:

Aufgabe 7.21: Erstellen der Liste mit großen standardisierten Residuen

```
# Laden der erforderlichen Bibliothek (bereits geladen)
install.packages("car")
library(car)
# Auflisten der großen standardisierten Residuen (Residual < -3 oder
> +3), das heißt der vermeintlichen Ausreißer
outlierTest(stepModel3)
```

Ausgabe der vermeintlichen Ausreißer:

	rstudent	unadjusted p-value	Bonferroni p
146	-7.480826	3.2632e-13	1.6773e-10
223	-5.631134	2.9638e-08	1.5234e-05
207	-5.047444	6.2443e-07	3.2096e-04
347	-4.846186	1.6737e-06	8.6027e-04
379	-4.654469	4.1485e-06	2.1323e-03
427	-4.508578	8.1074e-06	4.1672e-03
291	4.114313	4.5286e-05	2.3277e-02

■

Spalte 1 gibt an, um welche Beobachtung es sich handelt, sodass wir diese leicht mit Datum und Bewertung auflisten können. In Spalte rstudent wird die Abweichung vom erwarteten Wert angegeben. Diese Abweichung verhält sich ähnlich wie die standardisierten Residuen. Wenn wir annehmen, dass die Residuen etwa normalverteilt sind, können wir die Glockenkurve zugrunde legen, um die Wahrscheinlichkeit des Auftretens bestimmter Abweichungen zu berechnen. Residuen außerhalb des +/−2-Bereiches – in Bild 7.17 mit einer Linie markiert – liegen außerhalb des 95,4 % Wahrscheinlichkeitsbereiches. Sie sind also weniger als 4,6 % wahrscheinlich. Bei mehr als 500 Datenpunkten ist dies zu erwarten.

Da wir einige Residuen vorfinden, die außerhalb des +/−4-Bereiches liegen, haben wir Bewertungen, die unter den normalen Gegebenheiten, das heißt verglichen mit allen anderen Bewertungen, weniger als 0,01 % Auftretenswahrscheinlichkeit haben. Diese Wahrscheinlichkeit ist so gering, dass wir von einem Ausreißer ausgehen sollten.

Was kann passiert sein? Es gibt einige Vermutungen.

1. Es kann passieren, dass Patienten bei der Bewertung auf dem Mobiltelefon abgelenkt werden und dadurch weniger hilfreiche Bewertungen abgeben.
2. Da einige wenige Patienten die manuelle Bewertung mit Papier und Bleistift vorziehen, könnte ein Fehler beim Übertragen der Bewertungen in den Computer passiert sein.
3. Es gibt Patienten, deren mangelnde Sprachkenntnis zu Missverständnissen führen kann.

Wenn derartige Daten in einer kleinen Anzahl auftreten, ist es eine gute Praxis, die Begleitumstände für die Bewertung zu untersuchen. Dazu analysieren wir die demografischen Details der sieben potenziellen Ausreißer.

Aufgabe 7.22: Auflisten der Ausreißer aus der Tabelle ClinicSurvey mit den Spalten 4 (Date), 5 (DOW), 7 (TimeSlot), 8 (Overall), 27 (Step2), 28 (Step3), 29 (Step4)

```
# Auflisten der Zeilen mit vermeintlichen Ausreißern, i.e. großen standardisierten Residuen
ClinicSurvey[c(146, 207, 223, 291, 347, 379, 427), c(4, 5, 7, 8, 27, 28, 29)]
```

Die Ausgabe sieht wie folgt aus:

	Date	DOW	TimeSlot	Overall	Step2	Step3	Step4
1	2019-04-25	Thu	17-19	2	4.33	4.75	4
2	2019-06-06	Thu	17-19	2	3.33	3.75	3.75
3	2019-06-11	Tue	17-19	2	3.67	4	3.75
4	2019-08-26	Mon	09-11	4	2.67	2.25	2.25
5	2019-09-12	Thu	17-19	1	2.67	3	2.25
6	2019-10-02	Wed	17-19	1	2.67	3.25	1.75
7	2019-10-28	Mon	17-19	2	4	3.25	3.25

■

Die Frage ist, wie kann die Gesamtbewertung 2 sein, wenn Schritt 2 4,33, Schritt 3 4,75 und Schritt 4 4 erhalten hat? Dieselbe Frage muss auch für die anderen fünf Bewertungen gestellt werden. Diese Frage kann nicht mit Statistiken, sondern nur mit Prozesswissen, Geschäftssinn und gesundem Menschenverstand beantwortet werden.

Wenn Sie Statistiken anwenden, lassen Sie Ihren gesunden Menschenverstand immer eingeschaltet. ■

Eine weitere Untersuchung der Umstände dieser Daten muss ausgeführt werden, um die Frage zu beantworten, warum die Gesamtbewertung so niedrig ist, während die einzelnen Schritte eine hohe Bewertung erhielten. Zum Zweck der statistischen Analyse könnten diese Punkte aus dem Modell herausgenommen werden, da sie das Ergebnis verfälschen und zu falschen Schlussfolgerungen führen können.

Diese gewonnenen Informationen über die für den Patienten wichtigsten Prozessschritte wären in dem Beispiel wichtiger Bestandteil der Management-Präsentation. Statistische Details sind nicht erforderlich.

7.6.5 Hypothese 4: Es gibt ein Muster über die Zeit

Die Analyse aller Arten von Daten im Laufe der Zeit ist eine gute Angewohnheit. Die Zeit selbst hat keinen Einfluss auf irgendetwas. Aber im Laufe der Zeit gibt es gewöhnlich Veränderungen. In Bezug auf die Patientenumfrage bedeutet dies, dass sich Personal im Laufe der Zeit ändert, dass die Anzahl der Patienten abhängig ist von der Tageszeit oder dem Wochentag usw. Deshalb wurden die Zufriedenheitsdaten über die Zeitschiene analysiert. Die Daten enthalten drei Indikatoren, die die Zeit repräsentieren.

- Zunächst einmal haben wir das Datum der Behandlung. Mithilfe dessen kann auf einen Zusammenhang der Bewertung mit Zeiträumen von höherer oder geringerer Belastung untersucht werden.
- Zweitens können wir den Wochentag (DOW) verwenden. Menschen haben oftmals einen wöchentlichen Zyklus in ihrem Befinden. Das könnte sich in den Daten widerspiegeln.
- Drittens können wir untersuchen, ob die Patientenzufriedenheit von der Tageszeit (TimeSlot) abhängt.

Es gibt mehrere Möglichkeiten, diese Analyse durchzuführen. Wir beginnen mit einer grafischen Darstellung von DOW.

Aufgabe 7.23: Darstellung der Gesamtzufriedenheit nach Wochentag (DOW)

 # Erstellen des Vertrauensbereich-Diagramms von Overall nach Wochentag (DOW)

```
plot <- ggline(ClinicSurvey, x = "DOW", y = "Overall", order = c("Mon", "Tue", "Wed", "Thu", "Fri", "Sat"), add = c("mean_ci"), ylab = "Overall Rating", xlab = "", main=" Konfidenzintervalle (95%) von Overall nach Wochentag") + theme(text = element_text(size = 16), plot.margin = margin(t=1, r=1, b=1, l=1, unit = "cm"))
```

 # Eintragen von Gitterlinien zur Verbesserung der Lesbarkeit

```
plot + grids(linetype = "dashed")
```

■

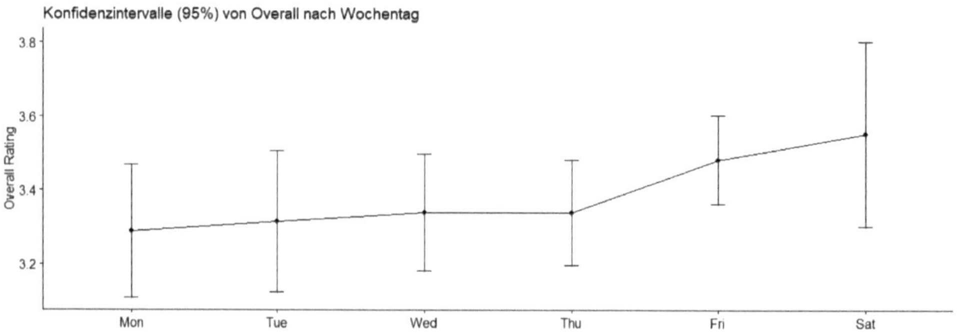

Bild 7.18 Darstellung der Vertrauensintervalle für die Gesamtbewertung nach Wochentag

Das Ergebnis dieses Diagramms zeigt einen Trend wachsender Kundenzufriedenheit im Laufe einer Woche (Bild 7.18).

Es scheint, dass es einen signifikanten Unterschied zwischen den ersten vier Wochentagen und den letzten beiden Tagen der Woche gibt. Dies muss wie zuvor statistisch überprüft werden.

Wie bereits erwähnt, ändert ein Wochentag an sich nichts. Es muss untersucht werden, welche Faktoren sich im Laufe der Woche ändern. Zu diesem Zweck wäre es von Vorteil, herauszufinden, welcher der Schritte am meisten zu diesem vermuteten Trend beiträgt. Dann könnten wahrscheinlich die zugrunde liegenden Ursachen identifiziert werden.

Liegt es daran, dass zu Beginn der Woche Gastärzte, Medizinstudenten der örtlichen Universitäten die Arbeit erledigen, während die erfahrenen Ärzte freitags und samstags kommen? Oder liegt es daran, dass gegen Ende der Woche die Zahl der Patienten abnimmt, sodass einerseits die Wartezeit und andererseits der Stress für das gesamte Personal sinkt, was zu einer höheren Zufriedenheit führt? Das sollte untersucht werden.

Aufgabe 7.24: Darstellen der Gesamtzufriedenheit nach Tageszeit (TimeSlot)

```
# Erstellen des Vertrauensbereich-Diagramms von Overall nach Tageszeit (TimeSlot)
plot <- ggline(ClinicSurvey, x = "TimeSlot", y = "Overall", order = c("09-11",
"11-13", "13-15", "15-17", "17-19"), add = c("mean_ci"), ylab = "Overall Rating",
xlab = "", main="Konfidenzintervalle (95 %) von Overall nach Tageszeit") +
theme(text = element_text(size = 16), plot.margin = margin(t=1, r=1, b=1, l=1,
unit = "cm"))
# Eintragen von Gitterlinien zur Verbesserung der Lesbarkeit
plot + grids(linetype = "dashed")
```

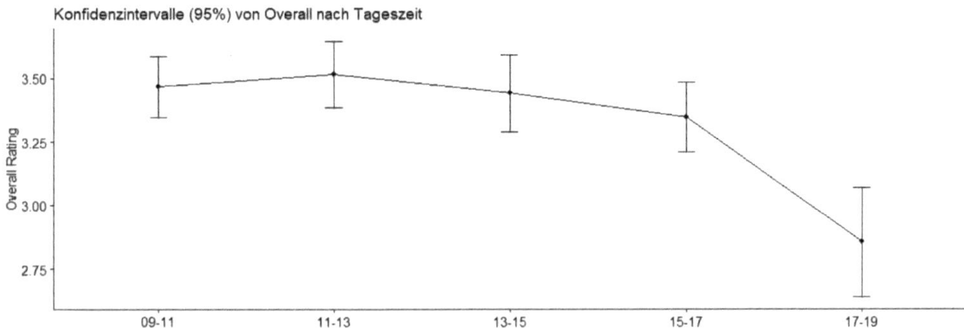

Bild 7.19 Darstellung der Vertrauensintervalle für die Gesamtbewertung nach Wochentag

Die Ausgabe dieses Diagramms in Bild 7.19 zeigt einen Abfall der Patientenzufriedenheit am Ende des Tages. Der zur Bestätigung dieses Trends erforderliche Hypothesentest wird sehr wahrscheinlich ergeben, dass am Ende des Tages über eine niedrigere Patientenzufriedenheit gesprochen werden kann. Und er wird wahrscheinlich zeigen, dass kein Risiko besteht (p-Wert < 0,05), wenn man davon ausgeht, dass es zwischen 09:00 Uhr und 17:00 Uhr zu einer Veränderung der Patientenzufriedenheit kommt.

Es muss untersucht werden, durch welchen Prozessschritt diese Veränderung der Patientenzufriedenheit hervorgerufen wird und ob dies auf die Anzahl der Patienten zurückzuführen ist, die nach Feierabend ihren Arzt aufsuchen, d.h. auf erhöhte Patientenzahlen.

Diese Studie kann nur mit Geschäftssinn und Prozessverständnis durchgeführt werden. Um beispielsweise das Patienten-Klinikpersonal-Verhältnis zu untersuchen, sind Daten zur Arbeitskräfteplanung und zum Patientenaufkommen erforderlich. Diese Daten sind nicht im vorliegenden Datensatz verfügbar.

7.7 Geschäftsentscheidung vorbereiten

Auf der Grundlage der Daten von 514 Patienten, die zwischen Januar und Dezember 2019 die Dienstleistungen evaluiert haben, können die folgenden Schlussfolgerungen gezogen werden:

1. Patienten haben unsere Dienstleistungen in den Schritten Registrierung, Screening, Beratung, Medikamentenausgabe und Bezahlung bewertet. Während Registrierung, Voruntersuchung, Beratung und Bezahlung insgesamt eine ähnliche Bewertung erhalten, werden die Leistungen für die Medikamentenausgabe deutlich schlechter beurteilt.
2. Die Patienten haben unsere Leistungsmerkmale ganz unterschiedlich eingeschätzt. Während die Kompetenz von Ärzten und Apothekern recht hoch bewertet wird, werden ihre Verhaltensmerkmale wie „Freundlich & zuvorkommend“, „Prompt & aufmerksam“ und „Klare Kommunikation“ nicht als gut angesehen. Auch „Freundlich & zuvorkommend“ sowie „Prompt & aufmerksam“ während der Voruntersuchung lassen noch Raum für Verbesserungen.
3. Es ist gesichert, dass die Patienten die Schritte Voruntersuchung, Beratung und Medikamentenausgabe stärker bei ihrer Bewertung in Betracht ziehen. Die Prozessschritte Registrierung und Bezahlung wirken sich wenig auf die Gesamtbewertung aus.
4. Es gibt Hinweise darauf, dass die Patientenzufriedenheit am Ende jeder Woche höher und am Ende jedes Tages niedriger ist. Zusätzliche Analysen sollten hier eine klare Antwort geben.

Nach der Analyse der Patientenzufriedenheit wurde festgestellt, dass von 514 Patienten, die an der Umfrage teilgenommen haben, nur 44 % Gesamtzufriedenheit erreichen. Das bedeutet, dass mehr als 280 Patienten die Klinik weder zufrieden (Bewertung 4) noch sehr zufrieden (Bewertung 5) verlassen haben. Tatsächlich gaben nur 2 von 514 Patienten eine schlechte Bewertung ab, während 55 die Klinik als fair bewerteten. Von 230 Patienten erhielt die Klinik eine insgesamt zufriedenstellende Bewertung. 201 Patienten bewerteten sie insgesamt als gut und 26 als ausgezeichnet.

Die Ausgabe von Medikamenten markiert den Prozessschritt mit der niedrigsten Bewertung (Bild 7.7). Es scheint, dass Patienten bei den Schritten Screening, Beratung und Medikamentenausgabe warten müssen, was die Bewertung für „Prompt & aufmerksam“ herabsetzt. Der offensichtliche Engpass führt höchstwahrscheinlich dazu, dass die Bewertung „Freundlich & zuvorkommend“ für das Personal nach unten korrigiert wird, weil es unter Druck steht, den Engpass zu überwinden. Die Annahme eines Engpasses beruht jedoch nur auf dem Feedback der Patienten und muss weiter untersucht werden.

Das Personal wird als hilfreich und kompetent angesehen (Bild 7.8).

Zusätzlich wurde festgestellt, dass die Bewertung der Patientenzufriedenheit von der Tageszeit und dem Wochentag abhängt. Freitags und insbesondere samstags ist die Patientenzufriedenheit deutlich höher als zu Beginn der Woche.

Es ist nicht überraschend, dass Patienten weniger zufrieden sind, wenn sie nach 17:00 Uhr behandelt werden. Diese Patienten mussten höchstwahrscheinlich länger warten und wurden mit der Zeit frustriert.

Die Gesamtzufriedenheit wird sehr stark durch den Eindruck bestimmt, den die Patienten in den Schritten Voruntersuchung (Screening), Beratung und Medikamentenausgabe gewonnen haben. Die Behandlung während der Registrierung und Bezahlung scheint für die Patienten weniger wichtig zu sein (Bild 7.20).

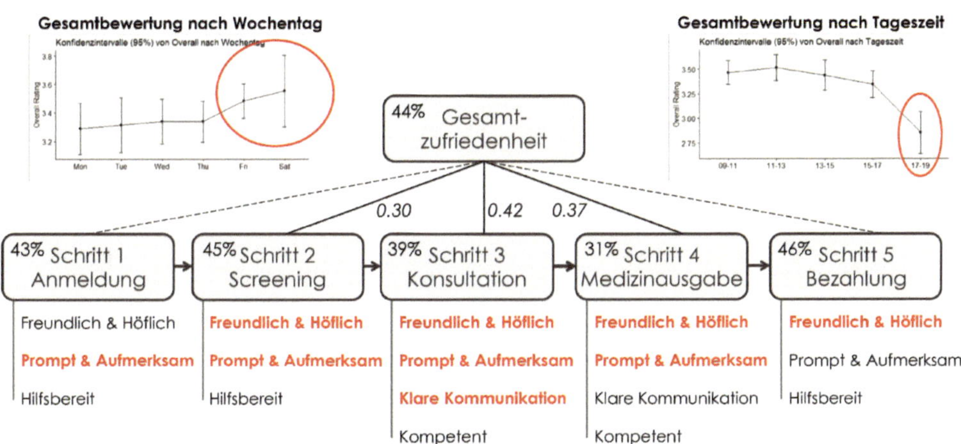

Bild 7.20 Zusammenfassung der Ergebnisse der Analyse der Daten zur Patientenzufriedenheit

Es müssen weitere Studien durchgeführt werden, um die erwähnten Annahmen über den Patientenverkehr im Laufe der Zeit und seinen Zusammenhang mit der Patientenzufriedenheit zu überprüfen. Dazu werden Patientenzufriedenheitsdaten zusammen mit den Daten zur Arbeitskräfteplanung sowie des Patientenaufkommens analysiert werden. Die vorliegenden Informationen machen bereits erste Verbesserungen insbesondere in der Medikamentenausgabe erforderlich, die kurzfristig umgesetzt werden müssen.

7.8 Überlegungen zu den wichtigsten verwendeten Analysewerkzeugen

Die Analyse von Kundenzufriedenheitsbewertungen ist in der Regel ein Kompromiss. Da die Bewertung meist mithilfe von Likert-Skalen vorgenommen wird, wäre es statistisch gesehen perfekt, diese Daten als diskrete Ordinalzahlen zu behandeln. Die Analyse diskreter ordinaler Daten bietet eine begrenzte Anzahl von Werkzeugen, die im Allgemeinen weniger leistungsfähig sind als Werkzeuge, die mit kontinuierlichen Daten arbeiten.

Daher werden bei den meisten Analysen von Umfragedaten Instrumente eingesetzt, die davon ausgehen, dass die Ergebnisse der Likert-Skala kontinuierlich sind. Der Vorbehalt ist, dass einige der Grundannahmen dieser Instrumente verletzt werden. Im vorigen Fall haben wir zum Beispiel die ANOVA verwendet, um die Bewertung von Patienten zu vergleichen, die verschiedene Teile der Dienstleistungskette, verschiedene Berührungspunkte, durchlaufen haben.

ANOVA basiert auf zwei Annahmen:

- Erstens geht die ANOVA davon aus, dass die verglichenen Datensätze kontinuierlich und normalverteilt sind. Die Daten der Likert-Skala sind jedoch kaum normalverteilt. Allerdings wird durch das Zusammenfassen von Indikatordaten in Mittelwerte für Schrittbewertungen die Normalverteilung angenähert. Das könnte getestet werden.
- Zweitens geht die ANOVA davon aus, dass die verglichenen Datensätze keine signifikant unterschiedliche Varianz (Standardabweichung) aufweisen. Dies kann überprüft werden.

Die Sensitivität der ANOVA gegenüber nicht-normalverteilten Daten nimmt mit steigendem Stichprobenumfang ab. Bei einer Stichprobengröße von 514 sollte ANOVA akzeptable Ergebnisse liefern.

Eine Alternative zur ANOVA besteht in der Anwendung von non-parametrischen Tests wie **Kruskal-Wallis, Mann-Whitney** oder **Wilcoxon** die keine normalverteilten Daten verlangen. Allerdings sind diese Tests nicht in MS Excel verfügbar. Natürlich bietet R diese Tests an, die in anderen Fallbeispielen vorgestellt werden.

Regression benötigt keine normalverteilten Daten, weder in abhängigen Variablen Y noch in unabhängigen Variablen X. Die Regression basiert jedoch auf der Annahme, dass die Residuen als Ergebnis der Regression normalverteilt sind. Allerdings werden Residuen, die von hochstrukturierten Daten stammen – die in allen Ratings nur die Stufen 1 bis 5 aufweisen – ein deutliches Muster zeigen.

Die Alternativen sind jedoch begrenzt. Wenn wir diskrete Daten als solche behandeln würden, würden wir viel weniger leistungsfähige Werkzeuge einsetzen, Werkzeuge, die sich mit diskreten X und diskreten Y befassen. Diese Werkzeuge liefern viel weniger Informationen aus der Analyse. Und es gibt nur begrenzte Möglichkeiten für prädiktive Statistik, die Vorhersage, die Stärke der Regression.

Tabelle 7.3 und Tabelle 7.4 zeigen die Anwendung und Randbedingungen von ANOVA bzw. mehrfacher linearer Regression.

Differenzen zwischen Clustern von Daten können auf unterschiedliche Art und Weise hervorgehoben werden. Da unsere Daten in diesem Fall von Likert-Skalen stammen, zeigen Kastendiagramme keine befriedigenden Ergebnisse. In Bild Bild 7.12 und Bild 7.13 wurden daher **Vertrauensbereiche** (Konfidenzintervalle) verwendet, um die Verschiebung der Bewertung zwischen Schritten und Indikatoren zu signalisieren. Diese Vertrauensbereiche basieren auf angenäherter Normalverteilung, sollten also hier nicht verwendet werden. Allerdings spiegeln die gezeigten Vertrauensbereiche die Ergebnisse der statistischen Analyse wider, so dass wir in der Verwendung keinen Schaden sehen.

Tabelle 7.3 Varianzanalyse – ANOVA

Daten in $\boldsymbol{X}$:	Diskret, Gruppen
Daten in $\boldsymbol{Y}$:	Kontinuierlich, normalverteilt
Null-Hypothese $\boldsymbol{H_0}$:	$\mu_1 = \mu_2 \ldots = \mu_n$
Alternative Hypothese $\boldsymbol{H_A}$:	Mindestens ein μ_i unterscheidet sich signifikant von anderen.
Entscheidung:	Wenn p-Wert < 0,05 ist, verwerfen Sie H_0 und akzeptieren H_A
Annahmen:	Die Daten in allen Gruppen sind normalverteilt. Die Daten weisen in allen Gruppen keine signifikant unterschiedliche Varianz auf. Die Residuen zeigen kein Muster.
R-Code:	**# Laden der erforderlichen Bibliothek** install.packages("stats") library(stats) **# Berechnen der ANOVA** stepANOVA <- aov(values ~ ind, data = stackedStep) **# Ausgabe der ANOVA-Ergebnisse** summary(stepANOVA) **# Paarweiser Vergleich der Gruppen** TukeyHSD(stepANOVA) **# Darstellen der Vertrauensbereiche** install.packages("gplots") library("gplots") install.packages("ggpubr") library("ggpubr") ggline(stackedStep, x = "ind", y = "values", add = c("mean_ci"), ylab = "Rating", xlab = "")

Tabelle 7.3 Varianzanalyse – ANOVA *(Fortsetzung)*

	# Darstellen der Vertrauensbereiche mit Gitternetzlinien plot <- plotmeans(values ~ ind, data = stackedStep, p=0.95, barwidth=2, xlab = "", ylab = "Rating", ylim = c(2.9, 3.5), error.bars = c("conf.int"), level=0.95, main = "Mean Plot with 95 % CI") plot + grids(linetype = "dashed") + rotate_x_text(45)

Tabelle 7.4 Mehrfache lineare Regression

Daten in ***X***:	Kontinuierlich, keine Normalität erforderlich. Kann für diskrete Ordinaldaten angewendet werden. Diskrete *X* (Gruppen) können als Faktoren verwendet werden.
Daten in ***Y***:	Kontinuierlich, keine Normalität erforderlich. Kann für diskrete Ordinaldaten angewendet werden.
Null-Hypothese H_0:	Keine signifikante Beziehung zwischen irgendeiner *X* und *Y*
Alternative Hypothese H_A:	Mindestens ein kontinuierliches *X* beeinflusst *Y* signifikant.
Entscheidung:	Wenn *p*-Wert des Modells < 0,05 ist, verwerfen Sie H_0 und akzeptieren H_A 1. Alle VIF müssen < 5 sein. Ziehen Sie in Betracht, *X* mit hohem VIF zu entfernen. 2. Wenn der *p*-Wert der eingebetteten ANOVA < 0,05 ist, verwerfen H_0 und akzeptieren H_A. 3. *X* hat signifikanten Einfluss, wenn der *p*-Wert von *X* < 0,05. Entfernen Sie nichtsignifikante *X* und wiederholen Sie das Modell. 4. Das Modell ist bei steigendem R^2 bzw. $R^2_{adjusted}$ (für multiple *X*) besser. Beide liegen zwischen 0 und 1 (0 % und 100 %).
Annahmen:	1. Residuen sind normalverteilt. 2. Residuen über alle *X* zeigen kein Muster. 3. Residuen über die Zeit zeigen kein Muster. 4. Residuen über die berechneten *Y* zeigen kein Muster. 5. Keine ungewöhnlichen Beobachtungen (Ausreißer mit Residuen < −2 oder > 2). Entfernen erwägen. 6. Keine Punkte mit einflussreichen Beobachtungen (hohe Hebelpunkte). Entfernung in Erwägung ziehen.

Tabelle 7.4 Mehrfache lineare Regression *(Fortsetzung)*

R-Code:	**# Laden der erforderlichen Bibliotheken** install.packages("tidyverse") library(tidyverse) install.packages("car") library(car) install.packages("olsrr") library(olsrr) **# Bilden des linearen Modells** stepModel <- lm(Overall~Step1+Step2+Step3+Step4+Step5, data = ClinicSurvey) summary(stepModel) **# Bestimmen der VIF (Müssen kleiner als 5 sein)** vif(stepModel) **# Darstellen der Residuen** par(mfrow = c(2, 2)) plot(stepModel) ols_plot_resid_stud_fit(stepModel) ols_plot_resid_stand(stepModel) **# Auflisten der Ausreißer** outlierTest(stepModel)

Übung

Nachdem Sie diesen Teil abgeschlossen haben, können Sie die folgenden Fragen beantworten:

- Welche Instrumente stehen für den Vergleich von Durchschnittswerten mehrerer Gruppen zur Verfügung?
- Welche Hilfsmittel stehen zur Verfügung, um die Beziehung zwischen mehreren kontinuierlichen Variablen zu testen?
- Was ist Multikollinearität, wie wirkt sie sich auf das Ergebnis einer Regressionsanalyse aus und wie gehen wir mit dieser Situation um?

Bitte führen Sie die folgenden Schritte aus:

1. Laden Sie die Daten für diesen Fall herunter. Benutzen Sie die vorne eingedruckten Zugangsdaten und die Hinweise in Abschnitt „Zusatzmaterial zum Download“.
2. Studieren Sie das Streumatrix-Diagramm für Gesamt und Schritt 1 bis Schritt 5 (Bild 7.21) und erklären Sie es. Was ist der Korrelationskoeffizient zwischen Schritt 3 und Schritt 5?
3. Prüfen Sie, ob es einen Unterschied für die Patientenzufriedenheit für Schritt 1 über Wochentag (DOW) und über Tageszeit (TimeSlot) gibt. Führen Sie die entsprechende Darstellung durch.

4. Wiederholen Sie das Gleiche für Schritt 2 bis Schritt 5. Führen Sie den entsprechenden Plot aus.
5. Bereiten Sie eine kurze Präsentation vor, um der Leitung der Klinik über das Ergebnis und Ihre Empfehlung zu berichten.

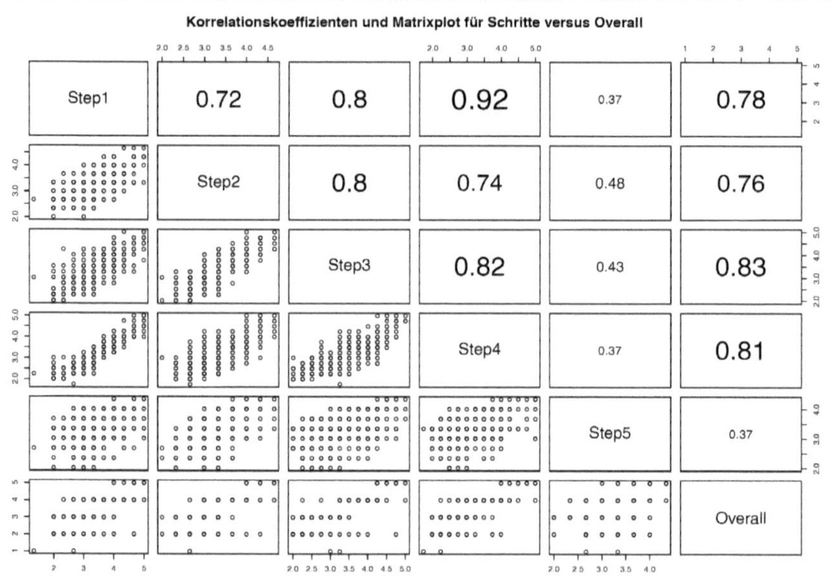

Bild 7.21 Streumatrix-Plot für Overall und Schritt 1 bis Schritt 5

8 Fall: Wie erstellt man ein Dashboard zur Patientenzufriedenheit

Nachdem die Analyse einmal durchgeführt wurde, ist es nicht nötig, sehr bald eine weitere Analyse durchzuführen, oder?

Falsch!

Das Umfeld verändert sich mit zunehmender Geschwindigkeit. Dies hat Auswirkungen auf die Kunden einer Organisation und damit auch auf die Organisation selbst. Es ist entscheidend, über diese Veränderungen Bescheid zu wissen, wenn sie eintreten – oder sogar vorher. Dies erfordert den Aufbau von Datenanalytik-Systemen, die ständig die neuesten Daten erfassen, analysieren und Informationen und Schlussfolgerungen in einer nützlichen, umfassenden und ansprechenden Weise präsentieren.

Dafür sind Dashboards da. Dashboards waren früher die Wandtafeln oder Whiteboards mit A4-Papieren und leicht veralteten Informationen, die in Tabellen und Grafiken dargestellt waren. Mit der Verfügbarkeit neuer Technologie – ein großer HD-Bildschirm kostet so viel wie ein Abendessen für die Familie – ist es an der Zeit, das Konzept der Dashboards zu überdenken.

Ein Dashboard, ein Armaturenbrett, ist eine visuelle Darstellung eines Satzes von Metriken, von Indikatoren, die dem Management eine schnelle Zusammenfassung der Unternehmensleistung bieten, nicht unähnlich dem Armaturenbrett, das in Ihrem Auto verwendet wird.

8.1 Entscheidung über Metriken zur Veranschaulichung der Klinikleistungsbewertung

Bevor wir ein Dashboard erstellen, müssen wir entscheiden, welche Indikatoren, d. h. Metriken, wir zeigen wollen. Ein Dashboard hat in der Regel mehrere Funktionen, und die Indikatoren sollten helfen, diese Funktionen zu erfüllen.

Wie das Armaturenbrett im Auto muss es rechtzeitig über die aktuelle Leistung in diesem Moment, wie etwa die Geschwindigkeit, informieren. Zu diesem Zweck benötigt das Armaturenbrett vorlaufende Indikatoren, d.h. Metriken, die uns zum Handeln veranlassen, bevor unsere fehlerhafte Leistung – zu hohe Geschwindigkeit – zu einer Geldstrafe führt. Diese vorlaufenden Indikatoren werden meist durch nachlaufende Indikatoren ergänzt, wie z.B. Metriken, die die Leistung im Zeitablauf analysieren und zu nicht sofortigen Maßnahmen führen. Im Auto wäre dies die Messung des Benzinverbrauchs und des Restbenzins im Tank, das uns dazu bringt, an einer Tankstelle anzuhalten.

In unserem klinischen Fall haben wir die Daten zur Patientenzufriedenheit analysiert. Diese Analyse hat zu Prioritäten in Bezug auf die Verbesserungsaktivitäten geführt, die wir hinsichtlich ihrer Wirksamkeit messen wollen.

Das Dashboard sollte in der Lage sein, die folgenden Fragen zu beantworten:

- Wie ist es uns heute und in dieser Woche ergangen, das heißt, wie bewerten uns unsere Patienten?
- Welche Schritte und Indikatoren werden signifikant niedriger bewertet?
- Gibt es einen langfristigen Trend, d.h., werden wir bei wichtigen Indikatoren besser oder schlechter?

8.2 Aufbau eines Klinik-Dashboards mit MS Power BI und R

Einerseits gibt es eine Vielzahl von Werkzeugen, die Plattformen für den Aufbau von Dashboards bieten. Auf der anderen Seite könnten wir mit MS Excel leicht ein Dashboard bauen, da wir diese Software bereits auf unseren Computern haben und mit ihr sehr vertraut sind.

Microsofts Power BI ist ein Paket, das zu MS Office gehört, aber normalerweise nicht installiert wird. Die Desktop-Version steht im Microsoft Store zum Download zur Verfügung. Ein großer Vorteil von Power BI ist die Ähnlichkeit mit dem MS-Office-Paket. Es übertrifft MS Excel in der Visualisierung, seinem Zweck und seiner Stärke, hat aber nicht die Analysefähigkeit seines Geschwisters.

MS Power BI gleicht den Mangel an Analysewerkzeugen aus, indem es die Einbindung von angepassten R- und Python-Modulen zur Analyse und Anzeige ermöglicht. Dies macht Power BI zu einem sehr umfassenden Paket für die Erstellung von attraktiven, interaktiven und dynamischen Dashboards.

Die **Attraktivität** eines Dashboards ist eine Voraussetzung dafür, dass die Zielgruppe auch interessiert ist, sich mit dem Dashboard zu beschäftigen. Eine langweilige Excel-Tabelle kann die gleiche Information enthalten, wird aber wahrscheinlich von der Mehrheit ignoriert.

Wir leben in einer Zeit, in der jeder auf seinem Mobiltelefon allerlei grafische Darstellungen zur Verfügung hat, die er nach Belieben in vieler Hinsicht manipulieren kann. So kann leicht das Zeitfenster einer Darstellung, deren Grafiktyp oder auch die Zusammensetzung eines Reports vom Nutzer verändert werden. Das macht die Darstellung **interaktiv**.

Moderne Dashboards sollten immer die aktuelle Information tragen. Die Zeit der Anfragen an IT mit der Bitte zum Download von Informationen sollte vorbei sein. Ein **dynamisches** Dashboard wird aktualisiert, sobald die Informationsquelle – eine Datenbank auf einem lokalen System oder in der Cloud – aktualisiert wird.

Machen wir uns mit Power BI vertraut (siehe auch andere Quellen wie (Microsoft, 2020)). Dabei spielt es keine Rolle, ob Sie sich für Power BI Desktop oder Power BI entscheiden. Die Funktionalität ist in etwa gleich.

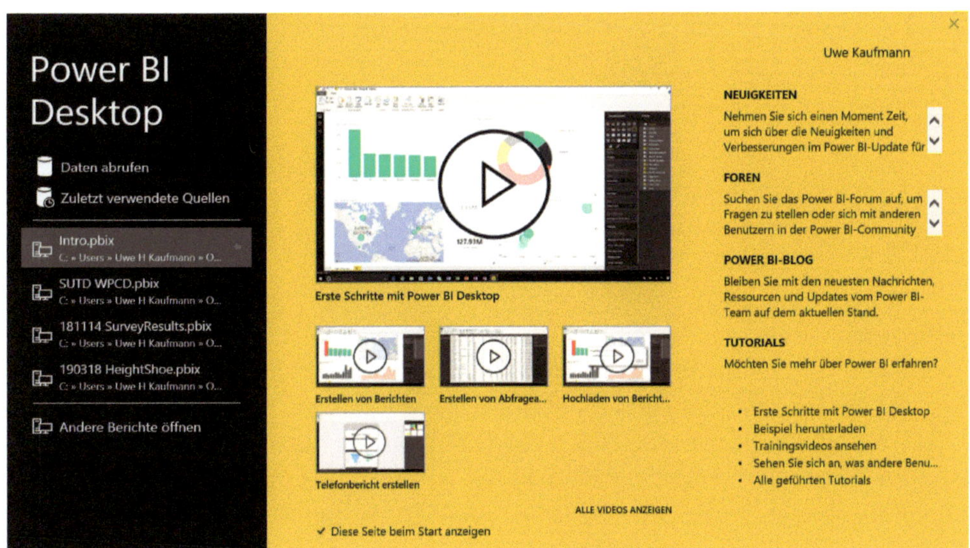

Bild 8.1 MS-Power-BI-Startbildschirm

Aufgabe 8.1: Laden der Daten aus ClinicSurvey.xlsx in Power BI

- Öffnen Sie Microsoft Power BI. Dadurch wird der Startbildschirm angezeigt (Bild 8.1).
- Wenn Sie Power BI zum ersten Mal verwenden, möchten Sie vielleicht ein Konto anlegen. Bitte nehmen Sie sich eine Minute Zeit und tun Sie dies. Sie können Ihre vorhandenen Microsoft-Anmeldedaten verwenden.

- Wählen Sie auf dem Startbildschirm **Daten abrufen.**
- Wählen Sie im Fenster **Daten abrufen – Excel.**
- Navigieren Sie zu dem Ordner mit Ihren Daten und wählen Sie **ClinicSurvey Stacked.xlsx.**
- Wählen Sie die Tabelle **Stacked.** Wählen Sie **Laden.**

Nun werden Ihre Daten in Power BI geladen. Beginnen Sie mit der Erstellung einer Berichtsdatei für Ihr Dashboard, indem Sie Ihren Bericht mit Datei – Speichern unter – ClinicSurvey.pbix speichern.

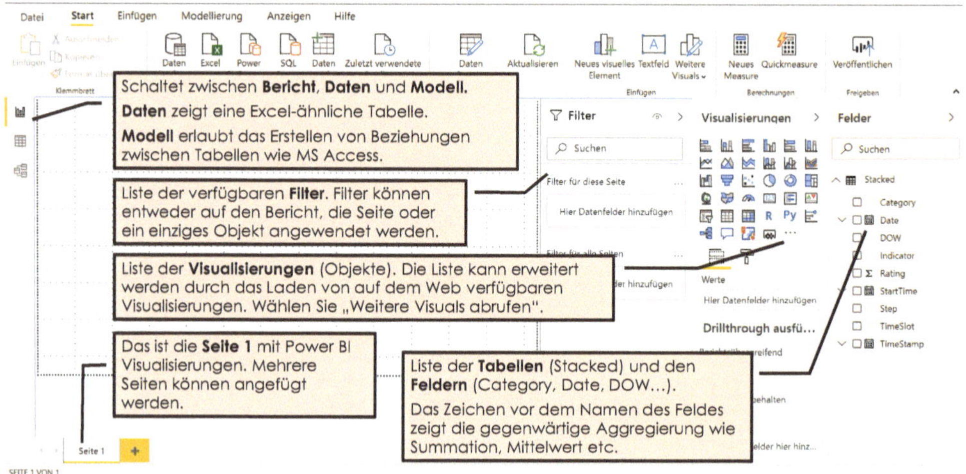

Bild 8.2 MS-Power-BI-Desktop erklärt

Jetzt haben wir unsere Daten in Power BI geladen (Bild 8.2). Bevor wir visuelle Darstellungen für unseren Bericht erstellen, um unser Dashboard zu entwerfen, wollen wir an der Datentabelle arbeiten. Angenommen, die Bereinigung der Daten wurde bereits vorher durchgeführt, dann müssen wir nur unsere Datentabelle erweitern, indem wir zusätzliche Spalten mit Datenaggregationen erstellen. Es wäre zum Beispiel gut, eine Spalte zu haben, die Schritt und Indikator zusammen anzeigt. Wir erstellen die Spalte StepInd.

Aufgabe 8.2: Erstellen Sie zusätzliche Spalten für aggregierte Daten

- Navigieren Sie auf der linken Seite auf das Symbol für **Daten.** Es wird wahrscheinlich noch keine Tabelle angezeigt.
- Wählen Sie **Stacked** auf der rechten Seite. Die Tabelle mit unseren gestapelten Daten wird angezeigt.
- Wählen Sie oben **Berechnungen – Neue Spalte.**

- Schreiben Sie **StepInd = Stacked[Step] & " " & Stacked[Indicator]** und drücken Sie **Enter**. Die Spalte **StepInd** wird erstellt.
- Wählen Sie oben **Berechnungen – Neue Spalte.**
- Schreiben Sie **Weekday = weekday(Stacked[Date],2) & " " & format(Stacked[Date],"ddd")**, drücken Sie **Enter**. Die Spalte **Weekday** wird erstellt.
- Sie können jederzeit weitere Spalten erzeugen.

Im Allgemeinen ist es nicht erforderlich, den gesamten Befehl in Power BI einzugeben. Wenn Sie z. B. **Stacked[Step1friendly]** einfügen möchten, brauchen Sie nur Step1 einzugeben, und PowerBI bietet eine Liste von Optionen zur Auswahl an.

Bild 8.3
Visualisierungen für Power BI

Im nächsten Schritt werden wir einige visuelle Darstellungen entwerfen, um die Leistung der Patientenzufriedenheit zu zeigen und zu analysieren.

Untersuchung des Patientenzufriedenheits-Scores über die Zeit

Aufgabe 8.3: Einfügen eines Berichtstitels und eines Liniendiagramms (Zeitreihendarstellung)

- Navigieren Sie auf der linken Seite auf das Symbol für **Bericht**. Unser Dashboard ist leer.
- Wählen Sie **Einfügen – Textfeld aus** dem Menü **Elemente**. Dadurch wird irgendwo auf dem leeren Dashboard ein Textfeld hinzugefügt. Bitte erstellen Sie die Überschrift für Ihr Dashboard, formatieren und positionieren Sie es. Dies funktioniert ähnlich wie in PowerPoint.
- Im nächsten Schritt wird ein einfaches **Liniendiagramm** auf Dashboard eingefügt.
- Wählen Sie das Symbol für **Liniendiagramm** aus dem Visualisierungsbereich (1 in Bild 8.3). Auf der Berichtsfläche wurde ein leerer Rahmen für die Visualisierung aufgebaut.
- Wählen Sie im Bereich **„Felder“** auf der rechten Seite (Bild 8.4) die Option **„Date“** und ziehen Sie sie in das Feld **„Achse“** unserer Visualisierung. Die Visualisierung muss dafür ausgewählt sein.
- Wählen Sie im Felder-Bereich auf der rechten Seite **Rating** und ziehen Sie es in das Feld **Werte** unseres Diagramms. Das Diagramm muss zuvor ausgewählt sein.
- Öffnen Sie das Dropdown-Menü unter **Rating** und wählen Sie **Mittelwert**, da wir unsere Ratingdaten nach dem Mittelwert aggregieren möchten.
- Öffnen Sie das Dropdown-Menü unter **Datum** und wählen Sie **Datum** anstelle von **Datumshierarchie.**
- Vielleicht möchten Sie Ihrem **Liniendiagramm** eine Trendlinie hinzufügen. Öffnen Sie dazu das Analysesymbol neben dem Pinsel und wählen Sie die Trendlinie aus.

■

Das Ergebnis sieht noch nicht allzu beeindruckend aus, und wir hätten das auch in MS Excel machen können. Lassen Sie uns noch einige weitere visuelle Elemente hinzufügen, um unser Dashboard zur Beantwortung der Fragen, die wir zuvor gestellt haben, zu gestalten.

Felder

Suchen

Stacked

Category
Date
DOW
Indicator
Rating
StartTime
Step
StepInd
TimeSlot
TimeStamp
Weekday

Bild 8.4 Power-BI-Felder-Fenster

Aufgabe 8.4: Fügen Sie einen Slicer ein, um den Umfang des Berichts leicht zu ändern

Heben Sie die Auswahl aller Visualisierungen auf, indem Sie mit dem Cursor nach außen klicken.

Wählen Sie das Symbol für den **Slicer** (Datenschnitt) aus dem Visualisierungsbereich (2 in Bild 8.4). Auf der Berichtsfläche wurde ein leerer Rahmen für die Darstellung erstellt.

Dieser **Slicer** fungiert als Filter. Wir wollen den Zeitrahmen definieren, für den der Bericht gilt. Deshalb ziehen wir das **Datum** in diesen Rahmen. Das Datum wird sofort übernommen und wir sehen einen Zeitschieber mit einem Anfangs- und einem Enddatum. Es gibt verschiedene Möglichkeiten, den Schieberegler zu verwenden. Wenn Sie das Feld für das Anfangs- oder Enddatum auswählen, wird ein Kalender geöffnet. Diese Kalender können zur Festlegung des Zeitrahmens für den Bericht genutzt werden. Der Slider erledigt eine ähnliche Aufgabe.

Wenn der Slicer immer noch ausgewählt ist, öffnen wir das Dropdown-Menü für **Datum** unterhalb des Visualisierungsfensters und wählen **Datumshierarchie**. Dies führt dazu, dass sich der Schieberegler in einen erweiterbaren Eintrag **„2019“** ändert. Durch Auswahl der Anzeige öffnen sich weitere Pfeile, **Quartale**, **Monate** und schließlich **Tage**. Wenn Sie auswählen, was Sie in Ihrem Bericht zeigen möchten, können Sie leicht in Details innerhalb eines bestimmten Zeitrahmens zoomen. Der Slicer-Bereich wird sofort auf den Bericht angewendet. ■

Unser Armaturenbrett wird besser. Aber es sieht nicht so aus, wie es aussehen sollte. Hier kommt nun die Frage des persönlichen Geschmacks ins Spiel. Die endgültigen Einstellungen für das Layout und die Kosmetik Ihres Dashboards sind Ihnen überlassen. Wenn Sie das Format ändern möchten, folgen Sie der nächsten Aufgabe.

Aufgabe 8.5: Formatieren Sie die Visualisierungen des Berichts

- Wählen Sie das **Liniendiagramm** auf Ihrem Bericht aus und öffnen Sie sein **Format**, indem Sie den Pinsel unter dem Bereich Visualisierungen anklicken. Nun sind darunter alle Formatierungsoptionen zugänglich.
- Öffnen Sie **die X-Achse**, navigieren Sie zu **Titel** und schalten Sie sie **aus.** Es ist ganz offensichtlich, dass das Datum angezeigt wird. Dafür brauchen wir keinen Platz zu verschwenden.
- Öffnen Sie die **Y-Achse**, navigieren Sie zu den **Wert-Dezimalstellen** und setzen Sie sie auf **1**, sodass wir später noch kleinere Unterschiede sehen können. Sie können diesen **Titel auch ausschalten**.
- Lassen Sie die **Gitternetzlinien eingeschaltet**, da dies eine nette Hilfe zum Lesen des Diagramms ist.
- **Datenfarben** öffnen. Möglicherweise möchten Sie die Farbe Ihrer Datenzeile ändern.
- Öffnen Sie den **Titel** und ändern Sie ihn, wenn Ihnen danach ist. Der **Titeltext** ist normalerweise nicht so schön, da er automatisch generiert wird. „Patientenzufriedenheit in zeitlicher Reihenfolge" scheint besser zu sein. Wir ändern die **Ausrichtung** des neuen Titels auf **zentriert** und erhöhen die **Textgröße** auf **16**. Eine **weiße Hintergrundfarbe, 10% dunkler**, hebt den Titel schön hervor.
- Wählen Sie den **Slicer** auf Ihrem Bericht aus und öffnen Sie sein **Format,** indem Sie den Pinsel unter dem Bereich Visualisierungen auswählen.
- Öffnen Sie **den Titel** nach dem **Einschalten**. Geben Sie „Berichtsperiode" in den **Titeltext** ein. Ändern Sie die **Ausrichtung** des neuen Titels auf **Zentriert** und erhöhen Sie die **Textgröße** auf **16**, wobei die **Hintergrundfarbe weiß und 10% dunkler sein** soll.

■

Der Hauptzweck eines Liniendiagramms besteht darin, die Daten im Laufe der Zeit auszudrücken, um potenzielle Trends und Extrempunkte zu identifizieren.

Unser Datensatz in ClinicSurvey.xlsx zeigt zwei Tage mit eher niedrigen Bewertungen. Durch die Auswahl dieser niedrigen Punkte wird deutlich, dass die durchschnittliche Bewertung am 18. September 2019 nur 2,33 betrug, während sie am 7. Dezember 2019 bei 2,28 lag.

Dieses Liniendiagramm zeigt aggregierte Daten – Durchschnitt aller Datenpunkte für dasselbe Datum und dieselbe Uhrzeit. Das bedeutet, dass alle Indikatoren an diesem Tag gemittelt werden. Das ist vielleicht nicht unsere Absicht, denn wir haben 17 Metriken über alle fünf Prozessschritte Registrierung, Screening, Beratung,

Medikamentenausgabe und Bezahlung. Und zusätzlich haben wir eine „Gesamt"-Bewertung von Patienten. Ist es besser, diese Gesamtbeurteilung anders zu behandeln, da wir eine Gesamtbeurteilung ohnehin durch die Mittelung aller 17 Metriken berechnen?

Aufgabe 8.6: Wenden Sie einen Filter auf eine Visualisierung an

- Wählen Sie das **Liniendiagramm** auf Ihrem Bericht aus.
- Öffnen Sie den Bereich **Filter** auf der rechten Seite.
- Ziehen Sie das Feld **„Indicator"** in den Filterbereich unter **Filter in diesem Visual,** wo es heißt **„Hier Datenfelder hinzufügen"**.
- Markieren Sie alle Indikatoren und heben Sie die Markierung von „Overall" auf. Nun wird der Filter angewendet.

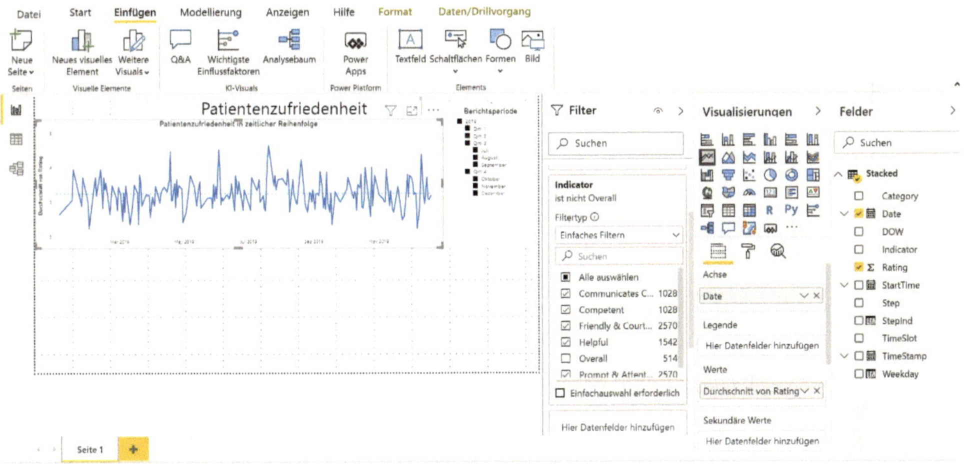

Bild 8.5 Patientenzufriedenheits-Dashboard mit Liniendiagramm und Slicer

Das Ergebnis ist in Bild 8.5 dargestellt. Während dieses Dashboard in der Lage ist, Tendenzen und extreme Datenpunkte über die Zeit hervorzuheben, wird die Zufriedenheit pro Prozessschritt und Indikator nicht angezeigt.

Es wäre nicht sehr praktisch, alle 17 Metriken, d. h. die Linien für alle 17 Indikatoren im gleichen Liniendiagramm darzustellen. Daher entscheiden wir uns für die Anwendung eines Säulendiagramms mit einer Spalte pro Indikator, sodass ein Vergleich der Leistung ziemlich einfach ist.

Aufgabe 8.7: Säulendiagramm einfügen

Wählen Sie das Symbol für **Säulendiagramm** im Visualisierungsbereich (3 in Bild 8.3). Auf der Berichtsfläche wurde ein leerer Rahmen für die Visualisierung aufgebaut.

Wählen Sie im Felder-Bereich auf der rechten Seite (Bild 8.4) **StepInd** aus und ziehen Sie es in das Achsenfeld unseres Säulendiagramms. Die Visualisierung muss ausgewählt sein.

Wählen Sie im Felder-Bereich auf der rechten Seite Rating und ziehen Sie sie in das Feld Werte unserer Visualisierung. Die Visualisierung muss ausgewählt sein.

Öffnen Sie das Dropdown-Menü unter Rating **Rating** und wählen Sie **Mittelwert**.

Öffnen Sie das Feld **Indicator** im Bereich **Filter** unter **Filter in diesem Visual**.

Markieren Sie alle Indikatoren und heben Sie die Markierung von **Overall** auf. Nun haben wir keinen Balken für die Gesamtbewertung. Sie können diese bei Bedarf wieder einschalten.

Sie können die Sortierung der Balken unter **Weitere Optionen** rechts oberhalb jeder Visualisierung ändern.

Fühlen Sie sich frei, die notwendige Formatierung dieser Visualisierungen wie zuvor beschrieben vorzunehmen.

■

Zusätzlich schlagen wir vor, dieses Säulendiagramm etwas interessanter zu gestalten.

Aufgabe 8.8: Y-Achse ändern. Ändern der Balkenfarbe je nach Wert

- Wählen Sie das **Säulendiagramm** auf Ihrem Bericht aus und öffnen Sie dessen **Format**, indem Sie den Pinsel unter dem Bereich Visualisierungen wählen.
- Öffnen Sie die **Y-Achse**, navigieren Sie zu den **Wert-Dezimalstellen** und setzen Sie sie auf **1**, sodass wir später noch kleinere Unterschiede sehen können. Sie können diesen **Titel auch ausschalten**. Setzen Sie **Start** auf **1** und **Ende** auf **5**.

Datenfarben öffnen, wählen Sie die Schaltfläche **f(x)** unter **Standardfarbe. Standardfarbe** öffnet sich.

- Stellen Sie **Format nach** auf **Farbskala, basierend auf Feld** auf **Mittelwert von Rating, Zusammenfassung** auf **Mittelwert, Minimum** auf **niedrigsten Wert** und **rot, Maximum** auf **höchsten Wert** und **grün**, wählen Sie **Abweichend** und stellen Sie **Mitte** auf **mittleren Wert** und **gelb** ein. OK.

■

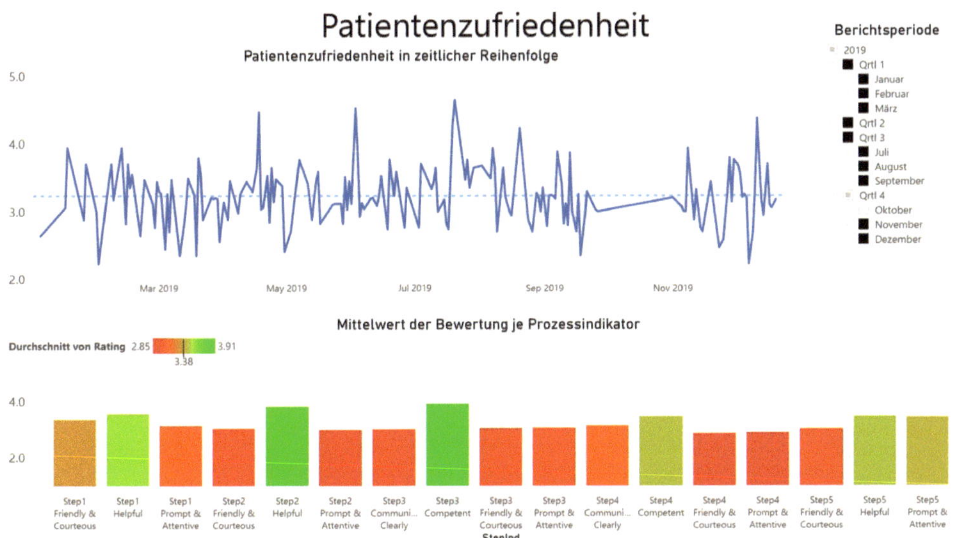

Bild 8.6 Power BI Dashboard für Patientenzufriedenheit

Jetzt haben wir ein Dashboard, das leicht zu verstehen und leicht zu präsentieren ist (Bild 8.6). Die letzte Änderung hat dazu geführt, dass unser Balkendiagramm je nach dem Wert im Balken die Farbe wechselt. Wir haben gerade festgelegt, dass die längsten Balken grün und die kürzesten rot dargestellt werden, während alle Balken dazwischen eine dem Wert entsprechende Gelb-Schattierung erhalten.

MS Power BI ist nicht MS PowerPoint. Und das ist auch gut so, denn mit MS Power BI ist es einfach, Informationen auf interaktive Weise zu präsentieren. Standardmäßig sind alle Bilder miteinander verbunden, und die Slicer verändern alle Bilder auf die gleiche Weise.

Wenn wir zum Beispiel den Zeitrahmen auf dem Slicer ändern, zeigen alle verbundenen Visualisierungen nur die Informationen für diesen Zeitrahmen an. Probieren Sie es aus und ändern Sie den Slicer und Sie werden sehen, wie sich alle Visualisierungen gleichzeitig ändern.

Noch besser: Wenn ein Element auf einer Visualisierung ausgewählt wird, werden auf den anderen Visualisierungen nur die Informationen für dieses Element angezeigt. Das heißt, wenn eine Metrik, ein Indikator ausgewählt wird, werden oben nur die Zeitreihendaten für diesen Indikator angezeigt. Und wenn der niedrige Datenpunkt am 7. Dezember im Liniendiagramm ausgewählt wird, werden für alle Metriken nur die Informationen für genau diesen Tag angezeigt. Nur ist dies auf dem Bericht nicht sofort sichtbar. Möglicherweise müssen wir einige weitere Informationen hinzufügen.

Aufgabe 8.9: Hinzufügen von Informationen über den Berichtsumfang und die Anzahl der Datenpunkte

- Wählen Sie im Visualisierungsbereich das Symbol für **mehrzeilige Zuordnung** (4 in Bild 8.3). Auf der Berichtsfläche wurde ein leerer Rahmen für die Visualisierung aufgebaut.
- Die Informationen, die wir zeigen wollen, sind: **Beginn der Berichterstattung, Ende der Berichterstattung, Anzahl der Datenpunkte.** Diese Informationen müssen zuerst bestimmt werden. Zu diesem Zweck verwenden wir **Measures.**
- Wählen Sie oben im Menü **Modellierung** die Option **Neues Measure**. Eine Excel-ähnliche Formelleiste wird geöffnet. Geben Sie Folgendes ein, nachdem Sie jedes Mal ein **Neues Measure** geöffnet haben:
- **DateMin = format(MIN(Stacked[Date]),"dd mmm yyyy").Enter.**
- **DateMax = format(MAX(Stacked[Date]),"dd mmm yyyy"). Enter.**
- **DateNum = sumX(relatedtable(Stacked),if(Stacked[Category] = "Step1 friendly", 1, 0)). Enter.**
- Wählen Sie im Bereich **Felder** auf der rechten Seite (Bild 8.4) die neu erstellten Maße DateMin, DateMax und DateNum aus und ziehen Sie sie in das Feld "**Felder**" der neuen Visualisierung. Die durchschnittliche Bewertung aller ausgewählten Datenpunkte kann ebenfalls einbezogen werden, indem Sie **Rating** in dasselbe Kästchen ziehen. Die Visualisierung muss dazu ausgewählt sein.
- Wählen Sie die neue **mehrreihige Karte** und schließen Sie die Formatierung wie zuvor beschrieben ab.

■

Nun informiert diese Karte über den tatsächlichen Umfang der Berichterstattung. Wenn Sie beispielsweise den letzten hohen Bewertungspunkt im Liniendiagramm auswählen, zeigt das Fenster Berichtsumfang an, dass dieser Ratingmittelwert von 4,38 aus zwei Datenpunkten besteht, d. h. aus zwei Patienten, die die Leistung am 11. Dezember 2019 bewertet haben.

Bild 8.7 veranschaulicht diese Situation mit nur einem Tag im Rahmen des Berichts. An jenem 11. Dezember 2019 reichten zwei Patienten ihre Bewertung mit mindestens 3 und höchstens 5 ein. Das Säulendiagramm zeigt in breiten Balken die Gesamtbewertung für das ganze Jahr an, da kein Item im Slicer ausgewählt wurde. Die dünnen Balken, die die breiten Balken überlagern, zeigen die Bewertung für genau den 11. Dezember 2019.

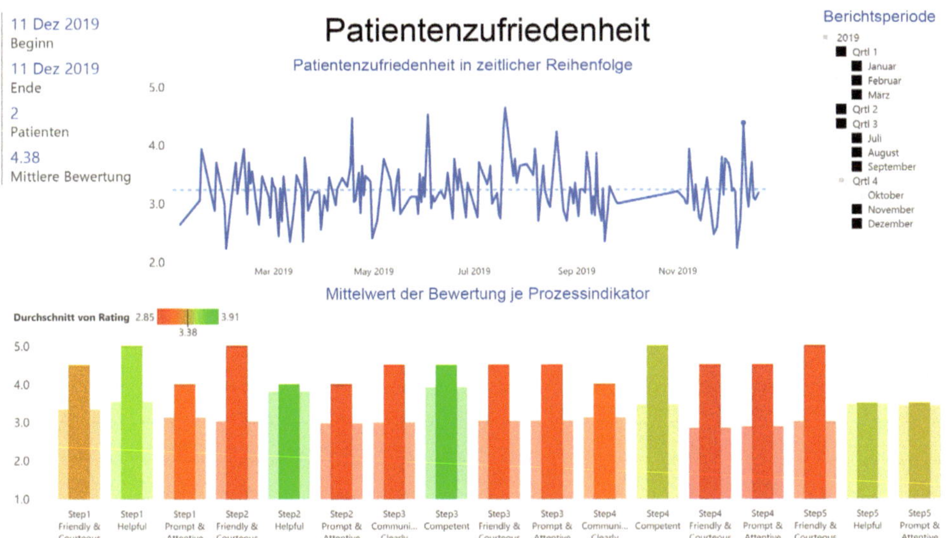

Bild 8.7 Power-BI-Dashboard für Patientenzufriedenheit mit Berichtsdetails

Der Indikator „Freundlich und zuvorkommend“ bei „Stufe 1“ beispielsweise erhielt im Jahresdurchschnitt eine Bewertung von 3,33. Am 11. Dezember stieg die Bewertung jedoch auf 4,50. Auf diese Weise ist es recht einfach, die Daten zu durchforsten und nach interessanten Erkenntnissen zu suchen. Und die Folgefrage sollte immer etwa lauten: „Warum haben wir diese hervorragende Bewertung an diesem Tag erhalten und nicht an anderen Tagen?“

Ein Dashboard in Power BI ist ein hervorragendes Mittel zur dynamischen Präsentation von Informationen und zur Interaktion mit den Präsentationsteilnehmern.

Dann kommt das Organisationswissen mit einer Antwort wie „Ich habe es überprüft. Am 11. Dezember war das Patientenaufkommen recht gering. An diesem Tag haben nicht viele Patienten unsere Klinik besucht, und diejenigen, die uns besuchten, wurden mit kleinen Weihnachtsgeschenken beglückt, die nach unserer Weihnachtsfeier noch zur Verfügung standen“.

Wir wissen bereits, dass auch der Wochentag (DOW) und die Tageszeit (TimeSlot) einen Unterschied machen. Wie zeigen wir das in unserem Dashboard an?

Aufgabe 8.10: Einfügen einer Visualisierung aus dem Power BI-Repository und Anwendung auf DOW und TimeSlot

- Wählen Sie das Symbol **... Weitere Visuals abrufen** am Ende des Bereichs Visualisierungen (5 in Bild 8.4). Dadurch wird das Fenster **Power BI-Visuals** geöffnet.

- Da wir diesem Dashboard Box- und Whisker-Diagramme (Box-Plots) hinzufügen möchten, **suchen** wir nach „**box**“.
- Fügen Sie ein **Box- und Whisker-Diagramm** hinzu. Danach ist es im Bereich Visualisierungen verfügbar.
- Wählen Sie das neu erstellte Symbol für **Box- und Whisker-Diagramm.** Auf der Berichtsfläche wurde ein leerer Rahmen für die Visualisierung erstellt.
- Die Informationen, die wir zeigen wollen, sind: **TimeSlot** als **Category, Date** als **Sampling** und **Rating** als **Values.** Bitte schalten Sie Rating auf **Mittelwert.**
- **Datum** muss im Dropdown-Menü auf **Datum** eingestellt werden. Das bedeutet, wir mitteln die Daten pro Tag und fügen sie in das Diagramm ein. Daher wird dieses Diagramm keine Ausgabe erzeugen, wenn nur ein Tag ausgewählt wird.
- Führen Sie die gleichen Operationen für ein weiteres **Box- und Whisker-Diagramm** durch, das die Kundenzufriedenheit über den Wochentag zeigt.
- Zuvor wird eine zusätzliche Spalte benötigt, damit die Darstellung ansprechender wird. Spalte **Weekday = weekday(Stacked[Date],2) & " " & format(Stacked[Date],"ddd") – Enter.**
- Die Informationen, die wir zeigen wollen, sind: **Weekday** als **Category, Date** als **Sampling** und **Rating** als **Values.** Bitte schalten Sie auf **Mittelwert.**
- Verwenden Sie den Pinsel, um beide Bilder wie zuvor besprochen zu verschönern.

Das daraus resultierende Dashboard enthält eine Vielzahl von Informationen (Bild 8.8).

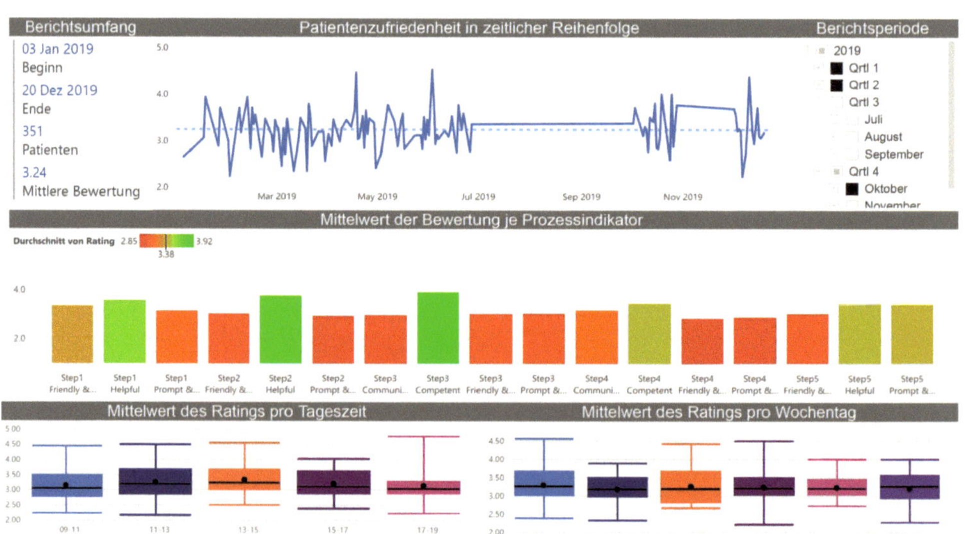

Bild 8.8 Dashboard mit Diagrammen zur Patientenzufriedenheit nach Tageszeit und Wochentag

Manchmal sind die Box-Plots nicht einfach zu lesen und zu verstehen. In diesem Fall ist es erstaunlich einfach, das Visual in ein Balkendiagramm oder eine andere Darstellungsform umzuschalten. Dies erfordert nur minimale Abstimmungen, da Power BI versucht, das neue Diagramm an die verfügbaren Daten anzupassen.

Es gibt noch eine weitere Überlegung. Warum nicht einige statistische Analysen zum Dashboard hinzufügen?

Statistische Analyse zu Ihrem Dashboard hinzufügen

In Power BI sind einige statistische Analysetools verfügbar. Nach dem Herunterladen einer visuellen Regelkarte (z. B. von Nova Silva BV) aus dem Repository können Sie z. B. einfach Ihr **Liniendiagramm** auswählen und auf das Symbol für **Control Chart** klicken. Das Liniendiagramm verwandelt sich sofort in eine Regelkarte. Wenn die **Automatische Neuberechnung** unter **Karteneinstellungen auf ein** gesetzt ist, wendet die Regelkarte einige einfache Regeln an, um festzustellen, ob es im Verlauf des Prozesses Änderungen gegeben haben könnte, die eine Neuberechnung der Regelgrenzen rechtfertigen. Dies sind statistische Hilfsmittel, die das Studium und Verständnis der Datensätze erleichtern.

Eine Regelkarte verwendet die vorhandene Variation in den Daten und analysiert, ob etwas Unerwartetes passiert, d. h. etwas, das nicht innerhalb des Wahrscheinlichkeitsbereichs von 99,73 % der bisherigen Variation liegt. ■

R verfügt über wesentlich leistungsfähigere Werkzeuge. Visualisierungen, die durch R-Code erstellt wurden, können dem Dashboard mühelos hinzugefügt werden.

Aufgabe 8.11: Neue Visualisierung basierend auf R-Code hinzufügen

- Öffnen Sie **Datei – Optionen und Einstellungen – Optionen – R-Scripterstellung** und stellen Sie sicher, dass Power BI **R-Basisverzeichnisse** und **R-IDEs erkannt hat.**
- Wählen Sie das Symbol **R** für **Visuelles R-Skriptelement** im Bereich Visualisierungen. Dadurch wird ein R-Visual auf Ihrem Dashboard geöffnet. Wenn Sie keinen leeren Platz haben, erstellen Sie unten eine weitere **Seite** und tun Sie dies auf **Seite 2.** Sie können Ihre Visualisierung jederzeit von einer Seite auf eine andere kopieren oder verschieben.
- Um den Rating-Unterschied zwischen verschiedenen Wochentagen anzuzeigen – ähnlich wie beim Box-Plot – wählen Sie **DOW** aus dem Bereich **Felder** und ziehen Sie ihn in das neue R-Visual. Machen Sie dasselbe für **Rating.** Stellen Sie sicher, dass **Rating** in **Werte** auf **Nicht zusammenfassen** eingestellt ist.

- Es gibt einen Vorbehalt: Wenn PowerBI Daten an R übergibt, gruppiert es die Daten bereits, auch wenn es auf **Nicht zusammenfassen** eingestellt ist. Sie können dies vermeiden, indem Sie ein Feld hinzufügen, das pro Zeile der Tabelle eindeutig ist, wie z. B. eine ID. In unserem Fall ziehen Sie bitte auch **TimeStamp** in das R-Visual, obwohl wir es nicht brauchen. Dadurch wird vermieden, dass Power BI die Daten nach **DOW** gruppiert. Stellen Sie sicher, dass **TimeStamp** nicht auf **Hierarchie** eingestellt ist.
- Filter für die Bewertung können z. B. durch Ziehen von **Indicator** auf **Filter auf visuell** hinzugefügt und auf **Overall** gesetzt werden.
- Öffnen Sie den **R-Skript-Editor** unten auf dem Bildschirm. Er zeigt, dass ein **data.frame** mit drei Spalten, TimeStamp, DOW und Rating, erstellt wurde. Das bedeutet, dass dieser Datensatz jetzt für R verfügbar ist.

```
# Der folgende Code zum Erstellen eines Datenrahmens wird immer ausgeführt und dient als Präambel für Ihr Skript:
# Datensatz <- data.frame(TimeSlot, DOW, Rating)
# Datensatz <- unique(dataset)
# Fügen Sie hier Ihren Skriptcode ein oder geben Sie ihn ein:
# Installieren und Öffnen der erforderlichen Bibliothek
library(ggpubr)
# Konstruieren der Darstellung von Rating in der Reihenfolge der Wochentage
plot <- ggline(dataset, x = "DOW", y = "Rating",
order = c("Mon", "Tue", "Wed", "Thu", "Fri", "Sat"),
add = c("mean_ci"), size = 2, point.color = "blue", color = "blue",
ylab = "Rating", xlab = "") # , main="Mittelwerte mit 95% Konfidenzintervall"
# Hinzufügen von Gitternetzlinien und Plotten
plot + grids(linetype = "dashed") + theme(text = element_text(size = 16))
```

■

Sie können ein weiteres R-Skript zur Visualisierung hinzuzufügen, zum Beispiel für TimeSlot. Das Ergebnis wird ein Dashboard mit Visualisierungen und sogar einem Hauch von Statistik sein, indem Sie die Konfidenzintervall-Plots für Wochentag und Tageszeit hinzufügen (Bild 8.8).

Der Vorteil dieser Darstellungen in Power BI anstelle einer separaten R-Studio-Sitzung besteht darin, dass das Dashboard dynamisch wird. Wenn Sie den Berichtszeitraum mit dem Slicer ändern, werden alle Diagramme angepasst.

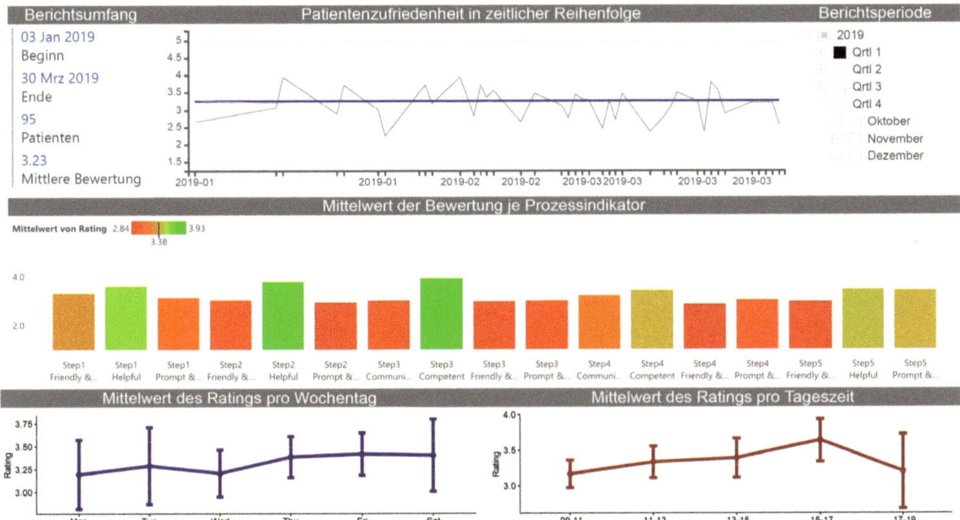

Bild 8.9 Power-BI-Dashboard für Q1 zur Patientenzufriedenheit, Indikatorwert und R-Visuals mit CI-Diagrammen zur Patientenzufriedenheit nach Tageszeit und Wochentag

Die Integration von R in Power BI bietet ein sehr leistungsstarkes Paket zur Erfassung, Transformation und Analyse von Daten und deren Präsentation für analytisches Storytelling und Entscheidungsfindung. Da R eine große Benutzergemeinschaft hat, die kontinuierlich an der Entwicklung neuer Lösungen arbeitet, sind die Erweiterungen, die R in Power BI einbringen kann, praktisch unbegrenzt. Selbst wenn Sie weniger Erfahrung mit R haben, kann es sich für Sie lohnen, diese fortschrittlichen Power-BI-Komponenten auszuprobieren.

8.3 Verwendung von MS Power BI für analytisches Storytelling

Ein gut gestaltetes Dashboard ist eine ausgezeichnete Voraussetzung für eine eindrucksvolle und überzeugende Präsentation. Noch besser ist es, eine gute Story hinzuzufügen. Wenn die Story dazu beitragen würde, genau die Fragen zu provozieren, für die Sie die Antworten haben - vielleicht sogar durch „Spielen" mit dem Power-BI-Dashboard - wäre das noch besser.

Beginnen Sie mit einer interessanten Frage

Wenn wir davon ausgehen, dass das einzige „Interesse" an unseren Patienten-Zufriedenheitsdaten bisher in der Frage „Also, wie ist es gestern gelaufen? Irgendwelche Beschwerden?“ bestand, dann gibt es eine Menge Neuigkeiten, die wir dem Publikum in unserer monatlichen Präsentation nahebringen können.

„Warum sinkt die Zufriedenheit unserer Patienten?“ ist eine starke Aussage für den Anfang. Niemand will das. Wie zeigen Sie es? Am besten, indem Sie einen Teil Ihres Dashboards verwenden. Da Sie mehrere Berichtsseiten in Ihrem Power-BI-Dashboard haben können, möchten Sie Ihre Geschichte vielleicht von Seite zu Seite aufbauen. Die erste Seite – wir nennen sie Time Plot – zeigt die Details. Sie haben eine Trendlinie hinzugefügt, um die schlechten Nachrichten in den Daten anzuzeigen.

Wenn jemand nach den Tagen mit besonders niedriger Bewertung fragt, zeigt man auf diese Tage und erhält das Datum und die durchschnittliche Bewertung für diesen Tag. Sie werden hervorheben, dass die niedrigste Bewertung von einem Patienten am 7. Dezember mit 2,24 vergeben wird (Bild 8.10). Möglicherweise erhalten Sie die Frage: „Welche Punkte sollten wir eigentlich untersuchen? Es kann nicht sein, dass wir zurückgehen und alle Punkte überprüfen, die niedriger als 3 sind. Dann verschwenden wir Zeit mit der Datenanalyse, anstatt unsere Patienten zu bedienen!“

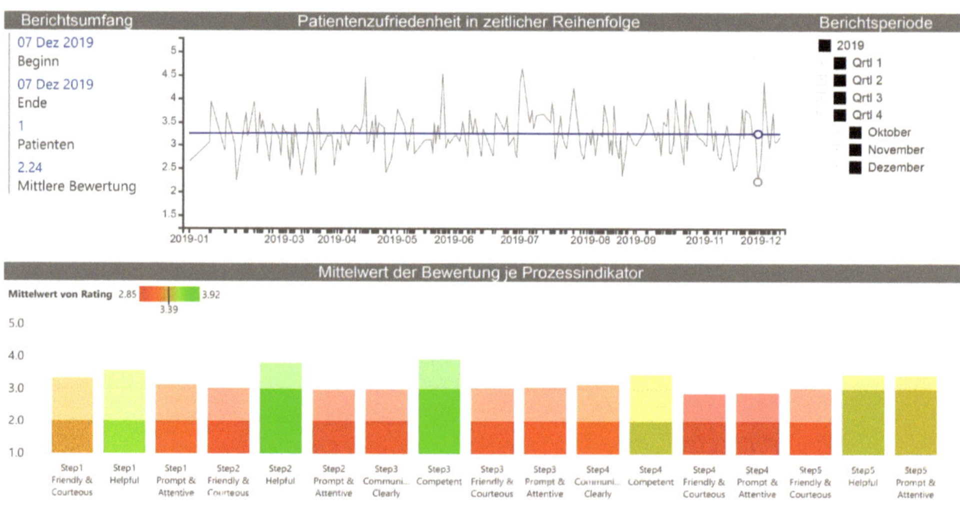

Bild 8.10 Bewertungsdetails für 07. Dezember 2019

Ändern Sie Ihre Story bei Bedarf und Nachfrage im Verlauf der Präsentation

Zu diesem Zeitpunkt möchten Sie vielleicht das Liniendiagramm in eine Regelkarte umwandeln. Dazu brauchen Sie nur die Linienkarte zu markieren und dann auf die Ikone für Regelkarte zu klicken. Eine Regelkarte wird zu dem Zweck erstellt, um genau diese Frage zu beantworten. Die Karte hebt alle Datenpunkte außerhalb des Kontrollbereichs hervor und signalisiert, dass an jenen Tagen in unseren Prozessen etwas vorgefallen sein könnte. Befassen Sie sich also zunächst mit allen Datenpunkten, die außerhalb des Kontrollbereichs liegen (Bild 8.10). Seien Sie vorbereitet.

Gleichzeitig möchten Sie die Aufmerksamkeit auf die Indikatoren lenken, d.h. die Zufriedenheitsindikatoren, die die Patienten bewerten sollen. Zum Beispiel zeigt die Auswahl des zweiten niedrigen Bewertungspunktes, dass am 18. September ein Patient die Leistung der Klinik mit 2,35 bewertet hat. Zur Überraschung aller wurde die Kompetenz des Arztes nur mit 2 bewertet (Bild 8.11).

„Wir müssen an diesem Tag einen Gastarzt gehabt haben. Der Patient war nicht zufrieden und füllte unseren Fragebogen mit diesen niedrigen Bewertungen aus."

„Das ist möglich. Die Damen an der Kasse haben wahrscheinlich bemerkt, dass dieser Patient nicht in guter Verfassung war, und das Image unserer Klinik gerettet. Wahrscheinlich."

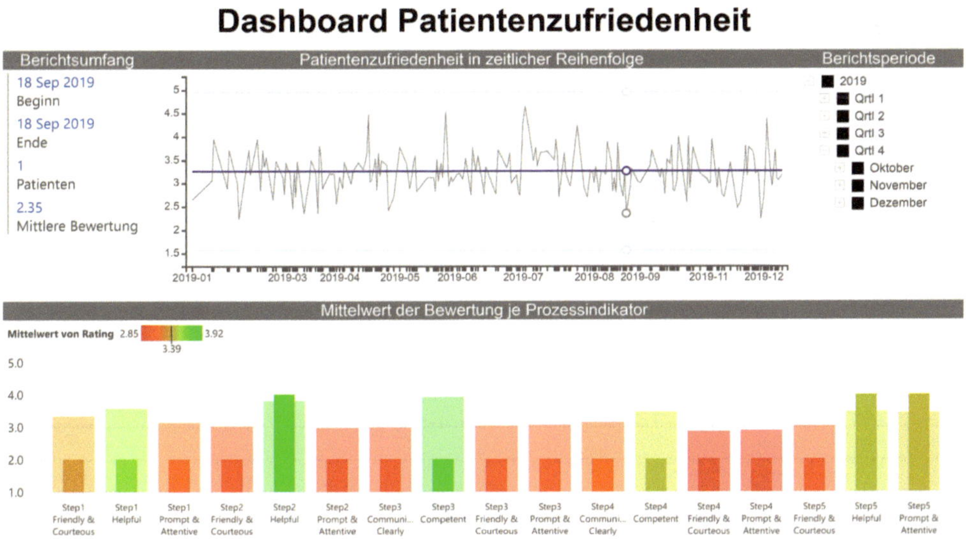

Bild 8.11 Bewertungsdetails für 18. September 2019

Wenn Sie auf den Balken klicken, der die Zufriedenheit mit der Kompetenz der Ärzte anzeigt, schaltet die Regelkarte auf genau die Daten dieses Indikators über der Zeit. Dies wird helfen, auf den vorherigen Kommentar zu antworten.

Abschließend möchten Sie betonen, dass die Zufriedenheit gegen Ende der Woche nicht wesentlich gestiegen ist. Noch wichtiger ist jedoch, dass die Zufriedenheit bei Patienten, die am Ende des Tages in die Klinik kommen, deutlich abnimmt (Bild 8.9). Es könnte eine gute Idee sein, das Patientenaufkommen und die Personalstärke wieder einmal zu überprüfen. Es ist möglich, dass sich eine Diskrepanz entwickelt hat.

Bringen Sie Ihre Empfehlungen vor

Zum Abschluss Ihrer Präsentation und nach der Zusammenfassung des Gesagten möchten Sie vielleicht Ihre Empfehlungen abgeben, die sich so lesen könnten:

1. Eine weitere Analyse der Daten zur Kundenzufriedenheit zusammen mit Patientenvolumen und Arbeitskräfteeinsatz ist erforderlich, um herauszufinden, ob es eine Korrelation zwischen schlechter Bewertung und schwacher Besetzung gibt (Kapitel 15).
2. Die Untersuchung aller „speziellen" Daten, dass heißt unerwartet hoher oder niedriger Bewertung, ist erforderlich zum Aufdecken von Ursachen und Ableiten von Maßnahmen, falls als nötig empfunden.
3. Die vollständige Implementierung der mobilen App zur Bewertung der Patientenzufriedenheit wird hoffentlich dazu beitragen, mehr Patienten zur Teilnahme an der Bewertung zu bewegen und außerdem Tippfehler zu vermeiden.
4. Die Umfrageergebnisse sind eine sehr wichtige Quelle, um strategische und taktische Maßnahmen zu beeinflussen. Es nehmen allerdings nur etwa 5 % der Pateinten an der Bewertung teil. Wichtige Signale könnten verpasst und damit die Stimme des Kunden überhört werden. Daher sollten wir innovative Anreize schaffen für die Teilnahme an der Umfrage.

Damit sollten Sie Ihrem Managementteam eine wirkungsvolle Präsentation gegeben haben. Das Wichtigste ist, dass alles datengesteuert und vertrauenswürdig ist.

Mit einer solchen Präsentation ändern Sie „wir nehmen an" in „wir wissen". Das ist die Sprache der Datenanalytiker.

■

■ 8.4 Schlussfolgerung

Die Nutzung von Daten zur Förderung der Kundenorientierung sollte immer damit beginnen, die Stimme unserer bestehenden Kunden zu nutzen. Auf diese Weise vermeiden wir es, alle Kunden gleich zu behandeln oder zu versuchen, die höchste Net-Promoter-Punktzahl bei allen Kunden zu bekommen, sondern verwenden die Daten vielmehr dazu, die Art und Weise, wie wir unsere Zielkunden bedienen, individuell anzupassen. Um dies zu erreichen, müssen Organisationen ihre Teams so umgestalten und ausrichten, dass sie nicht nur verstehen, was ihre Zielkunden und wertvollsten Kunden wollen, sondern auch verfügbare Daten von unterschiedlichen Quellen nutzen, um deren kurzfristige und zukünftige Bedürfnisse zu verstehen.

Eine datengesteuerte Kultur der Kundenorientierung ist für Unternehmen eine Reise. Sie beginnt mit besseren Daten und nicht mit großen Daten. Das Sammeln von mehr Daten führt nicht zwangsläufig zu mehr Business Intelligence – und kann die Marke in vielerlei Hinsicht Problemen aussetzen, die das Kundenvertrauen beeinträchtigen.

Haben Sie sich nie gefragt, was mit Ihren Daten geschehen wird, wenn Sie sich bereit erklären, an Umfragen oder anderen Mitteln der Datenerhebung teilzunehmen? Und wenn Sie dies über Ihr Mobiltelefon oder Ihren Computer tun, sind Sie ganz sicher, dass die Empfänger die Eingaben, die Sie machen, über Standortdaten, IP-Adresse oder andere Mittel mit Ihrer Person verknüpfen können.

Haben Sie immer Vertrauen, wenn die zur Befragung einladende Organisation versichert, dass sie Ihre persönlichen Daten nicht für andere Zwecke als die in der App angegebenen verwenden wird? Sicher nicht.

Denken Sie daran, dass Ihre Kunden und potenziellen Kunden Ihre Meinung teilen, wenn Sie versuchen, Daten von ihnen zu sammeln. Die Stunde der Wahrheit ist nicht die Art und Weise, wie Sie die Statistiken zur Analyse der Daten verwenden. Es ist der kurze Moment, in dem Sie ihr Vertrauen entweder gewinnen oder verlieren können.

Die Sammlung von Daten von und über Ihre Kunden und Interessenten auf elektronischem Wege scheint der Trend zu sein. Vergessen Sie jedoch nicht, Ihren Kunden wirklich zuzuhören. Zuhören ist eine Kunst. Zuhören (auf Chinesisch „Ting“) wurde früher auf Chinesisch geschrieben, wie in Bild 8.12 gezeigt. Dieses chinesische Wort erinnert uns daran, dass Hören mehr mit dem Ohr und dem Herzen zu tun hat – als mit dem Mund. Es legt nahe, den Sprecher, unseren Kunden, wie den König zu behandeln. Es besagt weiter, dass wir das Zuhören mit voller Aufmerksamkeit (Zehn Augen) und aufrichtig tun sollten (Ein Herz bedeutet von ganzem Herzen). Wenn Sie dies von Angesicht zu Angesicht tun, werden Sie sicher etwas lernen, denn Ihre Kunden werden sich ernst genommen fühlen. Und, gehen Sie zum Ort des Geschehens, nach Gemba, wenn Sie dies tun.

Bild 8.12
Ting – Die Kunst des Zuhörens

Übung

Nachdem Sie diesen Teil abgeschlossen haben, können Sie die folgenden Fragen beantworten:

- Welche Art von Indikatoren sollten Teil eines Indikatorensystems, eines Dashboards, sein?
- Welche Instrumente verwenden Sie, um Daten über die Zeit zu zeigen?
- Was ist eine Regelkarte und wie wird sie verwendet?
- Was ist ein Kastendiagramm oder Box-Plot und wie interpretieren Sie es?
- Warum verwenden wir R innerhalb von Power BI? Was haben wir davon?

Bitte führen Sie die folgenden Schritte aus:

1. Laden Sie die Daten für diesen Fall herunter. Benutzen Sie die vorne eingedruckten Zugangsdaten und die Hinweise in Abschnitt „Zusatzmaterial zum Download".
2. Fügen Sie einen neuen Slicer ein, der es erlaubt, die Daten nach Schritten und nach Indikatoren auszuwählen.
3. Analysieren Sie die Daten des letzten Quartals 2019 mithilfe von Power BI. Bereiten Sie einen kurzen Bericht, eine Story vor.

■

Teil III: Prozessdomain – Prozessanalytik

„Die Analytik sollte nie die Intuition ersetzen, sondern sie ergänzen."

Stuart Farrand

Über einen langen Zeitraum hinweg haben sich Unternehmen auf Erfahrung, Versuch und Irrtum verlassen, um Entscheidungen zu treffen. Die Datenanalyse erweitert den Entscheidungsfindungsprozess um einen wertvollen Aspekt, indem sie den Unternehmensleitern Zugang zu neuen und bisher nicht verfügbaren Erkenntnissen verschafft. Oftmals stehen zu viele Informationen zur Verfügung, als dass man sie ohne Hilfsmittel verdauen, analysieren und interpretieren könnte.

In den folgenden Kapiteln werden wir die Datenanalytik im Prozessbereich diskutieren. Anhand von Fallstudien werden wir verschiedene Methoden der Prozessanalytik vorstellen.

Inhalt

- Warum Prozessanalytik?
- Dimensionen der Prozessanalytik
- Rollen und Einsatz von Prozessanalytik
- Schlussfolgerung

Fall	Fallbeschreibung	Verwendete Werkzeuge
1	Welcher Anbieter hat die bessere Produktqualität?	Ex
2	Warum bezahlt die Finanzabteilung unsere Subunternehmer verspätet?	Ex
3	Warum vergeuden wir kostbare Blutprodukte?	Ex, R
Verwendete Werkzeuge: Ex ... MS Excel, R ... R und R Studio		

Höhepunkte

Nachdem Sie diesen Teil abgeschlossen haben, werden Sie in der Lage sein, ...

- die Bedeutung von Prozessanalytik zu verstehen und zu erläutern,
- unterschiedliche Dimensionen der Prozessanalytik einzuordnen,
- Maßnahmen für Prozessanalytik auszuwählen, einzusetzen und die Ergebnisse zu interpretieren,
- passende Modelle für die Prozessanalytik zu erstellen und zu analysieren,
- die Prozessanalytik in Ihrer Organisation zu implementieren.

9 Ohne Prozess läuft nichts

9.1 Warum Prozessanalytik?

Angesichts der Tatsache, dass die Digitalisierung eine derart transformierende Wirkung auf das Kundenverhalten und die Kundenbeziehungen hatte, ist es vielleicht nicht überraschend, dass viele Organisationen ihre Anstrengungen zur digitalen Transformation auf das Front-End der Kundenerfahrung konzentrierten. Im Wettlauf um die Konzentration auf den Kunden war es daher allzu leicht, die Abläufe zu ignorieren (Capgemini, 2017). Jedoch haben Untersuchungen gezeigt, dass die Fokussierung auf den Kunden für durchschnittliche Organisationen erheblich weniger Vorteile bringen würde als die Erfassung und Nutzung von Daten zur Verbesserung der Betriebsabläufe (Bild 9.1).

Um wettbewerbsfähig zu bleiben, wird es für Unternehmen zu einer strategischen Priorität, den Schwerpunkt auf datengestützte Analysen und Entscheidungsfindung im Betrieb zu legen und nicht nur auf kundenorientierte Prozesse zu fokussieren. Prozessanalytik ist besonders dann wichtig, wenn Unternehmen in der Digitalisierungslandschaft unterwegs sind.

Die Anwendung der Analytik bei kundenorientierten Aktivitäten haben wir im vorigen Kapitel erörtert. Jetzt ist es an der Zeit, über die Analytik im Betrieb zu sprechen. Dazu gehören sowohl der produzierende als auch der nicht produzierende Bereich.

Die Verwendung von Daten zur Steuerung von Fertigungsprozessen ist nicht neu. Die besten Autos der Welt werden seit Jahren in vollautomatischen Prozessen mit wenig manuellen Eingriffen hergestellt.

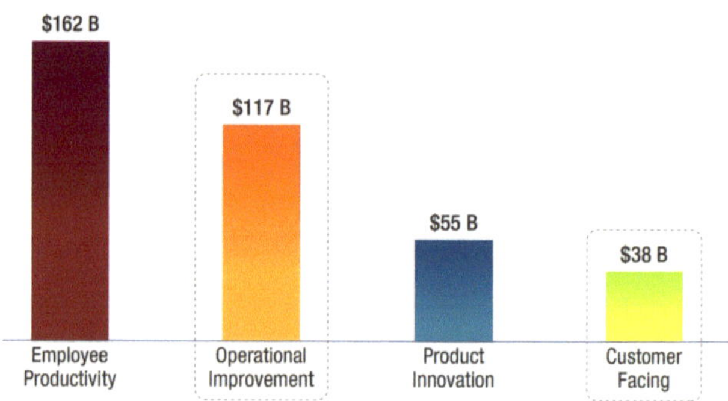

Bild 9.1 Vorteile der Datennutzung bei der Prozessverbesserung (Technet, 2014)

Diese Prozesse sind bestückt mit einer Vielzahl von Sensoren, um Tausende von Daten zeitnah mithilfe von vorlaufenden Indikatoren zu erhalten. Diese Daten werden automatisch verwendet, um anzupassen, was angepasst werden muss, um qualitativ hochwertige Produkte herzustellen. Maschinen und Roboter, die diese Art von automatisierten Prozessen durchführen, verfügen über eingebaute Analyse- und Entscheidungsprozesse. Die zugrunde liegenden Prinzipien, die von diesen Maschinen und Robotern angewendet werden, sind den in diesem Buch diskutierten sehr ähnlich. Die Prinzipien sind den Prozessverantwortlichen und Prozessoperatoren bekannt.

Die Nutzung von Daten für die Entscheidungsfindung in Dienstleistungsunternehmen hinkt jedoch noch immer hinterher. Ein Grund dafür ist sicher, dass Dienstleistungsprozesse häufig weniger transaktional sind als Fertigungsprozesse. Viele Dienstleistungsprozesse werden meist durch menschliches Eingreifen gesteuert, was die Variationsbreite erhöht und manchmal die Kontrollierbarkeit einzuschränken scheint. Dieses Argument wird jedoch oft als Entschuldigung dafür benutzt, die Art und Weise, wie Dienstleistungsvorgänge durchgeführt werden, nicht zu überdenken und zu modernisieren.

Die Wirkung von Prozessanalytik ist weit über die Verbesserung der Produktivität von Betriebsprozessen hinaus messbar.

Tesco beispielsweise nutzte ausgefeilte Analysen, um die Daten der Lieferkette zu durchforsten, Möglichkeiten zur Reduzierung von Verschwendung zu identifizieren und den Lagerbestand an Nachfrageschwankungen anzupassen (Tesco saves millions with supply chain analytics, 2013). Abgesehen von dem finanziellen Nutzen war der größte Gewinn für das Unternehmen ein Modell, das von seinem Supply-Chain-Analytik-Team entwickelt wurde und das in der Lage ist, das wetterbedingte Kaufverhalten der Kunden vorherzusagen. Mithilfe von Wettervorhersagedaten kann Tesco nun den Lagerbestand an die Wünsche der Kunden in verschiedenen Wettersituationen anpassen. Ein weiterer großer Gewinn wurde durch die Analyse von Rabatten und Werbeaktionen erzielt. Bei Tausenden von täglichen

Werbeaktionen war die Lagerverwaltung vieler Geschäfte nicht in der Lage, eine korrekte Prognose zu erstellen, was dazu führte, dass einige Produkte im Lager liegen blieben und andere schnell vergriffen waren.

Tescos Supply-Chain-Analyseteam hat ein ausgeklügeltes Prognosemodell erstellt, das auf verfügbaren historischen Daten über frühere Werbeaktionen und Rabatte basiert. Dieses Modell wurde den Lagerbestandskontrolleuren zur Verfügung gestellt, wodurch Lagerbestände im Wert von 50 Millionen Pfund eingespart werden konnten. Es wurde nicht nur der Lagerbestand reduziert. Gleichzeitig wurde damit auch erreicht, dass eine 97 %ige Chance besteht, die von einem Kunden gewünschten Waren verfügbar zu haben.

Eine Studie von Capgemini Consulting (Capgemini, 2017) zeigte die ernüchternde Tatsache, dass nur 18 % der 446 untersuchten Organisationen Prozessanalytik in großem Umfang einsetzen und ähnliche Ergebnisse erzielen können.

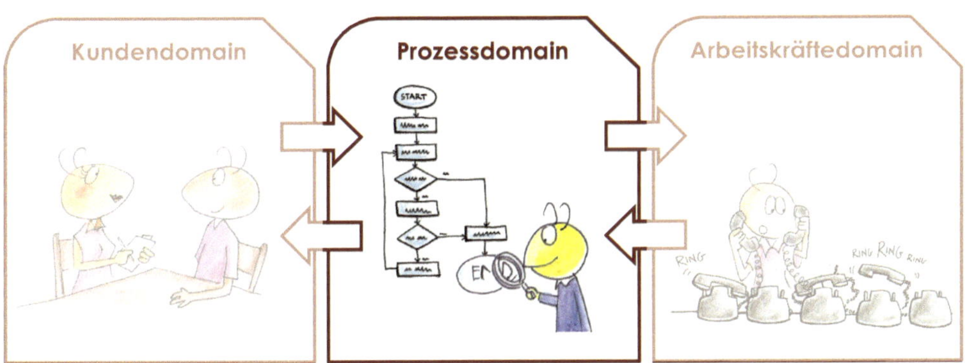

Bild 9.2 Prozessanalytik mit Fokus auf die Prozessdomain

Es gibt zwei wichtige Voraussetzungen, die erfüllt sein müssen, damit Prozessanalytik in Organisationen erfolgreich sein kann:

Erstens müssen diese Organisationen über eine klare und robuste Datenstrategie verfügen. Dazu gehört die Integration aller Datensätze in der gesamten Organisation. Dies bedeutet, dass allen Funktionen zu jedem Zeitpunkt die notwendigen Datensätze aktualisiert zur Verfügung stehen sollten. Dies bedeutet auch, dass Daten aus externen Quellen, d. h. von Lieferanten, Anbietern, Kunden oder Partnern, gesammelt und in die Betriebsdatensätze integriert werden.

Zweitens dient Prozessanalytik der geschäftlichen Entscheidungsfindung. Es ist wichtig zu beachten, dass die Analytik auf Modellen basiert. Wenn wir ein Modell als Werkzeug einsetzen, müssen wir die grundlegenden Annahmen und Grenzen der Verwendung eines Modells verstehen und unsere Intuition und Erfahrung nutzen, um die Lücken zu füllen und den Analyseprozess zu verbessern. Die Studie von Capgemini (Capgemini, 2017) hat gezeigt, dass nicht alle Organisationen, die

die Datenanalyse-Umgebung und -Infrastruktur im Unternehmen aufbauen, die Vorteile auch realisieren können, weil Daten und Analyseergebnisse nicht für betriebswirtschaftliche Zwecke genutzt werden.

■ 9.2 Dimensionen der Prozessanalytik

Prozessanalytik konzentriert sich auf die Prozessdomain (Bild 9.2) und umfasst als solche das Prozessdesign, die Prozessverbesserung und das Prozessmanagement. Prozessdesign ist eine Aktivität, die jeder Prozess nur selten durchläuft. Es ist erforderlich, wenn ein neues Kundenbedürfnis oder eine strategische Änderung vorliegt, die mit dem bestehenden Prozess nicht unterstützt werden kann. Eine Prozess-Neugestaltung kann auch dann erfolgen, wenn es eine neue Technologie gibt, die drastische Änderungen des bestehenden Prozesses mit einem großen Nutzen für die Prozesskunden, die Organisation und/oder die Prozessbeteiligten ermöglichen würde. Innovative Lösungen treiben oft das Design neuer Prozesse oder die Neugestaltung bestehender Prozesse voran.

Beispielsweise haben die neu verfügbaren Möglichkeiten, Zahlungen von/auf Privat- und Firmenkonten vorzunehmen, die Zahlungsprozesse drastisch umgestaltet. Während die Zahlung noch vor nicht allzu langer Zeit per Scheck oder über eine Website erfolgte, kann sie jetzt problemlos über jedes beliebige Mobiltelefon abgewickelt werden. Dies ist viel weniger ressourcenintensiv, viel schneller und ähnlich sicher.

9.2.1 Prozessdesign und Analytik

Beim Prozessdesign Bild 9.3 muss die Grundlage für die Prozessanalytik geschaffen werden. Dazu gehören Überlegungen zu historischen Daten, die bei der Erstellung eines Modells für das Prozessmanagement und die Prozessverbesserung helfen (Rath & Strong's, 2003). Dies schließt auch prozessbegleitende und externe Sensoren ein, um notwendige Daten für das Prozessmanagement und die Prozessverbesserung zu gewinnen. Datenquellen und Sensoren befinden sich in der Regel im eigenen Betrieb und bei Lieferanten oder Kunden.

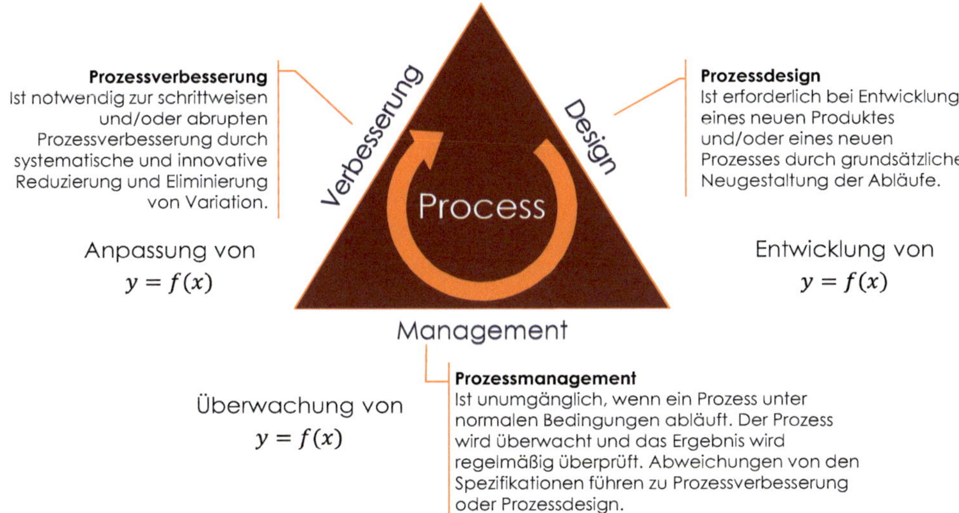

Bild 9.3 Dimensionen der Prozess-/Betriebsanalytik

Das Ergebnis des Operationsdesigns ist ein oder eine Reihe von Operationsmodellen. Dies kann mit einer Modellformel ausgedrückt werden (Kaufmann, 2018)

$$Y = f(X_1, X_2, X_3, \dots X_n)$$

Mit

Y ... Prozess-Output-Variable (abhängige Variablen) und

$X_1, X_2, X_3, \dots X_n$ ... Input- und Prozess-Variablen (unabhängige Variablen).

Diese Formel bedeutet, dass das Prozessergebnis, gemessen mit der Prozess-Output-Variablen, von einer Reihe von Variablen innerhalb des Prozesses und auf den Inputs abhängt. Wenn der Prozess nicht neu und eine bestimmte Mindestmenge an historischen Daten vorhanden ist, kann diese Beziehung in einer mehr oder weniger komplexen Formel hergestellt werden. Diese Formel kann zur Modellierung des Prozesses verwendet werden. Ein Prozessmodell hilft, wenn der Output des Prozesses korrigiert werden muss. Mit guten Modellen kann der Bediener eine Prozessänderung simulieren, während er die Prozessergebnisse beobachtet. Ohne den Prozess auch nur zu berühren, können die besten Eingangsgrößeneinstellungen für die Prozessänderung berechnet und mit hoher statistischer Wahrscheinlichkeit getestet werden.

Eine der wirkungsvollsten Methoden zur Herstellung der Beziehung zwischen potenziellen Treibern X und dem Ergebnis des Prozesses Y, das heißt zur Erstellung eines praxisnahen Modells, ist die Methode Design of Experiments (DoE).

Der Einsatz von statistischem Denken wurde von westlichen Forschern im letzten Jahrhundert als ein Hauptunterscheidungsmerkmal identifiziert, das japanische Produkte, insbesondere japanische Autos, viel zuverlässiger und die zugrunde liegenden Vorgänge viel effektiver machte (Rath & Strong's, 2003). Die Bedeutung des statistischen Denkens hat nicht abgenommen, sondern wird nun durch die Verfügbarkeit von viel mehr Daten über praktisch alle Elemente des Prozesses und der Lieferkette unterstützt. Die Festlegung des Modells, das den Prozess am besten beschreibt, erfordert mehr als nur grundlegendes statistisches Denken. Das gilt auch für das Prozessmanagement.

Während des Prozessdesigns wird das Modell für die Prozessanalytik erstellt, einschließlich aller Variablen für Input, Prozess und Output und deren Beziehungen untereinander.

9.2.2 Definieren von Indikatoren für die Analytik

Da die Datenanalyse einen ausreichenden Vorrat an genauen, repräsentativen und reproduzierbaren Daten benötigt, ist die Definition der Bedingungen für Datenerfassung und Datenbearbeitung der Indikatoren, der Variablen für alle X und Y ein essenzieller Schritt (Rath & Strong's, 2003). Variablen für vorlaufende Indikatoren sind besser für das Prozessmanagement und die notwendige Analytik geeignet als solche für nachlaufende Indikatoren.

Prozessanalytik benötigt vorlaufende Indikatoren

Da der Zweck der Prozessanalytik für das Prozessmanagement darin besteht, automatisch oder manuell Anpassungen an einem Prozess als Reaktion auf Änderungen der Prozessparameter vorzunehmen, bevor das Prozessergebnis beeinflusst wird, muss die Prozessanalytik auf Messungen für vorlaufende Indikatoren und nicht auf nachlaufenden Indikatoren basieren.

Zum Beispiel kann ein Antragsverfahren für einen Bankkredit viele Indikatoren für Prozessqualität und -effizienz haben. Die Daten der Umfrageergebnisse, die einige Male im Jahr erhoben werden, zeigen die Prozessqualität anhand eines nachlaufenden Indikators, denn wenn die Umfrage durchgeführt wird und das Ergebnis vorliegt, ist der Kreditantragsprozess für die befragten Kunden längst abgeschlossen. Es gibt keine Möglichkeit, etwas im Prozess zu korrigieren, bevor der Kunde das Ergebnis erhält.

Der Arbeitsrückstand der Kreditanträge im Posteingang der Kreditbearbeiter zeigt im Gegenteil, ob zusätzliche Arbeitskräfte benötigt werden, um die versprochene

Bearbeitungszeit einzuhalten. Diese Art von Indikator ist vorlaufend, da die Möglichkeit besteht, Anpassungen der Prozessparameter vorzunehmen, bevor das Ergebnis beeinträchtigt wird.

Y-Variablen sind Output-Indikatoren, die das Prozessergebnis repräsentieren. Über ihre Relevanz entscheidet der Prozesskunde, d.h. ein interner Kunde oder ein externer Kunde.

Interne Kunden sind oft Kollegen, die das Prozessergebnis erhalten, nachdem andere Kollegen ihre Tätigkeit am Objekt, z.B. dem Kreditantrag, abgeschlossen haben.

In dem Beispiel eines Bankkredits werden die Anträge zunächst auf Vollständigkeit und Richtigkeit geprüft. Nachdem die Eingangsprüfer ihren Teil abgeschlossen haben, wird die Kreditprüfung durchgeführt, danach die Darlehensgenehmigung. Die Ergebnisvariablen *Y* für Eingangsprüfer sind Vollständigkeit und Richtigkeit. Beide *Y*-Variablen werden zu *X*-Variablen für die Kreditprüfung. Die abgeschlossene Kreditprüfung liefert zusätzliche *X*-Variablen für den letzten Schritt, die Kreditentscheidung.

Externe Kunden kennen und interessieren sich nicht für diese internen Schritte und ihre Maßnahmen. Für sie sind die wichtigsten *Y*-Variablen das Ergebnis der Kreditentscheidung (abgelehnt oder genehmigt) und die Durchlaufzeit vom Antrag bis zur Entscheidung.

Zusätzlich können andere Abteilungen ein Interesse am Ergebnis der Darlehensgenehmigung haben. Die Risikoabteilung muss z.B. sicherstellen, dass die Bank keine Kredite übernimmt, bei denen die Chance auf eine Rückzahlung gering ist. Daher erhält auch sie Daten für ihre entsprechenden Maßnahmen und liefert Inputs mit Input-Indikatoren für die Kreditentscheidung.

X-Variablen sind Input- und Prozess-Indikatoren. Deren Relevanz wird durch ihr Verhältnis zu den Output-Indikatoren – Output-Variablen *Y* – bestimmt. Input-Indikatoren werden verwendet, um die Qualität von Prozessinputs von internen oder externen Lieferanten zu bewerten.

Für unseren Kreditgenehmigungsprozess sind typische Inputs der Kreditantrag des Antragstellers sowie die vom Kreditbüro gelieferten Kreditinformationen über den Antragsteller. Der Kreditantrag wird auf Richtigkeit und Vollständigkeit geprüft. Beides sind Input-Variablen, da der Prozess zur Erstellung des Antrags außerhalb unserer Kontrolle liegt, d.h. vom Antragsteller durchgeführt wird. Die Kreditauskünfte des Kreditbüros werden vor der Kreditentscheidung auf bestimmte Gesichtspunkte geprüft. Da die Bearbeitungszeit eine Output-Variable ist, d.h. für den Antragsteller wichtig ist, muss die Bearbeitungszeit für jeden Prozessschritt eine Prozess-Variable sein. Weitere Prozess-Variablen könnten die Richtigkeit der Kreditentscheidung und die Kompetenz – Wissen, Fähigkeiten, Erfahrung – der im Prozess tätigen Mitarbeiter umfassen.

Für jede potenzielle Input- und Prozess-Variable *X* wird deren Relevanz durch ihre Bedeutung für die Output-Variable *Y* bestimmt. In unserem Darlehensantragsprozess könnten potenzielle Prozess-Variable beispielsweise auch die Haarfarbe der beteiligten Mitarbeiter sein, oder der Fakt, ob sie einen Hund zu Hause haben oder nicht. Es ist jedoch höchst unwahrscheinlich, dass diese Variablen als relevant betrachtet werden, da sie das Prozessergebnis offensichtlich in keiner Weise beeinflussen. Das System der Input-, Prozess- und Output-Indikatoren und ihre statistisch erwiesene Beziehung zueinander bilden das Modell für den Prozess.

Was macht einen guten Input-, Prozess- oder Output-Indikator?

Ein guter Output-Indikator ist für die Organisation relevant und auf die strategischen Ziele ausgerichtet.

Ein guter Indikator lässt sich quantifizieren, d. h., er kann verwendet werden, um ein Merkmal anhand einer Zahl zu beurteilen.

Ein guter Indikator ist für die Prozessbeteiligten leicht verständlich.

Für einen guten Indikator stehen Daten zur Verfügung oder lassen sich Daten aufnehmen.

Ein guter Indikator unterstützt die Genauigkeit, Darstellbarkeit, Reproduzierbarkeit und Wiederholbarkeit von Daten.

■

9.2.3 Prozessmanagement mit Analytik

Das Prozessmanagement umfasst alle Aktivitäten, die sicherstellen sollen, dass ein Prozess Ergebnisse entsprechend der Spezifikation, den Kundenbedürfnissen und den organisatorischen Anforderungen liefert.

Ein wesentlicher Input für das Prozessmanagement ist das Modell, mit dem der Prozess gesteuert werden soll. Dieses Modell wird während des Prozessdesigns entwickelt und über die Zeit angepasst. Nachdem dieses Modell erstellt ist, wird es mit Daten aus internen oder externen Datenquellen gespeist, um die Indikatoren, die Variablen X_1, X_2, X_3, ... X_n im Modell mit Informationen zu versorgen. Diese Variablen werden eine gewisse Variation haben. Mithilfe des Modells können die *Y*-Variablen berechnet und die Prozesseinstellungen angepasst werden, bevor ein Produkt oder eine Dienstleistung geliefert wird (Bild 9.4).

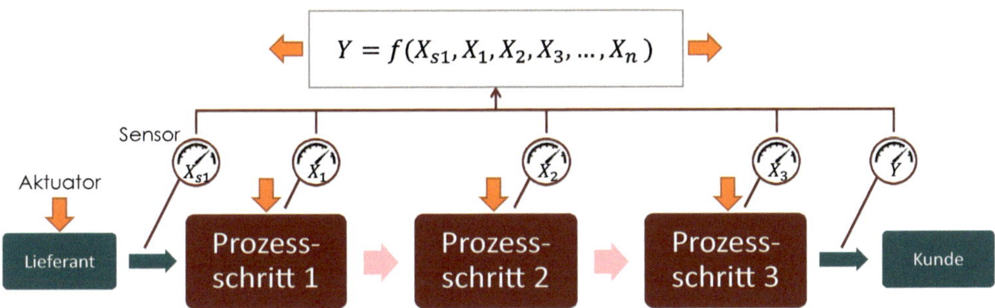

Bild 9.4 Prozess mit Indikatoren für *X*- und *Y*-Variablen

> *Alle Modelle sind falsch. Aber einige sind hilfreich.*
>
> *George E. P. Box (1976)*

Diese Prozessanpassung könnte automatisch über Aktoren in geschlossenen, vollautomatischen Produktionssystemen erfolgen. In weniger automatisierten Produktionssystemen und in Lieferketten- oder Dienstleistungsumgebungen können die Informationen über alle wichtigen Indikatoren an ein Dashboard geliefert werden, damit das Management Schlussfolgerungen ziehen und Entscheidungen treffen kann. Diese Entscheidungen können sehr vielfältig sein, wie im Folgenden gezeigt.

- Anpassen der Druckeinstellungen in einer Lackiererei, wenn die Konsistenz der gelieferten Farbe über einen Schwellenwert hinaus variiert.
- Wechsel des Lieferanten für Teile aufgrund der Verschiebung von Maßen für Qualitätsmerkmale außerhalb einer bestimmten Grenze.
- Verlegung von Krankenschwestern vom Labor in den Blutspenderraum, wenn die Anzahl der wartenden Blutspender und/oder die Wartezeit eine gesetzte Grenze überschreitet.
- Erhöhung der Anzahl der Mitarbeiter im Callcenter, wenn die Anzahl der eingehenden Anrufe pro Zeiteinheit eine Obergrenze überschreitet.
- Bestellung von Grillwaren, wenn der Lagerbestand im Supermarkt unter einen Nachbestellpunkt fällt und die Außentemperatur über ein bestimmtes Niveau steigt.

Einige zeitkritische Entscheidungen sollten automatisiert werden, um das Prozessergebnis zeitnah zu beeinflussen. Andere können dem Management überlassen werden. Alle diese Entscheidungen werden nach dem Verständnis der Beziehung zwischen kritischen Prozesstreibern (X_1, X_2, X_3, ... X_n) und dem Prozessergebnis (Y) getroffen (Bild 9.4).

Die Datenanalyse ist die Grundlage für den Aufbau eines robusten, zuverlässigen Modells für das Prozessmanagement.

Während des Prozessmanagements wird das Modell für Prozessanalytik zur Überwachung und Anpassung von Prozessparametern verwendet.

9.2.4 Prozessverbesserung durch Analytik mit DMAIC

Fast alle Methoden zur Prozessverbesserung erfordern eine Datenerfassung und -analyse, um Qualitäts- oder Prozessprobleme zu lösen. Viele traditionelle Techniken können zur Überwachung und Analyse der Qualität von Produkten und Dienstleistungen sowie der zugrunde liegenden Prozesse eingesetzt werden. Der Lean-Six-Sigma-Werkzeugkasten stellt eine weltweit und branchenübergreifend erprobte Sammlung von leistungsstarken Techniken zur Datenerfassung, Datenbereinigung, Datentransformation und Datenanalyse zur Verfügung, die durch einen Projektmanagement-Ansatz miteinander verbunden sind.

Prozessdesign oder Prozessverbesserung – Prozesserfahrung zählt

Selbst für die Neugestaltung eines veralteten Prozesses ist die Erfahrung, d. h. die Kenntnis des Prozessmodells und dafür gesammelte historische Daten eine entscheidende Hilfe.

Lean Six Sigma ist der erfolgreichste uns bekannte Prozessverbesserungs- und Prozess-Reengineering-Ansatz (Kaufmann, 2018). Diese Methodik wird auf Verbesserungsprojekte angewendet und folgt fünf Projektmanagement-Phasen: Definieren, Messen, Analysieren, Verbessern und Überwachen (DMAIC).

Während DMAIC auf früheren Problemlösungsansätzen wie Plan-Do-Check-Act (PDCA), Business Process Reengineering (BPR) und Total Quality Management (TQM) aufbaut, ist die in DMAIC-Projekten geforderte Disziplin beim Einsatz vorgegebener Werkzeuge eines der Elemente, die DMAIC von früheren Ansätzen unterscheidet (Rath & Strong's, 2003). DMAIC-Projekte verlangen einen Ablauf ohne Abkürzungen, der vollständig datengesteuert ist.

Zur gleichen Zeit, als Q101 von Ford als leistungsstarker Ansatz zur Nutzung der Analytik in Automobilunternehmen und ihren Zulieferern entwickelt wurde, brachte Motorola mit seiner Six-Sigma-Initiative Statistiken in den Betrieb und in den Sitzungssaal, um sein defizitäres Fernsehgeschäft zu retten (Pierce, 2011). Mit den umfassenden und modernen Werkzeugen, die Teil jedes Six-Sigma-Projekts sind – heute höchstwahrscheinlich ein Lean-Six-Sigma-Projekt –, übernimmt DMAIC viele Aufgaben, die für die Prozessanalytik erforderlich sind (Tabelle 9.1).

Der Einsatz der Datenanalyse in jeder Phase, insbesondere in der Messen- (M) und Analysephase (A), ist von entscheidender Bedeutung, um korrekte, datengetriebene, geschäftsrelevante und reproduzierbare Entscheidungen zu treffen.

Tabelle 9.1 Von DMAIC-Phasen abgedeckte Prozessanalyse-Aufgaben

DMAIC-Phase	Beitrag zur Prozessanalytik
Definieren (DEFINE)	Sammeln und Definieren der Anforderungen des Prozesskunden. Identifizieren von Output-Indikatoren *Y*.
Messen (MEASURE)	Identifizieren potenzieller Treiber für Output-Messungen, d. h. Input-Indikatoren und Prozess-Indikatoren *X*. Einrichten von Datenerfassungsverfahren. Validieren von Datenerfassungsverfahren. Sammeln von Daten für *X* und *Y*. Ermitteln der statistischen Parameter für *X*- und *Y*-Daten. Visualisieren von *X*- und *Y*-Daten.
Analysieren (ANALYSE)	Visualisieren der *X*-*Y*-Beziehungen. Validieren der *X*-*Y*-Beziehungen. Einrichten und Prüfen des *X*-*Y*-Modells: $Y = f(X_1, X_2, X_3, \dots X_n)$.
Verbessern (IMPROVE)	Pilotieren eines verbesserten Prozesses und seiner Parameter *X*. Einführen von Prozessmanagementverfahren zur Verwendung des Modells. Standardisierung neuer Prozessabläufe.
Überwachung (CONTROL)	Anwendung von Prozessmanagementverfahren. Automatisches Nachstellen des Prozesses oder Signalisieren von signifikanten Abweichungen.

Während der Prozessverbesserung sollte das Modell für die Prozessanalytik nach Änderungen am Prozess angepasst werden. ■

■ 9.3 Rollen und Einsatz von Prozessanalytik

Wie bei jeder Initiative erfordert die Ein- und insbesondere die Durchführung von Prozessanalytik Ressourcen und eine Infrastruktur, um effektiv zu sein (Rath & Strong's, 2003). Als Motorola seine preisgekrönte Six-Sigma-Initiative ins Leben rief, baute das Unternehmen diese auf einem soliden Fundament aus Infrastruktur und Bereitstellungsschritten auf. Viele der Faktoren, die Motorola erfolgreich gemacht haben, gelten auch für jede andere Organisation (Tabelle 9.2) auf deren Weg zur Implementierung von Prozessanalytik.

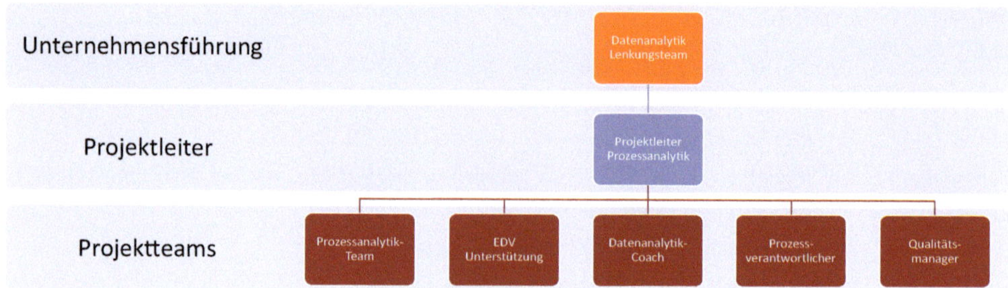

Bild 9.5 Beispiel einer Infrastruktur für Einführung und Nutzung von Prozessanalytik

Da Prozessanalytik von der Unternehmensführung aus gesteuert werden sollte, ist es angebracht, ein Lenkungsteam aus dem Management-Team zu bilden, das diese Initiative vorantreibt (Bild 9.5). Ein Lenkungsteam ist der primäre Treiber für den Einsatz von Prozessanalytik. Das Lenkungsteam hat unter anderem die folgenden Aufgaben:

Tabelle 9.2 Schritte zur erfolgreichen Einführung von Prozessanalytik

Ausrichten der Prozessanalytik auf die Geschäftsstrategie und -ziele.
Setzen von Prioritäten für die Einführung, d. h. identifizieren von Möglichkeiten der Anwendung von Analytik im Unternehmen.
Festlegen von Zielen für Operationsanalytik-Projekte.
Ernennen von Projektteammitgliedern und -leitern.
Testen der Implementierung in Pilotprojekten.
Überwachen des Team- und Projektfortschritts.
Beaufsichtigen der Implementierung von Prozessanalytik-Routinen.

Das **Lenkungsteam** sollte über ein gutes Verständnis der neuesten verfügbaren Technologie für Prozessanalytik, potenzielle Datenquellen und Datenanalysetechniken einschließlich Statistik verfügen. Und sie müssen die geschäftlichen Anforderungen kennen.

Ebenso wird vom **Leiter des Prozessanalytik-Teams** ein guter Geschäftssinn verlangt. Er muss ausgezeichnete Kenntnisse über die Möglichkeiten moderner Technologie und ein solides Verständnis komplexer statistischer Instrumente zum Aufbau funktionierender Geschäftsmodelle besitzen. Für einen Teamleiter sind Soft Skills wie Fähigkeiten zur Kommunikation und Einbindung von Interessengruppen, zur Bewältigung von Veränderungen usw. von entscheidender Bedeutung.

Das **Prozessanalytik-Projektteam** besteht aus Prozessbeteiligten, die eine angemessene Repräsentation ihrer Prozesse sowie ihrer Prozesskunden sicherstellen. Da Prozessanalytik höchstwahrscheinlich den Aufbau oder die Aufrüstung der IT-

Infrastruktur beinhaltet, muss das Wissen über die neuesten Entwicklungen von Datenerfassungstechniken, Werkzeugen der künstlichen Intelligenz, Lösungen zur robotergestützten Prozessautomatisierung (RPA) in das Team eingebracht werden. Darüber hinaus müssen dem Team Kenntnisse und Fachwissen über Datenbereinigung, Datentransformation, Datenanalyse und Visualisierungslösungen zur Verfügung stehen. Schließlich muss die Kundenperspektive vertreten sein, am ehesten durch den Qualitätsmanager. Je nach den Besonderheiten des Projekts müssen möglicherweise auch andere Abteilungen in das Team eingeladen werden.

Prozessanalytik strebt organisationsweite, integrierte Lösungen an. Daher sollte es eine sehr transparente Infrastruktur mit einer kontinuierlichen Kommunikation geben.

Der Einsatz von Prozessanalytik bedeutet für jede Organisation eine Veränderung. Für viele von ihnen ist es ein Wandel hin zu einer datengesteuerten Kultur, in der Just-in-time-Business Intelligence zur Anpassung der Abläufe und damit der Organisation genutzt wird.

Typische Schritte zum Bilden einer Datenanalytik-Unternehmenskultur in einer Organisation sind:

- Die Unternehmensleitung sollte frühzeitig den Ton angeben, die Datenstrategie formulieren und daran festhalten. Die Botschaft kann etwa lauten: „Bevor Sie eine Entscheidung treffen, zeigen Sie mir die Daten!“ oder „Unser Ziel ist es, 30 % unserer täglich wiederkehrenden Aktivitäten zu automatisieren!“
- Das Belohnungs- und Anerkennungssystem sollte ein Element der Prozessanalytik beinhalten, d. h., die Verwendung von Daten und die Ausbildung aller Mitarbeiter im betreffenden Bereich werden belohnt.
- Es sollte frühzeitig über die notwendige Ausbildung in Disziplinen wie Datenanalyse und -wissenschaft, Künstliche Intelligenz usw. entschieden werden.
- Datenanalytik wird Bestandteil der Karriereplanung von Mitarbeitern.
- Organisatorische Prioritäten für die Einführung werden festgelegt und eingehalten.

Eine gute Führung ist möglicherweise die wichtigste Voraussetzung für die Einführung von Prozessanalytik in einer Organisation.

9.4 Schlussfolgerung

Prozessanalytik ist nicht neu. Mit der Zugänglichkeit einer Vielzahl von Daten über nahezu alle Facetten von Organisationsprozessen und mit der Verfügbarkeit leistungsfähiger Hard- und Software ist es einfacher denn je, effektive Prozessanalytik-Systeme aufzubauen. Diese Systeme helfen, die Beziehung zwischen verschiedenen Teilen einer Organisation sowie deren Auswirkungen auf das Ergebnis zu verstehen. Dieses Verständnis sollte genutzt werden, um ein Modell für die laufende Verwaltung und Verbesserung der Organisation, ein Prozessmanagement-Modell, zu entwickeln oder das bestehende zu erweitern. Mit diesem Wissen kann die Steigerung der Kundenzufriedenheit, der organisatorischen Effizienz und Produktivität sowie der Mitarbeiterzufriedenheit modelliert, verfolgt und erreicht werden.

Da viele der Prozessanalytik-Konzepte den in Lean Six Sigma verwendeten Konzepten ähnlich sind, haben Organisationen mit Erfahrung in dieser Methodik einen Vorteil. Erfahrene Lean Six Sigma Black Belts oder Green Belts mit erfolgreichen Projekten unter ihrem Gürtel sollten als Teil oder Leiter des Datenanalytik-Teams in Betracht gezogen werden, nachdem sie mit den erforderlichen modernen Datenanalytik-Fähigkeiten aufgerüstet wurden.

In den folgenden Kapiteln zeigen wir Wege auf, wie Prozessanalytik in verschiedenen betrieblichen Situationen eingesetzt werden kann. Der Schwerpunkt liegt dabei nicht so sehr auf der Automatisierung der zugrunde liegenden Prozesse, sondern auf der Methode zur Sammlung, Umwandlung, Bereinigung und Modellierung von Daten für die Entscheidungsfindung, der Grundlage der Prozessanalytik.

Erfolgsfaktoren für den Einsatz von Prozessanalytik

1. Der Aufbau von Prozessanalytik muss von oben gesteuert werden. Diese Aufgabe kann nicht an IT-Leute delegiert werden, die sich mit den neuesten Tools auskennen, oder an Datenanalysten, die die Statistiken schätzen. Das Management-Team muss sich diese Aufgabe zu eigen machen und auf die Unterstützung von IT und Datenanalysten vertrauen.
2. Prozessanalytik muss mit einer ordnungsgemäßen organisationsweiten Ausbildung über das Thema Analytik beginnen. Einige Mitarbeiter oder das Management zu bitten, über Analytik zu lesen, ist nicht gut genug (Gallo, 2018).
3. Prozessanalytik muss sich auf die Verbesserung der organisatorischen Leistung konzentrieren, d. h., es muss für das Unternehmen relevant sein, um akzeptiert und angenommen zu werden.
4. Prozessanalytik benötigt eine angemessene Infrastruktur mit engagierten und gut ausgebildeten Ressourcen zur Unterstützung dieser Initiative. Sie müssen an der Wirkung von Prozessanalytik gemessen werden.

5. Prozessanalytik kann für die Personalentwicklung genutzt werden. Wenn jeder Manager an seinem Beitrag zur Prozessanalytik gemessen wird, bestehen gute Chancen zur Umsetzung. ■

Übung

Nachdem Sie diesen Teil abgeschlossen haben, können Sie die folgenden Fragen beantworten:

- Was sind die Vorteile von Prozessanalytik?
- Was sind die drei Dimensionen der Prozessanalytik?
- Was sind *X* und *Y* in der Prozessanalytik?
- Was sind Merkmale guter Indikatoren für die Prozessanalytik?
- Wie ist die Beziehung zwischen DMAIC und Prozessanalytik?
- Wie wird Prozessanalytik eingesetzt? ■

10 Fall: Welcher Anbieter hat die bessere Produktqualität?

Teure Fehlentscheidungen mit einfachen Mitteln vermeiden

Sehr oft werden Beschaffungsabteilungen damit beauftragt, wichtige Kaufentscheidungen zu treffen. Sie müssen für gewöhnlich zwischen drei verschiedenen Anforderungen abwägen. Erstens müssen die Produkte die Spezifikationen zuverlässig erfüllen oder übertreffen. Zweitens muss der Preis wettbewerbsfähig sein. Und drittens muss die Lieferung pünktlich erfolgen. Dies gilt für Produktions- und Dienstleistungsunternehmen gleichermaßen.

Der folgende Fall konzentriert sich auf die langfristige Sicherstellung der Erfüllung genannter Anforderungen. Bei den verfügbaren Daten handelt es sich lediglich um einen Satz von Einheiten und Maßen für die Erstmusterprüfung.

10.1 Geschäftsrelevante Frage formulieren

Die offensichtliche Frage, die jedes Beschaffungsteam beantworten muss, lautet: „Was ist der beste Lieferant in Bezug auf die Produktqualität?" Nach der Beantwortung dieser Frage sind Preisverhandlungen einfacher. Und gleichzeitig werden die Lieferbedingungen festgelegt.

Es spielt keine Rolle, ob eine Blutbank Blutbeutel von verschiedenen Lieferanten beschafft oder ein Kühlschrankhersteller Teile für Kühlschränke kauft. Es ist eine übliche Praxis, eine Warenprobe zu bestellen, um sie einer eingehenden Prüfung zu unterziehen. Obwohl es immer eine gewisse Voreingenommenheit geben wird – wer sendet schon schadhafte Teile zur Erstmusterprüfung an einen potenziellen Kunden –, zahlt sich eine gründliche Prüfung in der Regel aus.

10.2 Daten erfassen und vorbereiten

Es ist für den Kunden nahezu unmöglich, eine Stichprobe der Waren selbst zu ziehen. In der Regel wird die Stichprobe vom Lieferanten zur Verfügung gestellt.

Tabelle 10.1 Parameter der Abstandhalterdaten von drei Lieferanten

Parameter	Lieferant A	Lieferant B	Lieferant C
Stichprobengröße	58	45	60
Mittelwert	10,45	10,44	10,51
Standardabweichung	0,14	0,16	0,16
Gutanteil	100%	100%	100%

In unserem Fall haben drei Lieferanten 45, 58 und 60 Abstandhalter (Spacer) an unseren KühlschrankMacher (FridgeMaker) zur Erstmusterprüfung geliefert. Diese Abstandhalter wurden gemäß der mit den Lieferanten vereinbarten Spezifikation vermessen. Die untere Spezifikationsgrenze beträgt LSL = 10,2 mm, während die obere Spezifikationsgrenze bei USL = 10,8 mm liegt.

10.3 Daten analysieren

Wie in Tabelle 10.1 dargestellt, erfüllen alle Lieferanten die erforderliche Spezifikation mit allen Teilen. Nun könnte die Beschaffung ihre Entscheidung auf der Grundlage des Preises treffen. Wenn die Qualität gleich ist, erhält der Billigste den Auftrag. Richtig?

Halt! Nicht so schnell. Dies könnte ein Fehler sein.

Obwohl wir nur über wenige Daten verfügen, können wir mehr Informationen aus den vorhandenen Daten herausholen. Schließlich wird sich unsere Entscheidung zumindest für das nächste Jahr auf unsere Produktionslinie von Kühlschränken auswirken.

Aufgabe 10.1: Daten laden und einen Überblick verschaffen

- Öffnen Sie die Daten in der Datei **FridgeMaker.xlsx** im Arbeitsblatt **Spacer.**
- Stellen Sie sicher, dass die Tabelle als Excel-Tabelle formatiert ist, indem Sie mit dem Cursor innerhalb der Tabelle die folgenden Schritte ausführen: **Start – Als Tabelle formatieren – Format wählen – Tabelle hat Überschriften.**

- Benennen Sie die Tabelle mit dem Cursor in der Tabelle: **Tabellenentwurf – Tabellenname – „Stacked"** für gestapelte Daten und **„Unstacked"** für nicht gestapelte Daten. Stellen Sie sicher, dass **Kopfzeile** und **Schaltfläche Filter** markiert sind.
- Wählen Sie **Daten – Datenanalyse – Populationskenngrößen.**
- Wählen Sie **$B$1:$D$61** als **Eingabebereich** und **Beschriftungen in erster Zeile.**
- Wählen Sie **Neues Tabellenblatt – Statistische Kenngrößen – Konfidenzniveau für Mittelwert 95 %.**

■

Tabelle 10.2 Populationskenngrößen für Abstandhalter von Lieferanten A, B und C

Parameter	Supplier A	Supplier B	Supplier C
Mittelwert	10,4488	10,4360	10,5112
Standardfehler	0,0185	0,0233	0,0202
Median	10,4400	10,4400	10,5000
Modus	10,3800	10,2500	10,4700
Standardabweichung	0,1406	0,1563	0,1562
Stichprobenvarianz	0,0198	0,0244	0,0244
Kurtosis	-0,4863	-0,8740	-1,1821
Schiefe	0,3779	0,2921	0,0901
Wertebereich	0,5700	0,5500	0,5200
Minimum	10,2000	10,2200	10,2600
Maximum	10,7700	10,7700	10,7800
Summe	606,0300	469,6200	630,6700

Minimum und **Maximum** der in der Tabelle 10.2 dargestellten Populationskenngrößen zeigen, dass alle Anbieter die Spezifikationen erfüllen. Dies ist keine Überraschung. Im Gegenteil, es wäre sehr verwunderlich, wenn die Abstandhalter nicht mit den Spezifikationen übereinstimmen würden, da die Lieferanten ihre Teile an KühlschrankMacher verkaufen wollen.

Wenn ihre Prozesse fähig sind, liegen nicht nur alle Datenpunkte innerhalb der Spezifikationen, sondern weisen auch eine Normalverteilung auf, da es keinen Grund gibt, warum der Prozess keine normalen Daten produzieren sollte. Wenn der Prozess die Gauß'sche Glockenform zeigt und fähig ist, würde man erwarten, dass **Mittelwert**, **Median** und **Modus** sehr nahe beieinander und nahe der Mitte der Toleranz liegen, d.h. bei etwa 10,5 mm. Dies ist ungefähr richtig für Lieferant A und Lieferant C. Die Daten von Lieferant B zeigen einen **Modus**, der sehr nahe an der unteren Spezifikationsgrenze liegt. Dies ist ungewöhnlich und muss überprüft werden.

Weitere Indikatoren für die Form der Daten werden in **Kurtosis** und **Schiefe** angegeben. Die Chance für eine Normalverteilung ist hoch, wenn beide Parameter nahe null, zumindest aber zwischen − 2 und + 2 liegen, was gegeben scheint. Allerdings sind die Werte für Kurtosis mit − 0,874 und − 1,182 für Lieferant B bzw. Lieferant C etwas hoch. Auch das sollte näher untersucht werden.

Ein Prozess kann als fähig bezeichnet werden, wenn er langfristig eine sehr niedrige Fehlerquote liefern kann. Eine Prozessfähigkeit (C_p und C_{pk}) von 1 bedeutet, dass der Prozess mit einer Fehlerquote von deutlich weniger als 0,27 % produzieren kann, d. h., der Prozess muss in der Lage sein, 99,73 % gute Teile zu liefern. Unter Normalverteilungsbedingungen – und wir haben keinen Grund für die Annahme einer Abweichung von der Normalverteilung – kann dies erreicht werden, wenn der Prozess zentriert ist und mit einer Standardabweichung arbeitet, die sechs Mal zwischen die Spezifikationsgrenzen passt.

Die geringste Standardabweichung wird von Lieferant A mit 0,1406 geliefert. Bei der Berechnung von 6 × 0,1406 = 0,8433 wird deutlich, dass wir von diesem Lieferanten keinen fehlerfreien Lieferfluss erwarten können, weil das Fertigungsverfahren des Lieferanten dazu nicht in der Lage zu sein scheint. Mit dieser Standardabweichung werden erheblich mehr Abstandhalter außerhalb der Spezifikation hergestellt werden. Es muss eine teure und nie perfekte Endkontrolle installiert werden, um ein unzureichendes Prozessergebnis zu sortieren. Die Erfahrung zeigt, dass dies nicht funktioniert. Lieferant B und Lieferant C scheinen sogar schlechter zu sein.

Daher berechnen wir die Ausbeute, die Lieferant A mit dem aktuellen Prozess erreichen kann. Wir verwenden die Excel-Vorlage ProcessCapability.xlsx.

Aufgabe 10.2: Berechnen der Prozessfähigkeit für Lieferant A

- Öffnen Sie **ProcessCapability.xlsx.**
- Geben Sie **Mittelwert, Standardabweichung, untere und obere Spezifikationsgrenze** ein.

■

Das Diagramm in Bild 10.1 zeigt, dass der Prozess von Lieferant A wahrscheinlich eine Ausbeute von 95,6 % liefern wird. Geht man von einem jährlichen Volumen von 500 000 Abstandhaltern aus, werden bei Lieferant A mehr als 22 000 Abstandhalter außerhalb der Spezifikation liegen. Selbst wenn Lieferant A versuchen würde, alle Teile zu finden, die nicht der Spezifikation entsprechen, wäre es aus mindestens zwei Gründen immer noch riskant, von A zu kaufen:

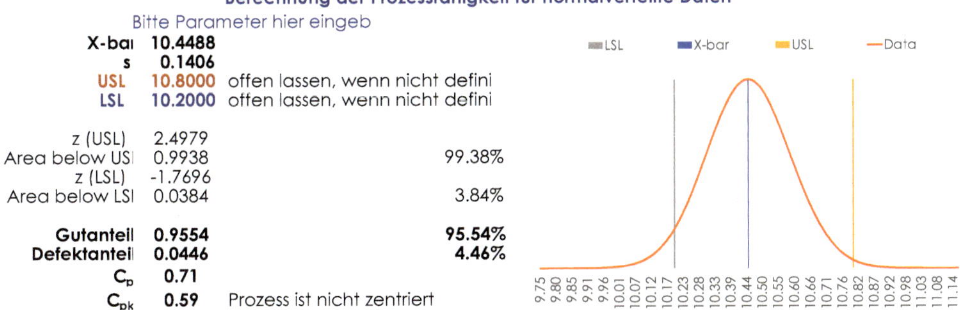

Bild 10.1 Analyse der potenziellen Prozessfähigkeit mit ProcessCapability.xlsx

Erstens kann keine Inspektion eine 100%-Kontrolle über einen längeren Zeitraum erfolgreich durchführen. Es sind Teile zu erwarten, die außerhalb der Spezifikation liegen. Das bedeutet, dass wir eine zusätzliche Eingangsprüfung mit einer sehr hohen Stichprobenrate benötigen.

Zweitens: Sowohl eine Eingangskontrolle auf unserer Seite als auch eine Endkontrolle auf der Seite des Lieferanten kosten Geld. Das ist entweder Geld, das für eine automatische Inspektion ausgegeben würde. Oder – im schlimmsten Fall – das ist Geld, das für eine manuelle Prüfung aufgewendet werden müsste. Es ist ziemlich offensichtlich, wer dafür bezahlen muss.

Studieren der deskriptiven Statistik (Excel: Populationskenngrößen)

Treffen Sie niemals eine wichtige Entscheidung, ohne alle wesentlichen Parameter Ihrer Daten zu studieren. Dazu gehören, abgesehen von Mittelwert und Standardabweichung oder Varianz auch Median, Modus, Schiefe, Kurtosis, Wertebereich und Form des Datensatzes.

Diese Parameter können Ihnen eine Menge erzählen – wenn Sie zuhören und verstehen können.

Es sieht so aus, als könne kein Lieferant unsere Anforderungen erfüllen. Dies ist eine kritische Situation, weil wir die Lieferanten zur Erstmusterprüfung eingeladen hatten, von denen wir dachten, dass sie die Aufgabe erfüllen könnten. Wenn wir nach anderen suchen müssten, würden wir den gesamten Zyklus der Lieferantenqualifizierung neu beginnen. Bevor wir diesen Prozess ein weiteres Mal durchlaufen, studieren wir die Plots der Spacer-Daten aller Lieferanten.

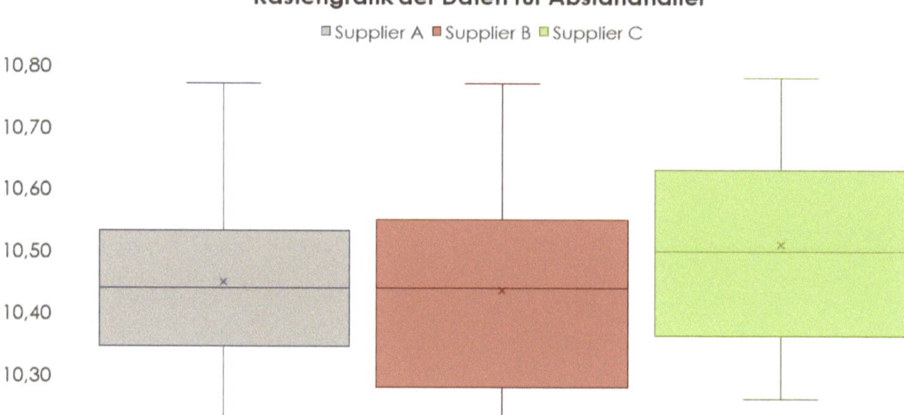

Bild 10.2 Kastengrafik (Box-Plot) der Abstandhalterdaten von drei Lieferanten

Zuerst erzeugen wir mit MS Excel eine Kastengrafik (Box- und Whisker-Plot oder Box-Plot). Dazu markieren wir die Daten in Tabelle **„Stacked"**, dann wählen wir **Einfügen – Diagramme – Kastengrafik.** Dieses Diagramm bietet die Möglichkeit, die einzelnen Datenpunkte nach Doppelklicken der Kasten mit **Innere Punkte anzeigen** (Bild 10.2) darzustellen. Es zeigt keine Überraschung an.

Bei der Untersuchung der Kasten erkennen wir jedoch, dass die Höhe der Boxen im Vergleich zu den Linien bei Lieferant B und Lieferant C nicht auf eine perfekte Glockenform schließen lässt. Die Daten von Lieferant B scheinen sich knapp oberhalb der unteren Spezifikationsgrenze zu sammeln. Dies ist das Signal für einen Prozess, der ohne Inspektion nicht funktionieren kann. Wir vermuten, dass Lieferant B seine Erstmusterteile „herausputzte", bevor sie übersendet wurden. Dabei wurden offensichtlich Teile aussortiert, die unterhalb der Spezifikationsgrenze vermessen wurden. Sie wurden augenscheinlich durch Abstandshalter ersetzt, die der Spezifikation entsprachen.

Ein solches Verfahren ist nicht nur unfähig, die Anforderungen zu erfüllen. Es ist auch erkennbar, dass Lieferant B versucht hat, den Auftrag durch Betrug zu gewinnen. Wir sind uns alle einig, dass wir mit diesem Lieferanten nicht zusammenarbeiten wollen. Eine Lieferanten-Kunden-Beziehung muss auf Vertrauen basieren. Ohne Vertrauen können auch zukünftige Probleme möglicherweise nicht auf die richtige Art und Weise behandelt werden.

Tabelle 10.3 Histogramme der Abstandhalter-Maße für alle Lieferanten

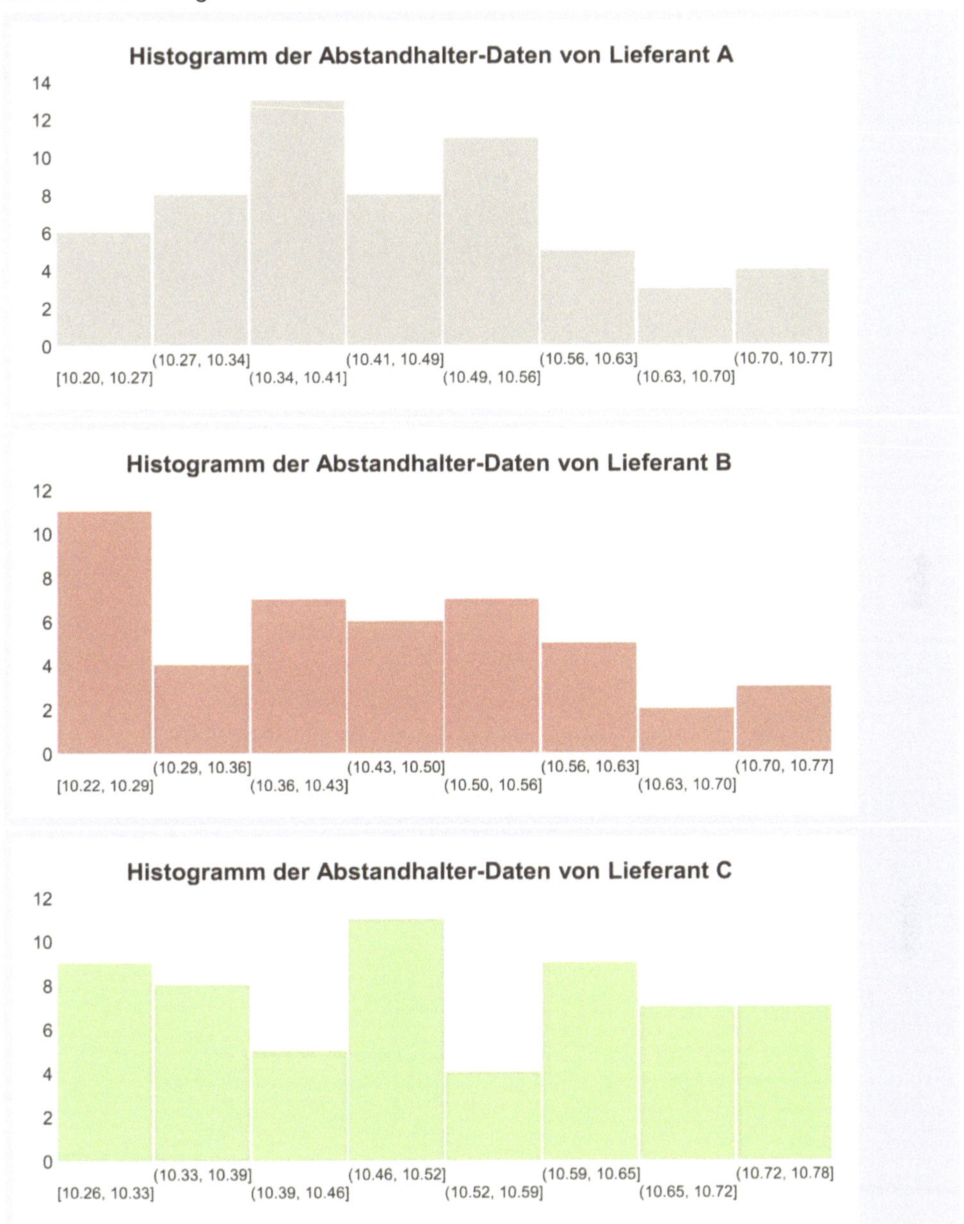

Die Erstellung von Histogrammen (Tabelle 10.3) mit MS Excel ergibt aufgrund der kleinen Anzahl von Datenpunkten sehr schwache Darstellungen. In unserem Fall zeichnen wir nur etwa 50 Datenpunkte auf. Daher sind die Histogramme nicht sehr aussagekräftig. Dennoch bestätigt das Histogramm, dass Lieferant B viele Abstandhalter geliefert hat, die knapp über der unteren Spezifikationsgrenze liegen.

Dies ist kein Bild, das wir von einem ungestörten, fähigen Prozess erwarten. Unsere Annahme eines manuellen Eingriffs wird bestätigt.

Als wir den Lieferanten um Teile für die Erstmusterprüfung baten, fragten wir nach den entsprechenden Daten in Fertigungsreihenfolge. Diese werden bei Eingang eines Loses in der Regel nicht angegeben. Aber die Kenntnis der Produktionsreihenfolge kann helfen zu verstehen, was im Prozess vor sich geht, ohne den Prozess überhaupt zu sehen. Da wir die Daten haben, ist es einfach, ein weiteres Schlüsseldiagramm, das Verlaufsdiagramm, zu zeichnen.

Tabelle 10.4 Verlaufsdiagramme der Abstandhalterdaten in Fertigungsreihenfolge

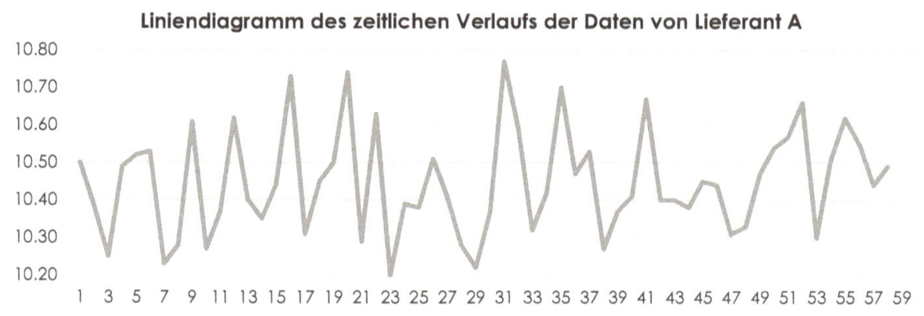

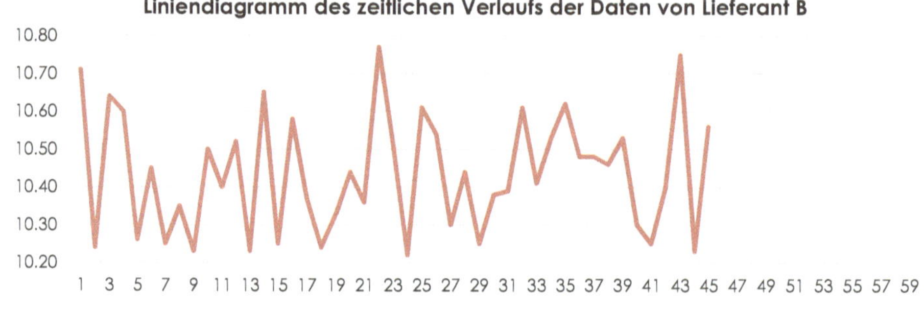

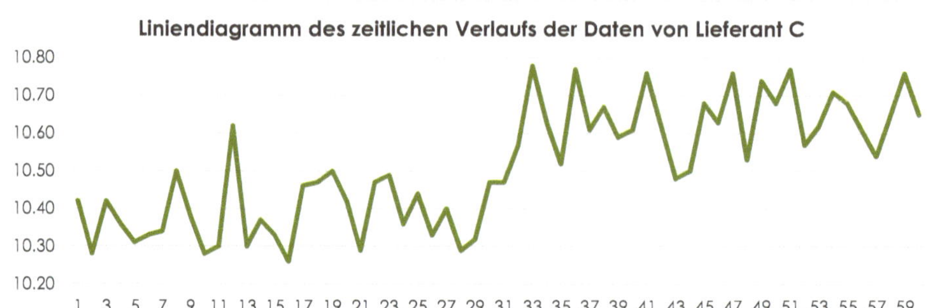

Die Verlaufsdiagramme (Tabelle 10.4) zeigen Abstandhalterdaten in Produktionsreihenfolge. Die Daten von Lieferant A veranschaulichen einen Prozess mit einem hohen Grad an Variation, so wie auch Lieferant B. Die scheinbare Ansammlung von Datenpunkten an der unteren Spezifikationsgrenze von 10,20 mm kann ebenfalls beobachtet werden.

Lieferant C bietet eine Überraschung für uns. Auch ohne auf eine Regelkarte zurückzugreifen - das richtige Werkzeug zur Identifizierung von Störungen, Signalen, in Prozessen - wird deutlich, dass die Daten von Lieferant C aus zwei Chargen bestehen. Die erste Charge endet etwa am Datenpunkt 31. Es ist eine gute Annahme, dass zwischen Charge eins und Charge zwei etwas passiert sein muss. Die Veränderung des Mittelwertes ist sehr deutlich in der Darstellung des gleitenden Durchschnitts in Bild 10.3.

Aufgabe 10.3: Plotten eines Diagramms des gleitenden Durchschnitts des Abstandshalters für Lieferant C

- Wählen Sie **Daten - Datenanalyse - Gleitender Durchschnitt.**
- Wählen Sie **$D$1:$D$61** als **Eingabebereich.**
- Wählen Sie **Intervall: 5** und **Ausgabebereich** mit zwei leeren Spalten im gleichen Arbeitsblatt.
- Wählen Sie **Ausgabebereich** und wählen Sie **Diagrammdarstellung.**

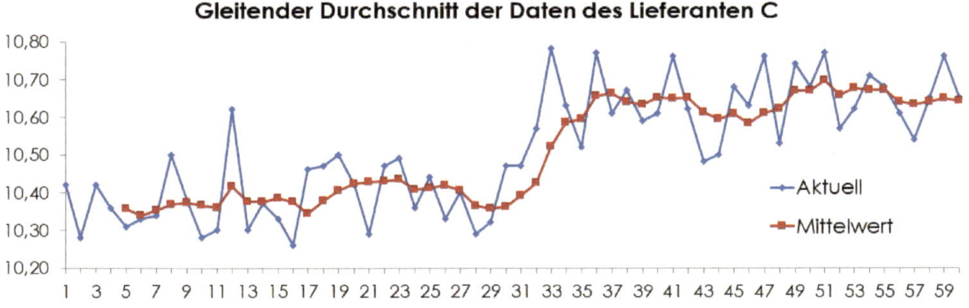

Bild 10.3 Diagramm des gleitenden Durchschnitts für Lieferant-C-Daten (Intervall = 5)

Nach Kontaktaufnahme mit Lieferant C gaben die Verantwortlichen bereitwillig zu, dass Teile und Daten für diese Erstmusterprüfung in zwei Schichten zusammengestellt wurden. Schicht 1 lieferte die Teile bis Nummer 31, während Schicht 2 den Rest der Abstandshalter herstellte. Wir schätzen die Ehrlichkeit von Lieferant C. Jetzt wissen wir, dass Lieferant C viel besser arbeiten könnte, wenn es keine Störungen im Prozess gäbe. Da beide Schichten in der Lage sind, auch nach der Veränderung der Einstellung der Maschine gute Teile zu liefern, sind wir sehr zuversichtlich, dass Lieferant C über einen fähigen Prozess verfügt.

Da wir wissen, was Schicht 1 und Schicht 2 ausmacht, führen wir deskriptive Statistiken für nach Schicht getrennten Daten von Lieferant C durch (Tabelle 10.5).

Tabelle 10.5 Deskriptive Statistik für Abstandhalter von Lieferant C, Schicht 1 und Schicht 2

Parameters	Supplier C - Shift 1	Supplier C - Shift 2
Mittelwert	10,3865	10,6445
Standardfehler	0,0156	0,0163
Median	10,3700	10,6300
Modus	10,4700	10,6100
Standardabweichung	0,0869	0,0875
Stichprobenvarianz	0,0076	0,0077
Kurtosis	−0,0835	−0,9005
Schiefe	0,5876	−0,0464
Wertebereich	0,3600	0,3000
Minimum	10,2600	10,4800
Maximum	10,6200	10,7800
Summe	321,9800	308,6900
Anzahl	31	29
Konfidenzniveau (95%)	0,0319	0,0333

Grafische Darstellung von Daten ist Pflicht – Plot the Data, Plot the Data, Plot the Data

Treffen Sie niemals eine wichtige Entscheidung, ohne die Daten grafisch darzustellen. Das Plotten von Daten ist in der Regel keine Zeitverschwendung, sondern bringt zusätzliche Informationen für bessere Schlussfolgerungen und Entscheidungen mit sich. ■

Als Formalität zur Verifizierung des Offensichtlichen führen wir einen *t*-Test durch, um zu bestätigen, dass beide Schichten wirklich signifikant unterschiedliche Ergebnisse geliefert haben. Falls der Unterschied bestätigt wird, ist die Standardabweichung von 0,1562 nicht prozessimmanent, sondern durch eine Prozessänderung verursacht.

Aufgabe 10.4: Durchführen eines *t*-Tests zur Bestätigung des Unterschieds zwischen Shift 1 und Shift 2

- Wählen Sie **Daten – Datenanalyse – Zweistichproben *t*-Test: Unterschiedliche Varianzen**
- Wählen Sie **$I$1:$I$32** für **Bereich Variable A.**
- Wählen Sie **$J$1:$J$30** für **Bereich Variable B.**
- Setzen Sie die **Hypothetische Differenz der Mittelwerte auf 0** (Nullhypothese).
- Setzen Sie **Beschriftungen**, da wir die Spaltennamen einbezogen haben.
- **Alpha** ändert sich nicht. Es bleibt bei **0,05.** ■

Tabelle 10.6: Zweistichproben *t*-Test unter der Annahme unterschiedlicher Varianzen für Schicht 1 und Schicht 2 bei Lieferant C

	Supplier C – Shift 1	Supplier C – Shift 2
Mittelwert	10,3865	10,6445
Varianz	0,0076	0,0077
Beobachtungen	31	29
Hypothetische Differenz der Mittelwerte	0	
Freiheitsgrade (df)	58	
t-Statistik	−11,4488	
P(*T* <= *t*) einseitig	0,0000	
Kritischer *t*-Wert bei einseitigem *t*-Test	1,6716	
***P*(*T* <= *t*) zweiseitig**	**0,0000**	
Kritischer *t*-Wert bei zweiseitigem *t*-Test	**2,0017**	

Wir bestätigen den signifikanten Unterschied zwischen Schicht 1 und Schicht 2. Es besteht kein Risiko anzunehmen, der Prozess wurde mit zwei verschiedenen Einstellungen durchgeführt, da der *p*-Wert für die Differenz 0,000 ($P(T <= t)$ zweiseitig) beträgt (Tabelle 10.6).

Unser Interesse gilt unmittelbar der Standardabweichung. Die Standardabweichung ist 0,0869 für Schicht 1 und 0,0875 für Schicht 2 gegenüber 0,1562 bei gemeinsamer Betrachtung. Das ist eine Verringerung auf fast 50 %.

Wir wissen bereits, dass Lieferant C die Leistung erbringen kann, die wir für Abstandshalter in qualitativ hochwertigen und zuverlässigen Kühlschränken benötigen.

Wenn wir davon ausgehen, dass Lieferant C in der Lage ist, den Abstandhalterprozess in der Nähe der Toleranzmitte zu betreiben, könnten wir eine Prozessausbeute von 99,94 % (Bild 10.4) erwarten, vorausgesetzt, dass die Normalverteilung eingehalten wird. Da Lieferant C erwähnte, dass er seine Produktionsanlagen aufrüstet, gehen wir von noch besseren Ergebnissen in Zukunft aus.

Nachdem wir alle Daten auf verschiedene Art und Weise - nur unter Verwendung von MS Excel - analysiert haben, sind wir zuversichtlich, dass die Vergabe des Auftrags zur Herstellung unseres kritischen Kühlschrankteils an Lieferant C helfen wird, unsere Produktion von ausgezeichneten Kühlschränken erfolgreich zu unterstützen.

Wir vereinbaren mit Lieferant C, die Fähigkeitsanalyse einschließlich aller Daten mit jeder Lieferung von Abstandhaltern bereitzustellen.

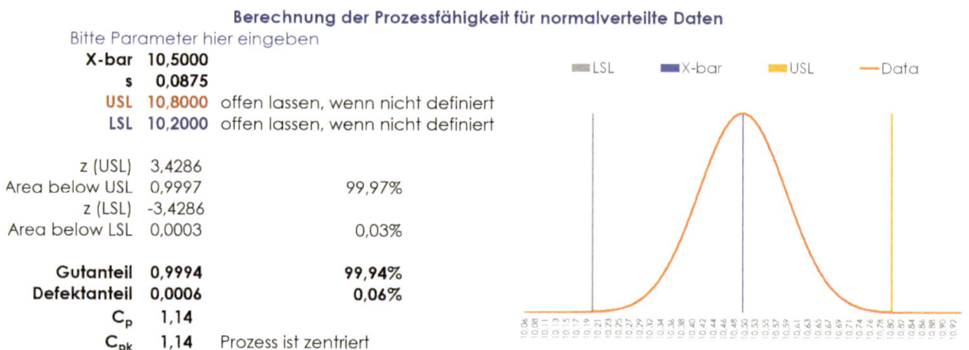

Bild 10.4 Simulation der Prozessfähigkeit für Lieferant C mit ProcessCapability.xlsx

■ 10.4 Geschäftsentscheidung treffen

Sehr oft ziehen wir Schlussfolgerungen und treffen Entscheidungen auf der Grundlage einer begrenzten Perspektive auf Daten. Wir betrachten die Mittelwerte und bewerten Erträge und Mängel. Das reicht jedoch in der Regel nicht aus. Einige einfache, aber leistungsstarke Werkzeuge können dabei helfen, viel mehr aus den verfügbaren Daten herauszuholen.

Die ersten drei Schritte jeder Datenanalyse müssen sein: grafische Darstellung, grafische Darstellung, grafische Darstellung. In unserem Fall haben diese drei Schritte eine falsche Entscheidung verhindert.

Während des Gesprächs mit Lieferant C räumten dessen Mitarbeiter ein, dass der Prozess während der Zeit, in der die Stichprobe der Abstandhalter für die Erstmusterinspektion erstellt wurde, angepasst wurde. Da jedoch alle Teile der Spezifikation entsprachen, wurden die Teile so versandt, wie sie waren. Es wurde überhaupt keine Manipulation vorgenommen. Dies zeigt, dass dieser Lieferant über den überlegenen Prozess verfügt, der in der Lage ist, die kritischen Abstandshalter-Teile zuverlässig an KühlschrankMacher zu liefern.

Damit kann das Beschaffungsteam nun die richtige Entscheidung treffen, d.h. bei Lieferant C einzukaufen. Der Schlüssel zum Erfolg in diesem Fall ist „Plotten Sie die Daten".

10.5 Überlegungen zu den wichtigsten verwendeten Analysewerkzeugen

Das in diesem Fall gezeigte Beispiel ist eher typisch für Einkaufsaufgaben in Fertigungsunternehmen. Die Daten sind Abstandsmaß in mm, ein kontinuierliches *Y*, während die Faktoren in *X* diskrete Kategorien sind, nämlich Lieferant und Schicht.

Unser Ziel war es zu zeigen, dass alle Analysen mit MS Excel und den mitgelieferten Datenanalyse-Funktionen durchgeführt werden können. Alle Diagramme und Statistiken werden in dieser eher standardisierten Umgebung erstellt. Wir haben ProcessCapability.xlsx für die einfache Vorhersage des Ergebnisses eines nahezu normalverteilten Prozesses hinzugefügt.

Ein Hypothesentest, ein *t*-Test mit zwei Stichproben, wurde angewandt, um die Daten von Schicht 1 und Schicht 2 zu vergleichen, da die Annahme einer viel geringeren Varianz (Standardabweichung) in den Daten von Lieferant C davon abhing, dass die Varianz durch eine Änderung der Einstellungen des Prozesses verursacht wurde. Wenn diese Verschiebung nicht signifikant wäre, könnten wir mit dieser Annahme nicht fortfahren.

Tabelle 10.7 Zweistichproben-*t*-Test (Kaufmann, 2020)

Daten in ***X***:	Diskret, Gruppen
Daten in ***Y***:	Kontinuierlich, Diskrete Ordinalzahl, normalverteilt
Null-Hypothese H_0:	$\mu_1 = \mu_2$
Alternative Hypothese H_A:	$\mu_1 \neq \mu_2$
Entscheidung:	Wenn der *p*-Wert < 0,05 ist ($\alpha = 0,05$), ablehnen von H_0 und akzeptieren von H_A.
Annahmen:	Beide Stichproben müssen normalverteilte Daten aufweisen.
MS Excel:	**MS-Excel-Datenanalyse bietet folgende Optionen:** Daten – Datenanalyse – Zweistichproben-*t*-Test bei abhängigen Stichproben Zweistichproben-*t*-Test: gleiche Varianzen Zweistichproben-*t*-Test: ungleiche Varianzen Zweistichproben-*t*-Test bei bekannten Varianzen

Übung

Nachdem Sie diesen Teil abgeschlossen haben, können Sie die folgenden Fragen beantworten:

- Was sind Anforderungen an die Datenerfassung für Prozessanalytik?
- Wie entscheidet man, welche Werkzeuge für die grafische und statistische Analyse anzuwenden sind?
- Was sind diskrete Daten und kontinuierliche Daten? Nennen Sie jeweils drei Beispiele.

Bitte führen Sie die folgenden Schritte aus:

1. Laden Sie die Daten für diesen Fall herunter. Benutzen Sie die vorne eingedruckten Zugangsdaten und die Hinweise in Abschnitt „Zusatzmaterial zum Download".
2. Lieferant C hat seinen Prozess weiter verbessert. Lieferant C verspricht, den Preis gleich zu halten. Bitte studieren Sie die Pilotdaten in der Spalte **Supplier C - Pilot** (Spalte K).
3. Berechnen Sie deskriptive Statistiken für die Pilotdaten (Populationskenngrößen).
4. Erstellen Sie Kastendiagramm, Histogramm, Verlaufsdiagramm, Diagramm des gleitenden Mittelwerts (n = 5) für die Pilotdaten.
5. Führen Sie F-Tests durch, um herauszufinden, ob die Varianz von Pilot geringer ist als die von Shift 1 und Shift 2.
6. Führen Sie eine Analyse des potenziellen Ertrags für Pilot durch. Verwenden Sie **ProcessCapability.xlsx**.
7. Bereiten Sie eine kurze Präsentation vor, um dem Management über das Ergebnis und Ihre Empfehlung über die Fortsetzung der Geschäftsbeziehung mit Lieferant C zu berichten.

■

11 Fall: Warum zahlt die Finanzabteilung unsere Auftragnehmer verspätet aus?

Gerüchten wird am besten mit Daten begegnet

Wann immer sich eine Gelegenheit für die Geschäftseinheiten bei MyPropertyDeveloper bietet, erinnern sie die Finanzabteilung daran, dass die Bezahlung der Rechnungen ihrer Lieferanten außer Kontrolle geraten ist. Die Verkäufer der Lieferanten nutzen die „lausige Zahlungsdisziplin" zu ihrem Vorteil. Sie haben Verhandlungsmacht für bessere Bedingungen, sie beginnen nicht mit der nächsten Phase von Großprojekten, weil die vorherige Phase noch nicht bezahlt wurde, oder sie verbreiten einfach die Nachricht über unbefriedigende Zahlungsprozesse bei MyPropertyDeveloper.

Insgesamt haben diese Entwicklungen dem Unternehmen nicht geholfen. Und die manchmal hinter vorgehaltener Hand getuschelte und manchmal lauthals verkündete Wahrnehmung aller Geschäftseinheiten ist, dass das die Schuld der Finanzabteilung sein muss – sehr zum Missfallen des CFO.

Die Geschäftsführung ist besonders deshalb unzufrieden, weil kürzlich zwei Großprojekte – ein Einkaufszentrum und ein Kondominium – für ein paar Tage verzögert wurden, da einer der wichtigsten Auftragnehmer sehr lange auf unbezahlten Rechnungen sitzen geblieben war und daher die neuen Projekte nicht beginnen wollte.

11.1 Geschäftsrelevante Frage formulieren

Die Geschäftseinheiten von MyPropertyDeveloper sind mit ihrer Finanzabteilung nicht zufrieden. Hin und wieder verteilen sie eine E-Mail von einem ihrer Lieferanten, der sich über seine „sehr alte" Rechnung beschwert, die noch nicht bezahlt wurde. Für die Finanzabteilung ist es schwer zu reagieren, da diese Ereignisse zufällig sind und kein einheitliches Bild zu vermitteln scheinen. Die einzige klare, aus der E-Mail und dem angehängten Vertrag zu lesende Botschaft ist, dass die Rechnung längst überfällig sein muss.

Der Finanzchef, der CFO, ist mit dieser Situation unzufrieden und verlangt von seinem Finanzteam Antworten auf einige Schlüsselfragen:

- Wie oft kommt es vor, dass wir zu spät bezahlen?
- Wie spät ist spät?
- Ist die überfällige Zahlung in allen Einheiten einheitlich?
- Was sind die Ursachen dafür, und wie können wir diese Situation beheben?
- Ist es wirklich die Finanzabteilung, die die Zahlung verzögert und damit Schlüsselprojekte gefährdet?

Also macht sich das Finanzteam an die Arbeit. Die Mitarbeiter verfügen über einige Grundkenntnisse in der Datenanalyse.

11.2 Daten erfassen

Die Datenerfassung scheint recht unkompliziert zu sein, da alle Rechnungen im System verfolgt werden können. Das Herunterladen dieser Daten scheint einfach zu sein. Im Februar 2020 wurden dem System mehr als dreizehntausend Datensätze entnommen (Bild 11.2).

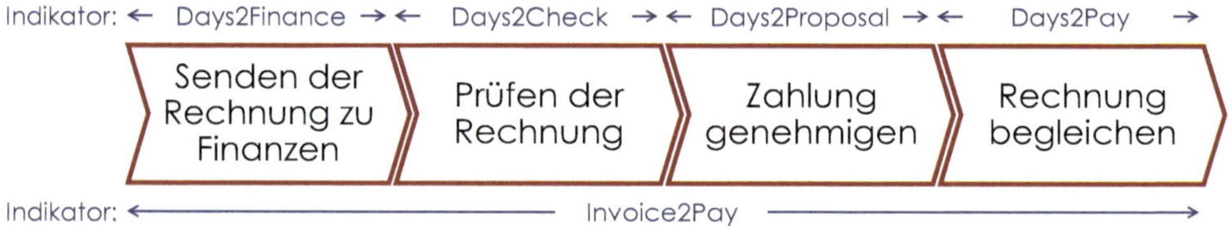

Bild 11.1 Zahlungsprozess einschließlich Indikatoren für Bearbeitungszeit im Finanzsystem

Der Prozess der Kreditorenbuchhaltung umfasst vier Hauptschritte. Es wurden Indikatoren für die Bearbeitungszeit aus Rechnungsdatum und System-Zeitstempeln erstellt (Bild 11.1):

- Prüfen der Rechnung im Geschäftsbereich (BU) und Weiterleitung an die Finanzabteilung. Der Indikator für diesen Schritt heißt „Tage bis zur Finanzabteilung" (Days2Finance). Die Uhr beginnt für diesen Schritt am Tag der Rechnungsstellung zu laufen.
- Prüfen der Rechnung gegen angehängte Papiere oder elektronische Dokumente durch den Sachbearbeiter der Kreditorenbuchhaltung (AP) und Verbuchung im System mit dem Indikator Days2Check.

- Erstellen und vorlegen der Zahlungsanweisung zur Genehmigung mit Indikator Days2Proposal.
- Ausführen der Zahlung einschließlich der Überweisung an die Bank, gemessen in Days2Pay.
- Die gesamte Durchlaufzeit vom Rechnungsdatum über den Eingang der Rechnung bei Finanzen bis zum Absenden der Zahlungsanweisung wird in Invoice2Pay erfasst.

11.3 Daten vorbereiten

Da alle Daten aus dem Finanzsystem heruntergeladen wurden, besteht die allgemeine Meinung, dass den Daten vertraut werden kann.

Falsch!

Beim Betrachten der Daten war eine Bereinigung erforderlich. Zunächst einmal waren einige der Daten negativ, d. h., einige Rechnungen schienen vor dem Rechnungsdatum bezahlt worden zu sein. Nachdem die Ursachen dafür untersucht worden waren, wurden diese offensichtlich nicht brauchbaren Daten vor der Analyse aus dem Datenbestand herausgenommen. Und die Prozedur zur Erfassung der Rechnungen wurde so angepasst, dass derartige Fehleingaben in Zukunft unmöglich sind.

ID	InvoiceDate	BU	Period	Terms	Status	Days2Finance	Days2Check	Days2Proposal	Days2Pay
1	9 Sep 2019	BusinessUnit1	Before	30	Paid	108	12	23	6
2	18 Dec 2019	BusinessUnit1	After	60	Paid	13	6	27	3
3	29 Dec 2019	BusinessUnit1	After	30	Paid	0	16	20	2
4	9 Nov 2019	BusinessUnit1	Before	30	Paid	73	1	6	8
5	3 Dec 2019	BusinessUnit1	After	30	Paid	25	7	24	8
6	11 Jan 2020	BusinessUnit1	After	30	Paid	7	1	9	8
7	24 Oct 2019	BusinessUnit1	Before	30	Paid	65	21	12	6
8	9 Jan 2020	BusinessUnit1	After	30	Paid	6	3	13	5
9	20 Dec 2019	BusinessUnit1	After	30	Paid	8	13	15	11
10	6 Jan 2020	BusinessUnit1	After	30	Paid	8	1	18	3

Bild 11.2 Rohdaten wie aus dem Finanzsystem heruntergeladen

Ein zweites Problem wurde bei der Durchsicht der Daten im System offensichtlich. Da das System in der Lage war, die Dauer bestimmter Schritte im Zahlungsprozess aufzuzeigen, die sich zu einem späteren Zeitpunkt als nützlich erweisen könnten, wurde auch die Integrität dieser Daten überprüft. Einige Datensätze wiesen für jeden der vier Schritte eine negative Zeit auf. Die Systemdaten konnten beim Vergleich mit den verfügbaren Unterlagen nicht der Wahrheit entsprechen. Daher bestand eine weitere Aufgabe darin, herauszufinden, wie bestimmte Daten in das System eingeloggt wurden (Bild 11.2).

Ein oft verwendeter Spruch in solchen Situationen lautet: „Wenn wir Müll in das System einspeisen, kann das System nur Müll ausgeben.“ Dann ist es in der Regel besser, keine Daten zu haben, als mit irreführenden Daten umzugehen, die zu falschen Schlussfolgerungen und Entscheidungen führen.

Im Rahmen der Datenaufbereitung wurden drei zusätzliche Spalten mit Excel erstellt (Bild 11.3).

Aufgabe 11.1: Daten laden und zusätzliche Spalten erstellen

- Daten laden aus Datei **DaysToPay.xlsx**.
- Öffnen Sie Arbeitsblatt **Raw**. Stellen Sie sicher, dass die Tabelle eine Excel-Tabelle ist. Wählen Sie an beliebiger Stelle in der Tabelle: **Start – Als Tabelle formatieren – Format auswählen**. Benennen Sie die Tabelle **Tabellenentwurf – Tabellenname – Raw.**
- Erstellen Sie eine neue Spalte, indem Sie **Invoice2Pay** in **K1** schreiben, da wir diese Variable mit der Darstellung der Gesamtzeit vom Rechnungsdatum bis zur Zahlung auswerten möchten. Eine neue Spalte wird der Tabelle hinzugefügt.
- Fügen Sie in **K2** Folgendes ein: **= G2 + H2 + I2 + J2.**
- Erstellen Sie eine neue Spalte, indem Sie **Late** (Spät) in **L1** schreiben, da wir die Tabelle um die Variable für die Gesamtzeit vom Rechnungsdatum bis zur Zahlung ergänzen möchten. Eine neue Spalte wird der Tabelle hinzugefügt.
- Fügen Sie Folgendes in **L2** ein: **=WENN([@Invoice2Pay]>[@Terms], "Verspätet","Pünktlich").**
- Erstellen Sie eine neue Spalte, indem Sie **DaysCategory** in **M1** schreiben, da wir Kategorien für InvoiceToPay erstellen wollen. Eine neue Spalte wird der Tabelle hinzugefügt.
- In **M2** Folgendes einfügen: **=WENN(J2<=30,"1: 0..30 Tage", WENN(J2<=60,"2: 30..60 Tage", WENN(J2<=90,"3: 60..90 Tage", WENN(J2<=120,"4: 90.120 Tage", WENN(J2<=150,"5: 120..150 Tage", WENN(J2<=180,"6: 150..180 Tage", WENN(J2<=210,"7: 180..210 Tage","8: Mehr als 210 Tage"))))).**

■

ID	InvoiceDate	BU	Period	Terms	Status	Days2Finance	Days2Check	Days2Proposal	Days2Pay	Invoice2Pay	Late	DaysCategory
1	9 Sep 2019	BusinessUnit1	Before	30	Paid	108	12	23	6	149	Late	5: 120..150 days
2	18 Dec 2019	BusinessUnit1	After	60	Paid	13	6	27	3	49	On Time	2: 30..60 days
3	29 Dec 2019	BusinessUnit1	After	30	Paid	0	16	20	2	38	Late	2: 30..60 days
4	9 Nov 2019	BusinessUnit1	Before	30	Paid	73	1	6	8	88	Late	3: 60..90 days
5	3 Dec 2019	BusinessUnit1	After	30	Paid	25	7	24	8	64	Late	3: 60..90 days
6	11 Jan 2020	BusinessUnit1	After	30	Paid	7	1	9	8	25	On Time	1: 0..30 days
7	24 Oct 2019	BusinessUnit1	Before	30	Paid	65	21	12	6	104	Late	4: 90..120 days
8	9 Jan 2020	BusinessUnit1	After	30	Paid	6	3	13	5	27	On Time	1: 0..30 days
9	20 Dec 2019	BusinessUnit1	After	30	Paid	8	13	15	11	47	Late	2: 30..60 days
10	6 Jan 2020	BusinessUnit1	After	30	Paid	8	1	18	3	30	On Time	1: 0..30 days

Bild 11.3 Rohdaten mit zusätzlichen Spalten

■ 11.4 Daten analysieren

Zunächst möchten wir uns einen Überblick darüber verschaffen, ob wir wirklich viele überfällige Rechnungen haben.

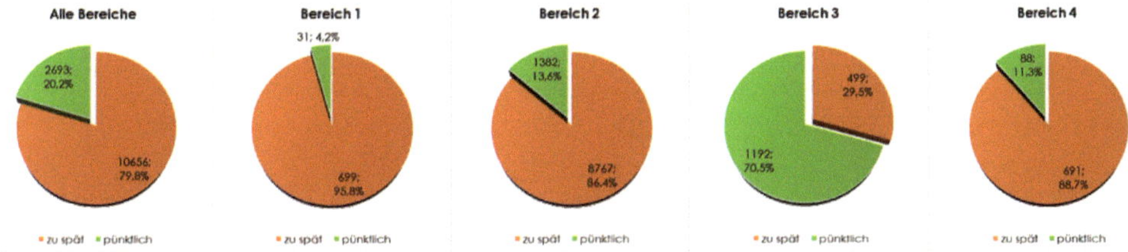

Bild 11.4 Überblick über den Anteil verspäteter Rechnungen

Bild 11.4 zeigt, dass im letzten Jahr insgesamt etwa 80 % aller Lieferantenrechnungen verspätet beglichen, d. h. nicht innerhalb der vertraglich vereinbarten Fristen abgewickelt wurden. Es besteht ein drastischer Unterschied zwischen den Geschäftsbereichen (BU). Während in BU 3 etwa 30 % der Lieferantenrechnungen verspätet beglichen wurden, weisen die anderen drei BUs mehr als 85 % verspätete Rechnungen auf.

Aus den Kommentaren, die die Finanzabteilung erhalten hat, haben wir erfahren, dass einige der Rechnungen seit Langem überfällig sind.

Wie lang ist lang?

Tabelle 11.1 Deskriptive Statistik für Invoice2Pay

Parameter	Invoice2Pay
Mittelwert	46,43
Standardfehler	0,31
Median	43,00
Modus	43,00
Standardabweichung	36,23
Stichprobenvarianz	1312,88
Kurtosis	436,11
Schiefe	16,46
Wertebereich	1225,00
Minimum	0,00
Maximum	1225,00
Summe	619735,00

Tabelle 11.1 Deskriptive Statistik für Invoice2Pay *(Fortsetzung)*

Parameter	Invoice2Pay
Anzahl	13 349,00

Deskriptive Statistiken geben weitere Einzelheiten über die Leistung unseres Finanzprozesses zur Abrechnung von Verbindlichkeiten (Tabelle 11.1) preis. In diesem Fall ist der Mittelwert nicht aussagekräftig. Der Median sagt uns, dass 50 % aller Rechnungen innerhalb von 43 Tagen bezahlt werden. Dies scheint die häufigste Zahlungsfrist (Modus) zu sein. Standardabweichung und Varianz informieren über eine Verteilung mit einer sehr großen Variation.

Kurtosis und Schiefe deuten darauf hin, dass die Verteilung dieses Datensatzes weit von der Normalität entfernt ist, da bei Normalverteilung beide Indikatoren zwischen − 2 und + 2 liegen würden. Die Mindestzahlungsdauer ist null. Dies ist denkbar, da es Rechnungen geben könnte, die wichtig genug sind, um sie nach Erhalt persönlich durch den Prozess zu „tragen“. Dies geschieht in der Regel, wenn die Gefahr besteht, dass Projekte verzögert werden, weil der zuständige Lieferant sich weigert zu arbeiten, bis seine Rechnungen bezahlt sind. Die maximale Bearbeitungszeit für Zahlungen liegt bei 1225 Tagen.

Könnte es wirklich sein, dass einige Rechnungen aus dem Jahr 2016 noch nicht beglichen wurden? Das ist unfassbar.

Um einen besseren Überblick zu erhalten, wurden die Daten in acht Zahlungszeitkategorien organisiert, wie in der Spalte DaysCategory zu sehen ist (Bild 11.5). Die erste Kategorie umfasst alle Rechnungen, die innerhalb von 30 Tagen bezahlt wurden, die zweite zeigt jene Rechnungen, die zwischen 30 und 60 Tagen beglichen wurden, und so weiter. Die letzte Kategorie listet die Rechnungen auf, die nach mehr als 210 Tagen bezahlt wurden.

Mit dieser Spalte erstellen wir eine PivotTable:

Aufgabe 11.2: Pivot-Tabelle und Pareto-Diagramm erstellen

- Positionieren Sie den Cursor in der Tabelle **Raw**.
- **Einfügen - PivotTable - OK.**
- Wählen Sie **DaysCategory** in **Zeilen. DaysCategory** in **Werte.** Stellen Sie sicher, dass die **Anzahl** in **DaysCategory** angezeigt wird.
- Erstellen Sie eine Tabelle neben der PivotTable mit den Überschriften **Kategorie, Anzahl der Rechnungen, % der DaysCategory** und **kumulierter % der DaysCategory** ein.
- Fügen Sie in Zellen unterhalb von **=A4, =B4, =B4/B$12** und seine Kumulation daneben ein.

- Kopieren Sie die Formeln nach unten bis zur letzten Zeile. Lassen Sie die Zellen neben Gesamtergebnis leer.
- Wählen Sie **D3:E11** und **Einfügen – Diagramme – 2D-Säule.**
- Verschönern Sie das Diagramm.
- Wählen Sie mit dem Cursor im Balkendiagramm **Diagrammentwurf – Daten auswählen.**
- **Hinzufügen – Reihenname G3 – Reihenwerte G4:G11**
- **Diagrammentwurf – Diagrammtyp ändern – Kombi.**
- **Kum%** auf **Linie** und **sekundäre Achse** setzen.

	A	B	C	D	E	F	G
1							
2	BU	(Alle)					
3							
4	**DaysCategory**	**Anzahl von DaysCategory**		**Kategory**	**Anzahl**	**%**	**Kum%**
5	1: 0..30 days	2546		1: 0..30 days	2546	19,1%	19,1%
6	2: 30..60 days	9254		2: 30..60 days	9254	69,3%	88,4%
7	3: 60..90 days	1169		3: 60..90 days	1169	8,8%	97,2%
8	4: 90..120 days	188		4: 90..120 days	188	1,4%	98,6%
9	5: 120..150 days	70		5: 120..150 days	70	0,5%	99,1%
10	6: 150..180 days	37		6: 150..180 days	37	0,3%	99,4%
11	7: 180..210 days	27		7: 180..210 days	27	0,2%	99,6%
12	8: More than 210 days	58		8: More than 210 days	58	0,4%	100,0%
13	**Gesamtergebnis**	**13349**					

Bild 11.5 Pivot-Tabelle von Kategorien der Zahlungsverspätung

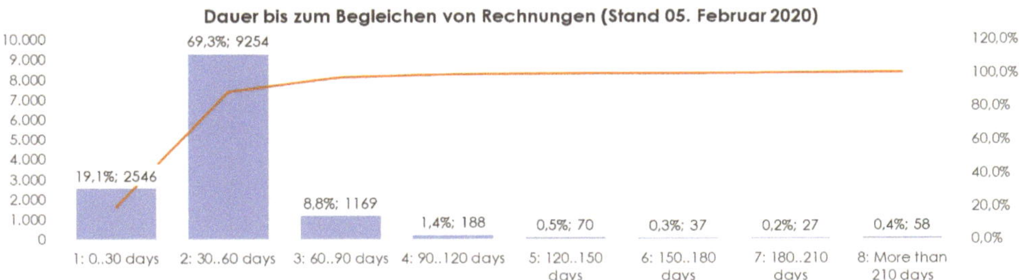

Bild 11.6 Grafische Darstellung (Pivot-Diagramm) der Kategorien der Zahlungsverspätung

Aus der Darstellung in Bild 11.6 wird bestätigt, dass nur 19,1 % aller Rechnungen innerhalb des 30-Tage-Fensters bezahlt wurden. Weitere 69,3 % werden zwischen 30 und 60 Tagen beglichen, d. h., mehr als 11 % werden nach 60 Tagen abgewickelt. 85 Rechnungen sind älter als 180 Tage.

11.4.1 Hypothese: Einige Geschäftseinheiten sind besser als andere

Dies ist ein ernüchterndes Bild für den CFO und seine Mitarbeiter im Finanzwesen. Einige Kollegen erklären, dass ihre Geschäftseinheit – die Finanzabteilung ist in Partnerteams für bestimmte Geschäftseinheiten organisiert – gar nicht so schlecht ist. Dies führt zur nächsten Ebene der Analyse.

Wie wir bereits wissen, gibt es einen Unterschied zwischen den Geschäftsbereichen. Wenn wir Bild 11.7 anschauen, stellen wir fest, dass Geschäftseinheit 1 die schlechteste Zahlungsmoral zu haben scheint. Sogar Q1, die 25%-Linie, ist höher als 40 Tage. In Geschäftseinheit 1 sind weit mehr als 75% der Rechnungen überfällig, wenn man davon ausgeht, dass die meisten Rechnungen eine Zahlungsfrist von 30 Tagen besitzen. Dies bestätigt das Tortendiagramm. Nur BU 3 scheint ihre Rechnungen mit höherer Disziplin abzurechnen.

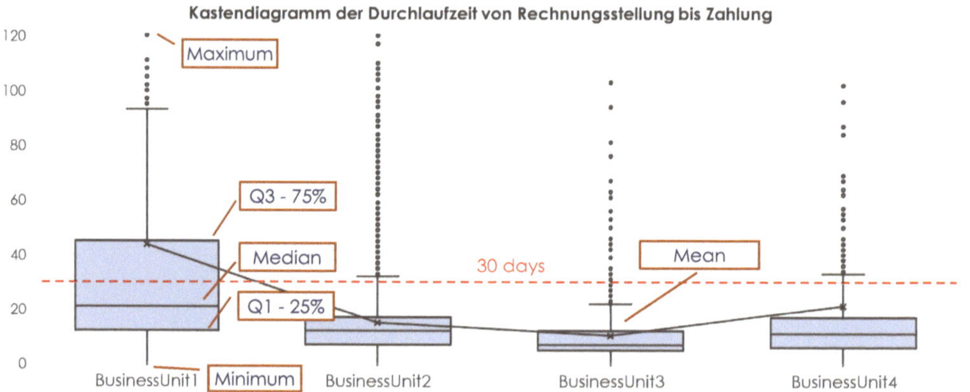

Bild 11.7 Dauer bis zur Zahlung von Lieferantenrechnungen nach Geschäftseinheit

11.4.2 Hypothese: Die Finanzabteilung erhält Rechnungen, nachdem die Zahlungsfrist abgelaufen ist

Eine weitere Erklärung von Mitarbeitern der Finanzabteilung besagt, dass sie die Rechnungen nicht früh genug erhalten haben, um die Zahlung in der vertraglich vereinbarten Frist abwickeln zu können. Daher ist es an der Zeit, den Zahlungsprozess zu untersuchen. Das Finanz-IT-System gliedert den Prozess in vier Prozessschritte

1. Schritt 1: Prüfen der Rechnung in der Fachabteilung und weiterleiten an Finanzen,

2. Schritt 2: Prüfen der Rechnung in der Finanzabteilung gegen Vertragsdokumente,
3. Schritt 3: Genehmigen der Zahlung,
4. Schritt 4: Überweisen der Zahlung an den Lieferanten.

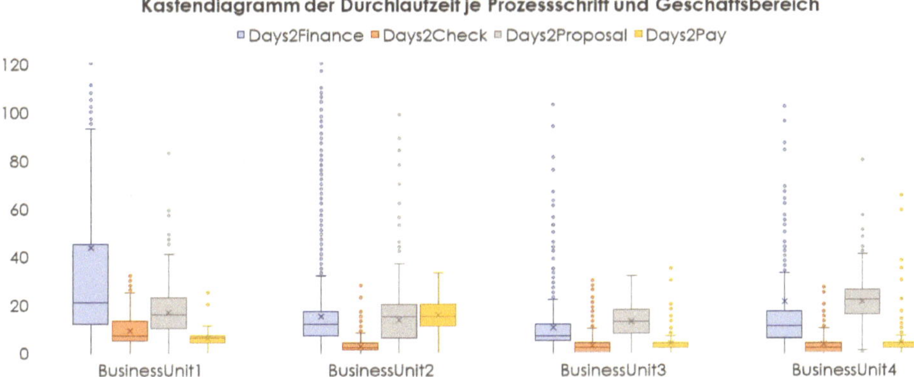

Bild 11.8 Zahlungsschritte nach Geschäftsbereichen

Bild 11.8 deutet darauf hin, dass es in allen Geschäftsbereichen einen beträchtlichen Zeitaufwand erfordert, Rechnungen an die Finanzabteilung zu übermitteln, nachdem sie von den Lieferanten eingegangen sind, wobei Geschäftseinheit 1 am schlechtesten abschneidet. Dort wird bei mehr als 25 % aller Rechnungen die gesamte Zahlungsfrist durch Aktivitäten in der Geschäftseinheit aufgezehrt, bevor die Rechnung an die Finanzabteilung geschickt wird. Das heißt, die Finanzabteilung hat keine Chance, pünktlich zu zahlen. Da nicht alle Geschäftseinheiten das gleiche Muster aufweisen, könnte es ratsam sein, den Austausch bewährter Verfahren zwischen den Geschäftseinheiten und ihren Partnern im Finanzbereich einzuleiten.

Da dieses Problem nicht neu ist, hatte der Finanzchef vor einigen Jahren auf einer Vereinbarung mit den Chefs der Geschäftsbereiche bestanden. Diese Vereinbarung besagt, dass alle Rechnungen innerhalb eines Zeitraums von weniger als 50 % der vertraglich vereinbarten Zahlungsfrist an Finanzen weiterzuleiten sind, sodass die Finanzabteilung pünktlich überweisen kann. Der CFO hatte sein Datenanalytik-Team angewiesen, diese Vereinbarung zu berücksichtigen.

Nach Analyse der Daten (Tabelle 11.2) ergibt sich das ernüchternde Bild, dass mehr als 7 % aller Rechnungen die Finanzabteilung erst nach Ablauf der Zahlungsfrist erreichen. Für mehr als 23 % haben die Mitarbeiter in Finanzen weniger als die Hälfte der Frist Zeit, die Rechnung zu prüfen und den Betrag zu überweisen.

Tabelle 11.2 Wann werden Rechnungen an Finanzen weitergeleitet?

Geschäftsbereich	Nach Zahlungsfrist zu Finanzen	Nach mehr als 50% der Zahlungsfrist zu Finanzen	Pünktlich zu Finanzen
BusinessUnit1	34,8%	61,9%	38,1%
BusinessUnit2	6,1%	31,5%	68,5%
BusinessUnit3	3,0%	12,4%	87,6%
BusinessUnit4	9,0%	27,1%	72,9%
Gesamt	**7,4%**	**30,5%**	**69,5%**

11.4.3 Hypothese: Geschäftseinheit 1 hat sich verbessert

Die Partner des Geschäftsbereichs 1 in der Finanzabteilung behaupten, dass dies nicht der tatsächliche Status sei. Sie berichteten, dass sie im Laufe des Jahres die Verzögerung beim Erhalt von Rechnungen an die Finanzabteilung erkannt und gemeinsam mit der Geschäftseinheit eine Verbesserung des Prozesses in die Wege geleitet hätten. Sie sagten, ab Ende November habe sich der Prozess verbessert.

Wenn dem so sein sollte, könnte das in den Daten nachgewiesen werden. Daher wurden die Daten für Schritt 1 in Geschäftseinheit 1 in zwei Phasen untersucht. Phase 1 zeigte die Daten vor der Verbesserung, Phase 2 markiert die Daten nach der Prozessverbesserung.

Wie aus Bild 11.9 ersichtlich, scheinen die Aktivitäten zur Prozessverbesserung Ergebnisse gebracht zu haben.

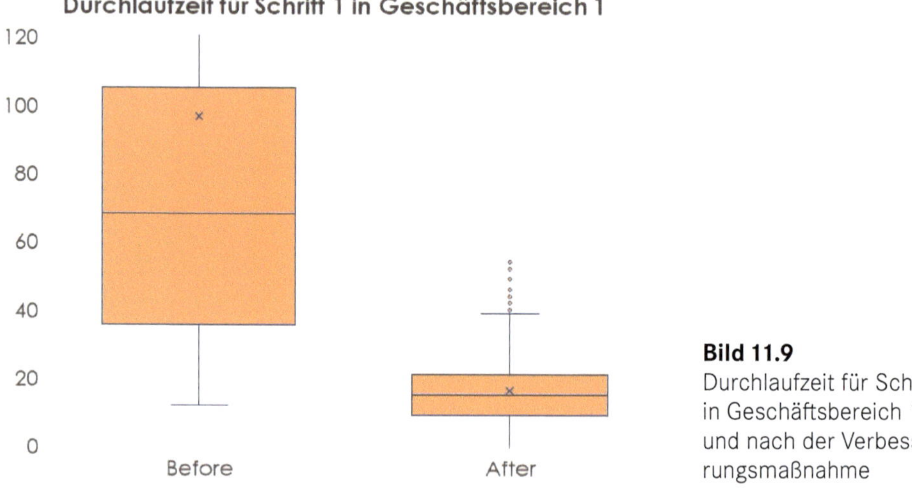

Bild 11.9 Durchlaufzeit für Schritt 1 in Geschäftsbereich 1 vor und nach der Verbesserungsmaßnahme

Das sind gute Nachrichten. Es scheint einen signifikanten Unterschied zwischen Vorher und Nachher für Schritt 1, Tage zwischen Rechnungsdatum und Eingang der Rechnung im Finanzbereich, für den Geschäftsbereich 1 zu geben. Die Frage ist immer noch, ob diese Verbesserung ausreichend ist.

Nachdem an dem Prozess gearbeitet wurde, die Lieferantenrechnungen schneller an die Finanzabteilung zu übermitteln, werden fast 75 % innerhalb von 20 Tagen an Finanzen geschickt. Etwa 25 % können jedoch bis zu 55 Tage in der Geschäftseinheit verbringen. Das ist immer noch zu lang. Weitere Verbesserungen sind erforderlich.

11.5 Geschäftsentscheidung treffen

Zu Beginn dieser Datenanalyseaufgabe wurden vom CFO und von der Organisation Fragen gestellt. Diese Fragen müssen beantwortet werden.

Wie oft kommt es vor, dass wir zu spät bezahlen?

Nun, wenn wir davon ausgehen, dass unsere Lieferanten in der Regel ein 30-tägiges Zahlungsziel für Rechnungen einräumen, bezahlen wir mehr als 80 % unserer Rechnungen verspätet (Bild 11.6).

Wie spät ist spät?

Mehr als 11 % aller Lieferantenrechnungen werden erst nach 60 Tagen bezahlt. Davon entfallen mehr als 1500 auf den betrachteten Zeitraum. Wenn wir davon ausgehen, dass einige dieser verspäteten Zahlungen möglicherweise dazu führen könnten, dass diese Lieferanten bei laufenden und neuen Verträgen zögern, könnte diese Situation unserem Geschäft ernsthaft schaden. Bei 85 Rechnungen wurde ein Zahlungsverzug von mehr als einem halben Jahr festgestellt. Dies könnte zu einer erheblichen Schädigung des Rufs von MyPropertyDeveloper führen (Bild 11.6).

Ist die Zahlungsmoral in allen Einheiten ähnlich?

Die Daten deuten darauf hin, dass Fakturierungsprozesse in verschiedenen Geschäftsbereichen unterschiedlich gehandhabt werden. Geschäftseinheit 3 scheint einen etwas schnelleren Prozess für die Bezahlung von Gläubigern zu haben. Die Aufschlüsselung des Zahlungsprozesses in vier Schritte gibt weitere Einblicke in die unterschiedliche Handhabung pro Geschäftseinheit (Bild 11.8).

Was sind die Ursachen dafür, und können wir diese Situation beheben?

Es scheint eine Reihe von verschiedenen Ursachen zu geben. Ein offensichtlicher Grund für Zahlungsverzug ist die übermäßig lange Zeitspanne zwischen Rechnungsdatum und Eingang der Rechnung bei der Finanzabteilung (Schritt 1), zumindest für die Geschäftseinheiten 1, 2 und 4. In allen Geschäftseinheiten muss Schritt 3 untersucht werden, während Schritt 4 nur in Geschäftseinheit 2 ein großes Problem darstellt.

Die Arbeit an der Ursachenanalyse für Schritt 1 erfordert die Beteiligung der Geschäftseinheiten, während die Schritte 2, 3 und 4 von den Finanzteams durchgeführt werden können.

Nachdem der CFO die Präsentation gehört hat, beschließt er, eine Überprüfung des Zahlungsprozesses zu fordern. Und er lädt seine Kollegen in den Geschäftsbereichen ein, ihren Teil des Prozesses zu verbessern. Außerdem beschließt er, für die Bezahlung von Lieferantenrechnungen ein Dashboard aufzubauen.

Eine weitere Lehre, die wir aus diesem Fall ziehen können, lautet: „Geben Sie nicht den Mitarbeitern die Schuld, sondern dem Prozess!“

■ 11.6 Überlegungen zu den wichtigsten verwendeten Analysewerkzeugen

Dieser Fall veranschaulicht einen recht unkomplizierten Datensatz, wie er in jeder Organisation in vielen Funktionen von Zeit zu Zeit auftritt. Wir wollten zeigen, wie MS Excel in ähnlichen Situationen die Arbeit erledigt. Die erforderlichen Werkzeuge beschränken sich auf die Tabellenfunktion, Pivot-Tabellen zusammen mit Pivot-Diagrammen und weiteren grafischen Darstellungen.

Die Wahl der richtigen, der am besten passenden Werkzeuge ist eine wichtige Fähigkeit, die durch Üben und Ausprobieren erworben werden muss. Und durch das Optimieren von *X*- und *Y*-Achse und Diagrammelementen wird die Darstellungsform wesentlich verbessert. Excel-Plots ohne die Anwendung einiger „Kosmetika“ sind oft nicht attraktiv. Dies ist kein Fehler der Software. Es ist unsere Aufgabe, dies zu ändern.

Wenn Sie Datenbereinigung, das Plotten und einige Analysen durchführen möchten, finden Sie viele weitere Varianten aller Arten von Plots, weit über MS Excel hinaus. MS Power BI erlaubt die Einbeziehung von R-Plots. Diese Kombination bringt Ihnen das Beste aus beiden Welten. Nutzen Sie sie.

Hier sind einige Diagramme, bei deren Erstellung R hilft.

11.61 Mosaikdiagramm

Öffnen Sie R Studio.

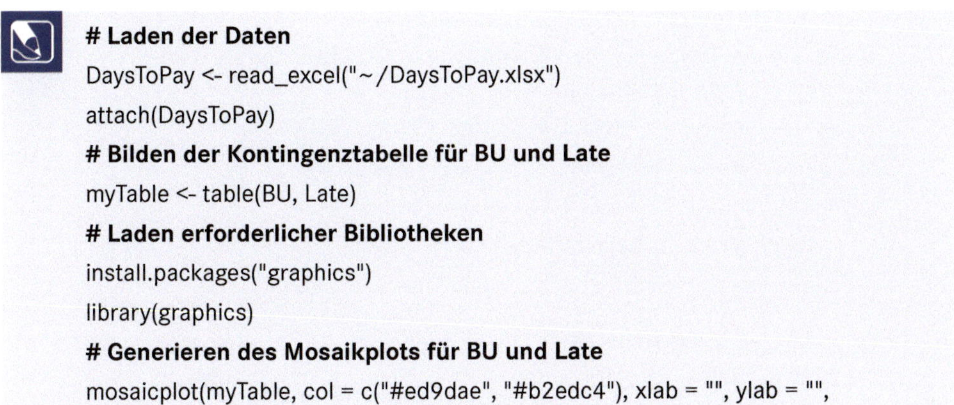

```
# Laden der Daten
DaysToPay <- read_excel("~/DaysToPay.xlsx")
attach(DaysToPay)
# Bilden der Kontingenztabelle für BU und Late
myTable <- table(BU, Late)
# Laden erforderlicher Bibliotheken
install.packages("graphics")
library(graphics)
# Generieren des Mosaikplots für BU und Late
mosaicplot(myTable, col = c("#ed9dae", "#b2edc4"), xlab = "", ylab = "",
main = "Geschäftsbereiche und deren Zahlungsverzug", cex.axis = 1.1)
```

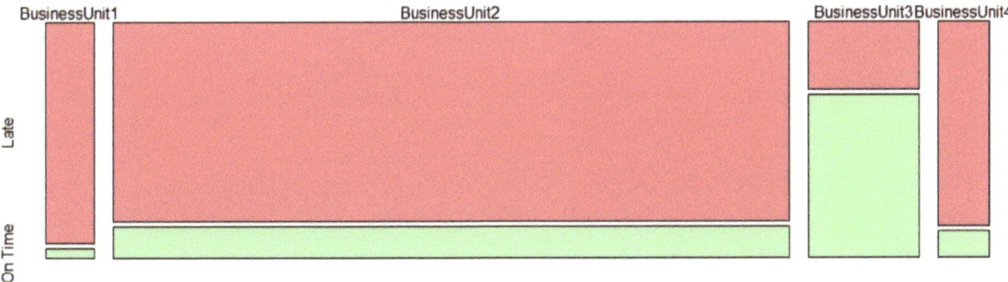

Bild 11.10 Mosaikgrafik mit der Anzahl der pünktlichen und verspäteten Rechnungen nach Geschäftsbereichen

Das in Bild 11.10 gezeigte Diagramm verdeutlicht neben dem Anteil von pünktlichen und verspäteten Zahlungen auch die Anzahl der Rechnungen. Damit wird der Schwerpunkt von Geschäftsbereich 1 mit dem größten Anteil an überfälligen Rechnungen sehr einfach auf den Geschäftsbereich 2 gelegt, wo die Anzahl der überfälligen Rechnungen ein weitaus größeres Problem darstellt.

11.6.2 Geigendiagramm

Das nächste Hilfsmittel ist ein Geigendiagramm, das eine geigenähnliche Form zeigt, die die Dichte der Punkte um bestimmte Werte herum indiziert.

```
# Laden der erforderlichen Bibliothek
library(ggplot2)
# Festlegen einer allgemeinen Fontgröße
theme_set(theme_classic(base_size = 18))
# Stapeln der Daten für die Verwendung in Grafiken. Spalte 3 ist fix,
Spalten 7-10 werden gestapelt
myData <- data.frame(DaysToPay[3], stack(DaysToPay[7:10]))
# Generieren des Violinplots für BU and DaysToPay
ggplot(myData, aes(factor(BU), values, fill = BU)) + geom_violin()
+ ylim(0,120) + geom_boxplot(width = 0.1)
+ theme(legend.position = "none") + xlab("") + ylab("Days")
```

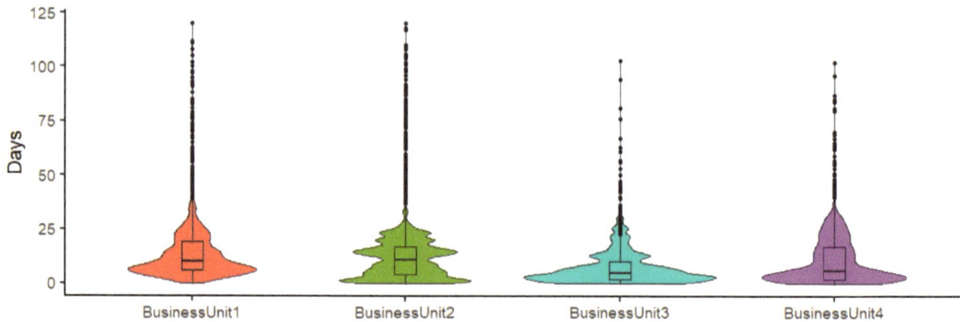

Bild 11.11 Geigendiagramm mit der Verteilung der Dauer bis zum Begleichen von Lieferantenrechnungen

Aus Bild 11.11 könnte abgelesen werden, dass mehrere unterschiedliche Prozesse im Geschäftsbereich 2 zu existieren scheinen, ersichtlich an mehreren Wülsten auf dem Violinplot. Es macht Sinn, diesen Umstand zu untersuchen.

11.6.3 Nachweis eines signifikanten Unterschieds zwischen Gruppen

Wenn es nachzuweisen gilt, dass das Zahlungsverhalten zwischen den einzelnen Geschäftseinheiten erheblich voneinander abweicht, ist der nichtparametrische Kruskal-Wallis-Test ein bewährtes Werkzeug. Dieses Tool verhält sich bei nichtnormalen Daten wie eine ANOVA. Etwas mehr komfortabel ist der paarweise Wilcox-Test, da der die gegebenen Gruppen paarweise miteinander vergleicht, was ANOVA und Kruskal-Wallis in der Regel nicht anbieten.

```
# Laden der erforderlichen Bibliothek
library(stats)
# Kruskal-Wallis-Test für Invoice2Pay nach BU
DaysToPay$BU <- as.factor(DaysToPay$BU)
kruskal.test(Invoice2Pay~BU)
# Paarweiser Wilcox-Test für Invoice2Pay nach BU
pairwise.wilcox.test(Invoice2Pay, BU, p.adjust.method = "BH")
```

Die Ausgabe dieses Tests zeigt:

Kruskal-Wallis rank sum test

data: Invoice2Pay by BU

Kruskal-Wallis chi-squared = 2042.3, df = 3, p-value < 2.2e-16

Pairwise comparisons using Wilcoxon rank sum test with continuity correction

data: Invoice2Pay and BU

	BusinessUnit1	BusinessUnit2	BusinessUnit3
BusinessUnit2	< 2e-16	0	0
BusinessUnit3	< 2e-16	< 2e-16	0
BusinessUnit4	< 2e-16	3.8e-16	< 2e-16

P value adjustment method: BH (Benjamini & Hochberg, 1995)

Der *p*-Wert beider Tests ist praktisch 0. Das bedeutet, dass es keinen Zweifel daran gibt, dass die BUs bei der Begleichung der Rechnungen ihrer Lieferanten signifikant unterschiedlich abschneiden. Das wäre ein Grund, nach den Unterschieden in den Prozessen Ausschau zu halten und daraus zu lernen.

Tabelle 11.3 Wilcoxon-Test für zwei Stichproben (Kaufmann, 2020)

Daten in ***X***:	Diskret, Gruppen (variabel)
Daten in ***Y***:	Kontinuierlich, Diskrete Ordinalzahl, nicht normalverteilt
Null-Hypothese H_0:	$\text{Median}_1 = \text{Median}_2$
Alternative Hypothese H_A:	$\text{Median}_1 \neq \text{Median}_2$
Entscheidung:	Wenn der *p*-Wert < 0,05 ist ($\alpha = 0{,}05$), ablehnen H_0 und akzeptieren H_A.
Annahmen:	Die Stichprobengröße muss mindestens 6 betragen. Die Proben müssen eine ähnliche Verteilung haben.
R-Code:	**# Laden der erforderlichen Pakete** library(rstatix) **# Durchführen des nichtparametrischen Wilcox-Tests** pairwise.wilcox.test(Invoice2Pay, BU, p.adjust.method = "BH")

Tabelle 11.4 Kruskal-Wallis-Test für mehrere Stichproben (Kaufmann, 2020)

Daten in ***X***:	Diskret, Gruppen (variabel)
Daten in ***Y***:	Kontinuierlich, Diskrete Ordinalzahl, nicht normalverteilt
Null-Hypothese H_0:	$\text{Median}_1 = \text{Median}_2 = \ldots = \text{Median}_n$
Alternative Hypothese H_A:	Mindestens ein Median ist signifikant anders.
Entscheidung:	Wenn der *p*-Wert < 0,05 ist ($\alpha = 0{,}05$), ablehnen H_0 und akzeptieren H_A.
Annahmen:	Die Stichprobengröße muss mindestens 6 betragen. Die Proben müssen eine ähnliche Verteilung haben.
R-Code:	**# Laden der erforderlichen Pakete** library(rstatix) **# Durchführen des nichtparametrischen Kruskal-Wallis-Tests** kruskal.test(Invoice2Pay~BU)

■ 11.7 Ein Dashboard zur „Lieferantenbuchhaltung“

Der CFO fordert, laufend mit den aktuellen Zahlen zur Lieferantenbuchhaltung versorgt zu werden. Natürlich wäre es möglich, die entsprechenden Daten regelmäßig herunterzuladen und die Excel-Grafiken zu erstellen. Infolgedessen wären wertvolle Arbeitskräfte durch diese Aufgabe gebunden. Ein dynamisches Dashboard bietet eine Alternative. Es wird einmalig erstellt und zeigt durch eine dynamische Verbindung zum Finanzsystem zu jedem Zeitpunkt die aktuellen Informationen. Der Aufbau des Dashboards wurde unter „Wie erstellt man ein Patientenzufriedenheits-Dashboard?“ bereits erläutert.

Das Dashboard in Bild 11.12 zeigt den Status vom 05. Februar 2020. Dabei werden sowohl die aktuell offenen Rechnungen pro Bereich als auch die Zahlungshistorie beleuchtet. Zusätzlich zeigt das Dashboard die Prozessschritte in der Kreditorenbuchhaltung mit der Anzahl der offenen Rechnungen, die den jeweiligen Schritt abgeschlossen haben.

Da das Dashboard dynamisch, das heißt direkt mit dem Finanzsystem verbunden ist, veranschaulicht es immer den aktuellen Stand. Es entfallen das aufwendige Herunterladen von Daten, das Erstellen der Graphen in Excel und die Darstellung in PowerPoint.

Dieses Dashboard kann mit wenig Aufwand jederzeit erweitert werden, so dass es den unterschiedlichen und steigenden Ansprüchen der jeweiligen Verantwortlichen genügt.

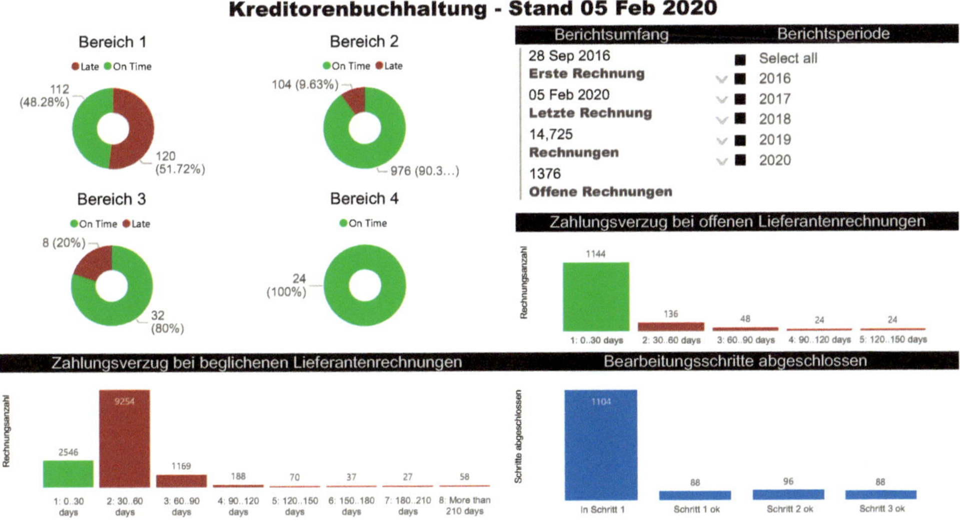

Bild 11.12 Dashboard Kreditorenbuchhaltung

Übung

Nachdem Sie diesen Teil abgeschlossen haben, können Sie die folgenden Fragen beantworten:

- Was sind Anforderungen an die Datenerfassung für Prozessanalytik?
- Wonach müssen Sie Ausschau halten, wenn Sie nach fehlerhaften, falsch erfassten oder anderweitig störenden Daten im Datensatz suchen?
- Wie verschaffen Sie sich einen Überblick über einen Satz von Daten, bevor Sie die Analyse beginnen? Welche Werkzeuge wenden Sie an?

Bitte führen Sie die folgenden Schritte aus:

1. Laden Sie die Daten für diesen Fall herunter. Benutzen Sie die vorne eingedruckten Zugangsdaten und die Hinweise in Abschnitt „Zusatzmaterial zum Download".
2. Bereinigen Sie die Daten von allen negativen Einträgen für Invoice2Pay.
3. Verschaffen Sie sich einen Überblick über den bereinigten Datensatz mit deskriptiver Statistik, Histogramm und Kastendiagramm nach Geschäftsbereich.
4. Untersuchen Sie, ob es einen Zusammenhang zwischen der aufgewendeten Zeit für jeden Schritt und der Gesamtlaufzeit gibt. Führen Sie diese Analyse per Geschäftsbereich durch.
5. Bereiten Sie eine kurze Präsentation vor, um dem Management über das Ergebnis und Ihre Empfehlung zu berichten.

■

12 Fall: Warum vergeuden wir kostbare Blutprodukte?

Blut und Blutprodukte werden jeden Tag in Krankenhäusern auf der ganzen Welt verwendet, um Leben zu retten. Die Verfügbarkeit von Blut und Blutprodukten wird durch die Großzügigkeit freiwilliger Blutspender erleichtert. Im Prozess von der Blutentnahme bis zur Herstellung des Endprodukts für die Verwendung in Krankenhäusern ist ein gewisses Maß an Abfall unvermeidlich. Wenn jedoch der vermeidbare Anteil des Abfalls von Blut und Blutprodukten zu hoch ist, führt dies zu teurer Verschwendung von kostbaren Ressourcen. Dies könnte zu einem Mangel an Blut führen.

Die Leiterin der Blutbank ist nicht zufrieden mit dem Ausmaß der Verschwendung von Blutplättchen – dem wertvollsten Blutbestandteil, nachdem sie bei einem Treffen mit den Leitern anderer Blutbanken die Möglichkeit hatte, die Indikatoren ihrer Organisation mit denen anderer Länder zu vergleichen. Ihre Blutbank meldet einen höheren Abfall an Thrombozyten-Beuteln, an Beuteln mit Blutplättchen, als viele ihrer internationalen Kollegen. Sie bittet einen ihrer Abteilungsleiter, die Angelegenheit zu untersuchen.

12.1 Geschäftsrelevante Frage formulieren

Die offensichtliche Frage ist, warum die Verschwendung von Thrombozyten-Einheiten in unserer Blutbank im Vergleich zu anderen asiatischen Blutbanken relativ hoch ist, obwohl unsere Blutbank die gleiche oder sogar bessere Ausrüstung zur Unterstützung des Blutspende- und Bluthertellungsprozesses zur Verfügung hat.

Da es nicht gerade einfach ist, ein detailliertes Prozess-Benchmarking mit anderen Blutbanken durchzuführen, entscheidet sich das Analytik-Team zum Studium des eigenen Blutbankprozesses zur Beantwortung der Frage „Warum verschwenden wir Thrombozyten-Einheiten?“.

Während des ersten Teammeetings nutzen Krankenschwestern und Wissenschaftler die Gelegenheit, bessere Ausrüstung anzufordern. Die beiden kostspieligsten Investitionen auf der Liste sind die Art der Blutbeutel, die für Thrombozyten verwendet werden, und die Art der Zentrifugen, die für die Thrombozyten-Extraktion Anwendung finden. Während der Einsatz der angeblich besseren Blutbeutel die Betriebskosten beträchtlich erhöhen sollte, würde der Ersatz von Zentrifugen eine ziemlich hohe Investition beanspruchen, die nicht im Budget veranschlagt ist.

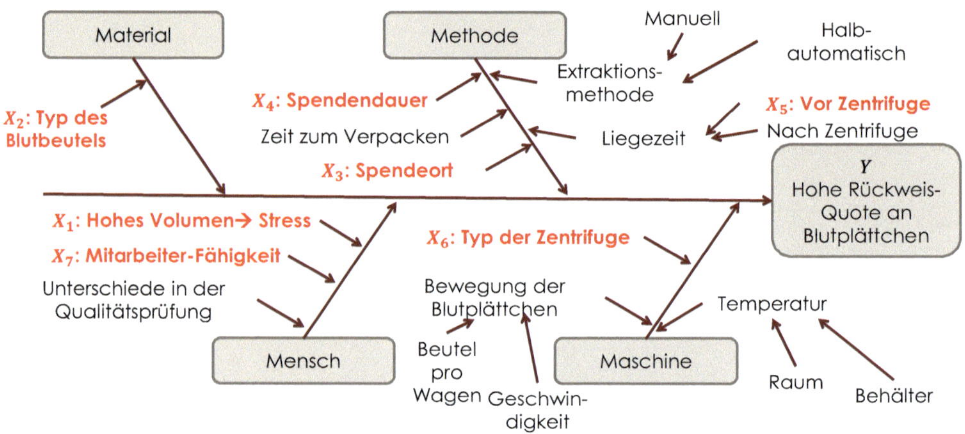

Bild 12.1 Aufbau des Modells der Variablen für die Blutplättchenabfall-Analytik

Abgesehen von diesen beiden Ideen entwickelt das Team weitere potenzielle Ursachen für die Verschwendung von Blutplättchen (Bild 12.1). Im Team priorisieren sie die Variablen (fett gedruckt in Bild 12.1). Diese Diskussion führt zur Formulierung einer Reihe von Annahmen, die von Blutprozesswissenschaftlern vorgebracht werden, d.h. Hypothesen, die geprüft werden müssen:

12.1.1 Hypothese 1: Arbeitsstress erhöht die Verschwendung

Es besteht die Vermutung, dass eine höhere Menge an produzierten Blutbeuteln zu höherem Arbeitsstress und Ermüdung führt, was wiederum zu einer höheren Menge an Verschwendung beiträgt, d.h., es besteht eine Korrelation zwischen dem Prozentsatz der verschwendeten Blutbeutel und der Anzahl der verarbeiteten Blutbeutel.

12.1.2 Hypothese 2: Unterschiedliches Material von Blutbeuteln trägt zu höherer Verschwendung bei

Die Blutbank kauft Blutbeutel von zwei Lieferanten, um eine Einzelbeschaffung und die Abhängigkeit von einem Lieferanten zu vermeiden. Die Wissenschaftler äußern die Besorgnis, dass die Art des Blutbeutelmaterials den Prozentsatz der Blutverschwendung bestimmt. Sie stellen die Vermutung auf, dass Blutbeutel des Typs C4 mehr Blutplättchenabfälle verursachen als jene vom Typ F6.

12.1.3 Hypothese 3: Blutplättchen-Verluste hängen vom Spendenort ab

Blut für die Thrombozyten-Produktion kann aus dem Zentrum der Blutbank oder von einer mobilen Blutspendenstation stammen. Natürlich ist die Behandlung des Blutes etwas anders, insbesondere bevor es das Labor erreicht. Wenn das Blut im Zentrum der Blutbank entnommen wird, ist die Umgebungstemperatur auf einem idealen Niveau ziemlich stabil. Das kann für das Blut, das von den mobilen Stationen stammt, nicht garantiert werden. Obwohl der Transport mit Kühlboxen erfolgt, lassen sich gewisse Temperaturschwankungen nicht vermeiden. Daher geht man davon aus, dass Blut, das von mobilen Sammelstellen bezogen wird, eine höhere Chance hat, sich in abgelehnte Thrombozyten-Einheiten zu verwandeln.

12.1.4 Hypothese 4: Die Zeit, die für die Blutung benötigt wird, beeinflusst die Verschwendung von Blutplättchen

Einige Blutspender haben große Venen, andere haben kleinere Venen. Größere Venen lassen das Blut schneller fließen, kleinere Venen benötigen mehr Zeit, um den Blutbeutel mit der Größe von 450 ml zu füllen. Einige Wissenschaftler äußern die Befürchtung, dass eine längere Blutungszeit – bedingt durch kleine Venen – zu mehr Blutplättchen-Abfall durch fortschreitende Blutgerinnung führen könnte.

12.1.5 Hypothese 5: Die Ruhezeit vor der Verarbeitung von Blutplättchen beeinflusst die Verschwendung

Da Thrombozyten – der wertvollste Teil unseres Blutes – sehr empfindlich auf Zeit ohne Aktivität reagieren, besteht die Vermutung, dass Verzögerungen vor der Verarbeitung zu einer höheren Verklumpung und damit Verschwendung des Endprodukts, der Thrombozyten, führen könnten.

12.1.6 Hypothese 6: Der verwendete Zentrifugentyp verursacht unterschiedliche Abfallmengen

Die Blutbank verwendet drei verschiedene Typen, d.h. Modelle, von Zentrifugen, um die Thrombozyten-Extraktion durchzuführen. Die Modelle haben ein unterschiedliches Alter und leicht unterschiedliche Eigenschaften. Dies kann die Qualität des Endprodukts, der Thrombozyten, beeinflussen.

12.1.7 Hypothese 7: Mitarbeiter tragen zu höherer Verschwendung bei

Die Leiterin der Blutbank geht davon aus, dass zu den an der Blutentnahme beteiligten Krankenschwestern, den Wissenschaftlern, die die Thrombozyten-Extraktion durchführen, und den Inspektoren, die die abschließende Beurteilung vornehmen, sowohl altgediente als auch neue Mitarbeiter gehören. Zwar müssen alle über eine gewisse Mindestausbildung und -fertigkeiten verfügen, um an dem Verfahren arbeiten zu dürfen. Die Erfahrung ist jedoch unterschiedlich. Dies könnte zu unterschiedlichen Ergebnissen für die Qualität von Blutbeuteln mit Thrombozyten führen.

Das vorläufige Modell für Prozessanalytik ist

$$Y = f(X_1, X_2, X_3, X_4, X_5, X_6, X_7)$$

Es wird beschlossen, dieses Modell mit wissenschaftlichen Methoden zu testen und die richtige Antwort auf die genannten Annahmen zu finden, bevor eine Entscheidung getroffen wird.

12.2 Daten erfassen

Die Daten werden im Excel-Format aus verschiedenen Quellen heruntergeladen, da die Informationen zur Überprüfung der genannten Hypothesen nicht in einer Tabelle zusammen, sondern in drei Tabellen verfügbar sind (Bild 12.2).

Blood Bag ID	Reject	Date	DOW	Centrifuge	Centrifuge Type	1st Spin Time - Start	Resting Time Before Pro	Resting Time - Start	Resting Time - End	Resting Time After Pro
64988	0	14.Nov.2019	Do	9	9	14:35	264	16:30	18:00	90
64989	0	14.Nov.2019	Do	9	9	14:35	256	16:30	18:00	90
64990	0	14.Nov.2019	Do	10	10	14:40	218	16:30	18:00	90
64991	0	14.Nov.2019	Do	9	9	14:35	204	16:30	18:00	90

Blood Bag ID	Date	Bag Type	Needle In	Needle Out	Bleeding Time	Bleeding Time in min	Collection Site	Extraction Method
64988	14.Nov.2019	F6	10:04	10:11	0:07	7	M	M
64989	14.Nov.2019	F6	10:13	10:19	0:06	6	M	M
64990	14.Nov.2019	F6	10:55	11:02	0:07	7	M	M
64991	14.Nov.2019	F6	11:05	11:11	0:06	6	M	M
64992	14.Nov.2019	F6	11:07	11:14	0:07	7	M	M
64993	14.Nov.2019	F6	10:55	11:00	0:05	5	M	M
64994	14.Nov.2019	F6	10:53	10:58	0:05	5	M	M
64995	14.Nov.2019	F6	11:17	11:25	0:08	8	M	M
64996	14.Nov.2019	F6	11:20	11:28	0:08	8	M	M

Blood Bag ID	Inspector
65055	Max
65056	Max
65057	Max
65059	Max
65058	Max
65060	Max
65061	Max
64988	Max
65062	Max

Bild 12.2 Datenerfassungsblätter für die Blutplättchen-Analytik

Die erste Tabelle enthält die ID des Blutbeutels mit Testergebnis, die verwendete Zentrifuge und den Blutbeuteltyp (in Bild 12.2 blau). Die zweite Tabelle zeigt Informationen über den Blutentnahmeprozess einschließlich der Blutungszeit (grüne Farbe in Bild 12.2). Zusätzlich enthält diese Tabelle die Zeitpunkte, die zur Bestimmung der Ruhezeit vor der Thrombozyten-Extraktion verwendet werden können. Die dritte Tabelle kann verwendet werden, um die am Prozess Beteiligten zu identifizieren (burgunderfarben in Bild 12.2).

12.3 Daten verarbeiten

Um die erfassten Daten mit geeigneter Software analysieren zu können, müssen die Daten bereinigt und in ein Ein-Tabellen-Format umgewandelt werden.

Da die Daten teilweise manuell erfasst wurden, müssen sie auf Vollständigkeit, Richtigkeit und Eingabefehler wie Tippfehler überprüft werden.

Ein oft auftretendes Problem ist die Erfassung durch unterschiedliche Mitarbeiter in verschiedenen Tabellen und Formaten. Außerdem erfolgt die Datenerhebung in einer Tabelle pro Tag, was die Analyse behindert. Wenn Tabellen umgeformt oder transportiert und ineinander kopiert werden, sind Fehler ebenfalls nicht vollständig ausgeschlossen.

Bei der Gestaltung der Datenerhebung und -aufzeichnung ist es von entscheidendem Vorteil, die bevorstehenden Analysemethoden bereits geplant zu haben. Unterschiedliche Methoden erfordern unterschiedliche Formate (gestapelt, ungestapelt), die im Nachhinein nur mit teilweise beträchtlichem Aufwand umgewandelt werden können.

Variables

Records
Data Sets

BloodBagID	Result	Date	DOW	CentrifugeType	Spin1Start	RestingBeforePro	RestingStart	RestingEnd	RestingAfterPro
64988	ok	14 Nov 2019	Do	G9	14:35	264	16:30	18:00	90
64989	ok	14 Nov 2019	Do	G9	14:35	256	16:30	18:00	90
64990	ok	14 Nov 2019	Do	H10	14:40	218	16:30	18:00	90
64991	ok	14 Nov 2019	Do	G9	14:35	204	16:30	18:00	90
64992	ok	14 Nov 2019	Do	G9	14:35	201	16:30	18:00	90
64993	ok	14 Nov 2019	Do	H10	14:40	220	16:30	18:00	90
64994	ok	14 Nov 2019	Do	H10	14:40	222	16:30	18:00	90
64995	ok	14 Nov 2019	Do	H10	14:40	195	16:30	18:00	90
64996	ok	14 Nov 2019	Do	H10	14:40	192	16:30	18:00	90
64997	ok	14 Nov 2019	Do	G9	14:35	175	16:30	18:00	90

Bild 12.3 Struktur der Datentabelle für die Analyse des Blutplättchen-Abfalls

Die korrekte Art und Weise, die Daten zu erfassen, besteht darin, sie in Variablen und Datensätzen zu organisieren (Bild 12.3). Variablen wären in diesem Fall

„BloodBagID“, „Result“, „CentrifugeType“ usw. Diese Namen der Variablen sind in der ersten Zeile zu zeigen, mit den Daten für die Variablen in den Spalten darunter. Datensätze (Records) umfassen alle Daten, die zu derselben Einheit zugeordnet sind – wie zum Beispiel alle Daten, die zum Blutbeutel mit der BloodBagID 64988 gehören – eine Zeile in der Tabelle bilden. Jeder Datensatz wird in einer Zeile gespeichert. Um jegliche Verwirrung bei der Datenanalyse zu vermeiden, müssen Zeilen mit Spaltensummen oder andere aggregierte Daten vermieden werden. Wenn Daten für denselben Datensatz in verschiedenen Tabellen gespeichert sind, müssen diese Tabellen mindestens eine Variable haben, die identifiziert, welche Datensätze in den verschiedenen Tabellen zusammengehören.

BloodBagID dient diesem Zweck. Daher muss die Kennung oder der Übereinstimmungsindikator eindeutig sein. Wenn Daten in verschiedenen Tabellen für verschiedene Tage, Teams, Schichten, Standorte usw. verteilt sind, müssen sie in dieselbe Tabelle kopiert oder miteinander verknüpft werden.

Aufgabe 12.1: Daten laden und mehrere Tabellen in eine Tabelle transformieren

- Laden Sie die Daten aus **PlateletWaste.xlsx.**
- Öffnen Sie Blatt **Processing**.
- Erstellen Sie eine neue Spalte, indem Sie **BagType** in **L1** schreiben, da wir die Variable BagType zu dieser Tabelle hinzufügen möchten. Eine neue Spalte wird der Tabelle angehängt.
- Fügen Sie Folgendes in L2 ein: **=SVERWEIS([@[Blood Bag ID]];Collection[#Alle];3;0**. Referenz ist die **BloodBagID**, die sich auf das Arbeitsblatt **Collection** bezieht, aus dem wir Spalte 3 verwenden.
- Behandeln Sie **BleedingTime** und **CollectionSite** in gleicher Weise.
- Erstellen Sie eine neue Spalte, indem Sie **Inspector** in **O1** schreiben, um die Variable Inspector zu dieser Tabelle hinzuzufügen. Eine neue Spalte wird der Tabelle angehängt.
- Fügen Sie Folgendes in **O2** ein **=SVERWEIS([@[Blood Bag ID]];Inspector;2;0).** Referenz ist die Blutbeutel-ID, die sich auf das Arbeitsblatt **Inspector** bezieht, aus dem wir Spalte **2** verwenden.
- Speichern Sie Ihre Arbeit.

■

Am Ende der Datenaufbereitung darf es nur eine Tabelle mit allen Variablen geben mit ***X*** und ***Y*** in Spalten und alle Datensätze (Records) in Zeilen mit nur einer Kopfzeile, die die Namen der Variablen für alle ***X*** und ***Y*** zeigt.

■

Datum und Uhrzeit werden nicht immer im Datum/Zeit-Format eingegeben. Für eine korrekte Analyse der Verarbeitungszeit muss das Eingabeformat der zugrunde liegenden Zeitstempel das gleiche sein, d.h., es muss den Einstellungen des Computers entsprechen, damit es als solches erkannt wird.

Das Datumsformat muss für jede Variable gleich sein.

Der Text ist in verschiedenen Stilen geschrieben worden. Zum Beispiel wurde der Beuteltyp „C4“ mit verschiedenen Namen eingegeben: „C4“, „C 4“ und „C-4“. Der Zentrifugentyp „H10“ wurde mit „10“, „H10“ und „H 10“ dokumentiert. Für eine korrekte Datenanalyse müssen alle Beutel und Zentrifugen desselben Typs genau denselben Namen haben. Jede Abweichung in der Bezeichnung führt dazu, dass sie als unterschiedliche Beutel bzw. Zentrifugen analysiert werden.

Die Namen müssen für jede Variable auf die gleiche Weise eingegeben werden.

Einige Blutbeutel-IDs fehlten in der Tabelle Collection, was dazu führte, dass der Datensatz für diese IDs unvollständig war. Infolgedessen können die anderen Daten dieses Datensatzes von den meisten Analysewerkzeugen nicht verwendet werden.

Datensätze (Zeilen) mit fehlenden Eingaben sind nach Möglichkeit zu löschen oder mit Daten zu füllen.

Um eine Analyse durchführen zu können, müssen die Daten roh sein. Aggregierte Daten sind für die Analyse viel weniger nützlich. In den meisten Fällen behindern aggregierte Daten die Analyse des Modells. In unserem Fall ist die Maßeinheit ein Blutbeutel. Dies ist die kleinstmögliche Einheit. Daher hat die Analyse die höchstmögliche Aussagekraft.

Zur Veranschaulichung nehmen wir an, dass die Blutentnahmedaten im Tagesrhythmus aggregiert werden, d.h., die Maßeinheit wäre das Datum. Für jedes Datum werden Anzahl der Blutbeutel und Anzahl der Ablehnungen gezählt. Dadurch erhalten wir den Abfall in Prozent pro Tag, ein korrektes Ergebnis. Diese Option hat jedoch entscheidende Nachteile:

1. Nehmen wir zunächst einmal an, es werden mehrere Zentrifugentypen und mehrere Blutbeuteltypen pro Tag eingesetzt. Wir hätten keine Möglichkeit herauszufinden, welcher Beuteltyp oder Zentrifugentyp besser funktioniert, weil wir nicht wissen würden, welcher die ausgemusterten Beutel produziert hat. Dasselbe gilt für viele andere Variablen. Wir können sie nicht analysieren.
2. Zweitens verringert die Aggregation der Blutbeutel pro Tag den Probenumfang. Die 2698 Blutbeutel-IDs (Bild 12.3) würden auf 22 Tage der Entnahme reduziert. Der Probenumfang würde von 2698 auf 22 Tage sinken. Bei der Da-

tenverarbeitung ist dies ein denkbar schlechtes Ergebnis, da dies die Analyseleistung, die Auflösung aller Werkzeuge drastisch reduzieren würde.

3. Drittens können Rohdaten immer aggregiert werden. Das heißt, wenn die Analyse aggregierte Daten erfordert, können diese transformiert werden. Aggregierte Daten können niemals disaggregiert werden. Dieser Prozess ist irreversibel.

Für Datenanalytik ist es unerlässlich, Rohdaten zu erfassen. Aggregierte Daten sind von weitaus geringerem Nutzen. Das Aggregieren von Daten reduziert die Analyseleistung drastisch.

■

■ 12.4 Daten analysieren

Jede Prozessanalytik muss auf zwei Arten durchgeführt werden. Erstens sind grafische Darstellungen ratsam. Sie werden in der Regel das Problem nicht lösen und Hypothesen nicht direkt beantworten. Sie können jedoch helfen, das folgende statistische Ergebnis zu visualisieren. Die grafischen Darstellungen sind in Präsentationen in der Regel aussagekräftiger als statistische Aussagen.

In den folgenden Analyseschritten werden die Datentypen für X und Y zunächst betrachtet, um das richtige Werkzeug für die grafische und statistische Analyse auszuwählen (Bild 1.3).

12.4.1 Hypothese 1: Arbeitsstress erhöht die Verschwendung

Es besteht die Vermutung, dass ein höheres Volumen an verarbeiteten Blutbeuteln zu einer höheren Verschwendung führt.

X ist die Anzahl der pro Tag verarbeiteten Thrombozyten-Spenden. Y ist der Prozentsatz des Abfalls. Maßeinheit ist der Tag der Verarbeitung. Daher ist Variable X eine Zählung, die wie kontinuierliche Daten behandelt werden kann. Y ist der Prozentsatz des Abfalls, der ebenfalls quasi-kontinuierliche Daten darstellt.

Für die Darstellung kontinuierlicher Daten eignet sich das Streudiagramm. Das in Bild 12.5 dargestellte Streudiagramm lässt vermuten, dass es keinen Zusammenhang zwischen X und Y gibt.

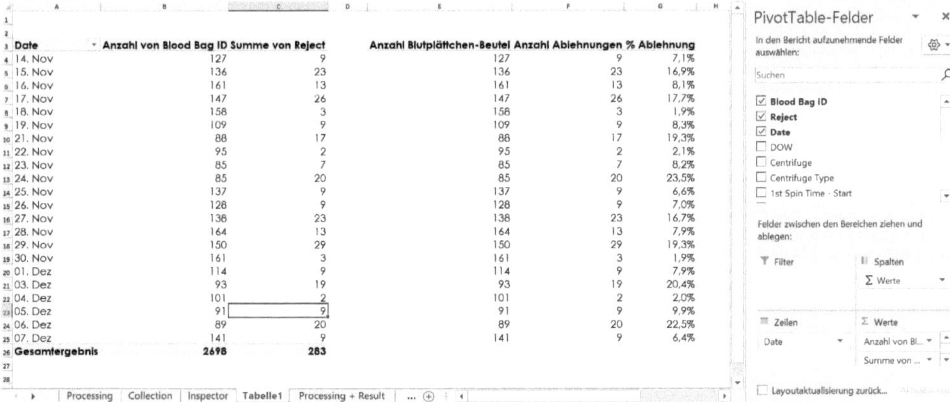

Date	Anzahl von Blood Bag ID	Summe von Reject		Anzahl Blutplättchen-Beutel	Anzahl Ablehnungen	% Ablehnung
14. Nov	127	9		127	9	7,1%
15. Nov	136	23		136	23	16,9%
16. Nov	161	13		161	13	8,1%
17. Nov	147	26		147	26	17,7%
18. Nov	158	3		158	3	1,9%
19. Nov	109	9		109	9	8,3%
21. Nov	88	17		88	17	19,3%
22. Nov	95	2		95	2	2,1%
23. Nov	85	7		85	7	8,2%
24. Nov	85	20		85	20	23,5%
25. Nov	137	9		137	9	6,6%
26. Nov	128	9		128	9	7,0%
27. Nov	138	23		138	23	16,7%
28. Nov	164	13		164	13	7,9%
29. Nov	150	29		150	29	19,3%
30. Nov	161	3		161	3	1,9%
01. Dez	114	9		114	9	7,9%
03. Dez	93	19		93	19	20,4%
04. Dez	101	2		101	2	2,0%
05. Dez	91	9		91	9	9,9%
06. Dez	89	20		89	20	22,5%
07. Dez	141	9		141	9	6,4%
Gesamtergebnis	2698	283				

Bild 12.4 Hinzufügen der Pivot-Tabelle und Berechnung des Anteils von Ablehnungen pro Tag

Aufgabe 12.2: Pivot-Tabelle und Streudiagramm für Prozentsatz Ausschuss über Volumen pro Tag erstellen (Bild 12.5)

- Bringen Sie Ihren Cursor in die geänderte Tabelle **Processing**.
- Wählen Sie **Einfügen - PivotTable - OK.** Dadurch wird die Form einer Pivot-Tabelle auf einem neuen Arbeitsblatt erstellt.
- Da wir die Anzahl der Beutel pro Tag haben möchten, ziehen wir **Date** aus den **Feldern der Pivot-Tabelle** in **Zeilen**. Ziehen Sie **Monat** aus diesem Feld heraus, da wir keine Aggregation benötigen. Damit dies funktioniert, muss sich Ihr Cursor innerhalb der Tabelle befinden.
- Ziehen Sie **BloodBagID** in **Werte,** sodass **Summe der BloodBagID** in der Pivot-Tabelle erscheint. Doppelklicken Sie auf diese Kopfzeile und schalten Sie sie auf **Anzahl** um. Jetzt zählen wir die Anzahl der Beutel pro Tag.
- Ziehen Sie **Reject** in **Werte**. Nun fassen wir alle abgelehnten Blutbeutel zusammen, die **1** in **Reject** zeigen.
- Erstellen Sie neben Summe der Ablehnung eine neue Spalte mit der **Anzahl der Blutplättchen-Beutel** und füllen Sie sie mit dem Inhalt der zweiten Spalte mit **=B4**. Wir müssen dies tun, weil wir kein Streudiagramm mit Daten aus der Pivot-Tabelle erstellen können. Wir müssen also beide Spalten daneben kopieren.
- Machen Sie dasselbe für die **Anzahl der Ablehnungen** mit **=C4**.
- Erstellen Sie eine Spalte % **Ablehnen.** Füllen Sie sie mit **=E4/D4**. Kopieren Sie diese drei Formeln bis zum 07. Dezember.
- Markieren Sie die Spalte **Anzahl der Blutplättchen-Beutel** und Spalte % **Ablehnungen** mit Strg und Maus.
- Wählen Sie **Einfügen - Diagramme - Punkt (XY).**
- Verbessern Sie das Diagramm, indem Sie einen passenden Titel hinzufügen und die Achsen ändern.
- Wählen Sie einen Datenpunkt in der Darstellung, klicken Sie mit der rechten Maustaste und wählen Sie **Trendlinie hinzufügen.**

- Wählen Sie **Linear**, markieren Sie **Formel im Diagramm anzeigen** und **Bestimmtheitsmaß im Diagramm darstellen.** Damit fügen wir unserem Diagramm einige einfache Statistiken hinzu.

Das Streudiagramm (Bild 12.5) zeigt eine leicht negative Beziehung zwischen der Anzahl der pro Tag verarbeiteten Thrombozyten-Beutel und dem Abfall. Diese Beziehung scheint sehr schwach zu sein, da der R^2 bei 0,0972, d.h. 9,72 % liegt. Der gesunde Menschenverstand sollte uns sagen, dass dies nicht richtig erscheint. Deshalb führen wir eine statistische Analyse durch.

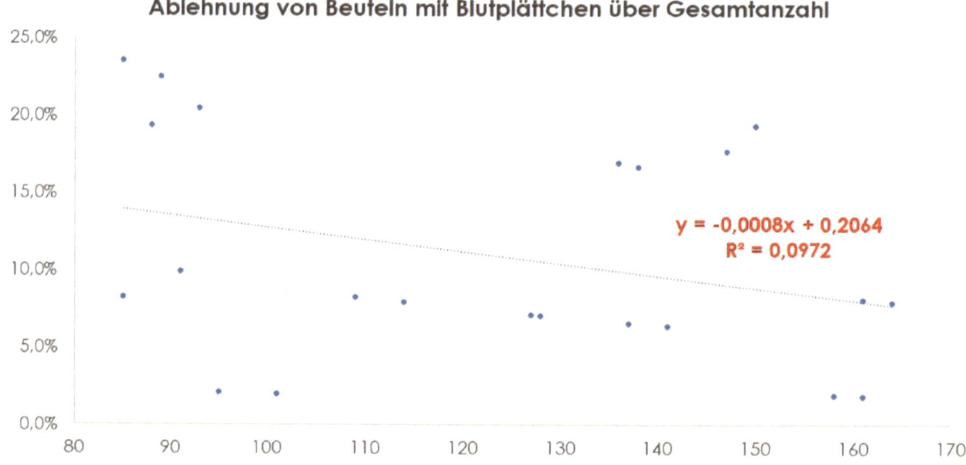

Bild 12.5 Streudiagramm von Anteil abgelehnter Blutbeutel über dem Produktionsvolumen

Für diese Situation ist das richtige statistische Instrument die Regressionsanalyse (Bild 12.6).

Aufgabe 12.3: Führen Sie eine Regressionsanalyse für Prozentsatz Ausschuss über Volumen pro Tag durch (Bild 12.6)

- Wählen Sie **Daten - Datenanalyse - Regression.**
- **Y-Eingabebereich** ist **%Abweisung.**
- **X-Eingabebereich** ist **Anzahl Blutplättchen-Beutel.**
- Vergessen Sie nicht, **Beschriftungen** auszuwählen.
- Wählen Sie alle **Residuen** und **Normalverteilte Wahrscheinlichkeit.** Die ausgegebenen Diagramme können wichtig sein, um die Qualität einer Beziehung zu prüfen.

Regression ? ×

Eingabe

Y-Eingabebereich: $G$3:$G$25

X-Eingabebereich: $E$3:$E$25

☑ Beschriftungen ☐ Konstante ist Null

☐ Konfidenzniveau: 95 %

Ausgabe

○ Ausgabebereich:

◉ Neues Tabellenblatt:

○ Neue Arbeitsmappe

Residuen

☑ Residuen ☑ Residuenplots

☑ Standardisierte Residuen ☑ Kurvenanpassung

Normalverteilte Wahrscheinlichkeit

☑ Quantilsplot

OK

Abbrechen

Hilfe

Bild 12.6 Regressionsanalyse mit Excel

Als Ergebnis der Regression wird ein *p*-Wert von 0,1577 für Volumen beobachtet und ein R^2 (Bestimmtheitsmaß) von 0,0972 gezeigt. Ersteres lässt vermuten, dass es keine signifikante Beziehung zwischen X und Y gibt. Für eine signifikante Beziehung zwischen X und Y muss der *p*-Wert für X, **Anzahl Blutplättchen-Beutel,** unter 0,05 oder 5 % liegen. Nur dann ist die Beziehung bedeutsam, und die Menge des Abfalls wird durch das verarbeitete Volumen bestimmt.

Das Bestimmtheitsmaß bedeutet, dass die durch X erklärte Variation in Y nur 0.0972, das heißt 9.72 % beträgt, was viel zu niedrig ist. Für eine Beziehung, die von geschäftlichem Wert ist, sollte R^2 eher über 40 % liegen.

Diese Regressionsanalyse ist hier nicht zwingend erforderlich, da die wichtigen Ergebnisse bereits mit dem Streudiagramm gegeben waren. Der Vollständigkeit halber haben wir die Regression durchgeführt.

Regressions-Statistik	
Multipler Korrelationskoeffizient	0,3118
Bestimmtheitsmaß	**0,0972**
Adjustiertes Bestimmtheitsmaß	0,0521
Standardfehler	0,0695
Beobachtungen	22

ANOVA

	Freiheitsgrade	Quadratsummen (SS)	Mittlere Quadratsumme (MS)	Prüfgröße (F)	F krit
Regression	1	0,0104	0,0104	2,1542	**0,1577**
Residue	20	0,0967	0,0048		
Gesamt	21	0,1071			

	Koeffizienten	Standardfehler	t-Statistik	P-Wert	Untere 95%
Schnittpunkt	0,2064	0,0674	3,0597	0,0062	0,0657
Anzahl Blutplättchen-Beutel	**-0,0008**	0,0005	-1,4677	0,1577	-0,0019

Bild 12.7 Ergebnis der Regressionsanalyse von % Ablehnung über Anzahl Blutplättchen-Beutel

F krit, der *p*-Wert für das Modell, zeigt 0,1577 (Bild 12.7). Dies bedeutet, dass das Modell nicht signifikant ist. Es ist nicht richtig, über eine Beziehung zwischen *X* und *Y*, zwischen der **Anzahl der verarbeiteten Blutbeutel** und der Verschwendung in % **Ablehnung** zu sprechen. Außerdem ist der Koeffizient für das Volumen mit −0,0008 negativ, d.h., die theoretische Beziehung, die durch die Regressionsanalyse festgestellt wurde, ist sehr klein und negativ. Wenn das verarbeitete Volumen zunimmt, sinkt der Ausschuss. Dies macht keinen Sinn und ist nicht mehr als ein theoretischer, ein statistischer Wert (Bild 12.7).

Diese Hypothese wird daher zurückgewiesen. Höheres Arbeitsaufkommen führt nicht zu einem messbar höheren Ablehnungsanteil.

Wenn Sie Statistiken anwenden, lassen Sie immer Ihren gesunden Menschenverstand eingeschaltet.

12.4.2 Hypothese 2: Bestimmtes Material von Blutbeuteln trägt zu höherer Verschwendung bei

Die Blutbank kauft Blutbeutel von zwei Lieferanten, um eine Einzelbeschaffung und die Abhängigkeit von einem Lieferanten zu vermeiden. Besteht ein Zusammenhang zwischen Blutbeuteltyp und Verschwendung?

In dieser Situation ist *X*, der Blutbeuteltyp, diskret, während das Ergebnis für jeden Blutplättchen-Beutel entweder abgelehnt oder ok, d.h. ebenfalls diskret ist. Für diese Konstellation von diskretem *X* und diskretem *Y* kommen bei zwei Gruppen unter anderem Balkendiagramm oder Ringdiagramm und ein Zwei-Proportionen-Test infrage.

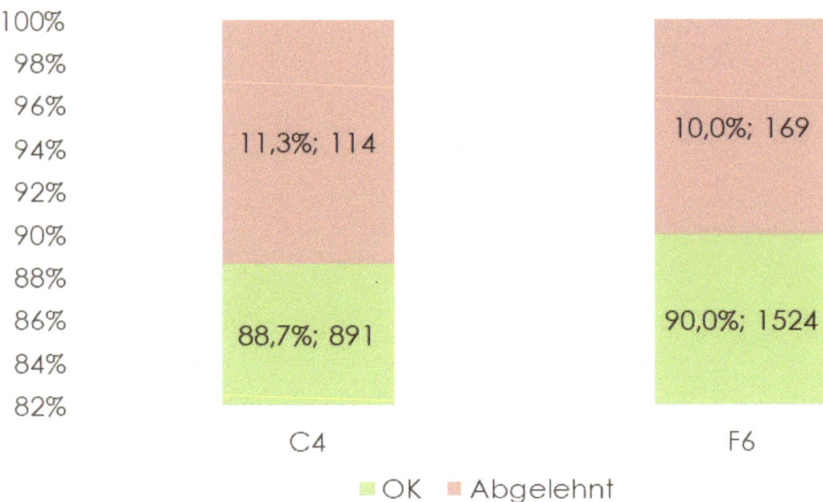

Bild 12.8 Plättchen-Beutel-Testergebnis in Abhängigkeit von Blutbeutel-Material

Das Balkendiagramm (Bild 12.8) zeigt, dass Blutbeuteltyp C4 (Probe 1) und Typ F6 (Probe 2) mit 11,3 % bzw. 10,0 % einen ähnlichen Abfall aufweisen.

Aufgabe 12.4: Zwei-Proportionen-Test durchführen (Bild 12.9)

- Öffnen Sie die Datei **TwoProportionTest.xlsx**.
- Wählen Sie das Arbeitsblatt **2-Proportion-Test**.
- Fügen Sie 1005 (891 + 114) in **Stichprobe 1** und 1693 (1524 + 169) in **Stichprobe 2** ein.
- Fügen Sie 114 in **Ereignisse für Stichprobe 1** und 169 in **Ereignisse für Stichprobe 2** entsprechend ein. Ereignisse können für beide Stichproben entweder nok oder ok sein. Beide Versionen werden das gleiche Ergebnis liefern.

Der Zwei-Proportionen-Test zeigt einen *p*-Wert von 0,2647 (**P(Stichprobe1≠ Stichprobe2)**) an, d. h., diese Beziehung ist nicht signifikant (Bild 12.9). Es besteht ein 26,5 %iges Risiko, mit der Annahme, dass es einen Unterschied gibt, falsch zu liegen. Da diese Analyse auf Stichprobendaten basiert, ist das Ergebnis mit einem Konfidenzintervall versehen. Dieses Konfidenzintervall (Vertrauensintervall) bedeutet, dass das gezeigte Ergebnis möglicherweise nicht der „echte" Wert ist, der Wert, den wir erhalten würden, wenn wir eine große Anzahl von Blutbeuteln mit Thrombozyten überprüfen würden.

Zwei-Proportionen-Test und 95% Vertrauensintervalle für Stichproben

	Stichprobe 1	Stichprobe 2	Zwei-Proportionen-Test	
Eingabe der **Populationsgröße**	100,000	100,000	**Alpha:**	0.0500
Eingabe der **Stichprobengröße**	1,005	1,693	**Ppooled:**	0.1049
Eingabe der **Ereignisse**	114	169	**Pdiff:**	0.0136
			SEpooled:	0.0122
Proportion	11.34%	9.98%	**z-score:**	1.1154
			P(Stichprobe1<Stichprobe2):	**0.1323**
Unschärfe	1.95%	1.42%	**P(Stichprobe1>Stichprobe2):**	**0.8677**
			P(Stichprobe1≠Stichprobe2):	**0.2647**
			z-crit:	1.9600
Resultat	9.39% < p < 13.29%	8.57% < p < 11.40%	**CIdiff:**	**-1.03 % < p < 3.75 %**

Vertrauensintervalle für zwei diskrete Stichproben

Stichprobe 2

Stichprobe 1

0% 10% 20% 30% 40% 50% 60% 70% 80% 90% 100%

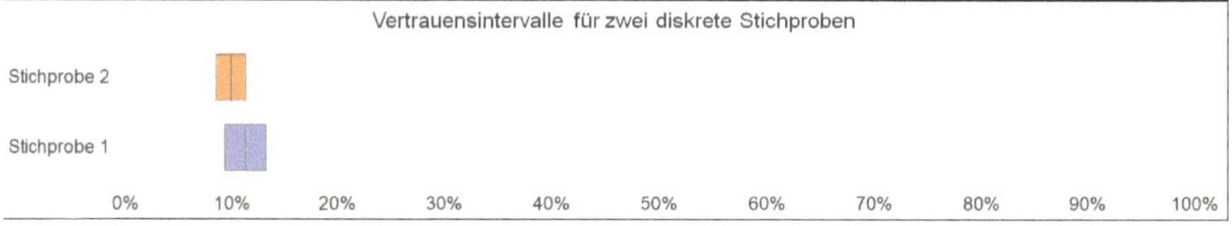

Bild 12.9 Zwei-Proportionen-Test für Hypothese 2

Bei Blutbeuteln der Beutelgruppe C4 wird der Abfallanteil voraussichtlich zwischen 9,39 % und 13,29 % liegen. Bei Blutbeuteln der Gruppe F6 wird mit einem Abfallanteil zwischen 8,57 % und 11,40 % gerechnet. Beide Vertrauensintervalle gehen von einem Vertrauensniveau von 95 % aus.

Daraus können wir schlussfolgern, dass der Abfallanteil für C4 z. B. 10 % und für F6 ebenfalls 10 % betragen kann. Es besteht also eine beträchtliche Wahrscheinlichkeit, dass beide Blutbeuteltypen den gleichen Abfall produzieren.

Infolgedessen wird diese Hypothese verworfen. Es besteht kein Unterschied im durch unterschiedliches Blutbeutelmaterial hervorgerufenen Abfallanteil.

12.4.3 Hypothese 3: Thrombozyten-Verluste hängen vom Ort der Blutspende ab

Blut für die Thrombozyten-Produktion kann aus dem Zentrum der Blutbank oder von einer mobilen Station stammen. Es wird erwartet, dass die Behandlung des Blutes etwas unterschiedlich ist. Besteht ein Zusammenhang zwischen Entnahmestelle und Verschwendung? Würde es helfen, wenn wir nur Blut aus dem Blutbankzentrum für die Thrombozyten-Produktion verwenden, wie einige Wissenschaftler vorgeschlagen haben? Dies würde die Anzahl der verfügbaren Blutbeutel für die Produktion von Blutplättchen erheblich reduzieren.

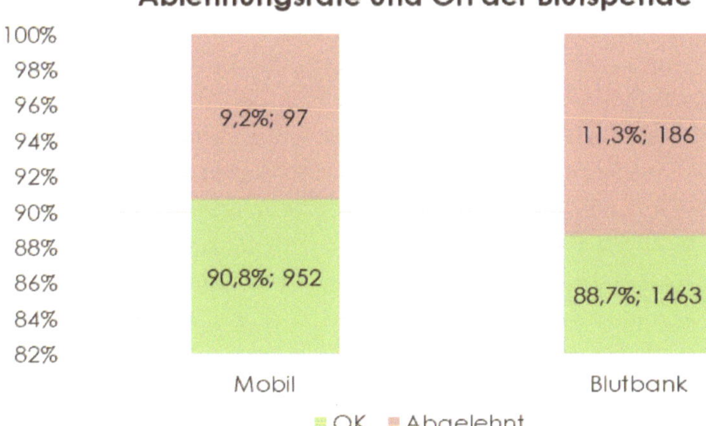

Bild 12.10 Ablehnungsrate in Abhängigkeit vom Ort der Blutspende (Hypothese 3)

Wie zuvor handelt es sich hier um den Ort der Blutspende als diskrete Variable und das Ergebnis für jede Thrombozyten-Einheit, entweder abgelehnt oder angenommen zu werden, ebenfalls als diskrete Variable. Wir können die eben eingesetzten Werkzeuge verwenden.

Das Säulendiagramm (Bild 12.10) zeigt, dass der Unterschied zwischen der Verschwendung für Standort Mobil mit 9,2 % und Standort Blutbank mit 11,3 % eher gering ist.

Der entsprechende Zwei-Proportionen-Test (nicht dargestellt) zeigt einen *p*-Wert von 0,093, d. h., der Zusammenhang zwischen Sammelstelle und Abfallanteil kann nicht bestätigt werden.

Darüber hinaus reichen die Konfidenzintervalle (95 % Konfidenz) von 7,50 % bis 10,99 % bzw. 9,77 % bis 12,79 %. Das bedeutet, es gibt keine ausreichenden Hinweise darauf, dass beide Proben (Standort Mobil und Standort Blutbank) einen unterschiedlichen Abfallanteil aufweisen.

Daher wird diese Hypothese verworfen. Der Ort der Blutspende wirkt sich nicht messbar auf die Qualität der Blutplättchen aus.

12.4.4 Hypothese 4: Die Zeit, die für die Blutung benötigt wird, beeinflusst die Qualität von Blutplättchen

Der Spendenprozess, die Blutung, dauert je nach der Physiologie der Blutspender unterschiedlich lange. Wissenschaftler argumentieren, dass ein längerer Blutungsvorgang die Qualität des Blutes beeinflussen könnte, was sich letztlich auf die Verschwendung von Thrombozyten-Beuteln auswirken würde.

Während der Blutspende werden viele Daten sorgfältig, wenn auch meist manuell, gesammelt. Die Zeiten für Einsetzen der Nadel und Stoppen der Blutung werden verfolgt, was die Berechnung der Blutungszeit (BleedingTime) ermöglicht. Die Blutungszeit ist eine kontinuierliche Variable, während unser Ergebnis (ok/nok) pro Blutbeutel diskret ist. Wie in Bild 1.3 gezeigt, fordert diese Datenkonstellation eine logistische Regression . Bevor wir jedoch die logistische Regression durchführen, sollten wir sicherstellen, dass dies eine vielversprechende Option ist.

Das Plotten der Daten für einen kontinuierlich-diskreten Datensatz kann in umgekehrter Richtung erfolgen. Das heißt, wir geben vor, die kontinuierliche Blutungszeit sei unsere *Y* Variable und das diskrete Ergebnis (ok/nok) sei unser *X*. Dies würde eines der mächtigsten – und am wenigsten genutzten – grafischen Werkzeuge ermöglichen: das Kastendiagramm (Box Plot).

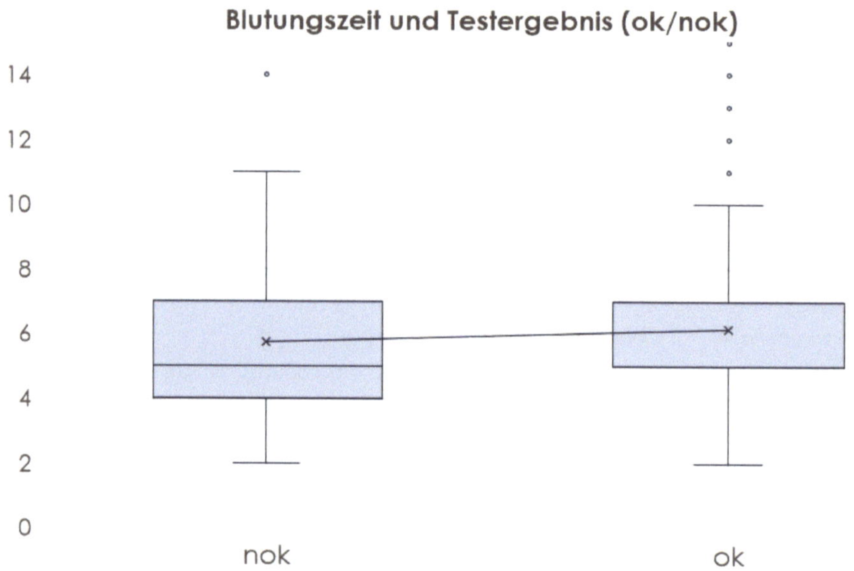

Bild 12.11 Umgekehrtes Kastendiagramm (Box Plot) für Hypothese 4

Die Funktion einer logistischen Regression versucht, eine Wahrscheinlichkeit zu finden, mit der das Ergebnis mit zunehmender Blutungszeit von „ok“ auf „nok“ umspringt. Wenn dies zuträfe, würde unser Box-Plot eine niedrigere Box der Blutungszeit für „ok“ und eine höhere Box der Blutungszeit für „nok“ zeigen. Die Verbindungslinie zwischen beiden Kästchen zeigt beide Mittelwerte (Bild 12.11).

Tabelle 12.1 Deskriptive Statistik (Excel: Populationskenngrößen) der Blutungszeit nach Prozessergebnis

Parameter	NOK	OK
Mittelwert	5,7562	6,1379
Standardfehler	0,1203	0,0450
Median	5,0000	5,0000
Modus	4,0000	4,0000
Standardabweichung	2,0231	2,2116
Stichprobenvarianz	4,0928	4,8911
Kurtosis	1,9778	6,2785
Schiefe	1,2445	1,6862
Wertebereich	12	24
Minimum	2	2
Maximum	14	26
Summe	1629	14823
Anzahl	283	2415

Die deskriptive Statistik (Tabelle 12.1) zeigt, dass die Blutungszeit für nok bei 5,76 und bei 6,14 für ok liegt. Die Standardabweichung ist für beide Ergebnisse sehr ähnlich. Die maximale Zeit für nok beträgt 14 min, für ok beträgt sie 26 min. Daher gibt es keinerlei Hinweise darauf, dass ein längerer Blutungsvorgang mehr Abfall verursachen würde. Die Statistik deutet momentan in die entgegengesetzte Richtung, was allerdings von den befragten Wissenschaftlern als sehr unwahrscheinlich angesehen wird.

Hier wird keine logistische Regression durchgeführt.

Diese Hypothese wird also verworfen. Die Dauer des Blutungsvorgangs wirkt sich nicht auf den Anteil an zurückgewiesenen Blutplättcheneinheiten aus.

12.4.5 Hypothese 5: Die Ruhezeit vor der Verarbeitung von Blutplättchen beeinflusst die Qualität

Die Ruhezeit ist die Zeit zwischen der Blutspende, d. h. der Blutung, und der Blutproduktion in der Zentrifuge. Die von den Wissenschaftlern vorgebrachte Annahme ist, dass eine längere Liegezeit des Blutes vor der Verarbeitung in der Zentrifuge ein höheres Risiko für eine Ablehnung, d. h. mehr Abfall, verursacht (Bild 12.12).

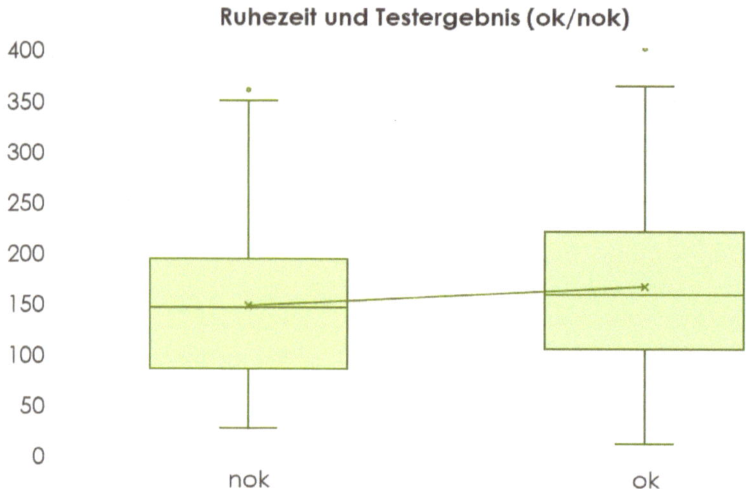

Bild 12.12 Umgekehrtes Kastendiagramm (Box-Plot) für Hypothese 5

Die Datenlage ist der Hypothese 4 sehr ähnlich mit X, der kontinuierlichen Ruhezeit, und Y, dem diskreten Ergebnis (ok/nok).

Wie in der vorigen Hypothese würde logistische Regression versuchen eine Wahrscheinlichkeit zu finden, mit der das Ergebnis mit zunehmender Ruhezeit von „ok" auf „nok" umspringt. Wenn dies zuträfe, würde unser Box-Plot eine niedrigere Box der Ruhezeit für „ok" und eine höhere Box für „nok" zeigen. Der Mittelwert für „ok" liegt bei 165,7 Minuten und für „nok" bei 146,8 Minuten.

Aus dem Box-Plot und dem Mittelwert können wir schließen, dass die Ruhezeit für „nok"-Ergebnisse auf keinen Fall höher sein kann. Wir können schlussfolgern, dass eine längere Ruhezeit nicht zu mehr Verschwendung führt.

Folglich wird diese Hypothese abgelehnt. Die Ruhezeit der Blutplättchen vor der Verarbeitung hat keinen messbaren Einfluss auf die Qualität der Plättcheneinheiten.

12.4.6 Hypothese 6: Der verwendete Zentrifugen-Typ beeinflusst die Qualität der Blutplättchen

Die Blutbank verwendet drei verschiedene Typen, d. h. Modelle, von Zentrifugen, um die Thrombozyten-Extraktion durchzuführen. Die Modelle haben ein unterschiedliches Alter und leicht unterschiedliche Eigenschaften.

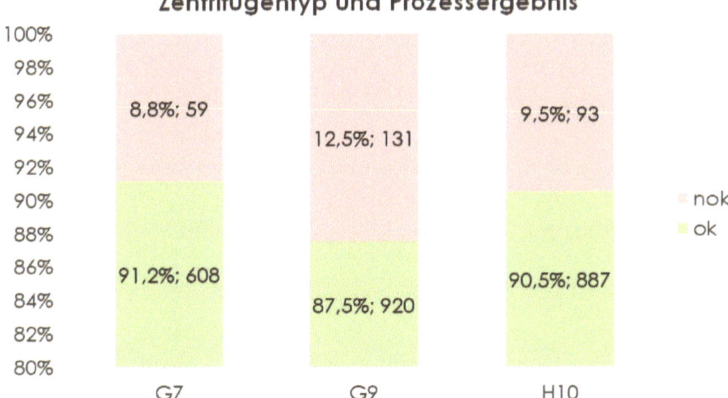

Bild 12.13 Säulendiagramm für Hypothese 6

Die Datenlage unterscheidet sich von den bisherigen Hypothesen. Das Ergebnis *Y*, Prozessergebnis (ok/nok), ist diskret und der potenzielle Einflussfaktor *X*, der Zentrifugen-Typ, ist ebenfalls diskret. Bild 1.3 folgend sind Balken- oder Säulendiagramm und Chi²-Test die geeigneten Werkzeuge.

Das Säulendiagramm in Bild 12.13 zeigt, dass die Zentrifuge vom Typ G9 mit 12,5 % scheinbar einen höheren Abfall aufweist als Zentrifugen G7 mit 8,8 % und H10 mit 9,5 %. In dieser Situation wäre es zu schnell, eine Schlussfolgerung zu ziehen. Es ist immer ein Muss, das Ergebnis der grafischen Analyse mit Statistiken zu untermauern.

In Excel ist kein Chi²-Test verfügbar. Es wäre möglich, drei Zwei-Proportionen-Tests auszuführen (G7 gegen G9, G7 gegen H10 und G9 gegen H10).

Wir wählen einen Chi²-Test, der sehr einfach und schnell mit R erledigt werden kann.

Aufgabe 12.5: Laden Sie das Paket rstatix und führen Sie einen Chi²-Test für Zentrifugen-Typ durch

Öffnen Sie R Studio.

```
# Laden der erforderlichen Bibliothek
install.packages("rstatix")
library(rstatix)
# Bilden der Kreuztabelle (Matrix) mit Benennen der Zeilen und Spalten
xtab <- as.table(rbind(
c(59, 131, 93),
c(608, 920, 887)))
```

```
dimnames(xtab) <- list(
Result = c("nok", "ok"),
Centri = c("G7", "G9", "H10"))
# Chi-square-test
Xsq <- chisq.test(xtab)
Xsq$observed
Xsq$expected
Xsq$stdres
```

Das Ergebnis dieses Chi²-Tests:

n	Statistic	p	df	method	p.signif
2698	7.33	**0.0256**	2	Chi-square test	*

Observed Values:

Result	G7	G9	H10
Nok	59	131	93
Ok	608	920	887

Expected Values:

Result	G7	G9	H10
Nok	69.96331	110.242	102.7947
Ok	597.03669	940.758	877.2053

Std.Residuals:

Result	G7	G9	H10
nok	- 1.596742	2.674532	- 1.279605
ok	1.596742	- 2.674532	1.279605

■

Der *p*-Wert für den Chi²-Test zeigt 0,0256. Das bedeutet, dass wir bestätigen können, dass es einen signifikanten Unterschied zwischen den Gruppen gibt.

Das Ergebnis des Chi²-Tests wurde bereits dargestellt (Aufgabe 12.5). Dieses wird in drei Schritten analysiert:

1. Der *p*-Wert ist kleiner als 0,05. Das bedeutet, dass der Test einen signifikanten Unterschied zeigt.
2. Das höchste absolute standardisierte Residual (Std. Residuals) befindet sich bei Zentrifuge G9 mit dem Ergebnis nok und ok gleichermaßen.

3. Die erwartete Zählung für diese Kombination beträgt 110,24, während die tatsächliche Zählung 131 zeigt. Das bedeutet, wenn die Zentrifuge G9 einen ähnlichen Abfallprozentsatz wie die anderen Zentrifugen-Typen liefern würde, dann hätte G9 nur 110 zurückgewiesene Thrombozyten-Einheiten. G9 produziert jedoch 131. Das ist deutlich höher als bei den beiden anderen Zentrifugen.

Damit haben wir bewiesen, dass die Zentrifuge G9 deutlich mehr, signifikant mehr Abfall liefert als die anderen Typen. Das Risiko, dass diese Annahme falsch ist, beträgt nur 2,56 %.

Es wurde eine interessante Frage gestellt: Von den 22 Tagen, an denen der Test durchgeführt wurde, konnte der höhere Schwund nur an acht Tagen beobachtet werden. Wie lässt sich dies erklären? Lassen wir diese Frage vorerst beiseite.

Damit ist diese Hypothese akzeptiert. Der Typ der Zentrifuge hat offensichtlich einen nachweisbaren Einfluss auf den Abfallanteil an Blutplättchen.

12.4.7 Hypothese 7: Einige Mitarbeiter tragen zu verminderter Qualität bei

Wie einige Wissenschaftler und die Leiterin der Blutbank vermuten, sind an den Prozessschritten sowohl altgediente als auch neue Mitarbeiter beteiligt. Ist der Unterschied in der Erfahrung ein weiterer Grund für die Verschwendung von Blutplättchen?

Da alle die gleiche Ausbildung durchlaufen müssen, gibt es keine ausbildungsbezogene Variable, die zur Überprüfung dieser Hypothese herangezogen werden kann. Jahrelange Erfahrung scheint ein besserer Indikator dafür zu sein, wie gut die Mitarbeiter den Prozess verstehen und beherrschen, um Verschwendung zu reduzieren. Der einfachste Weg, diese Frage anzugehen, besteht darin, zunächst zu prüfen, ob es Unterschiede zwischen verschiedenen Teammitgliedern gibt.

Es gibt nur sieben Teammitglieder, die an der Blutproduktion und der Thrombozyten-Inspektion beteiligt sind. Dies sind Engel G, Holler F, Matthiebe O, Müller A, Müller W, Schmidt S und Schneider P. Da es unerlässlich ist, alle Beteiligten an der Produktion von Blutprodukten zu dokumentieren, ist es nicht schwierig, zuverlässige Daten für die X-Variable Operator für jeden Blutbeutel zu erhalten.

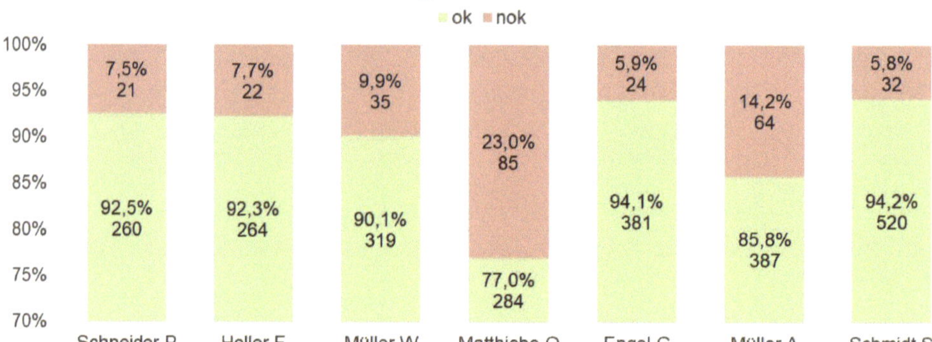

Bild 12.14 Prozessergebnis je Bediener

Das „Wow!“ nach unserer Datenerhebung ist in Bild 12.14 zu sehen. Immer wenn Olaf Matthiebe und Arnd Müller die Blutverarbeitung durchführen, scheint die Abfallmenge in den Blutbeuteln zu steigen.

Der anschließend durchgeführte Chi²-Test bestätigt, dass es bei Matthiebes Nok-Rate signifikante Unterschiede gibt.

Daher wird diese Hypothese akzeptiert.

Aufgabe 12.6: Führen Sie einen Chi²-Test für die Variable Mitarbeiter durch

```
# Laden der erforderlichen Bibliothek
install.packages("rstatix")
library(rstatix)
# Bilden einer Kreuztabelle xtab und Benennen der Zeilen und Spalten
xtab <- as.table(rbind(
c(21, 22, 85, 35, 32, 24, 64),
c(260, 264, 284, 319, 520, 381, 387)))
dimnames(xtab) <- list(
   Result = c("nok", "ok"),
   Name = c("Schneider", "Holler", "Matthiebe", "Müller W", "Schmidt S",
"Engel", "Müller A"))
# Ausführen des Chi²-Tests
Xsq <- chisq.test(xtab)
Xsq$observed
Xsq$expected
Xsq$stdres
```

Das Ergebnis dieses Chi²-Tests (verkürzt):

X-squared = 95.61, df = 6, p-value < 2.2e-16

■

12.4.8 Die kostspielige Frage

Wann immer es mehrere potenzielle Einflussfaktoren *X* für das Ergebnis *Y* gibt, besteht die Möglichkeit, dass diese *X* miteinander interagieren oder sich gegenseitig beeinflussen. In unserem Fall besteht die Chance, dass der Einfluss der Zentrifuge den Einfluss des Bedieners überlagert, da die Bediener dazu neigen, nur eine Zentrifuge zu benutzen, nämlich die, mit der sie am besten vertraut sind. Die Überprüfung der Beziehung zwischen Bediener und Zentrifuge ergab eine interessante Erkenntnis: Matthiebe benutzt vorzugsweise G9, während Müller A meist auf H10 registriert ist. Es wurde in der vorigen Analyse festgestellt, dass G9 einen höheren Abfallanteil produziert als G7 und H10.

Wenn wir unsere Ergebnisse an die Leiterin der Blutbank weiterleiten, wird sie sicher fragen, ob wir eine neue Zentrifuge kaufen müssen oder ob es nur der Betreiber ist, der „die Zentrifuge schlecht aussehen lässt". Ersteres ist eine ziemlich große Investition, während Letzteres eine Frage der Schulung am Arbeitsplatz oder der Änderung von Verfahrensanweisungen oder von beidem ist.

Am Ende des Prozesses entscheiden die Mitarbeiter, ob die Thrombozyten an Krankenhäuser geschickt oder verworfen werden sollen. Mithilfe von Gage R&R lässt sich auf einfache Weise herausfinden, ob es eine Diskrepanz in der Bewertung der Thrombozyten-Beutel durch die Inspektoren gibt.

12.4.9 Investitionen sparen

Die Gage R&R überprüft, ob verschiedene Personen während einer bestimmten Inspektion, in diesem Fall bei der subjektiven Begutachtung von Beuteln mit Blutprodukten, reproduzierbare und wiederholbare Ergebnisse liefern. Eine Gage R&R kann bei fast jeder Art von Inspektion in fast allen Branchen durchgeführt werden. Sie ist in der Regel schnell und kostengünstig machbar.

Wiederholbarkeit bedeutet, dass ein und derselbe Inspektor die gleiche Einheit unter den gleichen Umständen bewertet – ohne zu wissen, dass es sich um die gleiche Einheit handelt, die er zuvor geprüft hat – und zu der gleichen Schlussfolgerung kommen muss, die „ok" oder „nok" lautet.

Reproduzierbarkeit bedeutet, dass verschiedene Mitarbeiter, die die gleiche Einheit unter den gleichen Umständen prüfen, zum gleichen Ergebnis kommen müssen (Tabelle 12.2).

Tabelle 12.2 Ergebnis einer Gage R&R für alle an der Endkontrolle beteiligten Mitarbeiter

Unit	Standard	Schneider P	Holler F	Matthiebe O	Müller W	Schmidt S	Engel G	Müller A
1	ok	nok	ok	nok	ok	nok	ok	nok
2	ok	ok	ok	nok	ok	ok	nok	nok
3	ok	ok	ok	ok	ok	ok	ok	ok
4	ok	ok	ok	nok	ok	ok	ok	ok
5	ok	ok	ok	ok	ok	ok	ok	ok
6	ok	ok	ok	nok	ok	ok	ok	nok
7	nok	nok	nok	nok	nok	nok	nok	nok
8	ok	ok	ok	ok	ok	ok	ok	ok
9	ok	ok	ok	nok	ok	ok	ok	ok
10	nok	nok	nok	nok	nok	nok	nok	nok
11	nok	nok	nok	nok	nok	nok	nok	nok
12	nok	nok	nok	nok	nok	nok	nok	nok
13	ok	ok	ok	nok	ok	ok	ok	nok
14	ok	ok	ok	ok	ok	ok	ok	ok
15	nok	nok	nok	nok	nok	nok	nok	nok
16	nok	nok	nok	nok	nok	nok	nok	nok
17	nok	nok	nok	nok	nok	nok	nok	nok
18	ok	ok	ok	ok	ok	ok	ok	ok
19	nok	nok	nok	nok	nok	nok	nok	nok
20	nok	nok	nok	nok	nok	nok	nok	nok
Reprod		**95 %**	**100 %**	**70 %**	**100 %**	**95 %**	**95 %**	**80 %**

Tabelle 12.2 zeigt das Ergebnis einer Gage R&R, die von allen am Prozess und der Entscheidung über ok oder nicht ok beteiligten Mitarbeitern durchgeführt wurde. Die Wiederholbarkeit wurde getestet und beträgt für das gesamte Personal 100 %. Das bedeutet, dass alle Mitarbeiter die gleiche Entscheidung treffen, wenn sie die gleiche Einheit mehrfach erhalten. Die Wiederholbarkeit ist in Tabelle 12.2 nicht dargestellt. Jedoch ist die Reproduzierbarkeit – die Übereinstimmung zwischen dem den Standard setzenden Wissenschaftler und dem Personal – oft weniger als 100 %, dem Ziel für beide Indikatoren, Wiederholbarkeit und Reproduzierbarkeit. Insbesondere Matthiebe und Müller A sind weit davon entfernt. Die Spalte Standard zeigt die Entscheidung über diese Thrombozyten-Beutel, die von einem Team von leitenden Wissenschaftlern und Managern getroffen wurde.

Die gute Nachricht ist, dass alle falschen Auswertungsergebnisse „nok“ falsch sind, was bedeutet, dass die Mitarbeiter eher verhindern, dass „ok“-Thrombozyten-Beutel ins Krankenhaus gehen, als dass sie „nok“-Einheiten ins Krankenhaus schicken. Dies wird als Überablehnung bezeichnet und ist für die eigene Organisation teuer, da gute Einheiten als Abfall deklariert und entsorgt werden. Aber es ist sicher für die Krankenhäuser.

12.5 Geschäftsentscheidung treffen

Das Ergebnis der Analyse ist in Tabelle 12.3 zusammengefasst.

Tabelle 12.3 Überblick über die Analyseergebnisse

Nummer	Hypothese	Statistik	Geschäftsergebnis
H1	Arbeitsstress führt zu mehr Verschwendung.	Regression Nicht signifikant	Es besteht kein offensichtlicher Zusammenhang zwischen Arbeitsaufkommen und Prozessergebnis. Eine Notwendigkeit zur Änderung der Mitarbeiterstärke ist daraus nicht ableitbar.
H2	Die Art des verwendeten Blutbeutelmaterials bestimmt den Prozentsatz der Blutverschwendung.	Zwei-Proportionen-Test Nicht signifikant	Es besteht keine Notwendigkeit, den teureren Blutbeutel zu kaufen. Das Material des Beutels macht keinen signifikanten Unterschied.
H3	Die Entnahmestelle von Vollblut beeinflusst den Prozentsatz der Blutverschwendung.	Zwei-Proportionen-Test Nicht signifikant	Blut für die Thrombozyten-Entnahme kann an allen Entnahmestellen verwendet werden.
H4	Die Blutungszeit der Spender beeinflusst den Prozentsatz der Blutverschwendung.	Logistische Regression Nicht signifikant	Es ist nicht notwendig, Blut mit einer bestimmten Blutungszeit für die Thrombozyten-Extraktion auszuwählen.
H5	Die Ruhezeit der Blutplättchen vor der Verarbeitung des Blutes beeinflusst den Prozentsatz der Blutverschwendung.	Logistische Regression Nicht signifikant	Es ist nicht notwendig, Blut mit einer bestimmten Ruhezeit der Blutplättchen für die Thrombozyten-Extraktion auszuwählen.
H6	Zentrifuge, die für die Blutproduktion verwendet wird, beeinflusst den Prozentsatz der Blutverschwendung.	Chi^2-Test Signifikant	Zentrifuge C9 zeigt einen signifikant höheren Ausschuss als alle anderen Zentrifugen. Dies wird jedoch durch den Betreiber verursacht, der bei seiner Endkontrolle mehr Abfall erzeugt. C9 erzeugt nicht mehr Abfall, wenn andere Bediener die Routine an der C9 durchführen. Daher besteht keine Notwendigkeit, neue Geräte zu kaufen.

Tabelle 12.3 Überblick über die Analyseergebnisse *(Fortsetzung)*

Nummer	Hypothese	Statistik	Geschäftsergebnis
H7	Operator beeinflusst Prozentsatz der Blutverschwendung.	Chi^2-Test Signifikant	Sieben verschiedene Betreiber haben die Etikettierung, d. h. die Bewertung von Thrombozyten-Beuteln, mit unterschiedlichem Verständnis der Qualitätskriterien durchgeführt. Zwei Betreiber wenden strengere Standards an als andere.

Nach Analyse und Prüfung der Hypothesen stellen sich einige Mythen als nicht wahr heraus. Es besteht keine unmittelbare Notwendigkeit, in neue Zentrifugen zu investieren. Es gibt auch keinen zwingenden Grund, für den Transport und die Lagerung von Thrombozyten auf die teureren Blutbeutel umzusteigen.

Bei der Untersuchung der Daten wurde offensichtlich, dass die an der Endkontrolle und Kennzeichnung von Thrombozyten-Blutbeuteln beteiligten Mitarbeiter unterschiedliche Standards anlegen. Von sieben an der Studie beteiligten Mitarbeitern urteilen zwei wesentlich strenger als die anderen. Dies führt zu einem höheren Prozentsatz an verworfenen Einheiten. Mit anderen Worten, die Reproduzierbarkeit des Prozesses der Blutbeutelbewertung ist nicht gegeben. Diese beiden Inspektoren sind die jüngsten im Team. Sie versuchen eifrig, bei ihrer Arbeit ihr Bestes zu geben. Diese positive Denkweise führt jedoch in diesem Fall zu einer übermäßigen Ablehnung von Blutbeuteln und Verschwendung von Ressourcen.

Die Ergebnisse führen zur Überprüfung und Neugestaltung des Schulungsprozesses für die Mitarbeiter im Blutplättchen-Extraktionsprozess. Die Blutbank führt eine prägnante Beschreibung und Bilder von grenzwertigen, das heißt von „gerade noch guten“ und „schon schlechten“ Blutbeuteln ein. Beschreibung und Darstellung werden mit einigen Krankenhäusern, den Endkunden von Blutbeuteln, ausgetauscht und diskutiert, um sicherzustellen, dass der interne Inspektionsprozess den Kundenanforderungen entspricht.

Gewährleisten Sie die Wiederholbarkeit und Reproduzierbarkeit des Datenerfassungsprozesses vor jeder Analyse. Andernfalls könnten die Analyseergebnisse irreführend oder falsch sein.

■

12.6 Schlussfolgerung

In diesem aus der Praxis gewählten Fallbeispiel wird offensichtlich, wie die Art und Weise der Datenerfassung das Analyseergebnis beeinflussen und sogar verfälschen kann. Das gilt insbesondere dann, wenn die Daten auf subjektivem Wege erfasst werden, das heißt, wenn der Mensch das Messmittel darstellt. Mit der Gage R&R können Wiederholbarkeit und Reproduzierbarkeit des Messmittels einfach und mit wenig Aufwand überprüft und falsche Schlussfolgerungen vermieden werden.

12.7 Überlegungen zu den wichtigsten verwendeten Analysewerkzeugen

Analysieren von Datensätzen mit einer diskreten abhängigen Variablen *Y* (Ergebnis ok/nok) ist recht häufig. Dennoch ist es eine Herausforderung, da dieser Datentyp eine größere Datenmenge erfordert, um brauchbare Ergebnisse zu liefern. Eine binäre *Y*-Variable, d. h. eine Ergebnisvariable mit zwei Stufen, gestattet nur eine limitierte Auswahl von Analysewerkzeugen, wie beispielsweise einen Zwei-Proportionen-Test, einen Chi^2-Test oder die binäre logistische Regression (Bild 1.3).

Zwei-Proportionen-Test und **Chi^2-Test** werden im vorherigen Fall angewandt, um den Einfluss von diskreten *X*-Variablen (unabhängige/Prädiktorvariable) auf ein diskretes *Y* (abhängige Variable, Ergebnisvariable) zu prüfen.

Nach der Aggregation der Daten wurde eine **lineare Regression** verwendet, um die Beziehung zwischen einer quasi-kontinuierlichen Anzahl von verarbeiteten Blutbeuteln (***Y***) und der Anzahl der zurückgewiesenen Beutel (***X***) aufzuzeigen. Diese Aggregation hat jedoch die Stichprobengröße von 2698 Datensätzen mit Blutbeutelinspektionen auf 22 Datensätze, d. h. 22 Inspektionstage, reduziert. Um eine Beziehung zwischen Arbeitsbelastung und Ablehnungsquote zu finden, scheinen diese Daten vorerst ausreichend zu sein, da es keine Anzeichen für den positiven Trend gibt, den man bei dieser Beziehung erwarten würde. Eine langfristige Analyse mit einer größeren Menge an Datensätzen ist vorgesehen.

Die **logistische Regression** wurde nicht angewandt, da der Datensatz keinen Hinweis auf eine Beziehung zwischen ***Y*** (Ergebnis ok/nok) und den potenziellen Einflussfaktoren *X* Blutungszeit und Ruhezeit gibt. In einem anderen Fallbeispiel wird die logistische Regression im Detail erläutert.

Tabelle 12.4 Mehrfache lineare Regression

Daten in ***X***:	Kontinuierlich, keine Normalität erforderlich. Kann für diskrete Ordinaldaten angewendet werden. Diskrete *X* (Gruppen) können als Faktoren verwendet werden.
Daten in ***Y***:	Kontinuierlich, keine Normalität erforderlich. Kann für diskrete Ordinaldaten angewendet werden.
Null-Hypothese $\boldsymbol{H_0}$:	Keine signifikante Beziehung zwischen irgendeinem *X* und *Y*
Alternative Hypothese $\boldsymbol{H_A}$:	Mindestens ein kontinuierliches *X* beeinflusst *Y* signifikant.
Entscheidung:	Wenn *p*-Wert des Modells < 0,05 ist, verwerfen Sie H_0 und akzeptieren H_A Alle VIF müssen < 5 sein. Ziehen Sie in Betracht, *X* mit hohem VIF zu entfernen. Wenn der *p*-Wert der eingebetteten ANOVA < 0,05 ist, verwerfen H_0 und akzeptieren H_A. *X* hat signifikanten Einfluss, wenn der *p*-Wert von *X* < 0,05. Entfernen Sie nichtsignifikante *X* und wiederholen Sie das Modell. Das Modell ist bei steigendem R^2 bzw. $R^2_{adjusted}$ (für multiple *X*) besser. Beide liegen zwischen 0 und 1 (0 % und 100 %).
Annahmen:	1. Residuen sind normalverteilt. 2. Residuen über alle *X* zeigen kein Muster. 3. Residuen über die Zeit zeigen kein Muster. 4. Residuen über die berechneten *Y* zeigen kein Muster. 5. Keine ungewöhnlichen Beobachtungen (Ausreißer mit Residuen < −2 oder > 2). Entfernen erwägen. 6. Keine Punkte mit einflussreichen Beobachtungen (hohe Hebelpunkte). Entfernung in Erwägung ziehen.
R-Code:	**# Laden der erforderlichen Bibliotheken** install.packages("tidyverse") library(tidyverse) install.packages("car") library(car) install.packages("olsrr") library(olsrr) **# Bilden des linearen Modells** stepModel <- lm(Overall~Step1+Step2+Step3+Step4+Step5, data = ClinicSurvey) summary(stepModel) **# Bestimmen der VIF (Müssen kleiner als 5 sein)** vif(stepModel) **# Darstellen der Residuen** par(mfrow = c(2, 2))

```
plot(stepModel)
ols_plot_resid_stud_fit(stepModel)
ols_plot_resid_stand(stepModel)
# Auflisten der Ausreißer
outlierTest(stepModel)
```

Tabelle 12.5 Zwei-Proportionen-Test

Daten in ***X***:	Diskrete *X* – Gruppen (1 und 2)
Daten in ***Y***:	Diskrete *Y* – Zählungen
Null-Hypothese H_0:	$P_1 = P_2$
Alternative Hypothese H_A:	$P_1 \neq P_2$
Entscheidung:	Wenn der *p*-Wert < 0,05 ist, verwerfen H_0 und akzeptieren H_A.
Annahmen:	Die Zählungen in allen vier Zellen müssen mindestens 5 betragen, d. h. x1, n1-x1, x2, n2-x2 müssen mindestens 5 betragen.
R-Code:	**# Laden notwendiger Pakete** install.packages("stats") library(Statistik) **# Berechnen des Zwei-Proportionen-Tests** prop.test(x = c(x1, x2), n = c(n1, n2)) **# x1 ... Anzahl der Erfolge für Gruppe 1** **# n1 ... Anzahl der Studien für Gruppe 1** **# x2 ... Anzahl der Erfolge für Gruppe 2** **# n2 ... Anzahl der Studien für Gruppe 2**

Tabelle 12.6 Chi²-Test

Daten in ***X***:	Diskrete *X* – Gruppen (1, 2 ... *n*)
Daten in ***Y***:	Diskrete *Y* – Zählungen
Null-Hypothese H_0:	$P_1 = P_2 = \ldots = P_n$
Alternative Hypothese H_A:	Mindestens ein Anteil *P* ist signifikant höher oder geringer.
Entscheidung:	Wenn der *p*-Wert < 0,05 ist, verwerfen H_0 und akzeptieren H_A.
Annahmen:	Die erwarteten Werte in allen Zellen der Kreuztabelle müssen mindestens 5 betragen.
R-Code:	**# Laden notwendiger Pakete** install.packages("rstatix") library(rstatix) **# Kreuztabelle xtab erstellen** **# Zeilen und Spalten benennen** xtab <- as.table(rbind(c(59, 131, 93),

Tabelle 12.6 Chi²-Test *(Fortsetzung)*

	c(608, 920, 887)))
	dimnames(xtab) <- list(
	Result = c("nok", "ok"),
	Centri = c("G7", "G9", "H10"))
	# Chi-Quadrat-Test berechnen und in Xsq speichern
	Xsq <- chisq.test(xtab)
	# Ergebnis in Xsq anzeigen
	Xsq
	# Beobachtete Werte anzeigen
	Xsq$observed
	# Erwartete Werte anzeigen
	Xsq$expected
	# Standardisierte Residuen anzeigen
	Xsq$stdres
	# Paarweiser Vergleich für alle Daten anzeigen
	pairwise_prop_test(xtab)
	# Darstellen von Balkendiagrammen für xtab-Datenrahmen
	barplot(xtab, beside=T, legend=T)

Übung

Nachdem Sie diesen Teil abgeschlossen haben, können Sie die folgenden Fragen beantworten:

- Was sind Anforderungen an die Datenerfassung für Prozessanalytik?
- Wie entscheidet man, welche Werkzeuge für die grafische und statistische Analyse anzuwenden sind?
- Was sind diskrete Daten und kontinuierliche Daten in der abgeschlossenen Fallstudie? Nennen Sie jeweils drei Beispiele.

Bitte führen Sie die folgenden Schritte aus:

1. Laden Sie die Daten für diesen Fall herunter. Benutzen Sie die vorne eingedruckten Zugangsdaten und die Hinweise in Abschnitt „Zusatzmaterial zum Download“.
2. Schließen Sie den Chi²-Test in Aufgabe 12.6 des vorherigen Falls ab und generieren Sie alle beobachteten Zählungen, erwarteten Zählungen und standardisierten Residuen. Bitte kommentieren Sie.
3. Erstellen Sie Datendiagramme für jede *X-Y*-Kombination.
4. Erstellen Sie für jede *X-Y*-Kombination eine statistische Analyse wie beschrieben.
5. Bereiten Sie eine kurze Präsentation vor, um dem Management über das Ergebnis und Ihre Empfehlung zu berichten.

■

Teil IV: Arbeitskräfte-domain – Personal-analytik

„Ich bin überzeugt, dass nichts, was wir tun, wichtiger ist als die Einstellung und Entwicklung von Mitarbeitern. Letzten Endes setzt man auf Menschen und nicht auf Strategien."

Lawrence Bossidy

Daten sind der Schlüssel zum Verständnis, wie Mitarbeiter arbeiten und wie ein Arbeitsplatz genutzt wird, um geschäftliche Entscheidungsprozesse zu beeinflussen und das Befinden, die Weiterentwicklung und die Bindung der Mitarbeiter an die Organisation langfristig zu verbessern. Wenn Personaldaten richtig genutzt und interpretiert werden, haben sie die Macht, den Arbeitsplatz zu verändern und dem Unternehmen einen Vorteil zu verschaffen.

Inhalt

- Warum Personalanalysen
- Die Rolle des Personalwesens bei der Personalanalytik
- Verwendung von HR-Metriken und Personalanalytik
- Dimensionen der Personalanalytik
- Mitarbeiterplanung
- Wie man Personalanalytik durchführt
- Das Paradies der Personalanalytik ist der Alptraum für Arbeitnehmer – Den Wandel bewältigen

Fall	Fallbeschreibung	Verwendete Werkzeuge
1	Was macht unsere Organisation innovativ?	Ex, BI
2	Haben wir genug Leute, um unsere Prozesse zu unterstützen?	Ex
3	Was bedeutet das Ergebnis unserer Umfrage zum Engagement?	Ex, R
4	Was treibt unser Personal aus dem Unternehmen?	Ex, R
Verwendete Werkzeuge: Ex ... MS Excel, BI ... MS Power BI, R ... R und R Studio		

Höhepunkte

Nachdem Sie diesen Teil abgeschlossen haben, werden Sie in der Lage sein, ...

- die Bedeutung von Personalanalytik zu schätzen,
- die Dimensionen der Personalanalytik zu definieren,
- die Schritte zur Personalplanung durchzuführen,
- Umfrageergebnisse lesen, interpretieren und präsentieren zu können,
- die logistische Regression für die Entscheidungsfindung anzuwenden,
- die Personalanalytik in Ihrer Organisation einzuführen.

13 Arbeitskräfte machen den Unterschied

13.1 Warum Personalanalytik?

Die Personalanalytik ist ein fortschrittlicher Satz von Metriken zur umfassenden Messung und Verbesserung von Mitarbeiterengagement, -zufriedenheit und -loyalität sowie Arbeitskräfteplanung und Erhöhung der Produktivität. Sie deckt einen Bereich ab, der weit über das Personalwesen (HR) hinausgeht.

Arbeitskräfteanalytik oder Personalanalytik wird dem Personalwesen helfen, seine strategische Rolle in der Organisation zu stärken.

Wenn wir über Arbeitskräfte- oder Personalanalytik sprechen, ziehen wir in Betracht, Daten aus verschiedenen Quellen der Organisation und darüber hinaus zu gewinnen und zu analysieren, um geschäftliche Herausforderungen in Bezug auf Arbeitskräfteplanung und -entwickung sowie der Mitarbeiterzufriedenheit anzugehen. Der Umfang der Personalanalytik geht weit über die Messung der Auswirkungen von HR-Aktivitäten wie Rekrutierung, Einarbeitung, Schulung, Leistungsmanagement usw. hinaus.

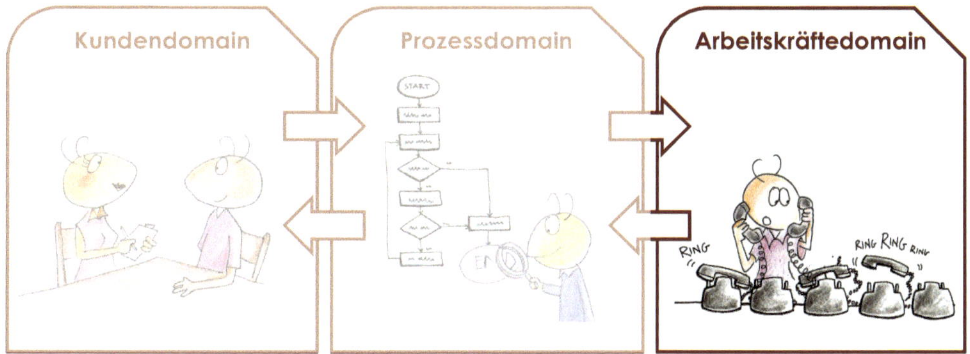

Bild 13.1 Personalanalytik und ihr Fokus auf den Bereich der Arbeitskräfte

Viele Organisationen des Personalwesens (HR) haben die Berichts- und Analysefähigkeiten für Zwecke der Personalverwaltung nur langsam ausgebaut. Der historische Schwerpunkt der Berichts- und Analysetechniken, der Analytik lag in den Bereichen Finanzen, Marketing und Produktion. Heute ändert sich das oder ist im Prozess der Veränderung. Damit kann sich HR einen Platz am Vorstandstisch verdienen (Deloitte Touche Tohmatsu Limited, 2020). Es gibt mehrere Triebkräfte, die diese Änderung gleichzeitig notwendig und möglich machen:

- Die Konzentration auf die Arbeitskräfte ist zur Priorität geworden.
- HR ist bestrebt, als strategische Funktion zu gelten.
- Die Reife der IT-Systeme ermöglicht es den Organisationen, größeren Nutzen aus ihren Daten zu ziehen.

13.2 Warum hat sich das Thema „Arbeitskräfte“ zu einer Priorität entwickelt?

Der Bedarf an erweiterter Berichterstattung und analytischen Fähigkeiten der Belegschaft war wahrscheinlich noch nie so dringend wie heute. Herausforderungen und Themen im Zusammenhang mit der Belegschaft sind Schlüsselthemen auf den Tagesordnungen von Unternehmen, weil der „Krieg um Talente“ noch nie so intensiv geführt wurde wie jetzt. Dafür sehen wir sechs Hauptgründe:

1. Die Arbeitskräfte, die benötigt werden, um die Organisation in die Zukunft zu führen, die **„digital einsetzbaren“ Arbeitskräfte**, sind knapp. In der Vergangenheit war dies ein Problem für Unternehmen wie Amazon, Google oder SAP. Heutzutage muss dies für jedes Unternehmen von wachsendem Interesse sein.
   Neue Technologien, wie z. B. die robotergestützte Prozessautomatisierung (RPA), können in nahezu jeder Art von Organisation eingesetzt werden, um sich wiederholende manuelle Aufgaben wie die Eingabe des Inhalts von Rechnungen oder Belegen in ein System zu übernehmen. Viele Lösungen der RPA sind zu einem vernünftigen Preis erhältlich und lassen sich mit einfachen Mitteln installieren. Selbst die Programmierung ist keine Wissenschaft. Wie viele Personen sind jedoch in der Lage, Vorgesetzte oder Mitarbeiter in RPA einzuweisen und unternehmensspezifische Lösungen zu testen? Die Zahl der Personen mit dieser Art von Fähigkeiten ist begrenzt, und wir müssen diese spezialisierte Dienstleistung extern kaufen, ohne unsere eigenen Kompetenzen aufzubauen. Dennoch ist RPA eines der einfachsten Instrumente unter dem neuen Banner der künstlichen Intelligenz (KI).

Wie stellen wir sicher, dass wir die richtigen Leute einstellen und fördern? Verfügen wir über eine Unternehmenskultur, die Talente anzieht? Haben wir Manager, die in der Lage sind, diesen Pool spezialisierter Talente zu führen?

2. Ein Faktor, der diesen Krieg noch heftiger macht, ist die Tatsache, dass die **Verweilzeit** des Personals in einer Organisation **immer kürzer** wird. Das bedeutet, selbst wenn wir jetzt die digital einsetzbaren Mitarbeiter für unser Unternehmen finden können, werden sie nach weniger als zwei Jahren auf der Suche nach neuen Herausforderungen und einem anderen Geschäftsumfeld sein.
   Sind wir darauf vorbereitet, dass sie nach der Investition in ihre Entwicklung gehen? Oder haben wir einen Entwicklungspfad für sie eingerichtet, um sie in der Organisation zu halten, sie durch interessante Herausforderungen zu binden und weiterzuentwickeln?
3. Heute suchen Mitarbeiter weniger nach einem Job, sondern nach einer „Erfahrung“ mit den Unternehmen, für die sie arbeiten. Die herkömmliche Art und Weise, eine Umfrage zur Mitarbeiterzufriedenheit oder eine Umfrage zum Betriebsklima durchzuführen, ist nicht mehr ausreichend, um den Puls der neuen Belegschaft zu messen und deren Interesse an der Organisation zu schüren und zu erhalten. Viele Unternehmen schauen sich heute den beruflichen Werdegang der Mitarbeiter an, untersuchen die **Bedürfnisse ihrer Belegschaft** und bewerten sie, um die Mitarbeiter zu verstehen.
4. **Verschiebung der Führungspraxis** – aufgrund der in der vierten industriellen Revolution erforderlichen Schnelligkeit und Agilität wird die Organisationsstruktur weniger dominant sein. Der Stil der Kommando- und Kontrollführung wird abnehmen, um kleineren Teams die Möglichkeit zu geben, weiterreichende Entscheidungen zu treffen, sodass die Unternehmen schneller auf das sich rasant verändernde Umfeld reagieren können. Die Führungskräfte werden die Stärken kleinerer Teams nutzen, die in der Lage sind, Fähigkeiten und unterschiedliche Perspektiven zu bündeln und zu verteilen, um schnell progressive Schlussfolgerungen zu ziehen und qualitativ hochwertige Arbeit zu leisten.
5. Die Umwelt, insbesondere das IT- und KI-Ökosystem und die notwendigen Instrumente verändern sich so schnell, dass die **Arbeitskräfte kontinuierlich weiterentwickelt** werden müssen. Die digital einsatzbereiten Arbeitskräfte von heute sind nur teilweise auf morgen vorbereitet und könnten übermorgen überfordert sein. Das Hauptproblem besteht darin, dass Humankapitalstrategien nicht organisiert, verwaltet und entwickelt werden, um die Menschen bei der Arbeit aufeinander abzustimmen. In Thomas Friedmans Buch „Thank You for Being Late“ bezieht er sich auf eine von Eric „Astro“ Teller, CEO von Alphabets Google X-Division erstellte Grafik, die darauf hinweist, dass Technologien

sich mit exponentiell steigender Geschwindigkeit verändern, die Anpassungsfähigkeit der Menschen jedoch nur langsam und linear wächst.

Während wir seiner Schlussfolgerung teilweise zustimmen, glauben wir, dass sich der Einzelne sehr schnell an die Technologie anpassen kann und wird. Wir halten es für entscheidend, die Beziehung zwischen Technologie und Mensch zu verstehen, um sich in der Welt des Humankapitals effektiv zurechtzufinden. Der Personalabteilung kommt eine Schlüsselrolle zu, wenn es darum geht, Führungskräften und Mitarbeitern bei der Adaption und Integration von neuen Technologien sowie bei der Anpassung der Arbeits- und Karrieremodelle zu helfen.

Planen wir unsere Belegschaft und ihre Entwicklung kontinuierlich? Verfügen wir über die richtigen Arbeitskräfte und die richtigen Fähigkeiten für heute und morgen? Kennen wir unsere Kompetenzlücken, und haben wir eine Möglichkeit, sie kontinuierlich zu schließen?

6. Künstliche Intelligenz, Robotik, Sensoren und kognitive Datenverarbeitung sind mit dem Krieg um Talente zum Mainstream geworden. Unternehmen können nicht länger davon ausgehen, dass die festangestellten Arbeitskräfte die einzigen Beschäftigten in ihrer Bilanz sind, sondern müssen auch **Freiberufler und Arbeitnehmer der „Gig-Wirtschaft" einbeziehen**. All diese Arbeitskräfte werden durch Maschinen und Software ergänzt.

Daher brauchen wir einen umfassenden Satz von Indikatoren, die uns helfen beim Navigieren durch die genannten Herausforderungen mit dem Ziel der Erhöhung unseres Anteils an Talenten und dem Meistern der aktuellen und zukünftigen geschäftlichen Herausforderungen.

In der Praxis gibt es eine Vielzahl von HR-Indikatoren, HR-Metriken. Einige sind generisch und werden in fast allen Arten von Organisationen verwendet, wie z.B. die Fluktuationsrate, das Engagement und die Zufriedenheit des Personals oder die Zeit für die Rekrutierung von neuen Mitarbeitern. Einige sind branchenspezifisch, wie z.B. Umsatz pro Mitarbeiter, Einnahmen pro Mitarbeiter, Arbeitskosten pro Mitarbeiter oder Überstundenausgaben pro Mitarbeiter. Diese eher traditionellen HR-Kennzahlen helfen bei der Erfassung von Daten über HR-bezogene Aktivitäten.

Bild 13.2 Phasen der Personalanalytik

Es gibt auch Indikatoren zur HR-Effizienz, wie z.B. Abwesenheitsrate, durchschnittliche Betriebszugehörigkeit der Mitarbeiter, durchschnittliche Fluktuation, Prozentsatz der pro Jahr geschulten Mitarbeiter, Zykluszeit für wichtige HR-Prozesse, Reaktionszeit pro Informationsanfrage usw. (Brian, 2001).

Allerdings ist es mit dieser Art von Indikatoren nicht mehr getan. Wir brauchen HR-Kennzahlen und ihre Verknüpfung, ihre datenerprobte Beziehung zu wichtigen Geschäftsindikatoren. HR-Kennzahlen um der HR-Kennzahlen willen sind veraltet. Wir brauchen Personalkennzahlen im Interesse des Erfolgs der Organisation.

„HR muss weiterhin Werte für Mitarbeiter innerhalb und Kunden, Investoren und Gemeinden außerhalb des Unternehmens schaffen. Die Outside-In-Logik führt HR dazu, interne Organisationsfähigkeiten (wie Agilität, Kundenorientierung, Information, Kultur) zu bilden, die den externen Bedingungen entsprechen. Die Outside-In-Logik ermutigt HR auch dazu, Führungskräfte und Mitarbeiter zu finden und zu entwickeln, die über die Kompetenz verfügen, Veränderungen zu antizipieren und auf sie zu reagieren“, schrieb Dave Ulrich im Jahr 2013 (Ulrich, 2013).

Schauen wir uns ein Beispiel an. Bild 13.3 zeigt in einem Treiberbaum, einem Modell, wie die Geschäftsindikatoren wie Kundenbindung und finanzielle Auswirkungen von Personalkennzahlen für eine Bank beeinflusst werden. Dieses Modell der Beziehung zwischen der Bindung wiederkehrender Kunden und ihrer Wahrnehmung des Preis-Leistungs-Verhältnisses dieser Bank ist mit 43% recht stark. Das bedeutet, dass 43% der Variation im Kundenbindungsrating mit der Variation im Rating für das Preis-Leistungs-Verhältnis erklärt werden können. Und natürlich hat jeder wiederkehrende Kunde gewisse finanzielle Auswirkungen.

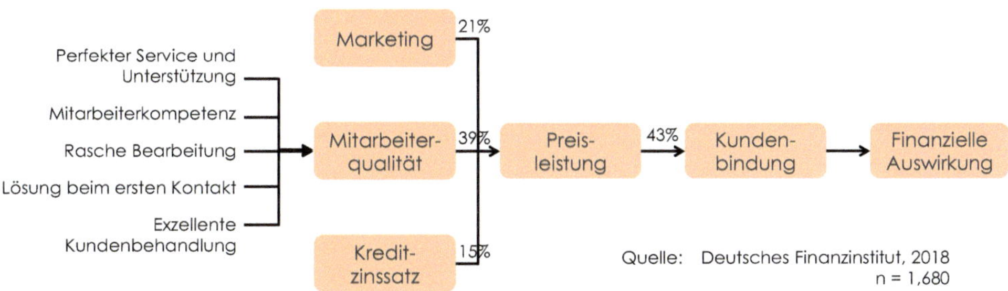

Bild 13.3 Treiberbaum, der die Qualität der Mitarbeiter und die finanziellen Auswirkungen als Ergebnis einer Kundenumfrage verbindet

Darüber hinaus zeigt Bild 13.3, dass die Kunden das Preis-Leistungs-Verhältnis besonders abhängig von der Qualität des Personals wahrnehmen. Dies deutet darauf hin, dass die Bindung der Kunden zur Bank mit hoher Wahrscheinlichkeit auf die Qualität des Personals zurückzuführen ist. Die Qualität des Personals scheint sogar wichtiger zu sein als der Zinssatz. Daher kann ein kompetenter Mitarbeiter, der schnell arbeitet und gleichzeitig die Kundenanfrage beim ersten Mal mit perfektem Service und ausgezeichneter Unterstützung für den Kunden beantwortet, einen höheren Zinssatz ausgleichen. Dies selbst ist eine besonders wichtige Botschaft, die dem Management vermittelt werden kann. Sie sollte dazu führen, dass man sich auf die Schulung, Entwicklung und Motivation des Personals konzentriert, weil dies höchstwahrscheinlich zu wiederkehrenden Kunden führen wird.

Die Qualität des Personals ist eine Kundenempfindung, die in der Verantwortung der Führungskräfte und der Personalabteilung liegt. Sie umfasst alle HR-Aktivitäten von der Rekrutierung bis zum Leistungsmanagement und schafft den größten Wert für die Kunden.

Kundenumfragen werden keine perfekten Zahlen liefern, da sie subjektiv geprägt sind und sich leicht ändern, wenn sich die Umstände ändern. Dennoch geben sie einen guten Hinweis darauf, was wichtig ist und was nicht.

> *„Eine vage Antwort auf die richtige Frage ist oftmals besser als eine exakte Antwort, die immer präzise gegeben werden kann, auf die falsche Frage."*
>
> *John Tukey (1962)*

13.3 Die Rolle von HR in der Personalanalytik

In dem Maße, wie sich die Technologien in der Personalanalytik weiterentwickeln, wird es zunehmend einfacher, die Systeme zur Verwaltung des Humankapitals miteinander zu verknüpfen, um zu verstehen, wie verschiedene Interventionen im Bereich des Humankapitals zusammenhängen, sich gegenseitig beeinflussen und auf das Geschäftsergebnis auswirken.

Die ständig wachsende Bedeutung der Rolle der Technologie im Prozess der Verbindung von Mitarbeitern mit ihren Kunden, der effizienten Ausführung administrativer Funktionen und der Verbesserung der Kommunikation kann nicht genug betont werden. Die Technologie ist ein Instrument zur Optimierung und Aufrechterhaltung von Beziehungen durch soziale Medien in wachsendem Maße, was wiederum die sozialen Medien beeinflusst, weil die es der Organisation ermöglichen, sich für die zukünftige Entwicklung strategisch zu positionieren.

Es wird erwartet, dass ein vertieftes Verständnis aktueller und kommender Technologien durch HR-Fachleute eine verbesserte Identität für eine Organisation nach außen sowie beratende soziale Beziehungen innerhalb der Organisation schafft. Die Notwendigkeit für HR, Informationen zu sammeln, zu analysieren, zu fördern und Technologien zum Zweck der Kommunikation und Interaktion in den Organisationen durch Technologiebefürworter zu verbinden, ist zwingend (Ulrich, 2012).

Verwendung von HR-Metriken und Personalanalytik

Personalanalytik ist ein Überbegriff, der ein breites Spektrum von Aktivitäten und Prozessen umfasst. Es besteht ein grundlegender Unterschied zwischen HR-Metriken und Personalanalytik. Metriken sind Daten (Zahlen), die einige beschreibende Details über Prozesse oder Ergebnisse widerspiegeln, z.B. die Anzahl der potenziellen Nachfolger pro Schlüsselposition. Solche Metriken bilden die Merkmale der HR-Programme und -Aktivitäten der Organisation ab. Personalanalytik bezieht sich auf Strategien und Modelle zur Kombination von Datenelementen in Metriken sowie der kontinuierlichen Untersuchung von Beziehungen oder Änderungen von Metriken.

Das Verständnis dieser Kombination trägt dazu bei, Manager über den aktuellen oder sich verändernden Zustand des Humankapitals in der Organisation zu informieren. Und somit ermöglicht es eine effektive Entscheidungsfindung. Aus den Fragen, Problemen und Möglichkeiten, mit denen die Manager derzeit konfrontiert sind, ergeben sich die benötigten Kennzahlen, um diese Analysen zu füttern. Beispiele für HR-Kennzahlen und Personalanalytik sind in Tabelle 13.1 aufgeführt.

Tabelle 13.1 HR-Metriken versus Personalanalytik

HR-Metrik	Personalanalytik
Bewertung des Mitarbeiterengagements	Net-Promotor-Punktzahl der Mitarbeiter (eNPS). Häufigkeit von formeller & informeller Anerkennung. Bewertung des Arbeitsaufwands der Mitarbeiter – Umfang des unproduktiven Arbeitsaufwands der Mitarbeiter.
Anzahl der potenziellen Nachfolger pro Schlüsselposition Fluktuationsrate	Datengestütztes Verständnis der Treiber für freiwillige Kündigungen. Datengestütztes Verständnis der Treiber für freiwillige Kündigungen von Mitarbeitern mit hohem Potenzial. Mitarbeiterbindungsrate für spezielle Positionen.
Schulungsstunden pro Mitarbeiter	Prozentualer Anteil der Umsetzung der individuellen Entwicklungspläne. Auswirkungen des Trainings nach bestimmten Monaten des Kursabschlusses. Teilnahme an bestimmten Lern- und Entwicklungsprogrammen und deren Verhältnis Arbeitsplatzleistung. ROI von L&D-Investitionen. Beschäftigungsfähigkeit von ausscheidenden Mitarbeitern.
Bearbeitungszeit für die Rekrutierung von Mitarbeitern	Zeit bis zur Produktivität (Messung der Qualität von Einstellungen). Kosten pro Neueinstellung.

13.4 Dimensionen der Personalanalytik

Die Personalanalytik besteht aus einer Vielzahl von Metriken und darauf basierenden Modellen, die für verschiedene Zwecke verwendet werden. Einige blicken in die Vergangenheit, andere in die Zukunft.

Die meisten der traditionellen Metriken werden für **deskriptive Personalanalytik** verwendet, d.h., sie beschreiben personalbezogene Angelegenheiten, die bereits geschehen sind. Deskriptive Belegschaftsanalysen bieten Ihnen die Möglichkeit, im Nachhinein Einblicke zu gewinnen, d.h. die historischen Daten nach den Gründen für den Erfolg oder Misserfolg in der Vergangenheit zu durchsuchen. Wenn wir wissen, was mit unserer Belegschaft wirklich passiert ist und was sie angetrieben hat, können wir ihre Leistung durch faktenbasierte Entscheidungen oder Kontrolle optimieren. Es ist zwar immer das Ziel, aus Kennzahlen zu lernen und die Angelegenheit von Interesse zu verbessern, aber die damit verbundenen Kennzahlen sind weniger dazu gedacht, die Zukunft vorherzusagen. Personalfluktuation erhoben auf monatlicher Basis ist eine dieser Kennzahlen.

Einige der Metriken werden für **präskriptive Personalanalytik** verwendet, d.h., sie helfen bei der Beschreibung personalbezogener Angelegenheiten, die zukünftige Aktivitäten vorbereiten. Daten aus diesen Indikatoren beantworten die Fragen „Was wird geschehen?“ und „Was wird das wahrscheinlich bewirken?“. Wir lernen aus den vergangenen und aktuellen Daten, um künftige umsetzbare Ergebnisse zu prognostizieren. Wenn man zum Beispiel die Triebkräfte für die Fluktuation untersucht, kann das der Organisation bei der Vorhersage helfen, welche Einheiten ein höheres Risiko haben, dass Schlüsselmitarbeiter ausscheiden. Vorausschauende Personalanalytik ermöglicht es Managern daher, dem Problem durch kluges Handeln zuvorzukommen.

Und es gibt Metriken, die unstrukturierte Textdaten sammeln, z.B. Interviewprotokolle, die eine qualitative Textanalyse benötigen, um „Sinn zu machen“ und Phänomene und Muster zu verstehen, anstatt sie vorherzusagen oder zu erklären.

13.5 Personalplanung

Unter Personalplanung verstehen wir den Prozess der Balance von Personalnachfrage und -angebot über einen absehbaren Zeitraum. Es handelt sich um die Aktivitäten der Ermittlung von Arbeitskräftekapazitäten und -fähigkeiten, die eine Organisation benötigt, um ihre Ziele jetzt und in der überschaubaren Zukunft zu erreichen. Unternehmen führen eine Personalplanung durch, die auf quantitativen Aktivitäten aufbaut, um sicherzustellen, dass die richtige Anzahl von Arbeitskräften mit den richtigen Kompetenzen zur richtigen Zeit am richtigen Ort eingesetzt wird, um das gewünschte Unternehmensergebnis zu erzielen.

Bei der Personalplanung geht es nicht nur um die Planung des Personalbestands. Sie sollte ein iterativer Prozess sein, in dessen Verlauf der Personalplan regelmäßig überprüft und angepasst wird, um eine Angleichung an die Organisationspläne zu gewährleisten und so auf etwaige Änderungen der Geschäftsausrichtung reagieren zu können (Tan, 2016). Durch die Analyse von Nachfrageverschiebungen und das bestehende und zukünftige Angebot an Humankapital optimieren Unternehmen die Belegschaft, um die Geschäftsziele zu erreichen, den Marktanteil zu erhöhen und das Engagement der Mitarbeiter zu verbessern. Kein Plan ist völlig genau. Auch der Personalplan muss regelmäßig überprüft und aktualisiert werden, um sicherzustellen, dass Modell und Taktik gültig sind und Veränderungen in Nachfrage und Angebot berücksichtigt werden.

Wenn Sie nicht wissen, für welche Aufgaben Sie Ihren Personalbestand planen wollen, ist Ihre Personalplanung dem Zufall ausgeliefert! ■

13.5.1 Personalplanung für transaktionale Aktivitäten

Wenn die Aufgaben klar trennbar, oft wiederkehrend und die Prozesse stabil sind, dann ist die Qualität der Vorhersage recht hoch. Industrielle Prozesse in Fertigungswerkstätten oder an Montagefließbändern weisen diese Art von Merkmalen auf. In ähnlicher Weise sind Serviceprozesse wie die Kreditgenehmigung bei einer Bank oder die Bearbeitung von regelmäßigen Transaktionen wie Rückerstattungen von Reisekosten in jeder Personalabteilung oft gut strukturiert und auch transaktional. Daher ist es für derart Prozesse ohne drastische Veränderungen einfacher, den Personalbedarf vorherzusagen. Viele würden diesen mühelos auf der Grundlage des Bedarfs und der bekannten Modelle hochrechnen. Eine solche Methode bedeutet jedoch nicht, dass die Erhöhung der Mitarbeiterzahl zur Deckung des Bedarfs eine produktivere oder intelligentere Arbeit voraussetzt. Im Gegenteil, sie bedeutet, dass der neue Bedarf auf die „alte Weise“ ohne jeglichen Versuch von Innovation und Verbesserung bewältigt wird. Dies ist im gegenwärtigen Geschäftsumfeld inakzeptabel.

Eine Biegung der linearen Korrelation zwischen Nachfrage und Belegschaft ist nur durch eine Verkürzung der Bearbeitungszeit möglich (Bild 15.10). Dies bedeutet, dass die Veränderung von Prozessen im Mittelpunkt steht. Methoden wie Business Process Reengineering sowie Lean Six Sigma, unterstützt durch Innovationswerkzeuge, bilden die Grundlage für die Optimierung von Prozessen bevor die Arbeitskräfteplanung stattfindet – mit bemerkenswertem Erfolg (Tan, 2015).

Ein Gemba-Besuch macht den Unterschied

Während unserer Interviews mit den Mitarbeitern im Personalwesen einer Organisation des öffentlichen Dienstes mit fast siebentausend Mitarbeitern trafen wir mit vielen Stelleninhabern zusammen, und Julia war eine von ihnen.

„Julia, erzählen Sie mir von Ihrer Arbeit. Was machen Sie beruflich?"

„Ich bearbeite Urlaubsanträge", und nach einer Pause: „Da der Prozess des Urlaubsantrags vollständig automatisiert ist, bin ich eher dafür verantwortlich, alle Ausnahmen zu berechnen, die das System nicht bearbeiten kann. Besonders wenn wir Leute haben, die mitten im Jahr kündigen, ist es nicht einfach, ihren Erholungsurlaub und die Abfindung zu kalkulieren. Sie rufen mich an, weil ich der Spezialist auf diesem Gebiet bin. Sie vertrauen mir!"

„Was machen Sie sonst noch?"

„Das mache ich. Das ist seit 15 Jahren mein Job, und darin bin ich wirklich gut. Für den Fall, dass ich selbst im Urlaub bin, unterstützt mich Joanna. Ich habe sie ausgebildet, und wir machen diese Arbeit gemeinsam."

Wir erfuhren, dass diese Organisation zwei Personen hat, die nur für die Berechnung von Resturlaub und Abfindung zuständig sind.

Und sie haben zwei Mitarbeiter, die sich der flexiblen Bonuszahlung widmen.

Darüber hinaus haben sie die gleiche Einrichtung für die Erfassung von Personalakten und eine weitere für die Bearbeitung medizinischer Leistungen.

„Julia, ich schätze, Ihr Job ist eher saisonabhängig. Und auch die Arbeit Ihrer Kollegen ist saisonabhängig. Helfen Sie ihnen, wenn Sie eine ruhige Phase haben?"

„Nein, ich kann nicht. Dafür bin ich nicht ausgebildet, denn das ist nicht meine Aufgabe. Ich bin der Spezialist für die Urlaubsberechnungen!"

Diese Organisation kann es sich leisten, acht Vollzeitmitarbeiter zu beschäftigen, die auf vier Arbeitsbereiche spezialisiert sind, die mehr oder weniger eine saisonale Nachfrage befriedigen.

Nun die gute Nachricht: Als sich dieses Projekt der Neugestaltung von Geschäftsprozessen und des Änderungsmanagements der Ziellinie näherte, trafen wir Julia noch einmal zur Nachbereitung. Sie lächelte und erzählte uns voller Stolz:

„Ich habe mit der Ausbildung begonnen, um in der Lage zu sein, andere Aufgaben in meiner Abteilung zu bewältigen. Das ist viel interessanter als das, was ich bisher gemacht habe. Großartig!"

■

13.5.2 Personalplanung für weniger transaktionale Aktivitäten

„Aber jeden Tag handhaben wir unterschiedliche Anfragen; keine zwei Anfragen sind gleich“, ist eine häufige Antwort, wenn Mitarbeiter aus weniger transaktionalen Umgebungen gebeten werden, zu beschreiben, was sie tun. Es scheint, dass es unmöglich ist, die Belegschaft für Umgebungen zu planen, in denen eine Reihe unterschiedlicher Aufgaben mit scheinbar geringer Wiederholbarkeit anfallen.

Aber ist es das?

Ein guter Teil der offensichtlich nicht transaktionalen Prozesse ohne Wiederholbarkeit zeigt ein gewisses Maß an Muster, d.h. Struktur – nur in einem größeren Maßstab. Zum Beispiel sind die Anträge von Kunden auf Genehmigung des Imports bestimmter Geräte in einer Regierungsbehörde von Montag bis Freitag völlig unterschiedlich. Selbst von Januar bis Februar gibt es kaum Anzeichen dafür, dass sich der Zyklus wiederholt. Allerdings erweist sich der Prozentsatz einfacher, mittlerer und komplexer Anträge als wiederholbar und damit auch die dafür benötigte Zeit.

Es muss berücksichtigt werden, dass die Nachfrageschwankungen in einem solchen Umfeld sehr viel höher sind und Ressourcen dafür geplant werden müssen. Gleichzeitig haben Studien gezeigt, dass sich das Arbeitsmuster bei dieser Art von Aufgaben von den rein transaktionalen Aufgaben unterscheidet, die teilweise durch das Umfeld und die Art des Personals, das diese nicht transaktionalen Arten von Aufgaben ausführt, bestimmt werden.

Die Vorhersage der Belegschaft für eine weniger transaktionale Aktivität wie das Schreiben von Richtlinien, die Bearbeitung komplexer Anträge oder die Verwaltung des Mitarbeiterengagements usw. scheint schwieriger zu sein, da die Aktivitäten eine viel größere Variabilität in der benötigten Bearbeitungszeit aufweisen. Es zahlt sich jedoch aus, Informationen über das Gesamtbild, d.h. die Nachfrageschwankungen im Laufe der Zeit, und über die Arbeitsfolge zu sammeln, um zu verstehen, was die Mitarbeiter während ihrer Bürozeiten tatsächlich tun.

Und wäre es nicht besser, wenn wir in den sogenannten unstrukturierten Prozessen ohnehin mehr Struktur hätten? Gehen Sie nach Gemba und studieren Sie, wie die Arbeit erledigt wird. Sie werden sicherlich etwas Neues lernen, das in der Regel zu einer besseren Planung und Prognose führt.

Benchmarking ist eine Möglichkeit, Daten über bewährte Praktiken bei der Personalzuweisung zu sammeln. Auch hier besteht die Notwendigkeit, die Zahlen mit Gemba-Besuchen zu unterstützen. Zahlen können grob irreführend sein, wenn die zugrunde liegenden Details nicht berücksichtigt, nicht untersucht und daher nicht bekannt sind. Dies kann zu falschen Annahmen über die Auslastung, Zuteilung und Kompetenz der Arbeitskräfte führen.

13.6 Schritte zur Personalanalytik

Daten allein haben keine Bedeutung und verschwenden die Zeit der Mitarbeiter, die sie sammeln, und der Manager, die sie sich anschauen. Selbst viele traditionelle HR-Kennzahlen dienen keinem höheren Zweck. Führen Sie eine einfache Überprüfung durch:

1. Welche der Daten, die Sie jeden Monat sammeln, werden regelmäßig von nicht HR-Mitarbeitern eingesehen? Wenn niemand danach fragt, besteht eine gute Chance, dass sie nicht als wertvoll für die Organisation betrachtet werden.
2. Welche der Daten, die Sie jeden Monat sammeln, werden für die Analytik verwendet, d. h. für die Analyse von Trends, Beziehungen zu anderen Geschäftsindikatoren, Prognosen für Planungszwecke?
3. Welche der Daten, die Sie jeden Monat sammeln, werden direkt oder indirekt für die Entscheidungsfindung außerhalb der Personalabteilung verwendet?

Die Liste der Daten, die es durch alle drei Filter schaffen, ist normalerweise recht kurz.

Wenn wir ein Engagement mit einem Kunden im Bereich der Datenanalyse oder Datenwissenschaft beginnen, lautet unsere Frage immer: „Was ist der Zweck davon?“

Meistens lautet die ernüchternde Antwort: „Wir sammeln eine Menge Daten und wollen wissen, was wir damit tun sollen.“

Diese Antwort impliziert das gleiche Ergebnis wie zuvor erwähnt: Wir haben Daten und wir verwenden sie nicht.

Damit die Personalplanung funktioniert, d. h. Teil der Entscheidungsfindung des Managements wird, empfehlen wir die folgenden grundlegenden Schritte.

13.6.1 Beginnen Sie mit einem Problem, das die Organisation lösen will

Suchen Sie nicht nach einem Geschäftsproblem, das zu den Ihnen vorliegenden Daten passt. Beginnen Sie mit einer geschäftlichen Frage, die das Unternehmen beantworten will oder muss. Zum Beispiel:

„Wie können wir unseren Marktanteil vergrößern?“ oder

„Wie können wir die innovative Arbeitsleistung der Mitarbeiter steigern?“

Eine spezifische Frage oder ein spezifisches Problem hilft zu bestimmen, welche Daten oder statistischen Modelle benötigt werden.

Diese Fragen betreffen nicht wirklich HR, oder?

Da haben wir uns oft geirrt. In den meisten privaten und öffentlichen Organisationen werden die Prozesse stark von der Belegschaft beeinflusst. Es sollte eine Grundannahme sein, dass die Personalabteilung in jeder Geschäftssituation ihren Beitrag leisten kann und muss.

Bedenken Sie dies:

Die gesamte Hard- und Software in Ihrer Organisation stellt zweifellos einen gewissen Wert dar. Wenn jedoch Hard- oder Software ausfällt, gestohlen wird oder aus anderen Gründen nicht verfügbar ist, können Sie sie ohne große Auswirkungen auf das Ergebnis ersetzen. Mit großer Wahrscheinlichkeit kommt Ihre Versicherung sogar für den Schaden auf. Hard- oder Software zählen in der heutigen Geschäftswelt nicht zu den wichtigsten Unterscheidungsmerkmalen. Man gewinnt nicht, weil man die besseren Systeme hat.

Können Sie dies jedoch über die Belegschaft sagen? Können Sie die Arbeitskräfte, die diese Hardware oder Software eingerichtet und betrieben haben, problemlos ersetzen? Können Sie mühelos das Führungsteam ersetzen, das die Show am Laufen hält?

Das ist ziemlich schwierig. Daher wird alles in der Organisation von arbeitnehmerbezogenen Indikatoren gesteuert. Wenn die Personalabteilung also einen Platz am großen Tisch haben will, muss sie sich für die meisten Geschäftsfragen mitverantwortlich fühlen.

Auch mit der Einführung der künstlichen Intelligenz (KI) ersetzen wir die Arbeitskräfte nicht. Wir heben nur ihren Status und gestalten ihre Arbeitsplätze neu. Zum Beispiel programmieren die Mitarbeiter, die früher Lieferantenrechnungen und Kundenrechnungen in das System eingegeben haben, jetzt RPA, um ihre eher langweilige Arbeit zu erledigen. Die meisten Mitarbeiter sind dazu in der Lage ... mit unserer Hilfe und einer fortschrittlichen Personalplanung und -entwicklung.

13.6.2 Benötigte Informationen ermitteln und Daten sammeln

Welche Informationen werden benötigt, um das Problem anzugehen? Möglicherweise benötigen Sie zusätzliche Daten. Häufig muss die Sammlung neuer Daten zur Beschreibung bisher unbeobachteten Verhaltens in einem iterativen Ansatz erfolgen. Nehmen wir an, Sie wollen dem Unternehmen helfen, seinen Marktanteil zu erhöhen, und die Situation ist ähnlich wie in Bild 13.3.

13.6.2.1 Schritt 1: Identifizieren der potenziellen Treiber für das Problem

Bevor Sie mit der Datenerhebung beginnen, sollten Sie zusammen mit den Prozessbeteiligten, die mit der Organisation und dem typischen Kunden- und Mitarbeiterverhalten sehr vertraut sind, einige Hypothesen entwickeln. Diese Hypothesen weisen auf potenzielle Treiber oder Beziehungen und damit auf die benötigten Daten hin.

Hypothesen könnten sein:

„Der Marktanteil wird von wiederkehrenden Kunden getrieben, die uns als preiswert wahrnehmen."

„Kunden kehren zurück, wenn ihnen die Behandlung durch unsere Mitarbeiter zusagt."

„Für die Kunden ist die schnelle Behandlung und Bearbeitung ihrer Anträge das wichtigste Kriterium."

Derartige Hypothesen lenken Datenerhebung und -analyse in eine bestimmte Richtung und vermeiden die Verschwendung von Ressourcen.

13.6.2.2 Schritt 2: Pilotdatenerfassung und -analyse durchführen

Nachdem diese Hypothesen vorliegen, kann die Datenerhebung beginnen. Es wird empfohlen, einen Pilotdatensatz zu sammeln, um zu prüfen, ob ein Muster sichtbar ist. Es könnte notwendig sein, den Ansatz, die Fragen oder den Umfang zu ändern, nachdem man aus dem Pilotprojekt gelernt hat.

Insbesondere die Datenerhebung mittels neu entwickelter Umfragen muss getestet werden. Nachdem einige Pilotdaten vorliegen, können diese verwendet werden, um die Validität und Zuverlässigkeit des Erhebungsinstruments zu überprüfen. Gegebenenfalls sind Änderungen der Erhebungsfragen erforderlich.

Die Pilotdaten zeigen aufgrund einer begrenzten Stichprobengröße möglicherweise keine signifikanten Beziehungen zwischen den beteiligten Faktoren. Einige Trends sollten jedoch sichtbar sein.

Die Pilotdaten, die für das in Bild 13.3 gezeigte Modell gesammelt wurden, führten nach Durchführung einer konfirmatorischen Faktoranalyse und eines Cronbachs Alpha zu einer Änderung des Erhebungsinstruments.

Oft ist es von Vorteil, zu skizzieren, welche Analyse- und Visualisierungswerkzeuge nach der Datenerhebung eingesetzt werden sollen. Unter der Annahme, dass das für die Datenerhebung verwendete Modell aus einer bestimmten Anzahl von *X-Y*-Beziehungen besteht, kann über die Stichprobengröße für die Datenerhebung entschieden werden. Die für Analyse und Darstellung verwendeten Werkzeuge benötigen eine bestimmte Anzahl von Datensätzen und eine bestimmte Anordnung der Daten.

Wenn Sie bei der Analytik von Beginn an das Ziel im Auge haben, sparen Sie Zeit und Frustration in späteren Schritten. ■

13.6.2.3 Schritt 3: Vollständige Datenerhebung durchführen

Nachdem das Instrument auf der Grundlage von Pilotdaten angepasst wurde, kann die vollständige Datenerhebung beginnen. Um die Beteiligung zu erhöhen, kann die Datenerfassung durch Cloud-Lösungen und Handy-Apps unterstützt werden.

Beispielsweise kann eine einfache KI dabei helfen, Daten von Kunden zu sammeln, die am Eingang der Bank vorbeigehen. Einige von ihnen möchten vielleicht mit einem Alexa-ähnlichen Gerät sprechen.

13.6.3 Analyse der Daten

Die Analyse von Umfragedaten ist normalerweise nicht kompliziert, wenn die Umfrage mit Blick auf die Analyse konzipiert wurde. Es stehen zahlreiche Werkzeuge zur Verfügung, um die Daten analysieren zu lassen.

Wenn es sich nicht um ein einmaliges Ereignis handelt, sondern um eine kontinuierliche Datenerhebung und -analyse, um Veränderungen des Kundenverhaltens und der Stimmungen im Laufe der Zeit zu erkennen, kann die Datenerhebung und -analyse einer Maschine beigebracht werden (Machine Learning), die die Analyse automatisch ausführt, sobald neue Daten eingehen. Dies ist ein besonders interessantes Konzept, da Umfragedaten in der Regel als nachlaufende Daten betrachtet werden. Durch ihre kontinuierliche Erfassung und Analyse können Trends frühzeitig erkannt werden.

13.6.4 Die geschäftsrelevante Antwort formulieren – Storytelling

Die Formulierung von Schlussfolgerungen und Empfehlungen aus den Analyseergebnissen ist der letzte Schritt. Wie Bild 13.3 zeigt, hat die Qualität des Personals oftmals den stärksten Hebel, wenn es um Kundenzufriedenheit und -bindung und schließlich um den finanziellen Gewinn geht. Wenn die Umfrage gut strukturiert ist, liefert sie Hinweise auf die für die Kunden wichtigsten Elemente der Mitarbeiterqualität. Nun können Management und Personalabteilung ihre Arbeit tun, um an diesen Elementen zu wirken.

In unserem Bankenbeispiel war es eine wiederkehrende Forderung der Verkäufer, den Kreditzinssatz zu senken. Unsere Kunden antworteten mit ihrer eigenen Perspektive. Es scheint, dass es klüger ist, Geld für die Personalentwicklung auszugeben, als den Zinssatz zu senken.

Man muss nicht der Billigste sein, wenn man die besten Leute hat.

Fassen Sie Ihre Erkenntnisse in einer Geschichte zusammen. Überfordern Sie Ihre Kollegen nicht mit Statistiken. Sie vertrauen darauf, dass Sie Ihre Arbeit getan haben. Geben Sie ihnen die Ergebnisse in einer Sprache, die sie verstehen.

Und vergessen Sie nicht, „ein Bild sagt mehr als tausend Worte".

13.6.5 Change-Management ist essenziell

Das primäre Ziel der Entwicklung von Fähigkeiten im Bereich der Personalanalytik ist die Steigerung der organisatorischen Effektivität. Belegschaftsanalysen sind eine Reise, kein Ziel. Wenn Sie versuchen, nützliche Modelle für die Personalanalytik zu entwickeln, werden Sie früher oder später auf ein weit verbreitetes Problem stoßen: Personaldaten sind nicht leicht verfügbar. Oder besser gesagt, die verfügbaren Daten sind oft nicht die, die Sie haben wollen. Der Schlüssel liegt darin, dass das Personal Ihre Datenerfassungsbemühungen unterstützen sollte, um Ihnen vertrauenswürdige Daten zu liefern. Sobald Ihre Mitarbeiter jedoch wissen, dass Sie Daten über sie und ihre Arbeit sammeln, könnten sie sich Sorgen machen, und wir könnten sehr wahrscheinlich mit einer verzerrten Darstellung der Realität enden.

Als wir in einem Projekt mit einem Kunden zusammenarbeiteten, um die zur Verwirklichung der Unternehmensvision erforderlichen Kompetenzen, Fähigkeiten und Kapazitäten zu planen, wurde die Initiative durch HR als „strategische Personalplanung" kommuniziert. Bevor wir zur eigentlichen Projektarbeit übergehen konnten, verbrachten wir Stunden damit, den Mitarbeitern zu versichern, dass unsere Bitte zur Auflistung ihrer derzeitigen Arbeit und der damit verbundenen Ressourcen und erforderlichen Kompetenzen nicht für einen Personalabbau gedacht war.

Daher ist es wichtig, bei der Durchführung von die Belegschaft betreffenden Analysen zunächst die Chancen oder Probleme zu definieren, die mit dem Ergebnis für die Organisation verbunden sind. Beginnen Sie mit einem Problem oder einer Frage, die das Unternehmen lösen will oder muss. Beantworten Sie glaubhaft die Frage des „Warum", die nur manche aussprechen aber alle denken.

Zweitens sollte der Personalanalytiker vor einer Datenerfassung ermitteln, welche Informationen die betroffenen Führungskräfte benötigen würden, um eine Entscheidung über das vorliegende Problem oder die vorliegende Frage zu treffen. Die bloße Erstellung einer Reihe von Zahlen aus der deskriptiven oder prospektiven Analyse des Personalbestands hat für das Management wenig Wert, da oft keine

Maßnahmen unmittelbar abgeleitet werden können. Daten müssen in einem Zusammenhang präsentiert werden. So ist z. B. die Aussage „Die Personalfluktuation für neu eingestellte Führungsnachwuchskräfte beträgt 13 %.“ aussagekräftiger, wenn sie in den Kontext der früheren Fluktuationsgeschichte der Organisation für diese Position und im Vergleich zu anderen Positionen gestellt werden kann. Steigt oder fällt die Fluktuation für diese Position, und wenn ja, wie schnell?

Drittens muss der Personalanalytiker bei der Zusammenstellung der Analysen die Bedürfnisse der Empfänger verstehen und die Daten an die Informationsbedürfnisse der Entscheidungsträger anpassen. Analyseinformationen können auf verschiedene Weise berichtet werden. Im Allgemeinen wird eine Kombination aus „Push“- und „Pull“-Kommunikationsmitteln für die meisten Organisationen funktionieren.

Push-Kommunikationskanäle wie E-Mail bringen **Just-in-Time-Informationen und Analysen** aktiv den Managern zur Kenntnis. Push-Systeme eignen sich hervorragend, um Informationen zeitnah Entscheidungsträgern zur Verfügung zu stellen. Das Versenden irrelevanter Informationen oder zeitlich schlecht abgestimmter Informationen über Push-Systeme kann jedoch zu einer Überlastung mit Informationen beitragen und die Sensibilität der Manager für die Botschaften verringern. Infolgedessen kann es passieren, dass sie die über Push-Systeme gesendeten Informationen nur überfliegen oder – schlimmer noch – sich überhaupt nicht darum kümmern.

Pull-Kommunikationskanäle hingegen sind Möglichkeiten, den Managern **Just-in-Case-Informationen** bereitzustellen, damit sie genau dann, wenn die Informationen für ihre Entscheidungsfindung am nützlichsten sind, darauf zugreifen können. Beispiele hierfür sind

- die Veröffentlichung von Metriken und Analyseberichten auf internen Websites oder Dashboards,
- der Zugang zu Repositorien mit Suchfunktion,
- der Zugang zu Analysewerkzeugen wie Power BI, Tableau usw.

Solche Pull-Methoden vermeiden überfüllte E-Mail-Postfächer. Aber sie könnten ineffektiv sein, wenn sie nicht gut vermarktet würden, weil Manager möglicherweise nicht wissen, welche Informationen verfügbar sind oder wann oder wo sie nach ihnen suchen müssen.

Viertens ist auch wichtig, wie häufig Daten analysiert und berichtet werden und wie eng die Daten gebündelt werden sollten. Zu lange Berichtszyklen führen zu verzögerten Informationen und bergen die Gefahr, dass Gelegenheiten für zeitnahe Änderungen verpasst werden. Die Aggregierung zu vieler Daten von Untereinheiten zu übergeordneten Einheiten kann zu dem Problem führen, dass Unterschiede zwischen Betriebseinheiten, Abteilungen oder Funktionen in den aggregierten

Durchschnittswerten für die übergeordnete Einheit vergraben werden. Dies wiederum macht Informationen für Manager auf niedrigerer Ebene nutzlos.

Und schließlich sollten Sie immer offen sein für Neues. Organisationen mit Analytik-Funktion werden hoffentlich einen Appetit für Experimente entfalten, um neue HR-Aktivitäten, Programme oder Prozesse auszuprobieren. Eine mögliche unbeabsichtigte Folge wäre die ständige Gelegenheit, Ideen zu entwickeln und nach besseren Wegen zu suchen, die täglich Arbeit zu erledigen. Um dies zu bewältigen, kann eine Organisation die Einrichtung eines „Analyselabors" in Erwägung ziehen, in dem Personalfachleute mit neuen Analysemethoden experimentieren und bestehende Annahmen testen können. Auf diese Weise können sie das volle Potenzial und die Erkenntnisse aus den verfügbaren Daten extrahieren, die Schaffung neuer Analysen und Metriken ermöglichen und innovative Denkfähigkeiten entwickeln, bevor Sie damit an die „Öffentlichkeit" treten.

■ 13.7 Zusammenfassung

Der Schwerpunkt dieses Kapitels bestand darin, den Bereich der Personalanalytik zu definieren und zu erörtern, wie sie zur Verbesserung der Organisation beitragen kann. HR-Metriken sind Datenelemente, die zur Analyse benutzt werden, indem sie Informationen liefern, die Führungskräften in Organisationen zu besseren Schlussfolgerungen und Entscheidungen verhelfen. Ohne dieses Ziel zu erreichen, bringen HR-Metriken und Analysetätigkeiten keine Rendite für die Investitionen der Organisation.

Die Entwicklung von Personalkennzahlen, Belegschaftsanalysen und entsprechenden Modellen im Zusammenhang mit wichtigen organisatorischen Problemen dürfte die Möglichkeit eines Return-on-Investment (ROI) für die Organisationen erhöhen und zu Kosten- und Zeiteinsparungen führen.

Vergessen Sie nicht: Menschliches Eingreifen und Intuition sind ebenfalls Voraussetzung für eine erfolgreiche Personalanalytik. Überlässt man die Personalanalytik Datenanalytikern mit exzellenten statistischen Kenntnissen, die mit ausgefeilter Software ausgestattet sind, jedoch ohne Geschäftssinn und ohne ein Herz für die Menschen in der Organisation agieren, wird Personalanalytik nicht akzeptiert werden und damit nicht funktionieren.

Im nächsten Abschnitt werden wir die Personalanalytik anhand von Beispielen aus der Praxis illustrieren.

Übung

Nachdem Sie diesen Teil abgeschlossen haben, können Sie die folgenden Fragen beantworten:

- Was macht Personalanalysen wichtiger als je zuvor?
- Was ist der Unterschied zwischen HR-Analysen und Personalanalytik?
- Was sind verschiedene Arten der Personalplanung?
- Wie wird die Personalanalytik durchgeführt?
- Warum ist es wichtig, Change-Management-Aktivitäten in Betracht zu ziehen, bevor eine Personalanalyse eingeführt wird?

14 Fall: Was macht unsere Organisation innovativ?

Innovatives Arbeitsverhalten ihrer Mitarbeiter steht heute ganz oben auf der Wunschliste fast aller Manager (Drucker, 2015). Und allein die Entsendung von Mitarbeitern zu Kreativitäts- und Innovationsworkshops reicht kaum aus, um deren innovatives Arbeitsverhalten zu verwirklichen.

Es gibt viele Studien über die Triebkräfte für innovatives Arbeitsverhalten von Mitarbeitern. Diese Studien kamen unisono zu dem Schluss, dass es immer einen Einfluss der Umgebung und des Führungsstils auf das Arbeitsverhalten der Mitarbeiter gibt. Die Bedeutung dieser Faktoren hängt von der Organisation und sogar von der Organisationseinheit ab. Daher gibt es keine generische Antwort. Das passende Rezept, das Modell, muss für jede Organisationseinheit untersucht werden.

14.1 Geschäftsrelevante Frage formulieren

Also, was genau treibt unsere Mitarbeiter an,

- Innovationsmöglichkeiten zu erkennen, d. h., die Notwendigkeit und Möglichkeit einer innovativen Veränderung zu sehen und Ideen zur Befriedigung dieser Notwendigkeit zu generieren,
- ihre Ideen zu vertreten, zu verfechten und an Kollegen und Manager zu „verkaufen“ und
- bei der Umsetzung dieser Ideen zu helfen, d. h., die Ideen in Lösungen zu transformieren und entweder direkt oder als Mitglied eines Teams die Implementierung zu bewirken.

Die Antwort wird durch eine umfassende Umfrage gesucht. Um die Umfrage zu strukturieren, beginnen wir mit einem Modell möglicher Einflussfaktoren auf das innovative Arbeitsverhalten. Bild 14.1 veranschaulicht diese mit dem Namen der Variable in den Rohdaten.

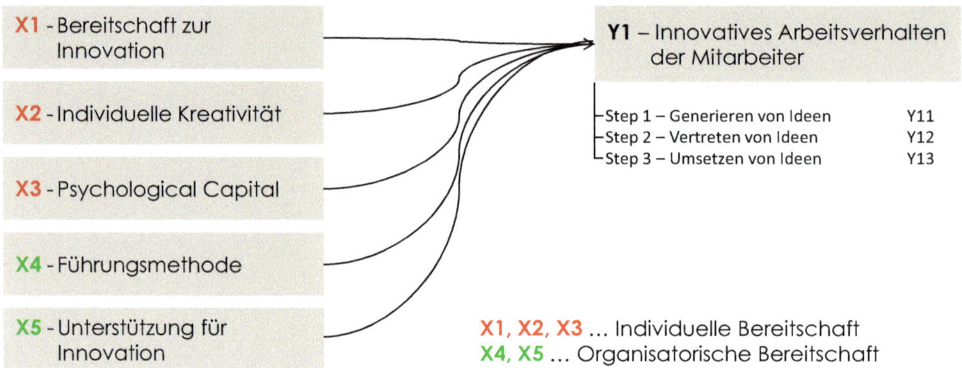

Bild 14.1 Potenzielle Einflussfaktoren auf das innovative Arbeitsverhalten von Arbeitnehmern

■ 14.2 Daten erfassen

Eine Studie mit etwa 700 Teilnehmern aus privaten (49 %) und staatlichen (51 %) Organisationen wurde durchgeführt, um die Triebkräfte für das innovative Arbeitsverhalten der Mitarbeiter zu ermitteln. Die Daten wurden anhand einer Umfrage mit bewährten Fragebögen erhoben. Alle Fragen und Aussagen werden auf einer 7-Punkte-Likert-Skala bewertet, die von entweder „Niemals“ (1) bis „Immer“ (7) oder „Trifft niemals zu“ (1) bis „Trifft voll zu“ (7) reicht (Bild 14.2).

Häufigkeitsskala

Niemals	Selten	Gelegentlich	Manchmal	Ziemlich oft	Sehr Oft	Immer
Never	Rarely	Occasionally	Sometimes	Fairly Often	Often	Always
1	2	3	4	5	6	7
Strongly Disagree	Disagree	Somewhat Disagree	Neither	Somewhat Agree	Agree	Strongly Agree
Trifft niemals zu	Trifft nicht zu	Trifft eher nicht zu	Teils-teils	Trifft eher zu	Trifft zu	Trifft voll zu

Zustimmungsskala

Bild 14.2 Likert-Skala des Survey-Instruments

Innovatives Arbeitsverhalten (Y ... Innovative Work Behaviour) besteht aus neun Aussagen, die auf Janssen basieren (Janssen, 2000) mit einem Cronbach-Alpha von 0,93. Die **Veränderungsbereitschaft** (X1 ... Change Readiness) fußt auf einem Fragebogen zur Effektivität von Veränderungsmanagement von Holt et al. (Holt, 2007) mit einem Cronbach-Alpha von 0,80. Die **individuelle Kreativität** (X2 ... Individual Creativity) mit 13 Aussagen ist auf Farmer (Farmer, 2010) gegründet und zeigt Cronbachs Alpha bei 0,92. **Psychological Capital** (X3) basiert auf einem Fragebogen von Luthans et al. (Luthans, 2007) mit einem Cronbach-Alpha von 0,86. Die **Führungsmethode** (X4 ... Transformational Leadership) wird durch einen Multifaktor-Führungs-Fragebogen (Bass, 1997) mit einem Cronbach-Alpha von 0,97 bestimmt. Die **Unterstützung für Innovation** (X5 ... Support for Innovation) umfasst elf Aussagen, die auf Scott u. Bruce (Scott, 1994) mit einem Cronbach-Alpha von 0,90 beruhen. Die betreffenden Forschungsarbeiten sind verfügbar (Tan Bee Choo, 2018).

Cronbachs Alpha ist ein Maß für die Konsistenz eines Fragebogens. Für Forscher ist dieser Indikator kritisch, während Praktiker lediglich prüfen müssen, ob ihr Marktforschungsunternehmen sicherstellen kann, dass dieser Indikator über 0,70 liegt. Ist dies der Fall, ist der Fragebogen zuverlässig. Da sich die Zuverlässigkeit eines Fragebogens von Anwendung zu Anwendung, von Kultur zu Kultur ändern kann, ist es notwendig, dass Ihr Marktforscher vor der Einführung des Fragebogens Pilotergebnisse für die tatsächliche Anwendung vorweisen kann.

Fragen Sie Ihre Marktforscher danach. Es wird Ihnen zeigen, ob die ihr Geschäft verstehen.

14.3 Daten vorbereiten

Da die Daten mithilfe einer Umfrage erhoben wurden, sollten die Eingaben der Teilnehmer zumindest aus den folgenden Gründen überprüft werden:

- Daten könnten ungültig sein, d.h., insbesondere subjektive Daten könnten das Ergebnis einer unvorsichtigen Eingabe sein.
- Möglicherweise müssen Daten transformiert, d.h. in ein Format gebracht werden, das eine einfache Analyse der Daten ermöglicht. Gestapelte Daten (lange Daten, stacked data) oder ungestapelte Daten (kurze Daten, unstacked data) müssen oftmals in das jeweils andere Format transformiert werden.
- Daten können Ausreißer enthalten, d.h. Punkte, die nicht zu der betreffenden Stichprobe zu gehören scheinen.

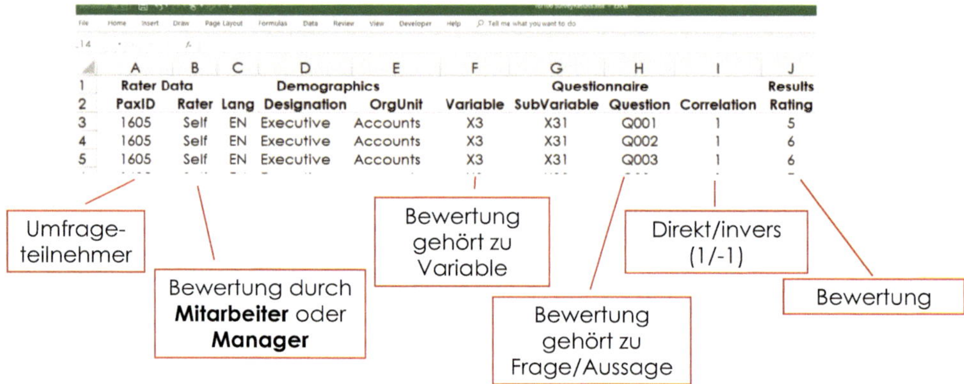

	A	B	C	D	E	F	G	H	I	J
1	Rater Data			Demographics			Questionnaire			Results
2	PaxID	Rater	Lang	Designation	OrgUnit	Variable	SubVariable	Question	Correlation	Rating
3	1605	Self	EN	Executive	Accounts	X3	X31	Q001	1	5
4	1605	Self	EN	Executive	Accounts	X3	X31	Q002	1	6
5	1605	Self	EN	Executive	Accounts	X3	X31	Q003	1	6

Bild 14.3 Umfrageergebnisse als gestapelte Datensätze (stacked data)

Um herauszufinden, ob die Bewerter, die Teilnehmer, bei der Beantwortung des Fragebogens „seriös“ sind, wurden den direkten Aussagen inverse Aussagen hinzugefügt.

Ein Beispiel für eine **direkte Aussage** zur „Unterstützung der Innovation“ ist: „Unsere Fähigkeit, kreativ zu arbeiten, wird von der Führung respektiert.” Eine positive Bewertung für diese Aussage ist als Unterstützung für Innovatives Arbeitsverhalten zu sehen.

Ein Beispiel für eine **inverse, das heißt umgekehrte Aussage** wäre: „Von den Leuten in meiner Abteilung wird erwartet, dass sie mit Problemen auf die gleiche Weise umgehen.” Eine positive Bewertung für diese Aussage kann als Behinderung für Innovatives Arbeitsverhalten betrachtet werden.

Das bedeutet, dass das Rating für die umgekehrte Frage umgerechnet werden muss, um mit dem Rating für direkte Fragen vergleichbar zu sein. Umgekehrte Aussagen werden mit einer Korrelation von −1 gekennzeichnet, während direkte Aussagen mit einer Korrelation von 1 angezeigt werden. Umgekehrte Aussagen müssen mit der Formel **CoRating** = (7 + 1) − **Rating** transformiert werden.

Durch die Verwendung einer PivotTable wurde das lange Format (gestapeltes Format) in ein kurzes Format (nicht gestapeltes Format) umgewandelt, das für einige Analysefunktionen benötigt wird. Zu Bereinigungszwecken wurden die Spalte **Blank** (Leer) und **StdDev** mit Formeln hinzugefügt, um leere Felder und Felder, die keine Standardabweichung aufweisen, zu identifizieren. Beide zeigen Eingaben, die nicht verwendet werden sollten. Unter Einsatz der Pivot-Tabelle wurden die entsprechenden **PaxID**- Datensätze deaktiviert. Danach wurde die Pivot-Tabelle in ein neues Arbeitsblatt kopiert, da einige Funktionen nicht aus einer Pivot-Tabelle heraus ausgeführt werden können.

Zusätzlich wurden die Unter-Variablen X11, X12, X13 zu der Variablen X1 und X21, X22, X23 zu X2 usw. aggregiert. Aus dem Durchschnitt von X1, X2 und X3 wurde die individuelle Bereitschaft und aus dem Durchschnitt von X4 und X5 die organisatorische Bereitschaft zur Innovation berechnet.

Alle Operationen können in der Datei InnoReady.xlsx nachverfolgt werden. Die endgültige ungestapelte Datei ist in Arbeitsblatt ByVariableFinal in der Tabelle „UnstackedData“ (Bild 14.4) verfügbar.

PaxID	OrgUnit	D1	D2	D3	D4	D5	D6	X1	X2	X3	X4	X5	Y1	E-Readyness	I-Readiness
1605	Accounts	2.0000	0.5000	Female	24.0000	4.0000	2.0000	5.6444	5.5278	6.4375	6.0625	4.6000	6.7778	5.3313	5.8699
1606	Accounts	2.0000	11.0000	Female	45.0000	4.0000	11.0000	6.1667	6.1528	6.2917	6.0893	5.2750	7.0000	5.6821	6.2037
1607	Accounts	2.0000	5.0000	Female	48.0000	2.0000	1.0000	5.0222	5.2222	6.0000	5.5714	4.4875	6.0000	5.0295	5.4148
1608	Accounts	2.0000	3.2500	Female	32.0000	5.0000	3.2500	4.7111	3.7083	4.9375	5.8229	4.0917	4.9444	4.9573	4.4523
1609	Accounts	2.0000	3.1100	Female	29.0000	2.0000	3.1100	4.7222	4.4583	5.7083	4.5223	4.9875	4.2222	4.7549	4.9630
1617	Accounts	1.0000	0.5000	Female	29.0000	5.0000	0.5000	5.5333	5.3194	6.0208	5.6830	5.0125	5.3333	5.3478	5.6245
1619	Accounts	1.0000	0.5000	Female	28.0000	5.0000	0.5000	6.2333	5.5000	6.0000	5.5893	5.2000	6.0000	5.3946	5.9111
1625	Accounts	2.0000	1.0000	Male	24.0000	5.0000	1.0000	5.6000	4.3472	5.2917	5.2321	4.5625	5.0000	4.8973	5.0796
1647	Accounts	3.0000		Female	45.0000	4.0000		6.4333	6.6250	6.6250	1.7455	1.6125	6.8889	1.6790	6.5611

Bild 14.4 Nicht gestapelter Datensatz nach Bereinigung und Transformation

■ 14.4 Daten analysieren

Die Datenanalyse wird mit Power BI durchgeführt, das von einigen Excel-Funktionen unterstützt wird. Die Analyse muss mindestens drei Fragen beantworten:

- Welche der Variablen (X1 = Veränderungsbereitschaft, X2 = Individuelle Kreativität, X3 = Psychologisches Kapital, X4 = Führungspraxis, X5 = Unterstützung für Innovation) treiben Y1 = Innovatives Arbeitsverhalten in unserer Organisation an?
- Welche der Variablen ist niedrig bewertet und benötigt die erste Aufmerksamkeit?
- Gibt es Unterschiede zwischen den Organisationseinheiten?

Aufgabe 14.1: Power BI und Daten laden

- Öffnen Sie Power BI.
- **Daten abrufen** - **Excel** - Verbinden - InnoReady.xlsx - **Öffnen.**
- Tabellen *StackedData* und *UnstackedData* auswählen - *Laden*.

■

Jetzt sind gestapelte und ungestapelte Daten (StackedData und UnstackedData) in Power BI verfügbar, sichtbar unter Felder auf der rechten Seite.

Unsere Variablen werden nur X1, X2 usw. genannt. Dies ist praktisch für Umfragedaten, da es die Menge der über das Internet zu transportierenden Daten reduziert. Für Berichtszwecke wäre es jedoch gut, die wirklichen Namen der Variablen zu haben. Diese Variablennamen werden auf unserer Website URL https://coe-partners.com/?p=3537 decodiert. Excel und Power BI bieten die Möglichkeit, auf jede beliebige Website – sei es Wikipedia, Facebook, LinkedIn oder eine andere Website – zu verlinken und von dort Daten herunterzuladen. Der Link kann dynamisch sein, d. h., nach der Aktualisierung der Website werden auch die Excel-Daten nach dem Neuladen der Excel-Datei aktualisiert. Daher verlinken wir unser Power BI mit der Tabelle, die auf der genannten Website präsentiert wird.

Aufgabe 14.2: Datentabelle von Website mit Variablennamen laden

1. Stellen Sie sicher, dass Sie mit dem Internet verbunden sind.
2. **Daten abrufen – Sonstige – Web – Verbinden** – *https://coe-partners.com/?p=3537 – OK*.
3. Wählen Sie *Tabelle 1 – Laden*.
4. Klicken Sie auf der rechten Seite unter **Felder** mit der rechten Maustaste auf Tabelle 1 – **Abfrage bearbeiten.**
5. Wenn die oberste Zeile **Spalte1, Spalte2, Spalte3** zeigt, wählen Sie im Menü **Transformieren – Erste Zeile als Überschriften verwenden – Schließen und Übernehmen.**
6. Wählen Sie im Menü **Modellierung** die **Option Beziehungen verwalten – Neu.**
7. Wählen Sie **StackedData** und **Tabelle 1** und stellen Sie sicher, dass **Variable** in beiden ausgewählt ist.
8. *OK – Schließen*.

■

Damit haben wir die Variablennamen X1, X2 usw. mit ihrem vollen Namen decodiert. Die Tabelle für die Decodierung wird aus dem Web verwendet.

In Power BI, unter **Visualisierungen** – *Weitere Visuals* abrufen (...) suchen Sie nach **Box and Whisker chart** und **Violin Plot** und fügen beides hinzu.

14.4.1 Vergleichen des innovativen Arbeitsverhaltens zwischen Abteilungen

Zunächst erstellen wir eine Übersicht der Ratings nach Organisationseinheiten und Kategorien.

Aufgabe 14.3: Erstellen einer Übersichtsseite für die Ergebnisse der Innovationsbewertung (Bild 14.5)

1. Wählen Sie **Gestapeltes Balkendiagramm** aus **Visualisierungen**, positionieren und vergrößern Sie es.
2. Wählen Sie aus *UnstackedData* **OrgUnit** für **Achse** und *CoRating* für **Werte**. Setzen Sie *CoRating* auf *Mittelwert*. Machen Sie es attraktiv mit **Format**.

3. Ziehen Sie *Variable* in *Filter* und lassen Sie *Y1* zu. Dieses Balkendiagramm zeigt das innovative Arbeitsverhalten pro Organisationseinheit.
4. Wählen Sie **Violin Plot** oder *Box and Whisker chart* von *Visualisierungen*, positionieren Sie es und wählen Sie seine Größe.
5. Wählen Sie aus *StackedData PaxID* für *Sample*, *Mittelwert* von *CoRating* für *Measure Data* und *Category* für *Category*. Hübschen Sie es mit **Format** auf.
6. Wählen Sie *Datenschnitt* oder **Tabelle** aus **Visualisierungen**, positionieren Sie sie und wählen Sie ihre Größe.
7. Wählen Sie *Kategorie* für **Feld**. Setzen Sie den Filter für *Category* auf *Change Readiness, Individual Creativity, Leadership Practice, Psychological Capital, Support for Innovation*. Wenn Sie **Tabelle** gewählt haben, fügen Sie Variable in **Werten** hinzu. Machen Sie es hübsch mit *Format*.
8. Wählen Sie **Karte** aus **Visualisierungen**. Fügen Sie *PaxID* in **Felder** hinzu. Benennen Sie sie in *Umfrage-Teilnehmer* um. Legen Sie **Anzahl (eindeutig)** für dieses Feld fest. Positionieren Sie es, wählen Sie seine Größe und verschönern Sie es.
9. Wählen Sie **Einfügen** - **Bild** und setzen Sie das Bild, das die Bewertungsskala darstellt, auf die Berichtsseite.
10. Wählen Sie *Einfügen* - *Textfeld* und legen Sie eine Überschrift mit Position, Größe und Farbe fest. ■

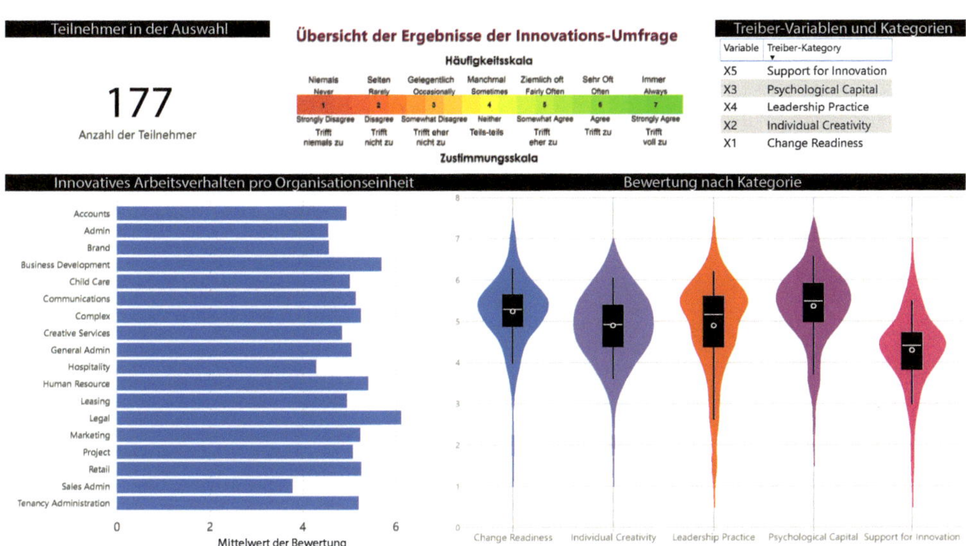

Bild 14.5 Überblick über die Bewertung der Umfrage zur Innovationsbereitschaft

Mit dieser Seite ist es einfach, das Innovative Arbeitsverhalten (Y) pro Abteilung im Balkendiagramm und die potenziellen Faktoren (X1 bis X5) im Violindiagramm miteinander zu vergleichen. Die Auswahl kann nach Organisationseinheiten und nach Kategorien erfolgen. Wie in Power BI üblich, sind die Visuals miteinander verbunden, d. h., die Filterung in einem Visual wirkt sich auf die anderen Visuals aus.

14.4.2 Ermitteln der Treiber für innovatives Arbeitsverhalten

Nun erstellen wir eine Visualisierung für die *X-Y*-Beziehung der Daten, das Treibermodell.

Aufgabe 14.4: Aufbau einer Seite zur Analyse von Treibern innovativen Arbeitsverhaltens (Bild 14.6)

1. In Power BI drücken Sie auf + unten auf der Seite, um ein neues Blatt zu erstellen. Benennen Sie es um, wenn Sie möchten.
2. Wählen Sie **Gestapeltes Säulendiagramm** aus **Visualisierungen**, positionieren und vergrößern Sie es.
3. Wählen Sie *Category* für **Achse** und *Mittelwert* des *CoRating* für **Werte**. Machen Sie es attraktiv.
4. Wählen Sie *Tabelle* oder *Datenschnitt*, positionieren Sie ihn und wählen Sie seine Größe.
5. Wählen Sie *OrgUnit*, *Anzahl (eindeutig) von PaxID*, *E-Readiness* und *I-Readiness* für **Tabellenwerte**. Benennen Sie die Variablen um nach Belieben.
6. Wählen Sie das Visual *Wichtigste Einflussfaktoren*, positionieren Sie es und wählen Sie seine Größe.
7. Wählen Sie *Y11 (Ideengenerierung)* für **Analysieren** und *X1, ... X5* für **Erläuterung nach**. Setzen Sie alle auf *Nicht zusammenfassen*.
8. Wählen Sie das zweite Visual *Wichtigste Einflussfaktoren*, positionieren Sie es und wählen Sie seine Größe.
9. Wählen Sie *Y11 (Ideengenerierung)* für **Analysieren** und *X41, X42, X43, X44* für **Erläuterung nach**. Setzen Sie alle auf *Nicht zusammenfassen*.
10. Klicken Sie mit der rechten Maustaste auf den Seitennamen und Seite duplizieren.
11. Wiederholen Sie die Schritte 6 bis 9 und wählen Sie Y12 (Verfechten von Ideen) für **Analysieren.**
12. Klicken Sie mit der rechten Maustaste auf den Seitennamen und Seite duplizieren.
13. Wiederholen Sie die Schritte 6 bis 9 und wählen Sie Y13 (Ideen umsetzen) für **Analysieren.**

■

Bild 14.6 zeigt, wie dieses Power-BI-Visual zur Veranschaulichung des Haupteinflusses für innovatives Arbeitsverhalten, Schritt 1: Ideen generieren, verwendet werden kann. Tippen Sie auf die Tabelle mit den Organisationseinheiten auf der linken unteren Seite, die Abteilung Project mit 32 Mitarbeitern wurde ausgewählt.

Für die Abteilung Project zeigen die Spalten E-Readiness (Durchschnitt von X4 und X5) und I-Readiness (Durchschnitt von X1 bis X3) an, dass das Projekt bei der organisatorischen Bereitschaft (X4 = Führung und X5 = Unterstützung) unterdurchschnittlich und bei der individuellen Bereitschaft überdurchschnittlich ist. Auf der rechten Seite ist der Grund dafür dargestellt, wobei Führungspraxis und Innovationsförderung weit unter dem organisatorischen Durchschnitt liegen.

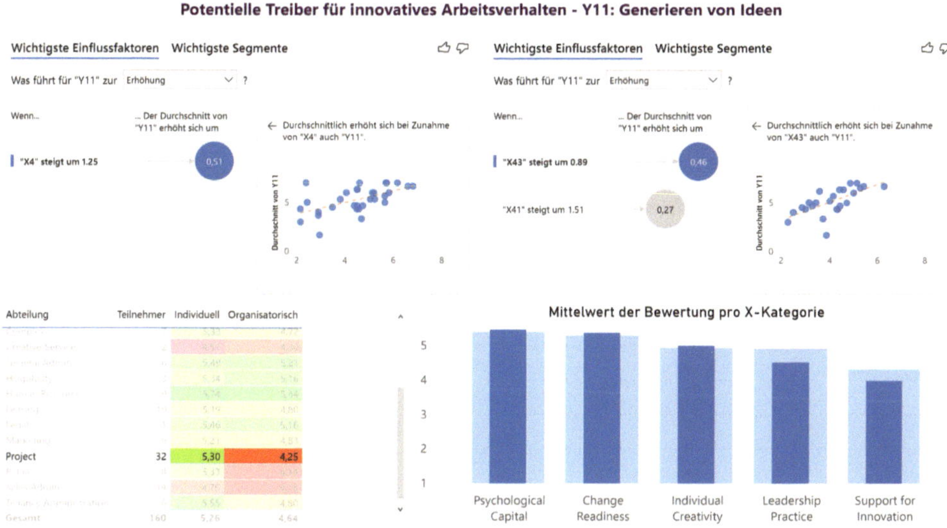

Bild 14.6 Analyse der wichtigsten Einflussfaktoren für Y11 (Generieren von Ideen) für Abteilung Project

Zur Analyse der Treiber für Y11, Ideen generieren werden zwei Schritte gezeigt. Zuerst werden die Variablen X1 bis X5 überprüft, um ein Modell zu finden, das die Variation in Y11 erklärt. Power BI führt eine lineare Regression durch und zeigt, dass für die Abteilung Project nur X4, Führungspraxis, ein signifikanter Treiber, ein Haupteinflussfaktor für Y11, Ideen generieren ist. Das Regressionsergebnis veranschaulicht eine positive Beziehung durch die Aussage „Wenn X4 um 1,25 steigt, würde Y11 um 0,51 steigern". Da X4 ein aggregierter Wert für die Führungspraxis mit vier Faktoren aus dem Transformational-Leadership-Modell ist, möchten wir herausfinden, welcher dieser Faktoren der wichtigste Treiber für Innovation in der Abteilung Project ist. Die Faktoren, die X4, Transformational Leadership, repräsentieren, sind

- X41: Idealisierter Einfluss,
- X42: Individualisierter Bezug,
- X43: Inspirierende Motivation und
- X44: Intellektuelle Anregung.

Daher setzen wir den Power BI Visual Key Influencer ein zweites Mal ein (oben rechts in Bild 14.6) und beziehen X41 bis X44 als potenzielle Treiber für Y11 mit ein. Zwei Key Influencers werden durch die im Hintergrund laufenden Statistiken identifiziert, die zu diesen beiden Aussagen führen:

„Wenn X43 um 0,89 steigt, würde sich der Durchschnitt von Y11 um 0,46 erhöhen."

„Wenn X41 um 1,51 steigt, würde sich der Durchschnitt von Y11 um 0,27 erhöhen."

Das heißt, das Generieren von Ideen in Abteilung Project wird maßgeblich davon beeinflusst, inwieweit der Leiter eine klare und attraktive Vision vorgibt (X43) und damit seine Mitarbeiter motiviert. Außerdem ist es leichter für Mitarbeiter, Ideen zu generieren, wenn der Boss mit gutem Beispiel vorangeht (X41) und Kreativität und Innovation vorlebt.

Diese Art der Analyse könnte für alle Abteilungen durchgeführt werden, in denen eine ausreichend große Zahl von Umfrageteilnehmern beteiligt ist. Wir müssen die Statistik nicht kennen, sondern darauf vertrauen, dass Power BI bewährte Werkzeuge einsetzt, um Aussagen wie die oben genannten zu entwickeln.

■ 14.5 Geschäftsentscheidung treffen

MS Power BI bietet die Präsentation, die wir benötigen, um unserem Management ein vollständiges Bild zu vermitteln und bei Bedarf alle Details durchzugehen, da Power BI dynamisch ist und eine sehr benutzerfreundliche Interaktion zwischen Publikum und Bericht ermöglicht.

Zunächst präsentieren wir das Gesamtbild anhand der Berichtsseite in Bild 14.5. Diese Darstellung informiert über den Stil der Umfrage, die Anzahl der Teilnehmer pro Organisationseinheit, die verwendeten Skalen und die Ergebnisse im Überblick.

Um die individuelle Bereitschaft und die organisatorische Unterstützung für alle Abteilungen zu vergleichen, kommt Bild 14.7 zum Einsatz.

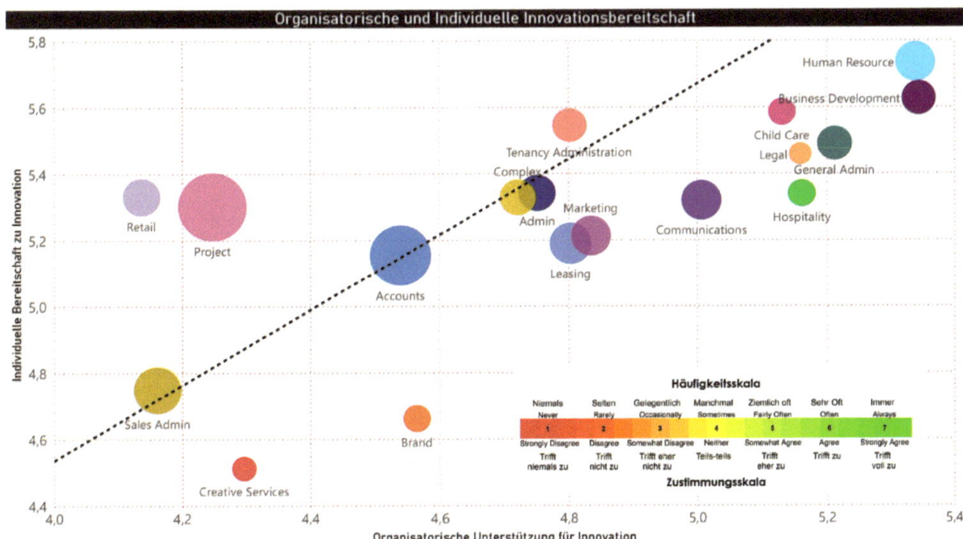

Bild 14.7 Überblick über die Bewertung der organisatorischen und individuellen Bereitschaft für Innovation nach Abteilung

Es gibt einige bemerkenswerte Ergebnisse. Der Einzelhandel (Retail), zum Beispiel, zeigt eine überdurchschnittliche individuelle Innovationsbereitschaft, aber einen der niedrigsten Durchschnittswerte bei der organisatorischen Unterstützung. Einerseits bedarf dies sicherlich einiger Aufmerksamkeit. Andererseits stammt die Bewertung nur von acht Mitarbeitern. Ist Retail so klein oder war die Beteiligung besonders niedrig?

Die Abteilung Kreative Dienstleistungen (Creative Services) hat nur zwei Teilnehmer am Survey aufzuweisen. Diese Abteilung sollte für einen Immobilienentwickler recht wichtig sein. Allerdings ist die Bewertung in fast allen Kriterien niedriger als in anderen Abteilungen. Ist dies gut für einen Immobilienentwickler? Das Management beschließt, daran zu arbeiten.

Nachdem der Direktor der Abteilung Einzelhandel (Retail) über sein Gesamtergebnis besorgt ist, das niedriger zu sein scheint als das der meisten anderen Abteilungen, wählen wir mühelos Einzelhandel im Balkendiagramm aus, und der gesamte Bericht informiert über Einzelhandel.

„Wir hatten acht Teilnehmer aus Retail, die an der Umfrage teilnahmen. Sie gaben an, dass die Unterstützung für Innovationen in Retail vergleichsweise gering ist. Dies könnte mit der Führungspraxis zu tun haben (X41 bis X44), die anscheinend niedriger bewertet wird als andere Kategorien.“

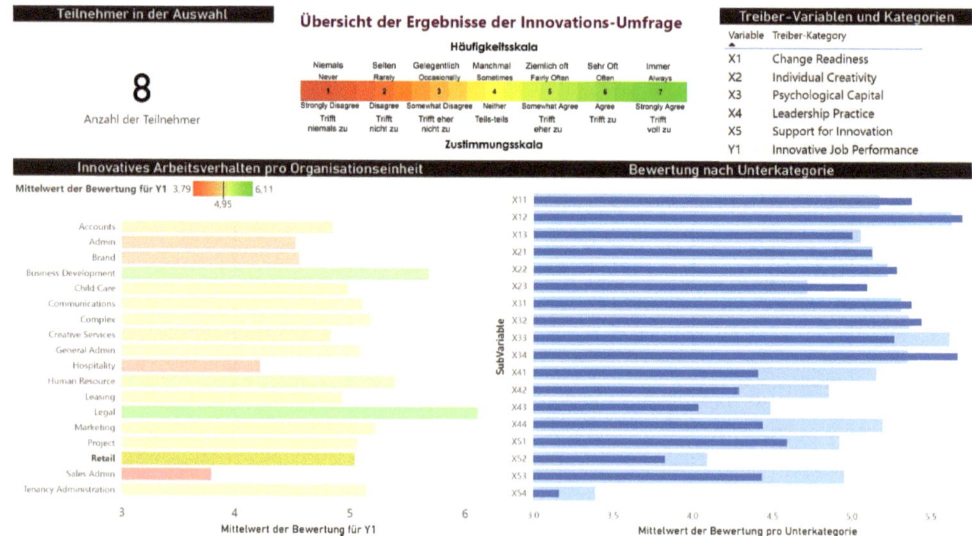

Bild 14.8 Detaillierte Umfrageergebnisse für Abteilung Einzelhandel (Retail)

„Können Sie mir mehr über unsere am schlechtesten bewerteten Kategorien sagen? Worüber muss ich mir Sorgen machen?“, fragt er. Die Einzelheiten sind in Bild 14.8 gezeigt. Und wir erklären sie:

„Es scheint, dass Ihre Mitarbeiter über die Unterstützung, die sie für Innovationen erhalten, besorgt sind. X54 ist am niedrigsten bewertet und bedeutet, dass die Toleranz für Personalvielfalt recht gering ist. Ihre Kollegen schauen Sie wahrscheinlich groß an, wenn Sie Ideen für neue Vorgehensweisen entwickeln. X52 spricht davon, dass keine Ressourcen zur Verfügung gestellt werden. X43 ist eine Führungspraxis und deutet an, dass sich die Mitarbeiter nicht inspiriert fühlen, neue Ideen zu entwickeln.

Demgegenüber haben die Mitarbeiter X23 höher bewertet als der Rest der Organisation. Damit sagen sie, dass sie ein hohes Vertrauen haben, dass sie bei Bedarf innovativ sein können. Sie fühlen sich bereit.

Nach der Beantwortung einiger weiterer Fragen der Abteilungen zu ihrer Bewertung erinnern wir alle Direktoren daran, dass sie jederzeit Zugang zum Power-BI-Bericht haben und weitere Analysen selbstständig durchführen können.

Wir weisen darauf hin, dass die Bewertung selbst insbesondere für Indikatoren wichtig ist, die das innovative Arbeitsverhalten Y1 voranzutreiben scheinen. Es sollten die wichtigsten Einflussfaktoren (X1 bis X5 mit allen Untervariablen) für alle Phasen des innovativen Prozesses vom Generieren der Idee nach dem Erkennen einer Gelegenheit (Y11) über das „Verkaufen der Idee“ (Y12) bis hin zur Implementierung der Idee (Y13) betrachtet werden.

Und wir erklären dem stellvertretenden Direktor Business Development (BD), dass BD offensichtlich gut abschneidet, mit einer Bewertung, die durchweg über dem Durchschnitt liegt (Bild 14.5).

Wenn wir wissen wollen, was die Mitarbeiter in BD zur Ideengenerierung veranlasst, erhalten wir einige Hinweise aus den Visuals der wichtigsten Einflussfaktoren (Key Influencer). Auf der linken Seite zeigt es, dass eine Erhöhung von nur 0,58 in individueller Kreativität (X2) die Ideengenerierung (Y11) um 0,92 steigern könnte. Auf der rechten Seite werden das kreative Rollenverständnis (X21) und die Erwartung an die eigene Kreativität (X23) hinsichtlich ihres Einflusses auf das Ergebnis der Ideengenerierung am höchsten bewertet.

Der stellvertretende Direktor kommt zu dem Schluss, dass dies wahrscheinlich mit ihren Innovations- und Produktivitäts-Workshops zu tun hat, die in den vergangenen Wochen durchgeführt wurden. Gute Nachrichten.

Die Präsentation und Informationsfindung geht weiter mit vielen Fragen und Hypothesen, die von fast allen Teilnehmern aufgeworfen werden. Da der Bericht online zur Verfügung gestellt wird, sind alle sehr daran interessiert, mehr in die Details zu gehen.

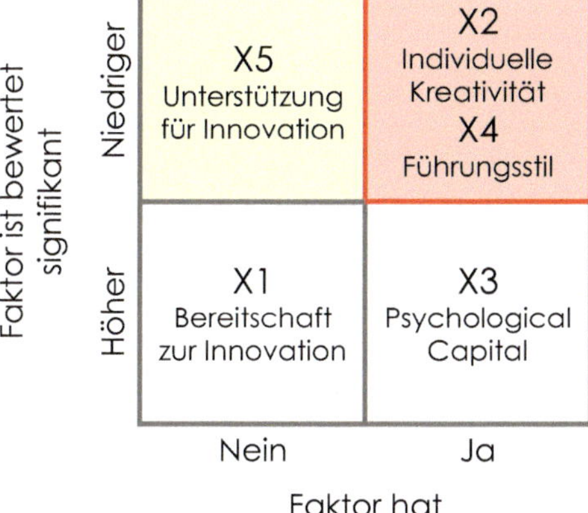

Bild 14.9
Aktionsplanung auf der Grundlage einer niedrigen Bewertung und eines signifikanten Einflusses

Die Ergebnisse führen zu einem Paket von Aktionspunkten, die auf der Grundlage von Daten beschlossen werden. Die Aktionspunkte werden auf der Basis von zwei Kriterien ausgewählt. Erstens werden für jede Abteilung die wichtigsten Einflussfaktoren ermittelt. Dann werden die Haupteinflussfaktoren anhand der erhaltenen Bewertung priorisiert. Daher sollten die Maßnahmen zuerst auf X2 und X4 und danach auf X5 abzielen (Bild 14.9).

14.6 Überlegungen zu den wichtigsten verwendeten Analysewerkzeugen

Durch den Einsatz von Power BI hat sich der Schwerpunkt der Präsentation von statistischen Details zu Geschäftseinblicken verlagert. Da alle Berichte dynamisch sind, wird drastisch Zeit für die Erstellung der Berichte gespart. Anstatt 18 Analysepakete für 18 Geschäftseinheiten in Excel zu erstellen und diese in PowerPoint oder Word einzufügen, wurde nur ein Bericht angefertigt, der die Gesamtbewertung und Bewertungsdetails für jede Abteilung durch die komfortable Anwendung von Filtern anzeigt.

Diesen Bericht zu ändern und weitere Seiten hinzuzufügen ist sehr einfach und bequem in einer bekannten und bewährten Benutzeroberfläche.

Hintergrund

Diese Umfrage zur Innovationsbereitschaft wurde im Rahmen eines Forschungsprojekts mit der Universität Twente in den Niederlanden entwickelt. Weitere Informationen über die Umfrage finden Sie hier: *https://coe-partners.com/?p=3537* (Tan Bee Choo, 2018).

Übung

Nachdem Sie diesen Teil studiert haben, werden Sie in der Lage sein, die folgenden Fragen zu beantworten:

- Was sind potenzielle Treiber für innovatives Arbeitsverhalten der Mitarbeiter? Nennen Sie auch Treiber, die über die im Kapitel analysierten hinausgehen.
- Welche Möglichkeiten gibt es, die Qualität der Eingaben bei Umfragen zu erhöhen? Welche Fehler können auftreten?
- Was sind die Merkmale von kurzen Daten und langen Daten? Warum sind beide Formate wichtig?

Bitte führen Sie die folgenden Schritte aus:

1. Laden Sie die Daten für diesen Fall herunter. Benutzen Sie die vorne eingedruckten Zugangsdaten und die Hinweise in Abschnitt „Zusatzmaterial zum Download“.
2. Lesen Sie die Daten in Power BI ein.
3. Erstellen Sie das in Bild 14.7 gezeigte Diagramm.
4. Analysieren Sie, welche Organisationseinheiten das beste innovative Arbeitsverhalten (Y1) der Mitarbeiter zeigen.
5. Identifizieren Sie, welche Organisationseinheit laut Befragung das beste Verhalten in den Kategorien Generieren von Ideen (Y11), Vertreten von Ideen (Y12) und Umsetzen von Ideen erreicht (Y13).
6. Bereiten Sie einen kurzen Bericht über Ihre Ergebnisse vor.

■

15 Fall: Ist unsere Personalstärke angemessen?

Personalplanung für transaktionale Prozesse

Die Mitarbeiter beschweren sich darüber, dass sie zu viel Arbeit haben. Der Anteil der kurzfristig krankgeschriebenen Personen ist durchweg hoch. Und die Fluktuationsrate ist auf einem beunruhigenden Stand. Weisen diese Symptome darauf hin, dass Sie Ihren Personalbestand aufstocken müssen (Tan A. B., 2016)?

15.1 Geschäftsrelevante Frage formulieren

Eine Poliklinik um die Ecke war mit dieser Art von Frage konfrontiert. Nachdem dieses Problem dem Vorstand vorgelegt worden war, lautete die Antwort: „Zeigen Sie Ihre Personalplanung, bevor wir zusätzliche Stellen genehmigen."

Da unser Vorstand die Implementierung von modernen Managementmethoden forciert hat, wird nun von den Mitarbeitern Personalanalytik erwartet. Die Präsentation von Anekdoten wie „alle unserer Mitarbeiter machen Überstunden" oder „Patientenzahlen sind gestiegen und wir brauchen mehr Personal" sind nicht mehr gut genug für den Vorstand, um das Schaffen von neuen Stellen zu erklären.

Einerseits ist offensichtlich, dass Überstunden selten für effektive Arbeitsweise stehen. Andererseits bedeuten gestiegene Patientenzahlen nicht zwangsläufig, dass das Personal proportional gesteigert werden muss. Heutzutage sollte zuerst nach innovativen Lösungen und KI-Unterstützung gesucht werden, bevor zusätzliche Stellen geschaffen werden, um alte, teilweise überholte Prozesse zu unterstützen.

Die Frage ist nun, können wir solide datengestützte Analysen vorbringen, um die Genehmigung von zusätzlichen Stellen zu rechtfertigen?

15.2 Daten erfassen und vorbereiten

Die Vorhersage der Arbeitskräfte für die Zukunft basiert auf historischen Daten, die analysiert werden müssen. Glücklicherweise steht der vollständige Datensatz von Januar bis Dezember 2019 für die Analyse zur Verfügung. Diese Daten decken jedoch nur die Details für Patienten und einen der Schritte auf dem Weg der Patienten durch die Klinik ab. Von den fünf Schritten - Registrierung, Voruntersuchung (Screening), Behandlung, Medikamentenausgabe und Bezahlung - gibt es nur Zeitdaten für den wichtigsten Schritt, die Behandlung durch den Arzt. Diese Behandlung gliedert sich in die Kategorie Allgemeines, eine kurze Konsultation zu alltäglichen Themen wie grippalem Infekt oder Influenza (genannt General), und zwei Verfahren, die für die aufwendigeren Behandlungszyklen dieser Klinik (genannt Procedure1 and Procedure2) charakteristisch sind.

ID	Procedure	Date	StartTime	EndTime
190000001	General	03.01.2019	09:05:00	09:15:00
190000002	Procedure1	03.01.2019	09:14:00	10:25:00
190000005	Procedure2	03.01.2019	09:20:00	10:20:00
190000009	Procedure2	03.01.2019	09:30:00	10:40:00
190000010	Procedure2	03.01.2019	09:32:00	11:44:00

Bild 15.1 Rohdaten für Klinikbesuche vom 03.01. bis 31.12.2019

Zuerst prüfen wir die uns vorliegenden Daten. Bild 15.1 zeigt die vom System heruntergeladenen Daten. Die Spalte Survey würde die Gesamtbewertung der Patientenumfrage zeigen, wenn der Patient die Gelegenheit zum Feedback genutzt hätte.

Aufgabe 15.1: Einen Überblick über die Daten erhalten (Bild 15.2)

Öffnen Sie die Klinikbesuchsdaten in der *Datei ClinicVisit.xlsx* im Arbeitsblatt *Visit*.

- Stellen Sie sicher, dass die Tabelle als Excel-Tabelle formatiert ist, indem Sie innerhalb der Tabelle *Start - Als Tabelle formatieren* wählen. In *Tabellenentwurf - Tabellenname* ändern Sie den Namen der Tabelle, falls erforderlich. Stellen Sie sicher, dass **Kopfzeile** und **Schaltfläche** *„Filter“* markiert sind.
- Spalte *TimeStamp* hinzufügen: **=[@Date]+[@StartTime]**
- Spalte *Duration* (Dauer) hinzufügen: **=([@EndTime]-[@StartTime])* 60* 24**
- Spalte *TimeSlot* (Zeitfenster) hinzufügen: **=WENN([@StartTime]>18/24;" 18-19"; WENN([@StartTime]>17/24;" 17-18";WENN([@StartTime]>16/24;" 16-17"; WENN([@StartTime]>15/24;" 15-16";WENN([@StartTime]>14/24;" 14-15"; WENN([@StartTime]>13/24;" 13-14";WENN([@StartTime]>12/24;" 12-13"; WENN([@StartTime]>11/24;" 11-12";WENN([@StartTime]>10/24;" 10-11"; " 09-10")))))))))**

- Spalte *DOW* (Wochentag) hinzufügen: *=WOCHENTAG([@Date];2) & " " & TEXT([@Date];"ttt")*. Dadurch wird sichergestellt, dass unser Wochentag DOW immer von Mo bis So sortiert ist.
- Spalte *Survey* (Umfrage) hinzufügen: *=WENN(ISTFEHLER(SVERWEIS ([@ID];ClinicSurvey.xlsx!Unstacked[#Alle];8;FALSCH));" ";SVERWEIS ([@ID];ClinicSurvey.xlsx!Unstacked[#Alle];8;FALSCH))*. Diese Formel schlägt das Umfrageergebnis für den jeweiligen Patienten nach, falls verfügbar. ■

ID	TimeStamp	Treatment	Date	StartTime	EndTime	TimeSlot	DOW	Duration	Survey
190000001	03.01.2019 09:05	General	03.01.2019	09:05	11:05	09-10	4 Do	120	
190000002	03.01.2019 09:14	Procedure1	03.01.2019	09:14	10:25	09-10	4 Do	71	
190000005	03.01.2019 09:20	Procedure2	03.01.2019	09:20	10:20	09-10	4 Do	60	
190000009	03.01.2019 09:30	Procedure2	03.01.2019	09:30	10:40	09-10	4 Do	70	
190000010	03.01.2019 09:32	Procedure2	03.01.2019	09:32	11:44	09-10	4 Do	132	
190000014	03.01.2019 09:37	Procedure2	03.01.2019	09:37	10:35	09-10	4 Do	58	

Bild 15.2 Rohdaten für Klinikbesuche erweitert

Woher wissen wir, ob unsere Daten von guter „Qualität", d. h. gültig sind? Es gibt einige Einträge, die wir nicht überprüfen können. Zum Beispiel stammen die StartTime- und EndTime-Einträge von dem Arzt oder der Krankenschwester, der/die den Patienten empfängt (StartTime) und die Konsultation des Patienten beendet (EndTime), der physisch und elektronisch vom Registrierungsschalter an sie überwiesen wird. Einerseits ist es eher fraglich, ob der Arzt StartTime und EndTime des Patienten genau einträgt. Wenn es andererseits einen nächsten Patienten gibt, sollte das Timing wegen eines gewissen Poka Yoke in diesem Prozess recht wahrheitsgetreu sein.

Es gibt einige Werkzeuge, die uns bei der Überprüfung der Daten helfen. Es ist immer ein guter und günstiger Anfang, sich einen Überblick über das Minimum und Maximum der Daten in jeder Spalte der Excel-Tabelle zu verschaffen. Wenn Sie den Filterknopf einer Spalte wählen, erscheint die Liste der Einträge. Daraus geht hervor, dass StartTime mit einem Eintrag um 06:54 Uhr beginnt. Da dies weit vor der Öffnungszeit der Klinik liegt, kann dieser Eintrag nicht korrekt sein.

Wenn Sie nach unten scrollen, ist der letzte StartTime-Eintrag um 21:45 Uhr. Dies könnte unter bestimmten Umständen möglich sein. Lassen Sie uns etwas tiefer graben. Nachdem wir nur die Patienteneinträge mit Startzeit später als 21:15 Uhr ausgewählt haben, erkennen wir, dass sie alle auf denselben Tag fallen, den 27. August 2019. Nun ist Insiderwissen wichtig, das uns sagt, dass wir von Zeit zu Zeit diese Tage haben, an denen die Klinik voll ist und wir die normalen Öffnungszeiten überschreiten, um alle zu bedienen. Das war einer dieser Tage.

Da die Dauer aus EndTime minus StartTime berechnet wird, ist diese ein weiterer Indikator für die potenzielle Richtigkeit von StartTime und EndTime. Die Auswahl des Filters für die Dauer zeigt, dass es Einträge gibt, die keinen Sinn ergeben. Die

Zusammenstellung dieser Einträge mithilfe von Excel-Filtern hilft uns, ein vollständiges Bild der Konsultations- und Behandlungsdauer zu erhalten, die entweder korrigiert oder eliminiert werden sollten.

Da einige dieser Einträge offensichtlich manuell hinzugefügt wurden, dürfte die Korrektur recht einfach sein. Beispielsweise begann die Konsultation mit der ID 190027511 am Samstag, 13. April 2019, um 14:56 Uhr und endete laut Datensatz um 13:05 Uhr. Das ist Unsinn, und wir setzen die Zeit auf 15:05 Uhr. Mit dieser Vorgehensweise können die meisten Tippfehler korrigiert werden. Wenn die Korrektur nicht möglich ist, ist es ratsam, den Eintrag zu löschen. Die Auswirkung einer Handvoll gelöschter Einträge von mehr als 50 Tausend ist vernachlässigbar. Manchmal ist das Löschen fragwürdiger Einträge (Datensätze wie in Bild 15.3) eine bessere Lösung, als in alte Datenbestände einzutauchen und Zeit zu verschwenden, um herauszufinden, was wirklich geschehen ist.

ID	Treatment	Date	StartTime	EndTime	Survey	TimeStamp	Duration	TimeSlot	DOW
190027511	General	13.04.2019	14:56:00	13:05:00		13.04.2019 14:56	-111	14-15	6 Sa
190076361	General	21.12.2019	14:56:00	13:05:00		21.12.2019 14:56	-111	14-15	6 Sa
190028360	General	19.04.2019	15:56:00	14:07:00		19.04.2019 15:56	-109	15-16	5 Fr
190044240	General	03.08.2019	16:37:00	14:48:00		03.08.2019 16:37	-109	16-17	6 Sa
190077211	General	27.12.2019	15:56:00	14:07:00		27.12.2019 15:56	-109	15-16	5 Fr
190034659	General	27.05.2019	14:49:00	13:05:00		27.05.2019 14:49	-104	14-15	1 Mo
190044332	General	03.08.2019	17:51:00	17:26:00		03.08.2019 17:51	-25	17-18	6 Sa
190030789	General	04.05.2019	13:57:00	13:48:00		04.05.2019 13:57	-9	13-14	6 Sa
190038890	General	28.06.2019	14:43:00	14:35:00		28.06.2019 14:43	-8	14-15	5 Fr
190045418	General	14.08.2019	16:48:00	16:47:00		14.08.2019 16:48	-1	16-17	3 Mi
190017272	General	28.02.2019	12:18:00	12:20:00		28.02.2019 12:18	2	12-13	4 Do
190031771	General	09.05.2019	11:12:00	11:15:00		09.05.2019 11:12	3	11-12	4 Do
190028172	Procedure2	19.04.2019	10:31:00	16:33:00		19.04.2019 10:31	362	10-11	5 Fr
190077022	Procedure2	27.12.2019	10:31:00	16:33:00		27.12.2019 10:31	362	10-11	5 Fr
190011224	General	13.02.2019	11:19:00	17:26:00		13.02.2019 11:19	367	11-12	3 Mi
190060074	General	23.10.2019	11:19:00	17:26:00		23.10.2019 11:19	367	11-12	3 Mi
190035986	Procedure2	04.06.2019	12:10:00	18:30:00		04.06.2019 12:10	380	12-13	2 Di
190005582	General	23.01.2019	06:54:00	17:00:00		23.01.2019 06:54	606	09-10	3 Mi
190054432	General	02.10.2019	06:54:00	17:00:00		02.10.2019 06:54	606	09-10	3 Mi

Bild 15.3 Patienteneinträge mit rätselhafter Behandlungsdauer (gefiltert)

Die Aufforderung an Sachbearbeiter oder Krankenschwestern, alte Daten zu durchsuchen, zu überprüfen und zu korrigieren, um ein vollständiges Bild zu erhalten, sollte sich auf sehr wichtige Fragen beschränken. Dies ist hier nicht gegeben. Das Ersuchen um Hilfe von Personen, die „mit ihrer eigentlichen Arbeit beschäftigt" sind, sollte richtig erklärt werden.

Wir bereinigen die Daten um die fragwürdigen Einträge, sofern wir nicht eine einfache Erklärung dafür beibringen können.

15.3 Daten analysieren

15.3.1 Die Nachfragestruktur verstehen

Die Analyse des Personalbestands konzentriert sich auf das Verständnis des Nachfragemusters, d. h. die Anzahl der Patienten über der Öffnungszeit.

Jeder erwartet ein bestimmtes Muster der Nachfrage an Wochentagen und rechnet mit einer Spitzennachfrage am Freitag. Und jeder würde davon ausgehen, dass die meiste Laufkundschaft um die Mittagszeit auftaucht – ähnlich wie viele andere Dienstleister. Dieses Wissen wird für die Zuteilung der Arbeitskräfte für verschiedene Wochentage und für die Öffnungszeiten an einem Tag verwendet. Und genau das macht das Management dieses Dienstleisters sehr professionell. Dies führte jedoch weder zu einer höheren Kundenzufriedenheit noch zu einer höheren Mitarbeitermotivation. Warum?

Das eigentliche Problem liegt in der Variation des Nachfragemusters, die mithilfe von Bild 15.4 dargestellt wird.

Aufgabe 15.2: Zeichne ein gestapeltes Balkendiagramm für Patienten pro TimeSlot pro DOW

- Öffnen Sie die vorbereiteten und bereinigten Daten aus der vorausgegangenen Aufgabe.
- Positionieren Sie Ihren Cursor innerhalb der Tabelle **Visit** und **Einfügen – PivotTable – OK.**
- Pivot-Tabellenzeilen sind **Date, DOW, TimeSlot**. Pivot-Tabellenspalte ist **Procedure**. Pivot-Tabellenwert ist **Anzahl von ID**. Löschen Sie **Monate** aus den Zeilen.
- Wählen Sie Pivot-Tabelle – klicken Sie mit der rechten Maustaste auf **PivotTable – Optionen – Summen & Filter – alle Summen abwählen, Anzeige – klassisches PivotTable-Layout** .
- Ändern Sie **Feldeinstellungen** für **Date** und **DOW** in **Layout & Druck**, markieren Sie die Option **Elementnamen wiederholen.**
- Schalten Sie die Teilergebnisse für **Date, DOW** und **TimeSlot** aus.
- Legen Sie eine Tabelle neben die Pivot-Tabelle und kopieren Sie den gesamten Inhalt. Benennen Sie die neue Tabelle **„PatientsPerTimeSlot“**.
- In Ihrer Tabelle **PatientsPerTimeSlot, Einfügen – PivotChart.**
- Pivot-Diagrammzeilen sind **DOW, TimeSlot**. Die Werte der Pivot-Tabelle sind **Mittelwert von General, Mittelwert von Procedure1, Mittelwert von Procedure2.**
- Wählen Sie **Gestapeltes** Säulendiagramm.

■

Das resultierende Säulendiagramm (Bild 15.4) zeigt die durchschnittliche Anzahl von Patienten pro Zeitabschnitt und Wochentag.

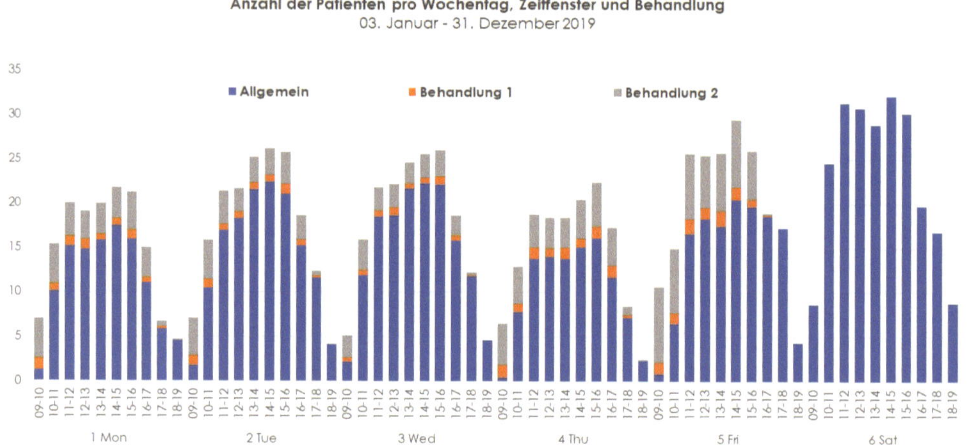

Bild 15.4 Durchschnittliche Anzahl von Patienten pro Zeitfenster und Wochentag für verschiedene Behandlungsarten

Beispielsweise beträgt die durchschnittliche Patientenzahl an einem Freitag zwischen 14:00 Uhr und 15:00 Uhr 29. Dieses Muster würde bei der Planung der Ärzte, Krankenschwestern, Apotheker und Sachbearbeiter helfen. Mit diesen Zahlen könnten wir eine Taktzeit für das genannte Zeitfenster berechnen:

Diese Taktzeit (Formel 15.1) bedeutet, dass im Durchschnitt alle 2,07 Minuten ein neuer Patient in der Tür erscheint. Wenn wir keine Wartezeit haben wollen, müssen wir mit dem vorherigen Patienten fertig sein. Da dies kaum der Fall ist, müssen wir mehrere Ressourcen zur Verfügung haben.

$$\text{Takt} = \frac{\text{Verfügbare Zeit}}{\text{Nachfrage}} = \frac{60\text{ min}}{29\text{ Patienten}} = 2{,}07\text{ min} \qquad \text{Formel 15.1}$$

Taktzeit für freitags zwischen 14:00 h und 15:00 h (alle Behandlungsarten)

Die Zahl der Patienten, die Nachfrage, für dieses Freitags-Zeitfenster wird aus 20 Patienten für die allgemeine Behandlung, einem für Verfahren 1 und acht für Verfahren 2 gebildet. Wenn diese drei Kategorien unterschiedliche Ressourcen, d. h. unterschiedliche Fähigkeiten und Erfahrungen (Kompetenzen) benötigen, wird besser die Taktzeit für jede Behandlung ermittelt:

$$\text{Takt}_{\text{Allgemein}} = \frac{\text{Verfügbare Zeit}}{\text{Nachfrage}_{\text{Allgemein}}} = \frac{60\ \text{min}}{20\ \text{Patienten}} = 3\ \text{min}$$

Formel 15.2

Taktzeit für freitags zwischen 14:00 h und 15:00 h, allgemeine Behandlung

$$\text{Takt}_{\text{Verfahren1}} = \frac{\text{Verfügbare Zeit}}{\text{Nachfrage}_{\text{Verfahren1}}} = \frac{60\ \text{min}}{1\ \text{Patient}} = 60\ \text{min}$$

Formel 15.3

Taktzeit für freitags zwischen 14:00 h und 15:00 h, Behandlung nach Verfahren 1

$$\text{Takt}_{\text{Verfahren2}} = \frac{\text{Verfügbare Zeit}}{\text{Nachfrage}_{\text{Verfahren2}}} = \frac{60\ \text{min}}{8\ \text{Patienten}} = 7{,}5\ \text{min}$$

Formel 15.4

Taktzeit für freitags zwischen 14:00 h und 15:00 h, Behandlung nach Verfahren 2

Taktzeit verstehen

Die Taktzeit ist ein Indikator, der die verfügbare Zeit pro Kundenanfrage angibt. Wenn Sie beispielsweise 200 Kunden (Nachfrage) pro Tag erwarten und 10 Stunden (verfügbare Zeit) „offen für Geschäfte“ sind, entspricht die Taktzeit drei Minuten pro Kunde. Alle beteiligten Prozessschritte müssen innerhalb der Taktzeit durchgeführt werden. Folglich erfordern Prozessschritte, die die Taktzeit überschreiten, mehrere Ressourcen. Mit anderen Worten, ein Prozessschritt, der etwa 15 Minuten dauert, erfordert mindestens fünf, besser noch sechs Ressourcen. ■

Geht man davon aus, dass eine allgemeine Behandlungsprozedur etwa eine Minute Anmeldezeit, zwei Minuten für Voruntersuchung (Blutdruck- und Pulsmessung) und in der Regel etwa 8,5 Minuten für eine Konsultation dauert, so würde sich der Personalbedarf (Vollzeitäquivalent ... VZÄ) für diese Situation wie folgt darstellen:

$$\text{VZÄ}_{\text{Allgemein, Registration}} = \frac{\text{Bearbeitungszeit}_{\text{Registration}}}{\text{Takt}_{\text{Allgemein}}} = \frac{1\ \text{min}}{3\ \text{min}} = 0{,}34\ \text{VZÄ}$$

Formel 15.5

Berechnung der geforderten Arbeitskraft für freitags zwischen 14:00 h und 15:00 h, Registrierung für allgemeine Behandlung

$$\text{VZÄ}_{\text{Allgemein,Voruntersuchung}} = \frac{\text{Bearbeitungszeit}_{\text{Voruntersuchung}}}{\text{Takt}_{\text{Allgemein}}} = \frac{2\ \text{min}}{3\ \text{min}} = 0{,}67\ \text{VZÄ}$$

Formel 15.6

Berechnung der geforderten Arbeitskraft für freitags zwischen 14:00 h und 15:00 h, Voruntersuchung für allgemeine Behandlung

$$VZÄ_{Allgemein,Konsultation} = \frac{Bearbeitungszeit_{Konsultation}}{Takt_{Allgemein}} = \frac{8{,}5\ min}{3\ min} = 2{,}83\ VZÄ$$

Formel 15.7

Berechnung der geforderten Arbeitskraft für freitags zwischen 14:00 h und 15:00 h, für allgemeine Behandlung

Das sieht kompliziert aus, nicht wahr? Dies ist jedoch aufgrund von zwei Tatsachen nur die vereinfachte Version.

- Erstens neigen Patienten dazu, unsere Berechnungen zu ignorieren und zu erscheinen, wann immer sie es schaffen. Während die Vorhersage, 29 Patienten zwischen 14:00 Uhr und 15:00 Uhr an einem typischen Freitag zu haben, im Durchschnitt sicher nicht schlecht ist, weil sie auf einem Jahr von Beobachtungen basiert, müssen wir uns in Wirklichkeit auf eine unterschiedliche Anzahl und unterschiedliche Ankunftszeiten der Patienten einstellen.
- Zweitens ist, wie jeder weiß, die Sprechstunde beim Arzt nicht auf genau 8,5 Minuten festgelegt. Sie variiert (Bild 15.8).

Die gute Nachricht ist, wir können eine noch bessere Berechnung des Arbeitskräftebedarfs vornehmen, wenn wir die Schwankungen sowohl bei der Patientenzahl als auch bei der Zeit für typische Routineabläufe verstehen.

Zum Verständnis der Variation werden Kastendiagramme (Box- und Whisker-Diagramme oder Box-Plots) Säulen- oder Balkendiagrammen bevorzugt. Während Säulen- und Balkendiagramme (Bild 15.4) lediglich den Durchschnitt der Anzahl der Patienten pro Zeitabschnitt zeigen, enthalten Box-Plots wesentlich mehr Informationen.

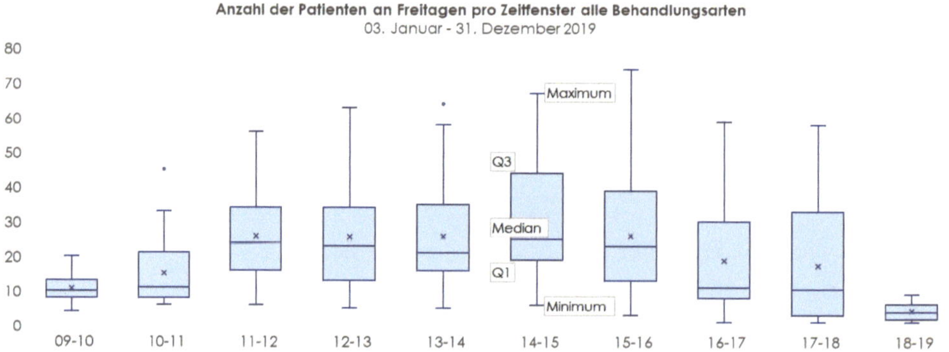

Bild 15.5 Box-Plot der Patientenzahl pro Zeitfenster für alle Behandlungen

Das Box-Plot in Bild 15.5 zeigt, dass im Jahr 2019 freitags zwischen 14:00 Uhr und 15:00 Uhr nie weniger als sechs Patienten und höchstens 67 Patienten ankamen. In nur 25 % (Q1) aller Fälle trafen in diesem Zeitraum weniger als 19 Patienten ein, während sich in 50 % aller Fälle (Median = Q2) mehr als 25 Patienten in der Klinik anmeldeten. In 25 % (Q3) aller Freitage meldeten sich 44 Patienten oder mehr in der Klinik an.

Mit anderen Worten: Es besteht eine Wahrscheinlichkeit von etwa 25 %, dass die Klinik 44 Patienten oder mehr behandeln muss.

Hätten wir den in der Säulengrafik dargestellten Durchschnitt von 29 für die Personalplanung zugrunde gelegt, wären wir auf viele Situationen nicht vorbereitet gewesen.

Durchschnittszahlen sind für die Personalplanung nicht geeignet. Es ist wichtig, die Variation der Daten zu verstehen.

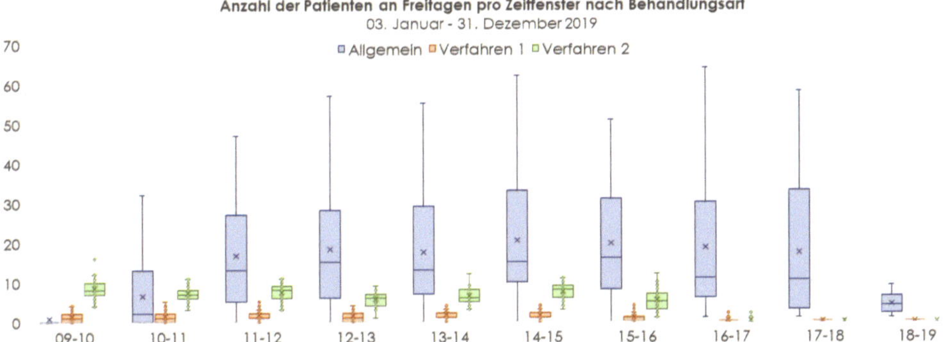

Bild 15.6 Box-Plot der Patientenzahlen pro Zeitfenster nach Behandlung

Bild 15.6 zeigt, wie diese Zahlen aussehen, wenn die Daten nach Behandlungsart aufgetragen werden. Die allgemeine Behandlung zeigt eine große Variation in Bezug auf die Patientenzahlen, während die Patientenzahlen für die Verfahren 1 und 2 eher vorhersehbar sind. Alle diese Muster zeigen die Variation auf einer Mikroskala.

Darüber hinaus könnte es Variationen auf der Makroebene geben. Jede Finanzabteilung kennt die Perioden zum Monats- und Jahresende, in denen die Arbeitsbelastung um ein Vielfaches zunimmt. Diese Art von Muster könnte auch in unserem Klinikfall vorhanden sein.

Die Existenz eines erklärbaren Musters könnte für die Personalplanung sehr hilfreich sein. Da das Finanzpersonal z. B. über seinen höheren Bedarf am Jahresende Bescheid weiß, sorgt es dafür, dass für diesen Zeitraum weniger Urlaub geplant wird und Zeitarbeitskräfte bereitstehen.

Das Vorhandensein von Mustern im Laufe der Zeit, die nicht leicht zu erklären sind, erschwert Vorhersage und Planung. Bild 15.7 zeigt das Diagramm der Anzahl der Patienten pro Tag über die Zeit. Selbst wenn wir wissen, dass die Monate Februar und Mai unsere Belegschaft im Jahr 2019 stark beansprucht haben, da die Nachfrage sehr hoch war, könnte es nicht helfen, sich auf diesen Spitzenwert für die nächsten Jahre vorzubereiten, wenn wir die Ursachen für den Nachfrageschub nicht verstehen.

15.3.2 Vorhersage eines möglichen zukünftigen Problems

Betrachtet man das Diagramm in Bild 15.7, so ist ein Hinweis auf einen allgemeinen Abwärtstrend über das Jahr hinweg zu erkennen. Daher verwenden wir Excel, um eine Trendlinie für das Diagramm für Allgemein (die allgemeine Behandlung) hinzuzufügen. Kombiniert man die Trendlinie mit Gleichung und R^2 mit der Excel-Funktion im Liniendiagramm, so zeigt sich ein ziemlich schwacher Trend zu verringerten Patientenzahlen. Jeden Monat geht die Zahl der Patienten um 1,4 pro Tag zurück. Das klingt klein. Aber es bedeutet, dass bei der allgemeinen Behandlung die tägliche Patientenzahl von Januar bis Dezember im Durchschnitt um 17 zurückgeht. Dies bedeutet, dass im Dezember 388 Patienten weniger behandelt wurden und damit weniger abgerechnet werden konnten.

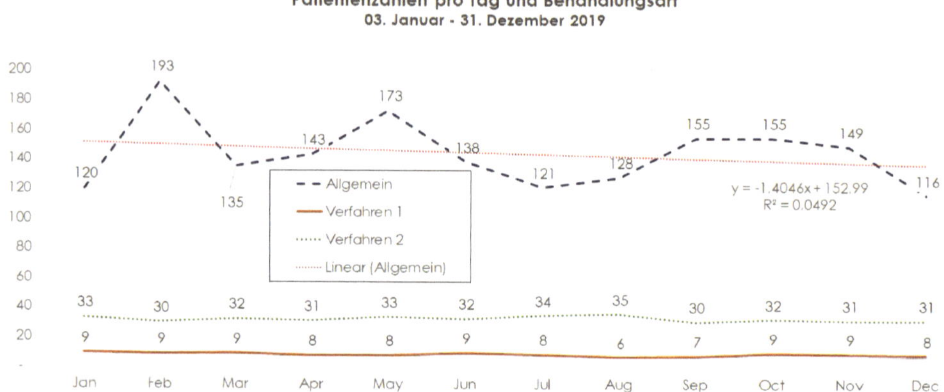

Bild 15.7 Verlaufsdiagramm für Patientenzahlen nach Behandlung mit Trendlinie für Allgemein

Obwohl dieser Trend mit einem R^2 von nur 4,92 % und einem p-Wert von 0,488 (nachfolgende Regression durchgeführt) statistisch gesehen unbedeutend ist, könnte ein Datenanalytiker in Erwägung ziehen, dies dem Management gegenüber hervorzuheben. Die gute Nachricht für die Arbeitsbelastung ist sicherlich eine schlechte Nachricht für die Einnahmequelle der Klinik. Eine Ursachenanalyse, beginnend mit der Umfrage zur Patientenzufriedenheit, wäre ein notwendiger nächster Schritt, um nicht noch mehr Geschäft zu verlieren.

Es könnte die falsche Strategie sein, darauf zu warten, dass eine scheinbar nachteilige Veränderung signifikant wird. Eine sorgfältige Bewertung selbst einer nicht signifikanten Änderung könnte dem Unternehmen helfen. ■

Aus Bild 15.7 geht auch hervor, dass die Personalplanung für Verfahren 1 und Verfahren 2 aufgrund der geringeren Variation recht einfach sein sollte.

15.3.3 Verstehen des Aktivitätsmusters

Um den Personalbestand für diese Aktivitäten zu planen, ist es notwendig, die Dauer der Prozessschritte zu erfassen. Wie bereits erwähnt, besteht die gesamte Patientenerfahrung aus fünf Schritten wie Registrierung, Voruntersuchung, Beratung, Medikamentenausgabe und Bezahlung.

Während Registrierung und Bezahlung mit etwa einer Minute kurz sind und normalerweise keine Warteschlangen aufweisen, dauern Voruntersuchung und Medikamentenausgabe etwa zwei Minuten und könnten eine Warteschlange bilden. Die meisten Patienten, die Zeit in einer Klinik verbringen, warten auf die Ärzte für ihre Konsultation (Behandlung). Daher sollte die Planung des Personals mit diesem Prozessschritt beginnen.

Bei der Analyse der für die Konsultation benötigten Zeit ergibt sich bei den drei verschiedenen Behandlungsarten ein deutlich unterschiedliches Bild (Bild 15.8).

Die allgemeine Behandlung wurde 2019 mehr als 32 000 Mal durchgeführt, wobei 75% aller Fälle in weniger als zehn Minuten (Q3 = 75%) und der Rest in weniger als 14,5 Minuten abgeschlossen wurden. Wir ignorieren die Ausreißer, die ein Dutzend von 32 Tausend Patienten ausmachen, d.h. nur 0,03%.

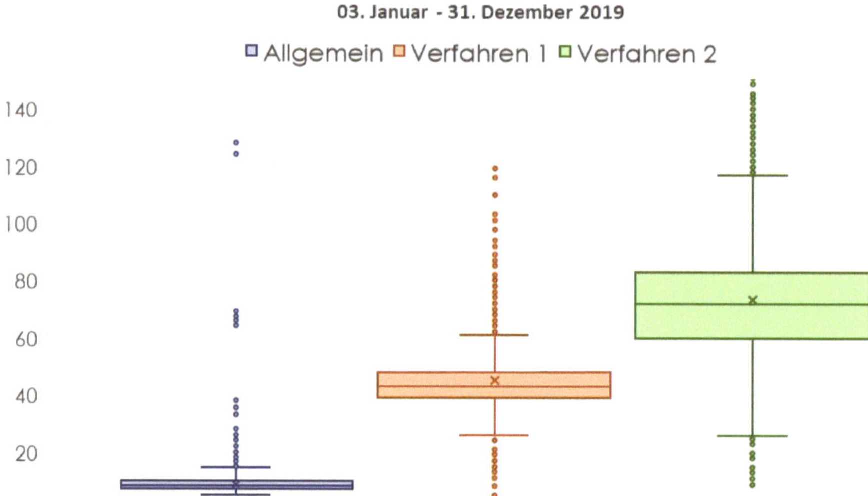

Bild 15.8 Dauer der drei Behandlungsverfahren

Tabelle 15.1 Deskriptive Statistik für Behandlungsverfahren

Allgemein	Allgemein	Verfahren 1	Verfahren 2
Mittelwert	8,4	44,9	73,2
Minimum	5	5	9
Q1 (25 %)	7	39	60
Median (50 %)	8	43	72
Q3 (75 %)	10	48	83
Maximum	128	178	229
Modus	10	45	70
Standardabweichung	2,8	12,290	19,2
Wertebereich	123	173	220
Anzahl	32 135	2022	7831

Verfahren 1 und Verfahren 2 dauern aufgrund ihrer Art erheblich länger. Bei Procedure1 liegen 50 % aller Behandlungen zwischen 39 und 48 Minuten (innerhalb der Box des Box-Plots von Q1 bis Q3), während die gleiche Zahl bei Procedure2 zwischen 60 und 83 Minuten liegt. Während die allgemeine Konsultation in der Regel 100 % der Zeit beim Arzt in Anspruch nimmt, werden Prozedur1 und Prozedur2 nur teilweise von Angesicht zu Angesicht mit dem Arzt durchgeführt. In der restlichen Zeit durchläuft der Patient einen bestimmten standardisierten Behandlungszyklus, der teilweise oder vollständig automatisiert ist.

Für diese Eingriffe wird die Zeit des Arztes von Angesicht zu Angesicht sogar noch kürzer eingeschätzt als für die allgemeine Behandlung, da im Gegensatz dazu die Diagnosephase nicht benötigt wird. Bei beiden Verfahren handelt es sich um geplante Behandlungen, für die eine Diagnose bereits erfolgt ist. Das bedeutet gleichzeitig, dass die Personalplanung für diese Verfahren sehr einfach ist, weil es kein Überraschungsmoment gibt. Alle Variationen im Ankunftsmuster der Patienten werden durch das Buchungssystem gesteuert.

Nicht so bei der allgemeinen Konsultation. Die Patienten erscheinen, nachdem sie erkrankt sind. Meistens werden diese Patienten nicht eingeplant. Ein Grippeausbruch in der Nachbarschaft wird höchstwahrscheinlich als eine Welle von Patienten in der Klinik angesehen werden. Und das ist nicht planbar.

15.4 Geschäftsentscheidung treffen

15.4.1 Planung der Arbeitskräfte

Als Beispiel wird die Planung der Arbeitskräfte für die allgemeine Behandlung gezeigt. Wir gehen davon aus, dass wir den Personalbedarf für 75 % der erwarteten Situationen planen wollen. Der Arzt ist etwa zehn Minuten (Q3 = 75 %) lang mit den meisten Patienten für die allgemeine Beratung beschäftigt. Weitere 25 % könnten bis zu 14,5 Minuten dauern. Wir berücksichtigen keine Ausreißer, da die Wahrscheinlichkeit, dass sie auftreten, sehr gering ist.

Tabelle 15.2 Verteilung der Patientenzahlen für die allgemeine Behandlung an Freitagen

Zeitfenster	09–10	10–11	11–12	12–13	13–14	14–15	15–16	16–17	17–18	18–19
Minimum	–	–	–	–	–	–	–	1,0	1,0	1,0
25 % der Tage	–	–	5,0	6,0	7,0	10,0	8,0	6,0	3,0	2,0
50 % der Tage	–	2,0	13,0	15,0	13,0	15,0	16,0	11,0	10,5	4,0
75 % der Tage	–	13,0	27,0	28,0	29,0	33,0	31,0	30,0	33,0	6,3
Maximum	10,0	32,0	47,0	57,0	55,0	62,0	66,0	64,0	58,0	9,0
Takt für Q3	–	4,6	2,2	2,1	2,1	1,8	1,9	2,0	1,8	9,6
Anzahl Ärzte für Q3 der Nachfrage und 10 min Behandlung		**2,2**	**4,5**	**4,7**	**4,8**	**5,5**	**5,2**	**5,0**	**5,5**	**1,0**

Wie Tabelle 15.2 verdeutlicht, müssen wir in der Lage sein, stündlich rund 30 Patienten von 11:00 bis 18:00 Uhr zu behandeln, wenn wir auf 75 % aller Bedarfsfälle vorbereitet sein wollen. Von 09:00 h bis 11:00 h haben wir einen langsamen Start, und von 18:00 h bis 19:00 h erwarten wir eine geringere Anzahl von Patienten. Diese 30 Patienten würden etwa sechs Ärzte für eine Bearbeitungszeit (PT) von zehn Minuten benötigen (75 % der Bearbeitungszeit sind abgedeckt).

Die Annahmen für diese Berechnungen basieren auf der Erfahrung eines Jahres. Daher sollten die Schlussfolgerungen recht gut sein.

Allerdings ist die Bearbeitungszeit nur bei 25 % aller allgemeinen Behandlungen so lang. Hinzu kommt, dass die Wahrscheinlichkeit, dass wir etwa 30 oder mehr Patienten haben, nur bei 25 % liegt. Statistisch gesehen kommen bei nur 6,25 % (0,25 × 0,25) aller Behandlungen eine etwas längere Bearbeitungszeit und die Ankunft großer Patientenzahlen zusammen (0,25 × 0,25 = 0,0625). Aus geschäftlicher Sicht ist es nicht sehr klug, die Arbeitskräfte auf der Lohnliste zu haben, die man nur in weniger als 10 % aller Situationen benötigt (Bild 15.9).

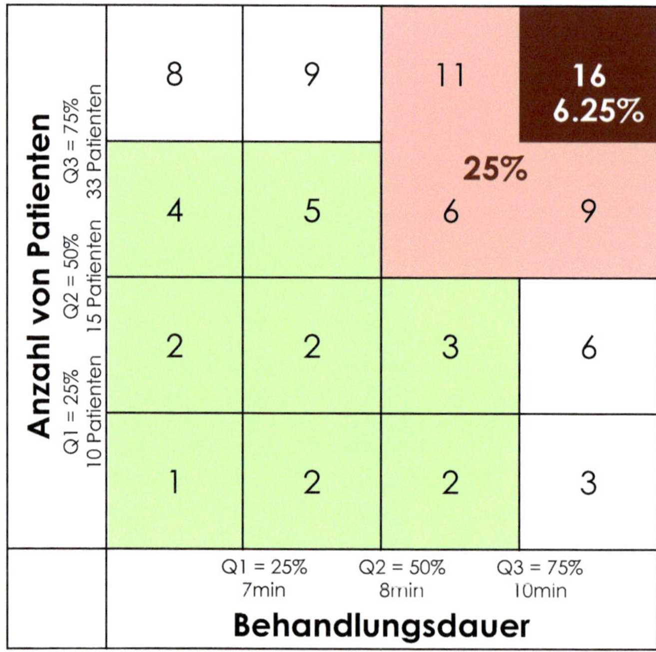

Bild 15.9
Bedarf an Ärzten für bestimmte Behandlungsdauer und Patientenzahlen

Darüber hinaus basiert die oben erwähnte Berechnung auf der Annahme, dass die Wahrscheinlichkeit, eine bestimmte Patientenzahl zu haben, völlig unabhängig von der Bearbeitungszeit ist. In Wirklichkeit wird dies nicht der Fall sein. Wenn die Ärzte wüssten, dass sich eine lange Warteschlange aufbaut, würden sie höchstwahrscheinlich die Konsultation beschleunigen, das Gespräch mit dem Patienten abkürzen und die Bearbeitungszeit bewusst reduzieren.

Eine intelligente Personalplanung würde zwei bis drei Ärzte für die allgemeine Behandlung und zusätzliches Personal für Verfahren 1 und Verfahren 2 bereithalten. Es bleibt zu hoffen, dass Ärzte, Krankenschwestern und anderes Klinikpersonal übergreifend für fast alle Behandlungsarten geschult werden, sodass sie Personallücken in jeder Art von Situation durch flexible Arbeitskräfte schließen können.

15.4.2 „Kampf gegen die Variation“

Keine Personalplanung kann eine solche Situation vollständig berücksichtigen (Tan A. B., Strategic Workforce Planning, 2016). Der Ansatz zur Behandlung dieser Art von Fragen umfasst

- die Verringerung von Schwankungen der Nachfrage, nämlich des Patientenvolumens,
- die Verringerung der Variation in der Bearbeitungszeit, d. h. der Behandlungszeit, und
- die Entwicklung eines flexiblen Ansatzes für die Zuweisung von Arbeitskräften.

15.4.2.1 „Trainieren“ der Kunden

In Dienstleistungsunternehmen sind Schwankungen in der Kundennachfrage nur schwer vollständig zu überwinden. Aber sie sind fast immer einigermaßen zu kontrollieren und zu minimieren. Das Anbieten eines Terminsystems ist eine Möglichkeit, die Variation der Kunden- oder Patientenzahlen zu reduzieren oder zumindest die Variation vorhersehbarer zu machen. Wie immer wird nicht jeder von dem Terminsystem Gebrauch machen. Aber einige werden es tun. Und mit einigen Anreizen werden weitere daraus Nutzen ziehen, und das wird die Variation weiter verringern.

Durch das Angebot einer mobilen App, die Termine entgegennimmt und gleichzeitig Patientenwarteschlangen veröffentlicht, können Kunden zu Besuchen außerhalb von Stoßzeiten geleitet werden. Für mehr und mehr Kunden wird dies funktionieren.

15.4.2.2 Flexible Arbeitsvereinbarungen für das Personal

Als wir die Wartezeit analysierten, indem wir nach Gemba fuhren, d. h., die Klinik mehrfach besuchten, stellten wir fest, dass nach 15:00 Uhr die Schlangen immer länger wurden. Dies lässt sich nur zum Teil mit wachsenden Patientenzahlen erklären. In Wirklichkeit beendet die erste Schicht des Personals, meist Krankenschwestern und Sachbearbeiter, ihre Arbeitszeit. Das sind genau die Leute, die bis 11:00 Uhr aufgrund des geringen Patientenaufkommens überhaupt nicht beschäftigt waren. Zusätzlich zu den erhöhten Wartezeiten für die Patienten freut sich das verbleibende Personal nie darauf, die letzten arbeitsreichen Stunden mit weniger Kollegen „durchzukämpfen".

Um den Arbeitskräftemangel in Dienstleistungsunternehmen zu überwinden, sind unflexible Arbeitszeiten überhaupt nicht hilfreich. Unsere Kunden halten sich nicht an unsere Arbeitszeiten. Wir müssen unsere Arbeitszeiten an unsere Kunden anpassen.

15.4.2.3 Spitzenzeiten mit Zeitarbeitskräften abdecken

Wie bereits erwähnt, ist es für keine Organisation praktikabel, die Personalstärke an die höchstmögliche Kundenzahl anzupassen. In der Regel gibt es jedoch Möglichkeiten, bei kurzfristigem Personalmangel über zusätzliches Personal zu verfügen. Dies darf und wird nicht zu einem verringerten Serviceniveau führen, wenn das Zeitarbeitspersonal nicht neu ist, sondern das Umfeld kennt und regelmäßig geschult und geprüft wird. Die betrachtete Poliklinik arbeitet mit Gastärzten zusammen, die bei Bedarf die fest angestellten Ärzte ersetzen oder unterstützen. Und die bereits in Pension befindlichen Schwestern sind mehr als willig, ihren Exkollegen von Zeit zu Zeit auszuhelfen und etwas Taschengeld dazuzuverdienen.

15.4.2.4 Angestellte auf der Gehaltsliste sind nicht 100 % verfügbar

Wenn Ihre Öffnungszeiten von 09:00 h bis 18:00 h von Montag bis Samstag sind, dann entspricht das 54 Stunden pro Woche. Es müssen jedoch einige Vorbereitungen getroffen werden, bevor die Klinik öffnen kann. Und es gibt einige Arbeiten wie die Reinigung und Desinfektion von Geräten, die nach Schließung der Klinik ausgeführt werden müssen. Hinzu kommt, dass die Schließung der Registrierung um 18:00 Uhr nicht bedeutet, dass alle Patienten draußen sind. Wie die Daten von 2019 bestätigen, dauert die Behandlung viel länger als 18:00 Uhr. Dies muss auch von der Belegschaft abgedeckt werden.

Unsere Klinik setzt die Mitarbeiter in Schichten von 20, 30 oder 40 Stunden pro Woche ein. Es muss sichergestellt werden, dass diese Schichten die tatsächlichen Behandlungsstunden sowie die notwendigen Vorbereitungs- und Nachbereitungsarbeiten unterstützen können, die nur erledigt werden können, wenn die Patienten nicht in der Nähe sind.

Erschwerend kommt hinzu, dass Arbeitskräfte, die für eine Vollzeitstelle eingestellt werden, nicht in Vollzeit zur Verfügung stehen werden. Eine Studie hat gezeigt, dass wir eine bestimmte Anzahl von Urlaubstagen, Krankheitstagen, Aus- und Weiterbildungsstunden oder -tagen einkalkulieren müssen.

Insgesamt ist es eine gute Annahme, dass das Personal nur in 75 % bis 90 % der Zeit verfügbar ist, für die es eingestellt wird. Es besteht daher die Notwendigkeit, mehr Mitarbeiter einzuplanen, als bei der Personalplanung theoretisch kalkuliert wurde. Das heißt, für etwa fünf Vollzeitstellen sollte eine weitere Vollzeit-Arbeitskraft vorgesehen werden, die die Ausfallzeiten der fünf Kollegen kompensiert. Oder es muss einen anderen Weg geben, mit dieser allgegenwärtigen Situation umzugehen. Zeitarbeitskräfte sind nur bedingt eine Überlegung wert, da diese zusätzlichen Arbeitskräfte nahezu Vollzeit verfügbar sein sollten.

15.4.3 Den Prozess überdenken und erneuern

Wann immer eine Organisation eine strategische Arbeitskräfteplanung angeht, ist das Ziel nicht so sehr, den Personalbedarf im aktuellen Geschäftsumfeld zu ermitteln. Vielmehr geht es um die Planung für die Zukunft.

Ein wichtiger Input für die strategische Personalplanung ist die Abschätzung des zukünftigen Bedarfs. Dieser zukünftige Bedarf beinhaltet sowohl die Art und Weise der zukünftig erforderlichen Leistungen als auch das Volumen und führt zu Rückschlüssen auf zukünftige Prozesse und schließlich zu den benötigten Personalstärken und deren Kompetenzen.

Wenn zum Beispiel der zukünftige Bedarf bekannt ist, könnte die Arbeitskräfteprognose aus der für eine Bearbeitungszeit von 10 Minuten angezeigten Geraden abgeleitet werden (Bild 15.10), bezogen auf die allgemeine Behandlung.

Dies würde jedoch ein schwerwiegender Fehler sein. Bei der strategischen Arbeitskräfteplanung geht es darum zu verstehen, wie die Arbeit erledigt wird. Daher ist sie eine großartige Möglichkeit, etwas über die eigenen Prozesse zu lernen und Verbesserungsmöglichkeiten zu entwickeln.

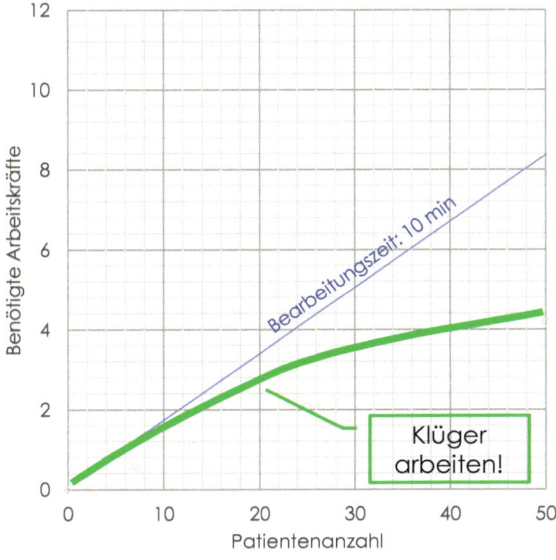

Bild 15.10
Biegen der Kurve durch intelligenteres Arbeiten

Jede Organisation muss erwägen, in moderne Technologie, innovative Verfahren und dafür notwendige Personalentwicklung zu investieren, um die Arbeit effizienter zu erledigen. Als Ergebnis wird die Organisation in der Lage sein, die Kurve zwischen Nachfrage und Personalbedarf nach unten zu biegen, das heißt intelligenter zu arbeiten.

15.5 Schlussfolgerung

Dieser Fall zeigt die Personalplanung einer eher transaktionalen Organisation und beinhaltet damit alle Bestandteile, die die Arbeitskräfteplanung kompliziert machen. Und er hebt einige wichtige Erkenntnisse hervor:

- Bei der Arbeitskräfteplanung geht es zunächst darum, den Prozess zu verstehen. Gehen Sie nach Gemba (Tan E. , 2017). Das wird helfen.
- Bevor Sie die Arbeitskräfte planen, stellen Sie sicher, dass Ihr Prozess und Ihre Organisation für die Zukunft gerüstet sind. Es hat keinen Sinn, das Personal für einen veralteten Prozess zu planen.
- Das Verständnis der Variation in der Kundennachfrage ist der Schlüssel für die Planung der Ressourcen zur Bedienung der Kunden.
- In vielen kundennahen Organisationen gibt es keine Möglichkeit, die Variation vollständig zu eliminieren oder vorherzusagen. Schon die Verringerung der Variation wird allerdings den Stress der Belegschaft reduzieren.
- Eine anpassungsfähige Belegschaft, d.h. Mitarbeiter mit einem breiten Spektrum an Kompetenzen und der Einstellung, diese in den Diensten der Organisation flexibel einzusetzen, wird die Notwendigkeit von Personalanpassungen minimieren.

15.6 Überlegungen zu den wichtigsten verwendeten Analysewerkzeugen

Dieser Fall ist vollständig mit MS Excel analysiert worden. Auf die detaillierte Beschreibung der Analyseschritte wurde verzichtet, da diese bereits in vorangegangenen Fällen vorgestellt wurden.

Natürlich wäre es möglich, weitere Analysewerkzeuge einzusetzen, um zum Beispiel die Differenzen zwischen unterschiedlichen Gruppen von Daten auf Signifikanz zu testen und die Arbeitskräfteplanung entsprechend anzupassen. Dann würde allerdings der Einsatz von R erforderlich werden. Darauf wurde bewusst verzichtet.

Übung

Nachdem Sie diesen Teil studiert haben, werden Sie in der Lage sein, die folgenden Fragen zu beantworten:

- Was sind einige einfache Prüfungen der Datenkorrektheit?
- Was sind mögliche Strategien zur Bekämpfung der Variation?
- Was ist der Grund für die Annahme, dass die von Ihnen eingestellten Vollzeitmitarbeiter nicht in Vollzeit zur Verfügung stehen?
- Was bedeutet Takt und wie kann man ihn für die Personalplanung nutzen?
- Wie wird der Takt berechnet?
- Wie ist die Taktzeit für Krankenschwestern und Krankenpfleger im Behandlungsverfahren 1 (Procedure 1) für alle Zeitabschnitte freitags?

Bitte führen Sie die folgenden Schritte aus:

1. Laden Sie die Daten für diesen Fall herunter. Benutzen Sie die vorne eingedruckten Zugangsdaten und die Hinweise in Abschnitt „Zusatzmaterial zum Download“.
2. Führen Sie alle erforderlichen Schritte aus, um Tabelle 15.2 für Behandlungsverfahren 1 (Procedure 1) wie beschrieben auszufüllen.
3. Wählen Sie die Patienten aus, die an der Umfrage teilgenommen haben.
4. Analysieren Sie, ob es eine Beziehung zwischen dem Umfrageergebnis und der Dauer der Behandlung, der Art der Behandlung, der Anzahl der Patienten pro Zeitabschnitt gibt.
5. Bereiten Sie einen kurzen Bericht über Ihre Ergebnisse vor.

■

16 Fall: Was bedeutet das Ergebnis unserer Umfrage zum Engagement?

Eine Organisation hat ihre Umfrage zum Mitarbeiterengagement abgeschlossen. Mehr als 70 Aussagen wurden von mehr als 400 Mitarbeitern anhand einer 5-Punkte-Likert-Agreement-Skala bewertet (1 ... Trifft nicht zu, 2 ... Trifft eher nicht zu, 3 ... Teils teils, 4 ... Trifft eher zu, 5 ... Trifft zu). Das Umfrageergebnis wurde in Prozent der positiven Antworten angegeben, d.h. in % der Bewertung 4 oder 5 (Bild 16.1).

Aussage	EES2018 (427)	EES2019 (417)	Dept A (35)	Dept B (88)	Dept C (25)	Dept D (40)	Dept E (129)	Dept F (42)	Dept G (58)
1. Das Managementteam meiner Organisation kümmert sich um fragliche Belange, bevor sie zum Problem werden.	63	72↑	79	78	58	67	91	58	76
2. Mein direkter Vorgesetzter gibt mir regelmäßig formlos Feedback bezüglich meiner Leistung.	59	74↑	69	77	54	75	84	63	71
3. Mein Vorgesetzter macht einen guten Job im Setzen von Leistungszielen.	50	60↑	60	60	60	60	60	60	60
4. Ich denke, in meiner Organisation habe ich die Möglichkeit, mich zu entwickeln und zu wachsen.	51	49↓	42	26	35	48	57	46	61
5. In meinem Job habe ich genügend Flexibilität, das Erforderliche für guten Kundenservice zu tun.	80	73↓	52	92	56	64	86	61	59
6. In meiner Organisation können die Mitarbeiter eine gute Balance zwischen beruflichen und privaten Belangen wahren.	59	54↓	51	57	48	57	76	54	47
7. Ich sehe Aktivitäten, die außerhalb meiner Verantwortung liegen, als Chancen zur persönliche Weiterentwicklung an.	58	67↑	58	70	55	63	83	47	67
8. Ich verstehe, wie meine Leistung bewertet wird.	66	62↓	56	56	72	57	70	52	70
9. Meine Kollegen arbeiten zusammen, um ihre Arbeit zu erledigen.	72	65↓	62	78	70	63	77	55	69
10. Meine Organisation bietet gute Möglichkeiten für mich, meine Vermittlungsfähigkeit zu verbessern.	67	70↑	54	86	57	69	86	63	68

Bild 16.1 Auszug aus den Ergebnissen der Umfrage zum Mitarbeiterengagement 2019 (teilweise simuliert)

In der Tabelle wurden Unterschiede markiert, um die „guten Nachrichten" und die „schlechten Nachrichten" hervorzuheben. Die Veränderung vom Vorjahr (EES2018) zum aktuellen Jahr (EES2019) wurde mit Pfeilen neben dem Prozentsatz in EES2019 dargestellt, während der Vergleich der Umfrageergebnisse jeder Abteilung mit dem Rest der Organisation farbig markiert wurde. Rot kennzeichnet eine niedrigere Bewertung für die jeweilige Abteilung im Vergleich zum Organisationsdurchschnitt (EES2019). Grün bedeutet eine höhere Bewertung.

In der EES2018 erhielt die Aussage „Mein Vorgesetzter macht einen guten Job im Setzen von Leistungszielen“ die niedrigste Bewertung. Daher steht diese Aussage im Mittelpunkt der Aufmerksamkeit.

16.1 Geschäftsrelevante Frage formulieren

Gute Nachrichten! Die Bewertung für diese Erklärung durch alle Mitarbeiter ist gestiegen. Ist diese Erhöhung signifikant?

Die Anwendung eines Zwei-Proportionen-Tests, um herauszufinden, ob die beiden Anteile 50 % (215 von 427 Mitarbeitern, die mit 4 oder 5 bewertet wurden) und 60 % (250 von 417 Mitarbeitern, die mit 4 oder 5 bewertet wurden) zeigen, dass die Prozentsätze mit einem *p*-Wert = 0,0051 signifikant unterschiedlich sind (*P*(Stichprobe1 ≠ Stichprobe2) in Bild 16.2, unter Verwendung von TwoProportionTest.xlsx). Das Risiko, mit der Annahme einer Veränderung – in diesem Fall einer Verbesserung – falsch zu liegen, beträgt daher nur 0,51 %. Das klingt doch recht sicher, oder?

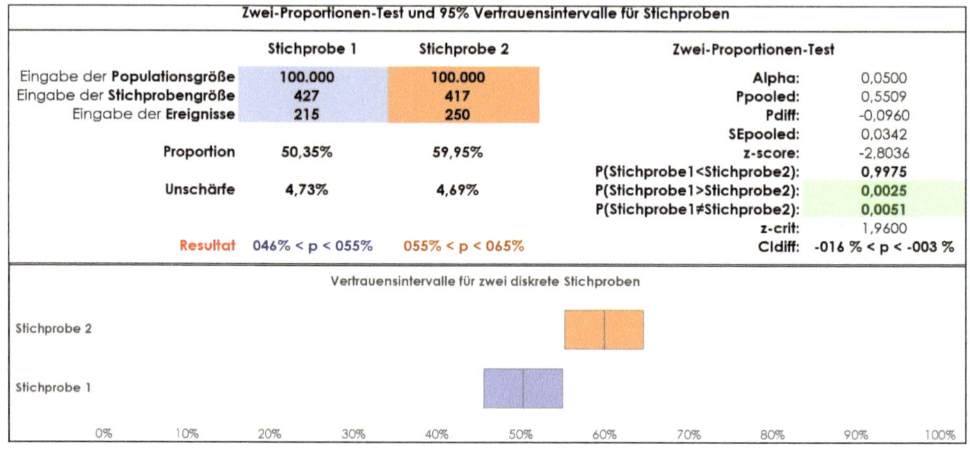

Bild 16.2 Zwei-Proportionen-Test für EES2018 versus EES2019

In den meisten Fällen wäre dies die endgültige Schlussfolgerung.

Die Organisation hatte eine beträchtliche Menge Geld und Zeit in die Schulung aller Manager in der Festlegung von Arbeitszielen investiert. Natürlich ist die Frage von großem Interesse, ob sich diese Investitionen gelohnt haben.

Dies ist eine Frage, die normalerweise dem Marktforschungsunternehmen gestellt werden sollte, das die Umfrage durchgeführt und analysiert hat.

16.2 Daten erfassen und vorbereiten

In unserer besonderen Situation haben wir Zugang zu den Rohdaten, die von den Umfrageteilnehmern erhoben wurden. Die Daten wurden über eine Website erfasst, um manuellen Datentransfer und inhärente Tippfehler von vornherein zu vermeiden. Die Teilnehmer mussten alle Aussagen der Umfrage beantworten. Dies konnte in der Regel zu einer zufälligen Bewertung führen, bei der die Teilnehmer keine Meinung haben. Eine zufällige Bewertung wurde jedoch so weit wie möglich vermieden, indem „NA" als Bewertungsoption angeboten wurde. NA steht für „not applicable", i. e. nicht anwendbar.

Umfrageantworten „NA" wurden aus der Bewertung herausgenommen. Und auch die Antworten auf Umfragen ohne Variation - alle Bewertungen sind z. B. 4 - wurden eliminiert, sodass die verbleibenden Umfrageergebnisse von guter Qualität sein sollten.

16.3 Daten analysieren

Da die Aussage „Mein Vorgesetzter leistet gute Arbeit bei der Festlegung von Arbeitszielen" (Aussage 3) von besonderem Interesse ist, wird dazu die Analyse der Daten gezeigt.

Die Tabelle 16.1 veranschaulicht die Bewertung für diese Aussage in den Jahren 2018 und 2019. Sie zeigt für EES2018, dass 28 Bewerter eine Bewertung von 1, 23 eine Bewertung von 2, 161 eine Bewertung von 3, 159 eine Bewertung von 4 und 56 eine Bewertung von 5 abgegeben haben. Dies gilt in ähnlicher Weise auch für EES2019.

Tabelle 16.1 Bewertung für EES2018 und EES2019 für Aussage 3

	EES2018	EES2019
Rating1	28	54
Rating2	23	31
Rating3	161	82
Rating4	159	181
Rating5	56	69
Count	427	417
%4/5	50%	60%
Mean	3,45	3,43
StdDev	1,01	1,23

Dies bestätigt zum einen, dass 50% (50,35%) im Jahr 2018 eine Bewertung von 4 oder 5 abgegeben haben, während 60% (59,95%) dies in 2019 taten. Andererseits zeigt dies, dass die durchschnittliche Bewertung für EES2018 mit 3,45 und 2019 mit 3,43 praktisch gleich sind. Im Gegensatz zu dem, was wir aus den Prozentzahlen gelernt haben, bedeutet dies, dass es überhaupt keine Verbesserung gab.

Aufgabe 16.1: Berechnen Sie Statistiken für EES2018, EES2019 und für alle Abteilungen A bis G

1. Öffnen Sie die Datei **EES.xlsx** für Umfragedaten zum Engagement im Arbeitsblatt EES.
2. Berechnen Sie %4/5: **=SUMME(C5:C6)/SUMME(C2:C6**, d. h. die Anzahl der Ratings 4 und 5 über die Gesamtzahl der Ratings für EES2018. Wiederholen Sie diesen Schritt für EES2019 und für alle Abteilungen A bis G.
3. Berechnen Sie den Mittelwert: **=MITTELWERT(Raw!$A$2:$A$428**, d. h. den Durchschnitt aller Ratings für EES2018. Wiederholen Sie diesen Schritt für EES2019 und für alle Abteilungen A bis G.
4. Berechnen Sie StdDev: **=STABW.S(Raw!$A$2:$A$428)**, d. h. die Standardabweichung aller Ratings für EES2018. Wiederholen Sie diesen Schritt für EES2019 und für alle Abteilungen A bis G.

■

Welchen Daten sollten wir vertrauen? Natürlich vertrauen wir dem Mittelwert mehr als dem Prozentsatz. Der Mittelwert berücksichtigt jedes einzelne Rating. Wenn sich eine Bewertung ändert, ändert sich der Mittelwert. Im Gegensatz dazu berechnen Prozentsätze nur die Anzahl von 4 oder 5 Ratings über die Gesamtzahl der Ratings. Eine Änderung der Ratings wirkt sich nur dann auf den Prozentsatz aus, wenn ein Rating von der Kategorie 1-2-3 in die Kategorie 4-5 oder umgekehrt wechselt.

Vertrauen Sie nicht auf Prozentzahlen, wenn Sie Umfrageergebnisse vergleichen. Vergleichen Sie stattdessen Mittelwerte.

■

Die Leiter der Abteilungen A und B sehen ihre Zufriedenheitsquote für Aussage 3 bei 60% und kommen zu dem Schluss, dass ihre Art und Weise, Arbeitsziele zu setzen, sehr ähnlich aussieht. Dennoch haben sie gerade erst gelernt, dass es möglicherweise nicht ausreicht, nur auf den Prozentsatz zu vertrauen. Sie bitten das Marktforschungsunternehmen, den Mittelwert für beide Abteilungen zu berechnen. Zu ihrer Überraschung liegt der Mittelwert, der Durchschnitt für die Abteilung A bei 3,11 und für die Abteilung B bei 3,89.

Tabelle 16.2 Bewertung der Abteilungen A und B für Statement 3

	DeptA	DeptB
Rating1	8	2
Rating2	4	6
Rating3	2	27
Rating4	18	18
Rating5	3	35
Count	35	88
%4/5	60%	60%
Mean	3,11	3,89
StdDev	1,39	1,09

Die Frage ist nie, ob diese Mittelwerte unterschiedlich sind. Die eigentliche Frage ist immer: „Gibt es einen signifikanten Unterschied zwischen den beiden Mittelwerten? Können wir auf den Unterschied vertrauen?“

Im Folgenden vergleichen wir zwei nichtnormale Datensätze miteinander.

Aufgabe 16.2: Laden Sie die Daten aus EES.xlsx in R Studio und führen Sie den Wilcoxon-Test durch:

1. Öffnen Sie R Studio.
2. Navigieren Sie im Fenster „Dateien“ zu Ihrem Verzeichnis und wählen Sie EES.xlsx.
3. Wählen Sie Dataset importieren.
4. Wählen Sie Blatt Raw.
5. Wählen Sie Bereich A1:F428.

```
# Laden der erforderlichen Bibliotheken
library(readxl)
library(rstatix)
# Laden der Daten aus EES.xlsx
EES <- read_excel("~/EES.xlsx", sheet = "Raw", range = "A1:I428")
# Durchführen des Wilcoxon-Tests
attach(EES)
wilcox.test(DeptA, DeptB)
```

Testausgabe:

Wilcoxon rank sum test with continuity correction

data: DeptA and DeptB

W = 1074.5, **p-value = 0.006915**

alternative hypothesis: true location shift is not equal to 0

Dieser Wilcoxon-Test ist ein Ersatz für den *t*-Test bei zwei Stichproben für nichtnormale Daten. Der Test zeigt einen *p*-Wert von 0,006915. Wie der *p*-value für die Annahme eines Unterschieds bestätigt, beträgt die Wahrscheinlichkeit, dass beide Abteilungen eine ähnliche Bewertung (statistisch nicht unterschiedlich) erhalten haben, nur 0,69 %. Daher nehmen wir an, dass es einen Unterschied in der Bewertung gibt, obwohl beide Abteilungen den gleichen Prozentsatz (%4/5) von 60 % aufweisen.

Da diese Frage bejaht wird, ist es uns erlaubt, mögliche Gründe dafür zu suchen, wie z. B. unterschiedliche Ausbildung der Manager, unterschiedliche Methoden beim Vereinbaren von Zielen usw.

Obwohl beide Abteilungen das gleiche prozentuale Ergebnis von 60 % zeigen, erhalten die Abteilungen A und B signifikant unterschiedliche Bewertungen! ■

Die Leiter der Abteilungen C und D verfolgen, was sie gerade gelernt haben. Sie trauen dem Prozentsatz nicht und vergleichen die Mittel für ihre Bewertungsergebnisse für Aussage 3.

Der Bewertungsmittelwert für die Abteilung C beträgt 3,52, während die Abteilung D 3,53 aufweist (Tabelle 16.3). Dies sollte ausreichen, um den Schluss zu ziehen, dass Manager in beiden Abteilungen wegen ihrer Vorgehensweise bei der Zielsetzung ähnlich geschätzt werden, nicht wahr?

Tabelle 16.3 Bewertung der Abteilungen C und D für Statement 3

	DeptC	DeptD
Rating1	0	7
Rating2	2	9
Rating3	8	0
Rating4	15	4
Rating5	0	20
Count	25	40
%4/5	60 %	60 %
Mean	3,52	3,53
StdDev	0,65	1,68

Da uns keine normalen Daten vorliegen, verwenden wir den Wilcoxon-Test noch einmal. Es scheint eine Formalität zu sein.

Aufgabe 16.3: Durchführung des Wilcoxon-Tests Abt. C und Abt. D:

 # Durchführen eines nichtparametrischen Wilcox-Tests

wilcox.test(DeptC, DeptD)

Testausgabe:

Wilcoxon rank sum test with continuity correction

data: DeptC and DeptD

W = 421, **p-value = 0.2745**

alternative hypothesis: true location shift is not equal to 0

Diese Ausgabe besagt, dass sich die Abteilungen C und D in ihrer Bewertung nicht unterscheiden, da der *p*-Wert > 0,05 ist.

Sie machen also wirklich die gleiche Arbeit, oder?

Selbst dies könnte eine falsche Schlussfolgerung sein. Betrachtet man die Standardabweichung von 0,65 für die Abteilung C und 1,68 für die Abteilung D (StdDev in Tabelle 16.3), so sollten Zweifel an ähnlichen Ratings in beiden Abteilungen bestehen.

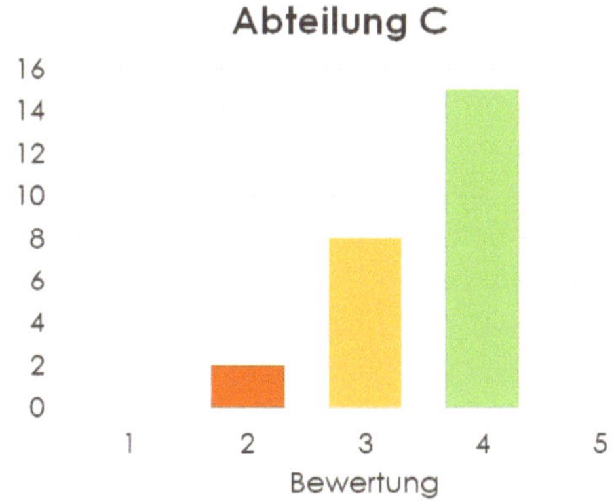

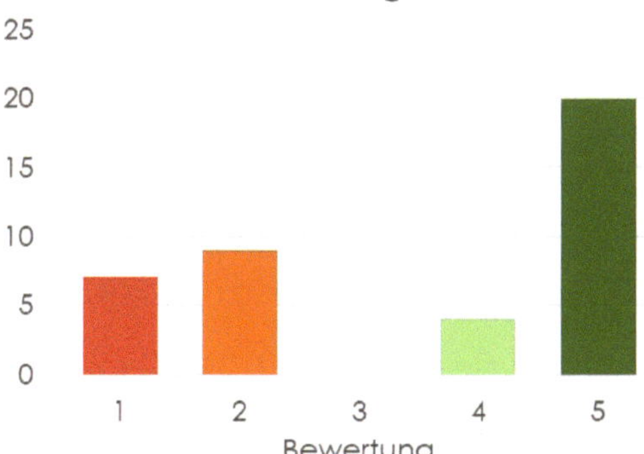

Bild 16.3
Bewertungsdetails für die Abteilungen C und D für Statement 3

Nach dem Darstellen der Daten für das Rating in beiden Abteilungen (Bild 16.3) wird deutlich, dass das Rating in Abteilung C homogen ist, d. h., nur die Ratings 2, 3 und 4 wurden von allen 25 Ratern verwendet. Das Rating in Abteilung D scheint zwei Gruppen von Bewertern zu zeigen, nämlich die 16, die eher unzufrieden sind – ausgedrückt mit Rating 1 oder 2 – und die 24, die eher zufrieden sind – ausgedrückt mit Rating 4 oder 5.

Diese beiden Abteilungen unterscheiden sich nicht im Prozentsatz und auch nicht im Mittelwert der Bewertung. Sie zeigen unterschiedliche Variationen gemessen in Standardabweichung. Zum Vergleich von Streuungen von nicht-normalen Daten bietet sich der Levene-Test an, der in R verfügbar ist.

Aufgabe 16.3: Levene-Test in Abt. C und Abt. D durchführen:

```
# Stapeln der Daten für Dept C and Dept D
EESstacked <- stack(EES, select=c(DeptC, DeptD))
# Durchführen des non-parametrischen Levene-Tests auf gleiche Varianz (Standardabweichung)
levene_test(data=EESstacked, values ~ ind)
```

Testausgabe:

df1	df2	statistic	p-value
1	63	13,5	**0.000500**

■

Diese Ausgabe des Levene-Tests besagt, dass sich die Abteilungen C und D in der Variation ihres Ratings unterscheiden, da der *p*-Wert kleiner als 0,05 ist. Wie erwähnt, zeigt die Abteilung C eine homogene Bewertung, während die Abteilung D zwei Teams mit einer signifikant unterschiedlichen Bewertung indiziert. Das bedeutet, dass es einen weiteren Faktor, eine „verdeckte Variable“ geben könnte, die den Unterschied zwischen diesen beiden Gruppen ausmacht. Eine wahrscheinliche Erklärung könnte darin bestehen, dass innerhalb der Abteilung D zwei Teams mit zwei verschiedenen Teamleitern diese heterogene Bewertung geschaffen haben, was zu einer großen Standardabweichung und zu einem Diagramm mit zwei offensichtlichen Gruppen führt.

Die Abteilungen C und D erhalten signifikant unterschiedliche Bewertungen, die sich in ihrer Variation, d. h. ihrer Standardabweichung, zeigen.

Vertrauen Sie nicht nur auf Mittelwerte. Mittelwerte sind oft trügerisch. Analysieren Sie auch die Variation, die Standardabweichung. Und vergessen Sie nie: Stellen Sie alle Daten dar!

■

16.4 Geschäftsrelevante Entscheidung treffen

Die Investition in die Ausbildung von Managern in der Festlegung von Leistungszielen hat keinen wirklichen Unterschied in der Gesamtbewertung der Organisation gemacht. EES2018 und EES2019 zeigen eine prozentuale Veränderung der Bewertung (EES2018: 50 %, EES2019: 60 %), aber der Mittelwert ist für beide Jahre mit 3,45 gleich.

Es gibt jedoch sicherlich noch weitere Erkenntnisse. Die Abteilung A erhält eine deutlich niedrigere Bewertung als die Abteilung B. Innerhalb der Abteilung D scheint es zwei Teams zu geben, die ein inhomogenes Bewertungsmuster erzeugen. Es gibt einige Manager, deren Fähigkeiten zum Einrichten von Zielvereinbarungen erweitert werden sollten. Und es gibt Manager, von denen wir lernen können.

Aus dem Gesagten können wir einige Regeln ableiten, die helfen sollten, falsche Schlussfolgerungen bei der Auswertung von Umfrageergebnissen zu vermeiden:

1. Schauen Sie nicht nur auf die Prozentzahlen. Sie könnten die Wahrheit verdecken.
2. Die Betrachtung von Durchschnittswerten zusätzlich zu den Prozentsätzen verbessert den Informationsgehalt. Um fokussiert zu bleiben und sich nicht in zu vielen Details zu verlieren, achten Sie nur auf signifikante Unterschiede. Verwenden Sie Statistiken, um sie zu ermitteln.
3. Es wäre am besten, die Muster in den Daten zu verstehen. Es ist jedoch nicht ratsam und höchstwahrscheinlich nicht einmal möglich, die Rohdaten zu analysieren. Entwickeln Sie daher eine Liste potenzieller Schichtungsfaktoren und lassen Sie diese von Ihrem Marktforscher auf Ihre Daten anwenden in der Hoffnung, dass Sie auf diese Weise alle potenziellen Muster in Ihren Daten entdecken.

Nachdem einige Statistiken auf die Umfragedaten angewendet wurden, hat sich das Bild verändert. Die verbesserte Darstellung der Daten ermöglicht es dem Management, sich auf das wirklich Wichtige zu konzentrieren (Bild 16.4).

Es gibt nur die Aussage 9 „Meine Kollegen arbeiten zusammen, um die Arbeit zu erledigen“, in der die Gesamtbewertung von EES2018 auf EES2019 gefallen ist. Dieser Rückgang der Kooperation und Teamarbeit innerhalb der Abteilungen könnte ein Grund für einige Maßnahmen sein.

Die Abteilung E scheint in EES2019 meist eine bessere Bewertung als der Rest der Organisation aufzuweisen. Warum ist das so? Was können wir von ihnen lernen?

Aussage	EES2018 (427)	EES2019 (417)	Dept A (35)	Dept B (88)	Dept C (25)	Dept D (40)	Dept E (129)	Dept F (42)	Dept G (58)
1. Das Managementteam meiner Organisation kümmert sich um fragliche Belange, bevor sie zum Problem werden.	63	72	79	78	58	67	91	58	76
2. Mein direkter Vorgesetzter gibt mir regelmäßig formlos Feedback bezüglich meiner Leistung.	59	74↑	69	77	54	75	84	63	71
3. Mein Vorgesetzter macht einen guten Job im Setzen von Leistungszielen.	50	60	60	60	60	60	60	60	60
4. Ich denke, in meiner Organisation habe ich die Möglichkeit, mich zu entwickeln und zu wachsen.	51	49	42	26	35	48	57	46	61
5. In meinem Job habe ich genügend Flexibilität, das Erforderliche für guten Kundenservice zu tun.	80	73	52	92	56	64	86	61	59
6. In meiner Organisation können die Mitarbeiter eine gute Balance zwischen beruflichen und privaten Belangen wahren.	59	54	51	57	48	57	76	54	47
7. Ich sehe Aktivitäten, die außerhalb meiner Verantwortung liegen, als Chancen zur persönliche Weiterentwicklung an.	58	67↑	58	70	55	63	83	47	67
8. Ich verstehe, wie meine Leistung bewertet wird.	66	62	56	56	72	57	70	52	70
9. Meine Kollegen arbeiten zusammen, um ihre Arbeit zu erledigen.	72	65↓	62	78	70	63	77	55	69
10. Meine Organisation bietet gute Möglichkeiten für mich, meine Vermittlungsfähigkeit zu verbessern.	67	70	54	86	57	69	86	63	68

Bild 16.4 Auszug aus den Ergebnissen der Umfrage zum Mitarbeiterengagement 2019 (teilweise simuliert, zeigt nur signifikante Unterschiede)

Abgesehen von den Abteilungen B und E bewerten andere Abteilungen Aussage 5 „Ich habe genug Flexibilität in meiner Arbeit, um das zu tun, was notwendig ist, um meinen Kunden einen guten Service zu bieten" deutlich niedriger. Dies sollte Grund zur Besorgnis sein und einige Entwicklungsmaßnahmen auslösen.

Alle weißen Zellen zeigen an, dass es keinen signifikanten Unterschied zwischen dem Abteilungsrating und dem EES2019-Rating gibt. Und dies ist die einzige Möglichkeit, das Ergebnis zu betrachten.

Wie oben gezeigt, würde jeder, der die Unterschiede zwischen den Bewertungen in nicht farbigen Feldern erklären wollte, einen Fehler machen – und wahrscheinlich Geld und Mühe für Entwicklungsmaßnahmen in Abteilungen ausgeben, die weder eine Investition erfordern noch eine Feier rechtfertigen.

Nur signifikante Unterschiede sind Abweichungen, auf die wir uns konzentrieren sollten.

Der Versuch, nichtsignifikante Unterschiede zu erklären, ist normalerweise eine Verschwendung von Zeit und Ressourcen.

16.5 Überlegungen zu den wichtigsten verwendeten Analysewerkzeugen

Dieser Fall veranschaulicht, wie häufig über die Ergebnisse des Mitarbeiterengagements berichtet wird. Da die Ratingdaten in der Regel in Likert-Skalen vorliegen, wäre es statistisch gesehen perfekt, sie als diskrete Ordinale zu behandeln. Die

Analyse diskreter ordinaler Daten bietet eine begrenzte Anzahl von Werkzeugen, die im Allgemeinen weniger leistungsfähig sind als Werkzeuge, die mit kontinuierlichen Daten arbeiten.

Die erste Analyse wurde mit einem Zwei-Proportionen-Test durchgeführt, bei dem der Anteil der Bewertung 4 oder 5 für 2018 und 2019 verglichen wurde.

Tabelle 16.4 *z*-Test mit zwei Anteilen

Daten in ***X***:	Diskret, Gruppen (1 und 2)
Daten in ***Y***:	Diskrete, Zählungen
Null-Hypothese H_0:	$P_1 = P_2$
Alternative Hypothese H_A:	$P_1 \neq P_2$
Entscheidung:	Wenn der *p*-Wert < 0,05 ist, verwerfen von H_0 und akzeptieren von H_A.
Annahmen:	Die Zählungen in allen vier Zellen müssen mindestens 5 betragen, d. h. x1, n1-x1, x2, n2-x2 müssen mindestens 5 betragen.
R-Code:	**# Laden der erforderlichen Pakete** install.packages("stats") library(stats) **# Durchführen des *z*-Tests für zwei Anteile** prop.test(x = c(x1, x2), n = c(n1, n2)) # x1 ... Anzahl der Erfolge für Gruppe 1 # n1 ... Anzahl der Daten für Gruppe 1 # x2 ... Anzahl der Erfolge für Gruppe 2 # n2 ... Anzahl der Daten für Gruppe 2

Die Behandlung von Umfrageergebnissen als Prozentzahlen hat einige beträchtliche Nachteile. Auf einer 5-Punkte-Skala, auf der wir die Bewertung 4 oder 5 für wünschenswert halten, werden bei der Berechnung des Prozentsatzes alle Bewertungen von 1, 2 und 3 als unerwünscht angesehen. Es gibt keinen Unterschied zwischen den Bewertungen 1, 2 und 3. Und es gibt keinen Unterschied zwischen den Bewertungen 4 und 5. Im vorgestellten Fallbeispiel illustrieren wir die Auswirkungen dieser alltäglichen Realität. Dafür verwenden wir Instrumente, die die Ergebnisse der Likert-Skala als kontinuierliche Daten behandeln.

Die Ausgabe der Likert-Skala ist normalerweise nicht normalverteilt. Daher erwägen wir die Verwendung nichtparametrischer Tests (Tests für nicht-normale Daten). Diese Tests vergleichen keine Mittelwerte, sondern Mediane, d. h. die Reihenfolge und Anzahl der Daten in den Stichproben.

Tabelle 16.5 Wilcoxon-Test für zwei Stichproben (Kaufmann, 2020)

Daten in ***X***:	Diskret, Gruppen (variabel)
Daten in ***Y***:	Kontinuierlich, Diskrete Ordinalzahl, nicht normalverteilt
Null-Hypothese H_0:	$\text{Median}_1 = \text{Median}_2$
Alternative Hypothese H_A:	$\text{Median}_1 \neq \text{Median}_2$
Entscheidung:	Wenn der *p*-Wert < 0,05 ist (α = 0,05), ablehnen H_0 und akzeptieren H_A.
Annahmen:	Die Stichprobengröße muss mindestens 6 betragen. Die Proben müssen eine ähnliche Verteilung haben.
R-Code:	**# Laden der erforderlichen Pakete** library(rstatix) **# Durchführen eines nichtparametrischen Wilcox-Tests** wilcox.test(Dept C, Dept D)

Wenn ein Bedarf besteht für den Vergleich von Varianzen, d.h. der Streuung von Daten, bieten sich eine Familie von Tests an. Für normalverteilte Daten ist der *F*-Test oder der Bartlett-Test anwendbar. Unsere Umfragedaten, die von einer Likert-Skala stammen, sind selten normal. Daher müssen wir den Levene-Test für gleiche Varianzen anwenden.

Tabelle 16.6 Levene-Test für zwei Stichproben

Daten in ***X***:	Diskret, Gruppen (variabel)
Daten in ***Y***:	Kontinuierlich, Diskrete Ordinalzahl, nicht normalverteilt
Null-Hypothese H_0:	$\text{Varianz}_1 = \text{Varianz}_2$
Alternative Hypothese H_A:	$\text{Varianz}_1 \neq \text{Varianz}_2$
Entscheidung:	Wenn der *p*-Wert < 0,05 ist (α = 0,05), ablehnen H_0 und akzeptieren H_A.
Annahmen:	Die Stichprobengröße muss mindestens 6 betragen. Die Proben müssen eine ähnliche Verteilung haben.
R-Code:	**# Laden der erforderlichen Pakete** library(rstatix) **# Durchführen des nichtparametrischen Levene-Tests** levene_test(data=EESstacked, values ~ ind)

Übung

Nachdem Sie diesen Teil studiert haben, werden Sie in der Lage sein, die folgenden Fragen zu beantworten:

- Warum ist es nicht gut genug, dem Prozentsatz der Bewertungsergebnisse bei jeder Art von Umfrage zu vertrauen?
- Welche Indikatoren müssen bei der Analyse von Umfrageergebnissen untersucht werden?
- Warum ist es immer von Vorteil, die Daten darzustellen?

Bitte führen Sie die folgenden Schritte aus:

1. Laden Sie die Daten für diesen Fall herunter. Benutzen Sie die vorne eingedruckten Zugangsdaten und die Hinweise in Abschnitt „Zusatzmaterial zum Download".
2. Studieren Sie die Bewertungen für die Abteilungen E, F und G.
3. Bereiten Sie einen kurzen Bericht über Ihre Ergebnisse vor.

■

17 Fall: Was verursacht unsere Personalfluktuation?

Logistische Regression zur Entscheidungsfindung und Prognose

MySupplyChain ist Teil eines multinationalen Konzerns mit Schwerpunkt auf Logistik und etwa 650 Mitarbeitern vor Ort. Sie sind in allen ihren Geschäftsbereichen Luft- und Seefracht, Landtransport und Supply Chain Management recht erfolgreich.

Während des monatlichen Management-Meetings versucht der neue Verkaufsdirektor, nennen wir ihn Donald, mehr über seinen neuen Arbeitgeber zu erfahren, und stellt viele Fragen. Als die Personalabteilung an der Reihe ist, geht es bei seiner Frage um die jährliche Personalfluktuation.

„Etwa 18 % jährlich", antwortet die HR-Direktorin Susan. Donald gibt keinen Kommentar ab, da er seine neuen Kollegen nicht in eine schlechte Position bringen will. Erst nach dem Treffen nimmt er Susan zur Seite und fragt sie:

„Soweit ich weiß, ist das ein bisschen zu hoch für unsere Branche, oder?"

Auch Susan kennt sich aus und nickt seinem Kommentar zu. Sie antwortet: „Wir haben gerade ein Projekt gestartet, um dies zu untersuchen. Die Personalfluktuation lag immer um die 12 %. Aber in den letzten Jahren ist sie gestiegen. Wir sind besorgt, weil jeder ungeplante Ausstieg eines Mitarbeiters eine gewisse Störung des Geschäftsbetriebs bedeutet. Es erfordert von unseren Kunden und Subunternehmern, sich mit neuen Gesichtern vertraut zu machen. Und natürlich müssen wir die neuen Mitarbeiter schulen, und das kostet Geld und Zeit. Wir machen uns auch Sorgen um unser Branding als Arbeitgeber.

Wir haben eine Beratungsfirma gebeten, uns bei der Analyse zu helfen."

17.1 Geschäftsrelevante Frage formulieren

Die Beratungsfirma, die sich zusammen mit dem Management von MySupplyChain mit der Analyse des Personalbestands und insbesondere der Fluktuation befasst, hat das Analyseprojekt mit den folgenden Zielen ins Leben gerufen:

1. Identifizieren der Hauptgründe, der Hauptfaktoren, für die Mitarbeiterabwanderung bei MySupplyChain.
2. Entwickeln eines Modells zur Vorhersage der Fluktuation von Mitarbeitern bei MySupplyChain und Schulung der Personalabteilung in der Anwendung dieses Modells.
3. Empfehlen von Maßnahmen zur Eindämmung der Abwanderung bei MySupplyChain mit dem Ziel von weniger als 15 % innerhalb der nächsten zwölf Monate.

Die Identifizierung der potenziellen Triebkräfte, die dieses Modell zum Funktionieren bringen, ist entscheidend. Diese Aufgabe ist jedoch nicht trivial. Einerseits gibt es immer einige Personen in der Organisation, die „genau wissen", warum ihre Kollegen gegangen sind. Das mag von Zeit zu Zeit sogar zutreffen. Aber dann ist es schier unmöglich, diese Informationen mit Daten zu hinterlegen und sie zu einem Teil des Modells zu machen, weil diese Art von Information oft auf Gerüchten und Anekdoten beruht und als Daten nicht nützlich ist. Wenn andererseits die Hauptfaktoren, die Treiber, für jeden offensichtlich wären, bräuchte es kein Projekt, um sie herauszufinden.

17.2 Daten erfassen

Wenn Sie versuchen, ein nützliches Modell für die Personalanalyse zu entwickeln, werden Sie früher oder später auf ein weitverbreitetes Problem stoßen: Eine große Vielfalt an Personaldaten ist leicht verfügbar. Die verfügbaren Daten sind jedoch oft nicht die, die Sie für die spezifische Analyse benötigen, die Sie durchführen möchten. Ist dies bei unserer Personalabwanderungsanalyse anders?

Die Durchsicht von Austrittsgesprächen und das Brainstorming potenzieller Triebkräfte für Mitarbeiterfluktuation bringt eine lange Liste von Punkten in den Kategorien Organisation, Vergütung, Personalentwicklung, Art der Tätigkeit, persönliche Faktoren und führungsbezogene Faktoren (Tabelle 17.1).

Tabelle 17.1 Potenzielle Faktoren für Mitarbeiterfluktuation

ID	Mögliche Ursache	Kategorie	M
1	Kein Kinderbetreuungsgeld	Vergütung & Leistungen	B
2	Unsere Leistungen sind nicht mit dem Markt vergleichbar.	Vergütung & Leistungen	B
3	Zahnärztliche Leistungen sind schlecht.	Vergütung & Leistungen	B
4	Das Gehalt ist nicht mit der Branche vergleichbar.	Vergütung & Leistungen	B

ID	Mögliche Ursache	Kategorie	M
5	Ich werde im Vergleich zu anderen außerhalb der Organisation nicht fair bezahlt.	Vergütung & Leistungen	B
6	Ich werde im Vergleich zu anderen, die die gleiche Arbeit wie ich machen, nicht fair bezahlt.	Vergütung & Leistungen	D
7	Die mir übertragene Aufgabe ist nicht herausfordernd.	Arbeitsmotivation	P
8	Ich habe nicht die Autonomie, meine Arbeit effektiv zu erledigen.	Arbeitsmotivation	P
9	Ich fühle nicht das Gefühl der Zugehörigkeit.	Arbeitsmotivation	P
10	Ich habe kein Erfolgserlebnis.	Arbeitsmotivation	P
11	Ich kann meine Fähigkeiten und Kenntnisse nicht für meine Arbeit einsetzen.	Arbeitsmotivation	P
12	Entfernung von zu Hause – Reisezeit und Unannehmlichkeiten	Viel unterwegs	D
13	Viele Inlands- und Auslandseinsätze	Viel unterwegs	D
14	Keine Möglichkeit, von zu Hause aus zu arbeiten	Ausgeglichenes Verhältnis Job – Familie	D
15	Ich habe keine Work-Life-Balance.	Ausgeglichenes Verhältnis Job – Familie	P
16	Die Arbeitsbelastung ist zu hoch für mich.	Ausgeglichenes Verhältnis Job – Familie	P
17	Die Arbeitszeiten sind zu lang.	Ausgeglichenes Verhältnis Job – Familie	B
18	Unfaire Verteilung der Arbeitsbelastung in meiner Abteilung	Ausgeglichenes Verhältnis Job – Familie	P
19	Zu viele Überstunden	Ausgeglichenes Verhältnis Job – Familie	D
20	Ich kenne meinen Karriereweg nicht.	Berufliche Weiterentwicklung	P
21	Der Fortschritt ist zu langsam.	Berufliche Weiterentwicklung	P
22	Keine beruflichen Entwicklungsmöglichkeiten	Berufliche Weiterentwicklung	P
23	Ich kenne meine Zukunft nicht.	Berufliche Weiterentwicklung	P
24	Ich habe nicht die Möglichkeit, mit dem Unternehmen zu wachsen.	Berufliche Weiterentwicklung	P
25	Ich tue jeden Tag und jedes Jahr dasselbe.	Berufliche Weiterentwicklung	P
26	Ich durchlaufe jedes Jahr die gleiche Ausbildung. Ich bin nicht sicher, ob ich meine Beschäftigungsfähigkeit in meinem Unternehmen verbessert habe.	Berufliche Weiterentwicklung	P

Tabelle 17.1 Potenzielle Faktoren für Mitarbeiterfluktuation *(Fortsetzung)*

ID	Mögliche Ursache	Kategorie	M
27	Ich werde nicht geschult, um meine Fähigkeiten zu verbessern, damit ich meine Arbeit gut machen kann.	Berufliche Weiterentwicklung	P
28	Ich habe nicht die Möglichkeit, an Fortbildungskursen teilzunehmen.	Berufliche Weiterentwicklung	P
29	Die Kunden sind mit unserem Unternehmen nicht zufrieden.	Beziehung zum Kunden	P
30	Zu viele Beschwerden von Kunden	Beziehung zum Kunden	P
31	Die Führer gehen nicht mit gutem Beispiel voran.	Führung	P
32	Die Führungskräfte vermitteln keine Vision und Pläne für die Organisation.	Führung	P
33	Die Führungskräfte kümmern sich nicht um das Wohlergehen der Mitarbeiter.	Führung	P
34	Das Leistungsmanagementsystem ist nicht fair.	Leistungsmanagement	P
35	Beförderungsregeln sind nicht sichtbar.	Leistungsmanagement	P
36	Mein Vorgesetzter hat nicht die Flexibilität, gute Leistung zu belohnen und anzuerkennen.	Leistungsmanagement	P
37	Ich verstehe nicht, wie meine Leistung bewertet wird.	Leistungsmanagement	P
38	Ich werde nicht fair bezahlt, wenn man meine Leistungen und Beiträge im Unternehmen berücksichtigt.	Leistungsmanagement	P
39	Unfaire Behandlung durch meinen Vorgesetzten	Aufsichtspraxis	P
40	Unfaire Leistungseinstufung	Aufsichtspraxis	P
41	Aufseher zeigt Günstlingswirtschaft	Aufsichtspraxis	P
42	Vorgesetzter gibt mir keine Rückmeldung über meine Leistung.	Aufsichtspraxis	P
43	Mein Vorgesetzter benutzt ständig sarkastische Bemerkungen.	Aufsichtspraxis	P
44	Mein Vorgesetzter erhebt seine Stimme gegen mich.	Aufsichtspraxis	P
45	Mein Vorgesetzter ist nicht kompetent, seine Arbeit zu tun.	Aufsichtspraxis	P
46	Mein Vorgesetzter steht mir nicht zur Verfügung, wenn ich ihn brauche.	Aufsichtspraxis	P
47	Mein Vorgesetzter setzt mir keine Arbeitsziele.	Aufsichtspraxis	P
48	Mein Vorgesetzter hat keine offene Kommunikation mit mir.	Aufsichtspraxis	P
49	Mein Vorgesetzter coacht mich nicht, um meine Leistung zu verbessern.	Aufsichtspraxis	P
50	Mein Vorgesetzter schätzt meine Arbeit nicht.	Aufsichtspraxis	P
51	Mein Vorgesetzter schmälert meine Erfahrung und mein Wissen.	Aufsichtspraxis	P
52	Mein Chef ist eifersüchtig auf meine Leistung.	Aufsichtspraxis	-

ID	Mögliche Ursache	Kategorie	M
53	Mein Chef kritisiert meine Arbeit.	Aufsichtspraxis	P
54	Es gibt keine Unterstützung von meinen Kollegen, um die Arbeit auch für die gemeinsamen Ziele zu erledigen.	Teamarbeit	P
55	Meine Abteilung arbeitet nicht als Team.	Teamarbeit	P
56	Meine Kollegen kritisieren meine Arbeit.	Teamarbeit	P
57	Ich werde von meinen Kollegen in meiner Abteilung nicht mit Respekt behandelt.	Teamarbeit	P
Spalte M (Metrik): B ... Benchmarking; D ... Direkt messbar; P ... Indirekt messbar (Proxy-Metrik)			

Es wird deutlich, dass nicht alle Treiber, alle potenziellen Ursachen für eine Kündigung, direkt verifiziert werden können. Für einige ist es recht schwierig, an Daten zu gelangen. Für einige werden Daten von außerhalb der Organisation benötigt, um eine sinnvolle Analyse durchführen zu können, denn innerhalb der eigenen Organisation gibt es keine Unterschiede, keine Variation. Zum Beispiel erhält jeder in der Organisation das gleiche Paket an zahnärztlichen Leistungen (ID 3). Es kann gut sein, dass Menschen wegen dieses Punktes „Zahnärztliche Leistungen sind schlecht" gehen. Wenn wir jedoch nur Daten von internen Mitarbeitern haben, die alle dasselbe zahnärztliche Leistungspaket erhalten, können wir nicht überprüfen, ob Personen, die die Organisation verlassen haben, ein schlechteres Paket hatten als Personen, die geblieben sind. Auch hier ist dies darauf zurückzuführen, dass dieser Faktor keine Abweichungen aufweist.

Ein potenzieller Treiber kann nur hinsichtlich des Einflusses auf ein Ergebnis analysiert werden, wenn sich dieser Treiber ändert. Bleibt er konstant, ist eine Analyse unmöglich. ■

17.2.1 Vergleich mit Benchmarks

Daher können z. B. die meisten Elemente in der Kategorie Vergütung & Leistungen (ID 1 bis 5) nicht mit internen Daten hinsichtlich ihres Einflusses auf die Entscheidung über den Austritt von Personen aus der Organisation analysiert werden. Es besteht die Notwendigkeit, unsere Leistungen und unser Gehalt mit Benchmarks in der Branche zu vergleichen. Normalerweise bieten Arbeitsministerium, Internationale Arbeitsorganisation und einige Verbände diese Art von Informationen für eine Vielzahl von Branchen an.

Im Gegensatz dazu kann der Punkt „Ich werde im Vergleich zu anderen, die die gleiche Arbeit wie ich machen, nicht fair bezahlt“ (ID 6) hinsichtlich seines Einflusses auf die Entscheidung zum Austritt analysiert werden, da es sehr wahrscheinlich ist, dass es selbst bei Mitarbeitern mit einer ähnlichen Tätigkeit in der Organisation einen gewissen Spielraum in der Entlohnung gibt.

17.2.2 Verwendung von Proxy-Messungen

Einige potenzielle Faktoren können nicht direkt gemessen werden. „Meine Abteilung arbeitet nicht als Team“ (ID 55) ist eine Stimme, die während der Abschlussgespräche einige Male erhoben wurde. Es handelt sich jedoch nicht um eine Aussage mit verfügbaren Daten. Es ist auch nicht einfach, eine Befragung mit diesem Schwerpunkt für alle Abgänger abzuhalten.

Nichtsdestotrotz führt unsere Organisation alle zwei Jahre eine Umfrage zum Mitarbeiterengagement (Employee Engagement Survey – EES) durch, mit einer Impulsumfrage (Kurzumfrage mit Schwerpunktthemen) dazwischen. Die oben genannten Aussagen sind jedoch nicht direkt Teil der beiden Umfragen. Proxy-Aussagen, die die Teamarbeit innerhalb der Abteilung und die abteilungsübergreifende Zusammenarbeit abdecken würden, sind:

- In unserer Organisation gibt es eine gute abteilungsübergreifende Teamarbeit.
- In meiner Abteilung gibt es gute Teamarbeit.
- Ich kann mich auf meine Kollegen verlassen, wenn ich Unterstützung brauche.

Proxy-Aussagen für die Kategorie Jobmotivation sind:

- Meine Verantwortlichkeiten entsprechen meinen persönlichen Fähigkeiten und Fachkenntnissen.
- In meinem Beruf wird mir das richtige Maß an Entscheidungsfreiheit eingeräumt.
- Ich bin stolz darauf, für mein Unternehmen zu arbeiten.
- Ich genieße meine Arbeit.

Die Themen zur Führungspraxis sind unter anderem vertreten durch:

- Mein direkter Vorgesetzter gibt mir ein klares und hilfreiches Feedback zu meiner Leistung.
- Mein direkter Vorgesetzter zeigt mir, dass meine Arbeit sinnvoll und wichtig ist.
- Mein direkter Vorgesetzter nimmt Rücksicht auf meine persönlichen Belange als Arbeitnehmer.

In ähnlicher Weise werden auch andere Kategorien mit EES-Themen abgedeckt.

Es gibt einen Vorbehalt: Diese Proxy-Statements können nicht direkt mit einem Verbleiber oder Abgänger in Verbindung gebracht werden, da die Umfrage zum Engagement mit dem Versprechen der Anonymität durchgeführt wird. Individuelle Daten werden der Personalabteilung vom Marktforscher nicht mitgeteilt. Selbst wenn Sie die Mitarbeiter-Engagement-Umfrage intern durchführen, ist das Versprechen der Anonymität eine wichtige Voraussetzung, um ehrliche, d. h. weniger voreingenommene und weniger schöngefärbte Bewertungen zu erhalten. Dies kann dadurch erreicht werden, dass die Umfrage auf einer öffentlichen Plattform wie SurveyMonkey oder Google Formulare durchgeführt wird, wodurch es praktisch unmöglich ist, die Eingabe auf das Gerät oder die IP-Adresse zurückzuverfolgen.

Dieser Vorbehalt bedeutet, dass unsere EES- oder Impuls-Erhebungsergebnisse nur über Organisationseinheiten mit der Person in Verbindung gebracht werden können, nämlich durch Verwendung der aggregierten Daten für Abteilungen und Sektionen. Sektionsdurchschnitte sind nur für Sektionen einer bestimmten Größe verfügbar. Das ist nicht perfekt, aber das könnte helfen. Schließlich sind Organisations-, Teamarbeits- oder Aufsichtsfaktoren für die gleiche Abteilung wahrscheinlich ähnlich und könnten von Abteilung zu Abteilung, von Vorgesetztem zu Vorgesetztem unterschiedlich sein.

Für Abgänger wurden die Daten der letzten EES, an der sie teilgenommen haben, in die Datensätze aufgenommen.

17.2.3 Einsatz von Direktmessungen

Einige Aussagen können mit Daten aus direkten Messungen abgedeckt werden. Zum Beispiel: „Ich werde im Vergleich zu anderen, die die gleiche Arbeit wie ich machen, nicht fair bezahlt" bedeutet, dass diese Person eine Möglichkeit gefunden hat, ihr Gehalt mit seinen Kollegen in unserer Organisation zu vergleichen. Für unsere Analyse kann das Gehalt ohne Probleme aus dem System heruntergeladen werden. Dasselbe gilt für die Überstunden, die unser Personal macht, sowie für Geschäftsreisen und die Entfernung zum Wohnort. All diese Daten können exakt aus dem System geladen werden.

Die Kategorie berufliche Entwicklung kann nicht vollständig abgedeckt werden. Die Anzahl der im letzten Dienstjahr erhaltenen Ausbildungsstunden wurde jedoch in den Datensatz aufgenommen, da es sich hierbei um personenbezogene Daten handelt, die leicht aus dem Lern- und Entwicklungssystem abgerufen werden können. In den Abschlussgesprächen wurde der Mangel an Schulungsmöglichkeiten als wichtig für das Personal genannt. Informationen über die Zufriedenheit mit den Entwicklungsmöglichkeiten konnten ebenfalls aus den EES-Daten abgeleitet werden. Wie wir jedoch bereits wissen, wären diese nur als Abteilungs- und Sektionsdurchschnitt verfügbar.

17.2.4 Einbeziehen einer Kontrollgruppe

Nachdem sie mit ihrem Team und den Beratern die Liste der möglichen Ursachen durchgegangen ist, bietet Susan ihre volle Unterstützung an: „Ich sehe die Liste der möglichen Ursachen. Ich werde dafür sorgen, dass Sie alle Daten erhalten, die wir über die Personen haben, die in den letzten Jahren gegangen sind."

Halt! Schlechte Idee!

Für die Analyse der Variation benötigen wir Variation

Um den Einfluss einer potenziellen Ursache *X* auf das Ergebnis *Y* zu analysieren, müssen Ursache *X* und Ergebnis *Y* eine gewisse Variation aufweisen. Ohne Variation in *X* und *Y* gibt es keine Möglichkeit, die Beziehung zwischen *X* und *Y* zu analysieren.

■

Es wird nicht funktionieren, nur die Mitarbeiter zu analysieren, die uns verlassen haben. Es ist wichtig, die Merkmale der Abgänger mit denen der Verbleiber zu vergleichen. Als Faustregel gilt, für eine Kontrollgruppe mindestens die gleiche Stichprobengröße zu haben. Um uns das Leben zu erleichtern, laden wir einfach die Daten für alle Personen herunter, die noch in der Organisation sind, und alle verfügbaren Daten für diejenigen, die freiwillig über einen bestimmten Zeitraum gegangen sind.

Um die Stichprobengröße zu erhöhen, d. h. die Analysefähigkeit unserer Tools zu steigern, laden wir die Daten der Mitarbeiter der letzten drei Jahre herunter. Aktuelle Personaldaten bilden die Kontrollgruppe, und Personen, die die Organisation in den Jahren 2019, 2018 und 2017 verlassen haben, werden zur Analyse in den Datensatz aufgenommen.

17.2.5 Aufnehmen von demografischen Faktoren

Demografische Faktoren wie Geschlecht, Alter, Familienstand, Betriebszugehörigkeit, Entfernung zwischen Wohnung und Büro können nicht als Gründe für das Ausscheiden aus der Organisation angesehen werden. Es könnte jedoch einen Unterschied zwischen verschiedenen Mitarbeitergruppen nach demografischen Gesichtspunkten hinsichtlich der Fluktuation geben. Da diese Daten aus dem System leicht verfügbar sind, werden sie in die Analyse einbezogen.

17.3 Daten vorbereiten

Die Daten werden in einer Excel-Datei *Retention.xlsx* gesammelt. Jede Zeile enthält die Informationen, den Datensatz, für einen Mitarbeiter, während die Spalten-ID die Kennung des Mitarbeiters markiert. Bei der Datenerhebung, insbesondere wenn es sich um Nicht-HR-Mitarbeiter handelt, ist die Eliminierung persönlicher Daten wie Name und E-Mail-Adresse ein Muss. Die Ergebnisvariable *Y* wird in der Spalte *Left* (hat Gekündigt) angezeigt und hat nur zwei Ebenen, *Left* (gegangen) oder *Stayed* (geblieben). Die Spalte *LeftWhen* enthält das Jahr des Austritts. Die Spalten *Department* (Abteilung) und *Section* (Sektion) zeigen die Organisationseinheit und *BusinessTravel* (Dienstreisen) kann *1_none* (keine), *2_some* (einige), *3_frequent* (häufig) sein. *Alter, Geschlecht* und *Familienstand* (*1_single*=alleinstehend, *2_married*=verheiratet, *3_divorced*=geschieden) stehen für grundlegende demografische Angaben. Die Nummerierung erzwingt eine bestimmte Reihenfolge in der Darstellung.

ID	Left	LeftWhen	BusinessTravel	Department	Section	JobLevel	Age	Gender	MaritalStatus	Tenure	DistanceToHome	Education	JobMotiv	Super	Teamwork	Salary	TrainingHours
19921660	Left	2018	3_frequent	Land	Transport	1	38	Male	2_married	16	13	3	4	3,2	3,5	$ 1.758	0
19921705	Stayed		2_some	Air and Sea	Air	1	45	Male	1_single	8	10	4	3,7	3,4	3,9	$ 1.921	14
19922048	Left	2018	3_frequent	Air and Sea	Air	1	26	Male	2_married	6	5	3	3,2	2,9	3,1	$ 3.043	7
19922483	Stayed		2_some	Land	Transport	2	34	Male	1_single	6	6	2	4	3,7	4,2	$ 4.156	7
19922552	Left	2018	2_some	SCM	Logistics	1	20	Male	1_single	0,5	6	5	3,9	2,9	3,1	$ 1.942	0
19922933	Stayed		2_some	SCM	Logistics	1	60	Male	2_married	37	11	4	3,9	3,6	4,1	$ 2.313	14
19923071	Stayed		2_some	Air and Sea	Air	2	38	Female	2_married	9	27	3	3,7	3,4	3,9	$ 4.757	28
19923319	Left	2017	2_some	Sales	Local	1	26	Female	2_married	1	9	2	3,6	3,3	4,2	$ 1.569	14
19923503	Left	2019	2_some	Sales	Overseas	3	40	Female	2_married	1	9	4	3,9	3,8	4,3	$ 8.296	0
19923635	Left	2017	3_frequent	Sales	Local	1	26	Female	2_married	1	9	2	3,6	3,3	4,2	$ 1.562	7
19923774	Stayed		2_some	SCM	Logistics	1	32	Male	2_married	1	11	3	3,9	3,6	4,1	$ 1.688	21

Bild 17.1 Auszug aus der Datei Retention

Die Spalte *Tenure* zeigt die Jahre mit dem Unternehmen, *DistanceToHome* stellt die Kilometer zwischen Arbeitsplatz und Wohnung dar. In *Education* wird das Bildungsniveau von 1 bis 5 angegeben (1 = Sekundarschule und darunter, 5 = Hochschulabschluss und darüber). *JobMotiv, Super* und *Teamarbeit* zeigen die Bewertung der Organisationseinheit in den Kategorien Arbeitsmotivation, Führungsstil und Teamarbeit im letzten EES, an der der Mitarbeiter teilgenommen hat. Bei dieser Bewertung wird der Mittelwert anstelle des Prozentsatzes verwendet, da dies in der Regel eine bessere Auflösung ergibt. Daher haben wir darauf bestanden, dass unser Marktforscher bei der Zusammenstellung der EES-Ergebnisse zusätzlich zum Prozentsatz einen Mittelwert angibt. *Salary* zeigt das Gehalt des Personals, und *TrainingHours* präsentiert die Investitionen in die Ausbildung des Mitarbeiters während des letzten Jahres in der Organisation.

Unsere Ergebnisvariable *Y* ist *Left* (gegangen). *Left* ist diskret mit nur den beiden Ebenen *Left* (gegangen) und *stayed* (geblieben). Wie in einem früheren Kapitel gezeigt wurde, kann der Einfluss eines oder mehrerer Faktoren auf ein diskretes *Y* mit der logistischen Regression analysiert werden.

Da es nicht einfach ist, die logistische Regression in Excel auszuführen, wenn nur das Analyse-ToolPak installiert ist, wechseln wir zu R, wo Analyse-Tools für alle möglichen Datensituationen zur Verfügung stehen. Bevor wir mit der Analyse beginnen, laden wir unseren Datenbestand hoch, prüfen, bereinigen und transformieren ihn.

Aufgabe 17.1: Laden Sie die Daten aus Retention.xlsx in R Studio und testen Sie sie auf Vollständigkeit

1. Öffnen Sie R Studio.
2. Navigieren Sie im Dateifenster zu Ihrem Verzeichnis und wählen Sie Retention.xlsx.
3. Wählen Sie Dataset importieren.
4. Wählen Sie das Arbeitsblatt Retention.
5. Wählen Sie Bereich A1:S1389.

 # Laden der erforderlichen Bibliothek (automatisch beim Laden der Datei)

```
library(readxl)
```

 # Laden der Daten von Retention.xlsx in den Datenrahmen (Tabelle) Retention

```
Retention <- read_excel("~/Retention.xlsx", sheet = "Retention", range =
"A1:R1389")
attach(Retention)
```

 # Durchführen der Suche nach Leerzellen oder NA-Zellen im Datenrahmen (Tabelle) Retention

```
colSums(is.na(Retention))
```

Ausgabe:

ID	Left	Left-When	Business Travel	Depart-ment	Section	Job Level	Age
0	0	737	0	0	0	0	0
Gender	Marital Status	Tenure	Distance ToHome		Educa-tion	Job Motiv	Super
0	0	2	0		0	0	0
Team-work	Salary	Training-Hours					
0	0	0					

■

Wie die Ausgabe zeigt, hat die Spalte *LeftWhen* 737 leere Zellen. Dies ist einerseits nicht überraschend, da sich diese leeren Zellen in Reihen von Mitarbeitern befinden, die im Unternehmen sind. Zum anderen können wir, da wir keine Analyse einschließlich dieser Spalte planen, diese leeren Zellen vorerst einfach ignorieren.

Zusätzlich sind zwei leere Zellen in der Spalte *Tenure* (Jahre mit der Organisation) gefunden. Dies kann nicht akzeptiert werden, da *Tenure* als Teil der logistischen Regression gedacht ist. Es gibt verschiedene Möglichkeiten, mit leeren Einträgen umzugehen:

1. Diese leeren Zellen können durch Eingabe des richtigen Wertes gefüllt werden. Dies wäre eine Vorgehensweise, wenn die Eingabe eine Kategorie wie Abteilung oder Sektion usw. erfordert.
2. Diese leere Zelle kann mit dem Durchschnitt der Spalte gefüllt werden, wenn sie numerisch ist und es schwierig ist, die wirkliche Eingabe abzurufen.
3. Diese leere Zelle kann gelöscht werden, indem die gesamte Zeile, der gesamte Datensatz, entfernt wird. Diese Vorgehensweise ist ratsam, wenn die oben genannten Schritte nicht durchgeführt werden können und/oder der Stichprobenumfang groß genug ist.

Wir haben beschlossen, die leere Zelle in *Tenure* durch den Durchschnitt der Spalte zu ersetzen.

Aufgabe 17.2: Ersetze leere Zellen in Tenure durch den Durchschnitt der Spalte

```
# Testen, ob Tenure NA ist. Dann Mittelwert von Tenure einsetzen.
Retention$Tenure <- ifelse(is.na(Tenure), mean(Tenure, na.rm=TRUE), Tenure)
# Durchführen der Suche nach Leerzellen oder NA-Zellen im Datenrahmen (Tabelle) Retention
colSums(is.na(Retention))
```

■

Die Ausgabe zeigt, dass *Tenure* keine „NA" mehr hat. Das ist großartig!

Wenn wir eine logistische Regression der *Retention* mit *Left* als *Y* durchführen wollen, werden wir einen Fehler feststellen, da das *Y* numerisch sein muss. Das bedeutet, dass wir unser *Y Left* in ein numerisches *Y LeftNum* umwandeln müssen.

Aufgabe 17.3: Erstellen einer neuen numerischen Spalte LeftNum, basierend auf Left

```
# Setzen einer neuen Spalte LeftNum auf 1, wenn Left = „Left", sonst 0.
Retention$LeftNum <- ifelse(Left == "Left", 1, 0)
# Anzeigen der erweiterten Tabelle Retention
View(Retention)
```

■

Wenn Sie nach rechts scrollen, ist die neu erstellte Spalte *LeftNum* sichtbar. Mit diesem Schritt sollten unsere Daten für die Analyse vorbereitet sein.

17.4 Daten analysieren

Die Analyse dieses komplexen R-Datenrahmens **Retention** beginnt mit einem Überblick über die Daten.

Aufgabe 17.4: Überblick über alle Daten in der Vorratsdatenspeicherung erstellen

```
# Anzeigen der Anzahl von Zeilen und Spalten
dim(Retention)
# Anzeigen der Struktur von Retention
str(Retention)
# Anzeigen der Variablennamen in Retention
colnames(Retention)
# Berechnen der deskriptiven Statistik aller Variablen
summary(Retention)
# Anzeigen des Datenrahmens Retention als Tabelle in R
View(Retention)
```

Ausgabe:

```
# dim(Retention)
[1] 1388 19
# str(Retention)
tibble [1,388 x 19] (S3: tbl_df/tbl/data.frame)
$ ID: num [1:1388] 19921660 19921705 19922048 ...
$ Left: chr [1:1388] "Left" "Stayed" "Left" "Stayed" ...
$ LeftWhen: num [1:1388] 2018 NA 2018 NA 2018 ...
$ BusinessTravel: chr [1:1388] "3_frequent" "2_some" ...
$ Department: chr [1:1388] "Land" "Air and Sea" ...
$ Section: chr [1:1388] "Transport" "Air" "Transport" ...
$ JobLevel: num [1:1388] 1 1 1 2 1 1 2 1 3 1 ...
$ Age: num [1:1388] 38 45 26 34 20 60 38 26 40 26 ...
$ Gender: chr [1:1388] "Male" "Male" "Male" "Male" ...
$ MaritalStatus: chr [1:1388] "2_married" "1_single" ...
$ Tenur: num [1:1388] 16 8 6 6 0.5 37 9 1 1 1 ...
$ DistanceToHome: num [1:1388] 13 10 5 6 6 11 27 9 9 9 ...
$ Education: num [1:1388] 3 4 3 2 5 4 3 2 4 2 ...
$ JobMotiv: num [1:1388] 4 3.7 3.2 4 3.9 3.9 3.7 3.6 3.9 ...
```

```
$ Super: num [1:1388] 3.2 3.4 2.9 3.7 2.9 3.6 3.4 ...
$ Teamwork: num [1:1388] 3.5 3.9 3.1 4.2 3.1 4.1 3.9 4.2 ...
$ Salary: num [1:1388] 1758 1921 3043 4156 1942 ...
$ TrainingHours: num [1:1388] 0 14 7 7 0 14 28 14 0 7 ...
$ LeftNum: num [1:1388] 1 0 1 0 1 0 0 1 1 1 ...
# colnames(Retention)
 [1] "ID" "Left" "LeftWhen" "BusinessTravel" "Department" "Section"
 [7] "JobLevel" "Age" "Gender" "MaritalStatus" "Tenure" "DistanceToHome"
[13] "Education" "JobMotiv" "Super" "Teamwork" "Salary" "TrainingHours"
[19] "LeftNum"
# summary(Retention)
```

```
       ID                Left              LeftWhen     Department          Section
 Min.   :19921660   Length:1388        Min.   :2017   Length:1388        Length:1388
 1st Qu.:19991011   Class :character   1st Qu.:2017   Class :character   Class :character
 Median :20059818   Mode  :character   Median :2018   Mode  :character   Mode  :character
 Mean   :20059196                      Mean   :2018
 3rd Qu.:20124584                      3rd Qu.:2019
 Max.   :20199886                      Max.   :2019
                                       NA's   :737

 BusinessTravel        JobLevel          Age            Gender          MaritalStatus
 Length:1388        Min.   :1.00   Min.   :20.00   Length:1388        Length:1388
 Class :character   1st Qu.:1.00   1st Qu.:31.00   Class :character   Class :character
 Mode  :character   Median :2.00   Median :36.00   Mode  :character   Mode  :character
                    Mean   :1.89   Mean   :37.59
                    3rd Qu.:2.00   3rd Qu.:44.00
                    Max.   :5.00   Max.   :62.00

     Tenure       DistanceToHome    Education        JobMotiv         Super           Teamwork
 Min.   : 0.500   Min.   : 4.00   Min.   :1.000   Min.   :2.800   Min.   :2.400   Min.   :2.600
 1st Qu.: 2.000   1st Qu.: 5.00   1st Qu.:2.000   1st Qu.:3.300   1st Qu.:3.000   1st Qu.:3.400
 Median : 5.000   Median :10.00   Median :3.000   Median :3.700   Median :3.400   Median :3.900
 Mean   : 6.272   Mean   :12.16   Mean   :2.882   Mean   :3.665   Mean   :3.374   Mean   :3.813
 3rd Qu.: 8.000   3rd Qu.:17.00   3rd Qu.:4.000   3rd Qu.:4.000   3rd Qu.:3.700   3rd Qu.:4.200
 Max.   :40.000   Max.   :32.00   Max.   :5.000   Max.   :4.100   Max.   :3.900   Max.   :4.400

     Salary      TrainingHours      LeftNum
 Min.   :  794   Min.   : 0.00   Min.   :0.000
 1st Qu.: 2234   1st Qu.: 7.00   1st Qu.:0.000
 Median : 3808   Median :14.00   Median :0.000
 Mean   : 4902   Mean   :12.53   Mean   :0.469
 3rd Qu.: 5927   3rd Qu.:21.00   3rd Qu.:1.000
 Max.   :15313   Max.   :56.00   Max.   :1.000
```

■

Die Übersicht der Daten zeigt, dass unser Datenrahmen 1388 Zeilen mit 19 Spalten hat (**dim**-Funktion). Die Struktur (**str**-Funktion) gibt die Datentypen pro Spalte, die Länge jeder Spalte und Beispieldaten aus jeder Spalte an. Wie der Name schon sagt, gibt die Funktion **colnames** eine sehr einfache Liste der Namen der Spalten im Datenrahmen. Die Funktion **summary** liefert Minimum, Q1 (25%-Quartil), Median (50%-Quartil), Mittelwert, Q3 (75%-Quartil) und Maximum pro Spalte, wenn die Spalte numerisch ist. Die Funktion **view** präsentiert den kompletten Datenrahmen (wenn es die Größe erlaubt) als Tabelle in einem Fenster über der Konsole in R Studio. Dieses Fenster verfügt über Bildlaufleisten zum Erkunden aller Zeilen und aller Spalten des Datenrahmens, ähnlich wie in MS Excel.

Wie bereits erwähnt, zeigt dieser Datenrahmen das *Y* in der Spalte *Left* entweder mit dem Wert *Left* oder *Stayed*. Zusätzlich haben wir die Spalte *LeftNum* erstellt, die den Code 1 für *Left* und 0 für *Stayed* enthält. Abgesehen von der Spalte *ID*, der Kennung für das Personal, enthalten alle anderen Spalten von *BusinessTravel* bis *TrainingHours*, Spalten 4 bis 18, potenzielle Treiber für das *Y*, potenzielle *X*. Bevor wir ein Modell entwickeln können, um die Wahrscheinlichkeit zu berechnen, mit der das Personal die Organisation verlässt, werden wir nacheinander alle *X* auf ihre Auswirkungen auf *Y* überprüfen.

Die Übersetzung dieser potenziellen *X*, der Spalten in unserer Tabelle, in Hypothesen ergibt im Folgenden:

17.4.1 Hypothese 1: Der Umfang an Geschäftsreisen hat einen signifikanten Einfluss auf die Absicht der Mitarbeiter, das Unternehmen zu verlassen

Der Geschäftsreiseverkehr (*BusinessTravel*) ist eine diskrete Variable mit drei Ebenen, und *Left* ist eine diskrete Variable mit zwei Ebenen. Diese Konstellation erfordert eine Pivot-Tabelle und einen PivotGraph in MS Excel.

Aufgabe 17.5: Erstellen Sie eine Pivot-Tabelle für die Spalte Left over BusinessTravel

1. Öffnen Sie die Daten in **Retention.xlsx**.
2. Positionieren Sie Ihren Cursor innerhalb der Tabelle **Retention** und **Einfügen - PivotTable**.
3. Pivot-Tabellenzeile ist **Left**. Die Pivot-Tabellenspalte ist **BusinessTravel**. Der Wert der Pivot-Tabelle ist **Count of ID**.
4. Mit dem Cursor in der PivotTable wählen Sie **Einfügen - PivotChart**.
5. Wählen Sie **100 % gestapeltes** Säulendiagramm.
6. Spalten für **%Left** und **%Stayed** werden manuell hinzugefügt, indem Sie **Datenbeschriftungen** auf Spalten **hinzufügen**.
7. Verschönern Sie Ihr Diagramm.

■

Weder die PivotTable noch das Säulendiagramm (Bild 17.2) deuten darauf hin, dass es einen klaren Unterschied zwischen dem Grad der Geschäftsreisen und den Personen gibt, die aus der Organisation ausscheiden. Im Gegenteil, 55 % der häufig Reisenden blieben bei der Organisation, während 45 % der häufig Reisenden die Organisation verließen.

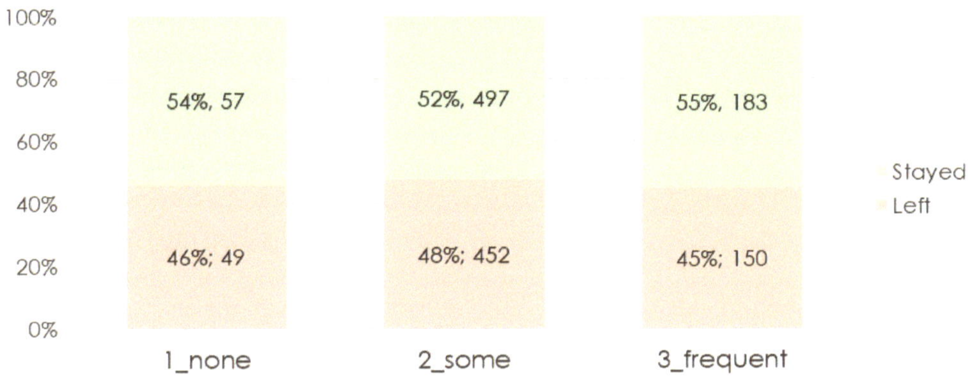

Bild 17.2 Einfluss von Geschäftsreisetätigkeit auf die Entscheidung, zu kündigen

Wie immer sind Plots notwendig, um einen Überblick über die Daten zu erhalten, aber sie reichen kaum aus, um Schlussfolgerungen zu ziehen. Für eine gesicherte Entscheidung ist ein Hypothesentest erforderlich. Für diskretes X und diskretes Y muss ein Chi²-Test angewendet werden. Excel hilft hier nicht ohne Weiteres. Deshalb wenden wir den R-Chi²-Test an.

Aufgabe 17.6: Laden Sie das Paket rstatix und führen Sie einen Chi²-Test auf BusinessTravel durch

```
# Laden der erforderlichen Bibliothek
install.packages("rstatix")
library(rstatix)
# Erstellen der Kreuztabelle xtab und benennen der Zeilen und Spalten
xtab <- as.table(rbind(c(49, 452, 150), c(57, 497, 183)))
dimnames(xtab) <- list(Result = c("Left", "Stayed"), BusinessTravel = c("1_none",
"2_some", "3_frequent"))
# Durchführen des Chi²-Tests
Xsq <- chisq.test(xtab)
Xsq$observed
Xsq$expected
Xsq$stdres
```

Das Ergebnis dieses Chi²-Tests:

```
Pearson's Chi-squared test
data: xtab
X-squared = 0.68196, df = 2, p-value = 0.7111
```

Der p-Wert für den Chi²-Test zeigt 0,7111. Das bedeutet, dass wir keinen Beweis dafür haben, dass *BusinessTravel* einen Unterschied beim Ergebnis Verbleiben oder Verlassen macht. Das Risiko, im Unrecht zu sein, wenn man davon ausgeht, dass Geschäftsreisen die Entscheidung der Mitarbeiter zum Verlassen des Unternehmens beeinflussen, liegt bei 71 %.

17.4.2 Hypothese 2: Die Kündigungsabsicht ist für verschiedene Organisationseinheiten unterschiedlich

Die Organisationseinheit ist mit den Spalten Abteilung (*Department*) und Sektion (*Section*) codiert, wobei es sich bei beiden um diskrete Variablen mit mehreren Ebenen und bei *Left* um diskrete Variablen mit zwei Ebenen handelt.

Hier kommen ebenfalls Pivot-Tabelle und PivotGraph (Zeilen: Abteilung und Sektion) zur Anwendung. Nach der für Hypothese 1 gezeigten Methode ist der PivotGraph in Bild 17.3 zu sehen.

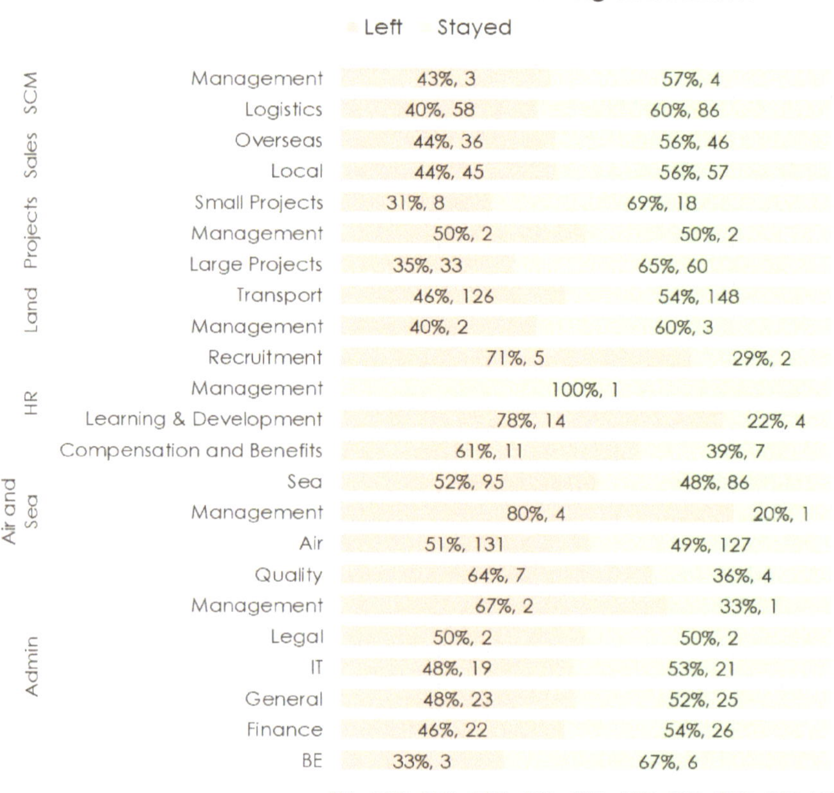

Bild 17.3 Abteilungen und Sektionen über Fluktuation (%Left = % Fluktuation in drei Jahren)

Offensichtlich ist die Fluktuation von Abteilung zu Abteilung, von Sektion zu Sektion recht unterschiedlich. Wir erwarten, dass der Chi²-Test für einige Abteilungen einen signifikanten Unterschied zeigt.

Da der Chi²-Test eine Mindeststichprobengröße in Erwartungswerten benötigt, die für kleine Sektionen wie alle Management-Einheiten und einige HR- und Verwaltungseinheiten nicht erreicht werden kann, führen wir ihn nur auf Abteilungsebene durch. Wenn ein Unterschied festgestellt wird, müssen weitere Untersuchungen angestellt werden.

Aufgabe 17.7: Führen Sie einen Chi²-Test für Abteilung durch

Öffnen Sie R Studio.

```
# Laden der erforderlichen Bibliotheken, wenn nicht zuvor erledigt
install.packages("rstatix")
library(rstatix)
# Erstellen der Kreuztabelle xtab
xtab <- table(Retention$Left, Retention$Department)
# Durchführen des Chi-square-Tests
Xsq <- chisq.test(xtab)
Xsq             # Anzeigen des Chi-square-Tests
Xsq$observed    # Anzeigen der beobachteten Werte lt. Tabelle
Xsq$expected    # Anzeigen der erwarteten Werte
Xsq$stdres      # Anzeigen der standardisierten Residuen
# Anzeigen des Ballon Plots der Komponenten
library("gplots")
balloonplot(t(xtab), main ="Fluktuation nach Abteilung", xlab ="Abteilungen",
ylab ="Entscheidung", label = FALSE, show.margins = FALSE)
# Anzeigen des Plots der standardisierten Residuen von Stayed/Left nach
Department
library("corrplot")
corrplot(Xsq$stdres, is.cor = FALSE)
# Anzeigen der Anteile von Stayed/Left nach Department
contrib <- 100*Xsq$residuals^2/Xsq$statistic
corrplot(contrib, is.cor = FALSE)
```

Das Ergebnis dieses Chi²-Tests:

Pearson's Chi-squared test

data: xtab

X-squared = 22.68, df = 6, **p-value = 0.000911**

(Weitere Ergebnisse sind nicht aufgelistet.)

■

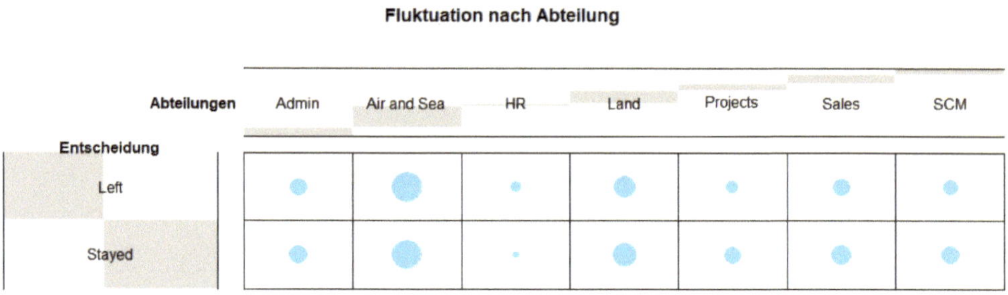

Fluktuation nach Abteilung

Entscheidung / Abteilungen	Admin	Air and Sea	HR	Land	Projects	Sales	SCM
Left							
Stayed							

Bild 17.4 Ballondiagramm der beobachteten Fluktuation nach Abteilung

Dieser Chi²-Test zeigt einen *p*-Wert von 0,000 911, was zu der Schlussfolgerung führt, dass es einen signifikanten Unterschied zwischen den Abteilungen hinsichtlich ihrer Mitarbeiterfluktuation gibt. Bild 17.4 zeigt in der Größe der Ballons die Anzahl Mitarbeiter, die in den letzten drei Jahren entweder geblieben sind (Stayed) oder freiwillig gekündigt haben (Left).

Bild 17.5 veranschaulicht demgegenüber die vom Durchschnitt abweichenden Entscheidungen. Große Ballons präsentieren starke relative Abweichung vom Durchschnitt. Somit sind vier Abteilungen zu untersuchen: Air and Sea, HR, Projects and SCM. Zusammen mit Bild 17.4 lässt sich bestätigen, dass in Air and Sea und HR signifikant mehr Mitarbeiter gekündigt haben. In Projects und SCM demgegenüber sind signifikant mehr Leute geblieben.

Weitere Analysen sollen die Grundursachen für diese Unterschiede ermitteln. Abteilungen oder Sektionen sind keine Ursachen, sondern eher Hinweise auf Ursachen.

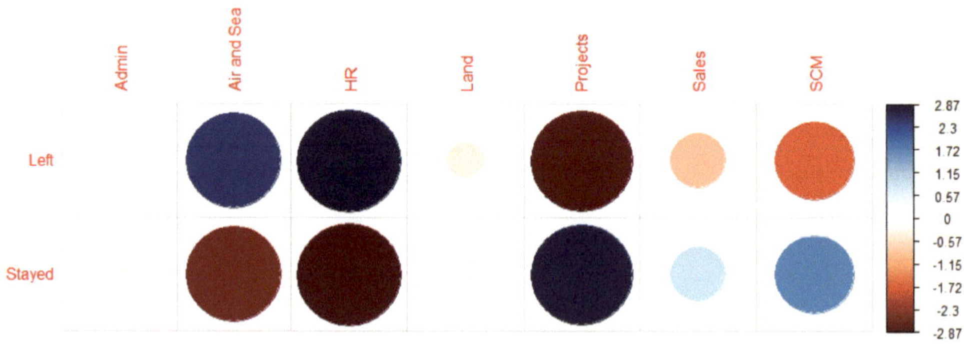

Bild 17.5 Relativer Beitrag zur Fluktuation nach Abteilung

17.4.3 Hypothese 3: Die Entscheidung des Personals zur Kündigung hängt von dessen Familienstand ab

Obwohl bei Austrittsgesprächen nicht erwähnt wurde, dass der Familienstand die Entscheidung zur Kündigung beeinflusst hat, wurde dieses persönliche Detail von einem der HR-Kollegen vorgeschlagen. Daher enthält der Datensatz Informationen über den Familienstand für alle bestehenden Mitarbeiter und für diejenigen, die das Unternehmen in den letzten drei Jahren verlassen haben.

Der Chi²-Test wurde ähnlich wie in den vorherigen Beispielen durchgeführt. Das Ergebnis dieses Tests wird hier gezeigt:

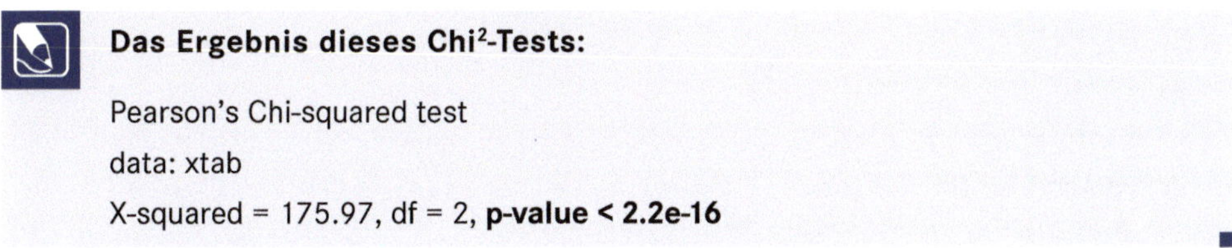

Das Ergebnis dieses Chi²-Tests:

Pearson's Chi-squared test

data: xtab

X-squared = 175.97, df = 2, **p-value < 2.2e-16**

Dieser Chi²-Test resultiert in einem *p*-Wert von nahe 0,000, was bedeutet, dass es einen signifikanten Unterschied zwischen dem Familienstand der Mitarbeiter in Bezug auf die Kündigungsentscheidung gibt.

Anstelle des Balkendiagramms wählen wir den Ballonplot.

Fluktuation nach Familienstand

Familienstand / Entscheidung	1_single	2_married	3_divorced
Left			
Stayed			

Bild 17.6 Fluktuation über Familienstand

Bild 17.6 veranschaulicht eindrucksvoll, dass weniger Verheiratete (married) Mitarbeiter und mehr ledige (single) und geschiedene (divorced) sich für eine Kündigung entschieden haben. Nach dem gezeigten Chi²-Ergebnis können wir schlussfolgern, dass ledige und geschiedene Mitarbeiter leichter einen Unternehmenswechsel beschließen.

Die Schlussfolgerungen werden später diskutiert.

17.4.4 Hypothese 4: Die Entscheidung der Mitarbeiter, zu kündigen, hängt von ihrem Geschlecht ab

Um das Bild zu vervollständigen, wurde das Geschlecht hinsichtlich seines Einflusses auf die Entscheidung zur Kündigung analysiert.

Der Chi²-Test wurde ebenfalls durchgeführt. Die verkürzte Ausgabe dieses Tests ist hier dargestellt:

Das Ergebnis dieses Chi²-Tests:

Pearson's Chi-squared test
X-squared = 0.046795, df = 1, **p-value = 0.8287**

Aus diesem *p*-Wert können wir schließen, dass diese Hypothese verworfen wird. Es besteht ein Risiko von 82,87 % für die Annahme, dass es einen Unterschied zwischen männlichen und weiblichen Mitarbeitern in Bezug auf die Entscheidung zum Unternehmenswechsel gibt.

17.4.5 Hypothese 5: Die Kündigungsentscheidung des Personals hängt von den gegebenen Ausbildungsmöglichkeiten ab

Der Faktor TrainingHours zeigt kontinuierliche Daten oder quasi-kontinuierliche Daten (ordinale diskrete Daten, die sich unter bestimmten Umständen wie kontinuierliche Daten verhalten). Das bedeutet, dass *X* TrainingHours kontinuierlich ist, was potenziell ein diskretes binäres *Y*, Left oder Stayed in Variable Left antreibt.

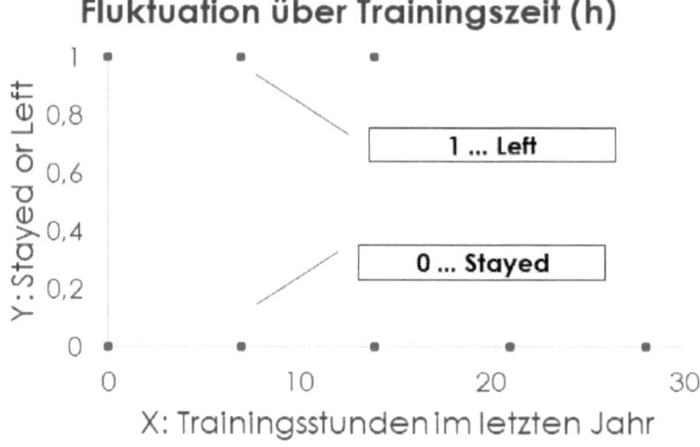

Bild 17.7
Punktdiagramm der Fluktuation über Trainingszeit in h

Diese Kombination von *X* und *Y* erfordert einen speziellen Werkzeugsatz. Für die Darstellung dieser Daten sind Streudiagramme nicht nützlich, da es schwierig ist zu unterscheiden, ob es eine Beziehung zwischen *X* und *Y* gibt, wenn man dieses Diagramm untersucht (Bild 17.7).

Es gibt noch andere Möglichkeiten, diese Beziehung zu zeigen. Sehr aussagekräftige Diagramme für die Kombination diskreter Daten versus kontinuierliche Daten sind Punkt- und Kastendiagramme (Box-Plots).

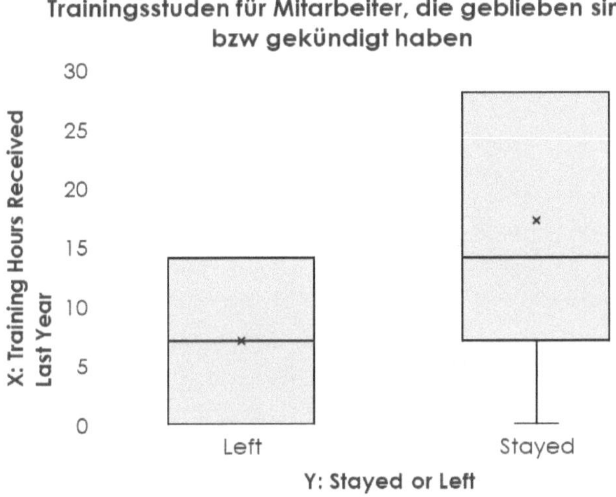

Bild 17.8 Kastendiagramm (Box-Plot) der Trainingsstunden nach Fluktuation (Left/Stayed)

Mit dem Box-Plot in Bild 17.8 ist es wesentlich einfacher, zu beurteilen, ob es eine Beziehung zwischen beiden Variablen gibt. Es scheint, dass Personen, die weggegangen sind, weniger Ausbildung erhalten haben als Personen, die geblieben sind. Um sicherzustellen, dass wir „Äpfel mit Äpfeln vergleichen", müssen wir gewährleisten, dass die Ausbildungsinformationen für jeden für ein volles Jahr gesammelt werden.

Der Trick dabei ist, dass *X* und *Y* vertauscht werden, d. h., *X* wird auf der *Y*-Achse und *Y* auf der *X*-Achse dargestellt (Bild 17.8).

In der Realität gibt es bei einer bestimmten Anzahl von Trainingsstunden nicht unbedingt einen Wechsel von Left to Stayed. Eine bestimmte Anzahl von Trainingsstunden garantiert nicht, dass jemand bei der Organisation bleibt. Aber die Wahrscheinlichkeit, dass jemand bleibt, könnte größer sein als die Wahrscheinlichkeit, dass er das Unternehmen verlässt, wenn die Zahl der Ausbildungsstunden steigt (gebundene Mitarbeiter sind in dieser Überlegung nicht enthalten).

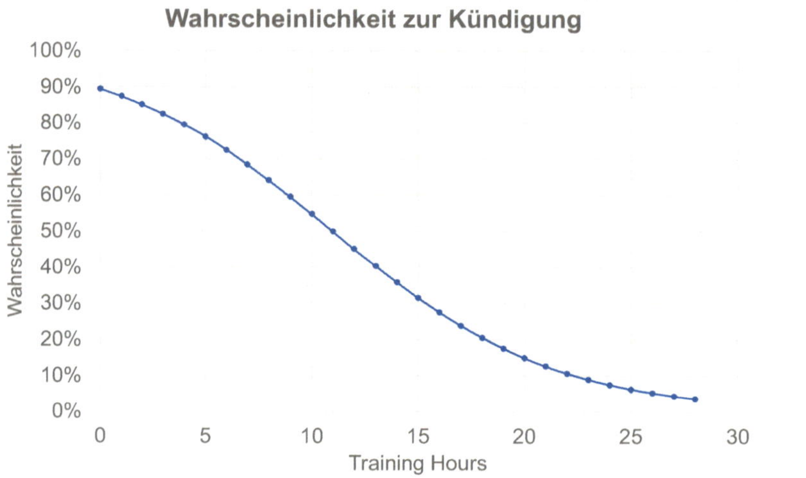

Bild 17.9 Die Wahrscheinlichkeit einer Kündigung in Abhängigkeit von erhaltenen Trainingsstunden

Die Wahrscheinlichkeit des Austritts in Abhängigkeit von der Anzahl der angebotenen Ausbildungsstunden ist in Bild 17.9 gezeigt. Mithilfe des in R Studio erstellten Diagramms kann die Wahrscheinlichkeit einer Kündigung durch Mitarbeiter mit etwa 35 % geschätzt werden, wenn das Personal zwei Schulungstage erhält.

Die Statistik, die diese Beziehung modelliert, wird Logit-Modell genannt. Die Logit-Funktion modelliert die Beziehung zwischen einer binären Ausgangsvariablen Y – in unserem Fall die Entscheidung, zu gehen oder zu bleiben – und einer oder mehreren kontinuierlichen Eingangsvariablen X – in unserem Fall die Anzahl der Ausbildungsstunden, die dem Personal zur Verfügung gestellt werden. Die Wahrscheinlichkeit, p zu verlassen, das Odds Ratio, kann ausgedrückt werden mit

$$\text{Ln odds} = \ln \frac{p_{\text{leave}}}{1 - p_{\text{leave}}} = b_0 + b_1 \text{TrainingHours} \qquad \text{Formel 17.1}$$

Logit-Modell für die Austrittswahrscheinlichkeit (p_{leave}) als Funktion der zur Verfügung gestellten Trainingsstunden

Dieses Modell wird von einem statistischen Werkzeug verwendet: Logistische Regression (Chew, 2017). Die Durchführung von logistischen Regressionsanalysen ist in R einfacher als in MS Excel.

Aufgabe 17.8: Logistische Regression auf Trainingsstunden durchführen

 # Laden der erforderlichen Bibliothek

library(stats)

 # Bilden des linearen Modells mit der Logit-Funktion

model <- glm(LeftNum ~ TrainingHours, family=binomial(link='logit'), data=Retention)

 # Ausgeben des linearen Modells

summary(model)

 # Berechnen der ANOVA für die Abweichung, d. h. die Qualität des Modells

anova(model, test="Chisq")

Das Ergebnis dieser logistischen Regression:

Deviance Residuals:

Min	1Q	Median	3Q	Max
-2.1171	-0.9421	-0.2700	0.8712	1.4325

Coefficients:

	Estimate	Std. Error	z value	Pr(>|z|)
Intercept	2.12865	0.13523	15.74	<2e-16 ***
TrainingHours	-0.19364	0.01077	-17.98	**<2e-16** ***

Signif. codes: 0 '***' 0.001 '**' 0.01 '*' 0.05 '.' 0.1 ' ' 1

Null deviance: 1918.8 on 1387 degrees of freedom

Residual deviance: 1363.2 on 1386 degrees of freedom

AIC: 1367.2

ANOVA-Ergebnisse:

Analysis of Deviance Table

Model: binomial, link: logit

Response: LeftNum

Terms added sequentially (first to last)

	Df	Deviance	Resid. Df	Resid. Dev	Pr(>Chi)
NULL				1387	1918.8
Training-Hours	1	555.62	1386	1363.2	< 2.2e-16 ***

■

Der *p*-Wert von TrainingHours ($Pr(>|z| = < 2 \times 10^{-16})$ ist praktisch null und weist darauf hin, dass TrainingHours als Prädiktor für die Entscheidung des Personals dient, das Unternehmen zu verlassen. Wie gut ist diese Vorhersage?

Die Ergebnisse der logistischen Regression werden mit einer Reihe von Indikatoren ausgewertet:

1. Sehen Sie sich das **AIC (Akaike Information Criterion)** an, das eine ähnliche Funktion wie das angepasste R^2 bei der multiplen Regression hat. Der Unterschied besteht darin, dass AIC umso besser ist, je kleiner es ist. Es gibt kein ideales AIC. Nur der Vergleich mehrerer Modelle mittels AIC gibt einen Hinweis auf das beste Modell, das mit dem kleinsten AIC (Date, 2019).
2. **Null- und Residualabweichung** sind vergleichbar mit der Gesamtsumme der Quadrate bzw. der Residualsumme der Quadrate bei der multiplen linearen Regression. Um ein gutes Modell zu haben, sollte die Restabweichung im Vergleich zur Null-Abweichung klein sein. In unserem Fall sind sie 1918,8 gegenüber 1363,2. Das bedeutet, dass die Differenz durch *X* Trainingsstunden bewirkt wird.
3. Wie aus der multiplen linearen Regression bekannt, dient R^2 als Indikator für die Qualität der Regression. R^2 gibt an, wie viel Variation im Output *Y* durch die im Regressionsmodell enthaltenen *X* erklärt wird. Für die logistische Regression hat **McFadden's** R^2 eine ähnliche Bedeutung. Je höher McFadden's R^2, desto besser ist das Modell.

■

Als nächstes berechnen wir McFadden's R^2.

Aufgabe 17.9: Berechnen Sie McFadden's Pseudo-R² für die logistische Regression

```
# Laden der erforderlichen Bibliothek
install.packages("pscl")
library(pscl)
# Berechnen von McFadden R2
pR2(model)
```

Die Ausgabe dieses McFadden R² sieht wie folgt aus:

Fitting null model for pseudo-r2

Llh	llhNull	G2	McFadden	r2ML	r2CU
-681.61	-959.42	555.62	**0.29**	0.33	0.44

■

McFadden's R^2 zeigt einen relativ kleinen Wert. Das heißt, die Variation in Left wird nur zu etwa 29 % aus der Variation in TrainingsHours erklärt. Dies bedeutet, dass TrainingHours zwar ein signifikanter Prädiktor zu sein scheint. Es könnte jedoch andere Prädiktoren für den Austritt von Mitarbeitern geben.

Außerdem wäre es gut zu wissen, wie gut unser erster Prädiktor funktioniert. Daher erzeugen wir eine neue Spalte in unserem Datenrahmen, die den Modellfit (Retention$LeftFit) trägt, d. h. den Wert für jede Zeile, der das Ergebnis der Anwendung des Modells ist. Es wird eine weitere Spalte generiert, die die Entscheidung auf der Grundlage der modellierten Werte anzeigt. Die Entscheidung wird unter Verwendung des 50 %-Schwellenwerts (Retention$LeftFit10) getroffen.

Die Berechnung der Modellanpassung folgt der aus dem Modell generierten Formel:

$$P_Y = \frac{1}{1+e^{-(b0+b1\,X)}} \qquad \text{Formel 17.2}$$

Generelle Vorhersageformel für logistische Regression

Daher wird für $b0$ = 2,129 und $b1$ = −0,194 die Wahrscheinlichkeit, dass jemand die Organisation verlässt, in Abhängigkeit von variablen Trainingsstunden nach dieser Gleichung berechnet:

$$P_{\text{Left}} = \frac{1}{1+\ e^{-(2{,}129+(-0{,}194)\ *\ \text{TrainingHours})}} \qquad \text{Formel 17.3}$$

Vorhersageformel für die Wahrscheinlichkeit der Kündigung in Abhängigkeit von den zur Verfügung gestellten Trainingsstunden

Beispielsweise liegt die Wahrscheinlichkeit für die Kündigung eines Mitarbeiters, der 14 Ausbildungsstunden erhalten hat, bei etwa 35,84 %, bei 28 Ausbildungsstunden nur bei 3,58 %.

Die Vorhersagegenauigkeit für das Modell kann berechnet werden, indem man das Modell auf alle Werte im Datenrahmen anwendet und das Ergebnis mit dem beobachteten vergleicht.

Aufgabe 17.10: Berechnen der Vorhersagegenauigkeit für die logistische Regression

 # Erstellen einer Spalte im Datenrahmen Retention für das nach Modell berechnete *Y*

```
Retention$LeftFit <- predict(model, type='response')
```

```
# Erstellen einer Spalte im Datenrahmen Retention für die Entscheidung nach 50/50
Retention$LeftFit10 <- ifelse(Retention$LeftFit > 0.5,1,0)
# Berechnen der Vorhersagegenauigkeit des Modells
PredictAccuracy <- 1-mean(Retention$LeftFit10 != Retention$LeftNum)
PredictAccuracy # Prints the prediction accuracy
# Generieren einer Kreuztabelle mit Vorhersage gegen Entscheidung
xtab <- table(Retention$Left,Retention$LeftFit10)
# Generieren eines Ballonplots zum Aufzeigen von Vorhersage und Entscheidung
balloonplot(t(xtab), main ="Prediction Accuracy 71%", xlab ="Decision",
ylab="Prediction", label=TRUE, show.margins=TRUE)
```

Infolgedessen präsentiert die Spalte LeftFit in Retention die modellierte Wahrscheinlichkeit für eine Kündigung auf der Grundlage der Trainingsstunden, während LeftFit10 die Entscheidung Left (1) oder Stayed (0) auf der Grundlage des Schwellenwertes von 50 % enthält.

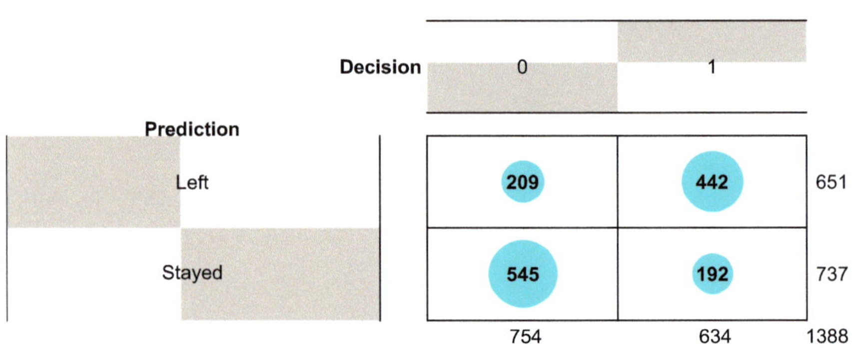

Bild 17.10 Konfusionsmatrix der Vorhersagegenauigkeit für das Modell

Bild 17.10 gibt die Konfusionsmatrix wieder, die das Verhältnis von Vorhersagen zu Entscheidungen indiziert. Korrekte Vorhersagen sind:

- 545 (39,3 %) Mitarbeiter, für die ein Verbleib vorhergesagt wurde, die geblieben sind, und
- 442 (31,8 %) Mitarbeiter, die voraussichtlich ausscheiden werden.

Falsche Vorhersagen sind

- 192 (13,8 %) Mitarbeiter, für die ein Verbleiben vorhergesagt wurde, die das Unternehmen verließen, und
- 209 (15,1 %) Mitarbeiter, die voraussichtlich gehen werden, blieben.

Das bedeutet, dass 545 + 442 von 1388 Vorhersagen richtig sind. Somit beträgt die Vorhersagegenauigkeit unseres Modells etwa 71,1 %.

Da McFadden's R^2 nur einen niedrigen Wert von 28,96 % aufweist, versuchen wir, unser Modell zu verbessern, indem wir mehr Variablen in die logistische Regressionsgleichung einfügen.

Korrelation heißt nicht Kausalität

Beim Anwenden von Statistik ist es immer erforderlich, den gesunden Menschenverstand mitentscheiden zu lassen.

Ist es wirklich so, dass Mitarbeiter länger im Unternehmen bleiben, das heißt nicht kündigen, wenn sie an ein paar Tagen Weiterbildung teilnehmen dürfen?

Oder ist es eher so, dass die Vorgesetzten in einen eher desinteressierten Mitarbeiter (der vielleicht schon innerlich gekündigt hat) nicht noch ein Training investieren wollen?

Statistisch gesehen sind beide Annahmen möglich. Der gesunde Menschenverstand und die Unternehmenskenntnis machen den Unterschied. ■

17.4.6 Hypothesen 6 –14: Die Entscheidung des Personals, zu kündigen, hängt von den Faktoren Job Level, Alter, Amtszeit, Entfernung zum Wohnort, Bildungsniveau, Arbeitsmotivation, Führungspraxis, Teamarbeit und Gehalt ab

Die rechte Seite der logistischen Regressionsgleichung verhält sich nahezu genau wie die einer multiplen linearen Regression. Das bedeutet, dass wir mehrere Faktoren, mehr X, beifügen können, die kontinuierliche und sogar diskrete ordinale Zahlen oder diskrete Kategorien sein können. Zuerst fügen wir die kontinuierlichen Faktoren hinzu, die wir noch nicht analysiert haben. Und wir behalten Trainingsstunden im Modell, da sich dies als ein signifikanter Prädiktor erwiesen hat.

Zu Beginn zeichnen wir die Streudiagrammmatrix für alle möglichen Kombinationen numerischer Faktoren und die numerische Version der Ergebnisvariablen Left in LeftNum auf.

Aufgabe 17.11: Stellen Sie ein Streudiagramm für mehrere Faktoren dar

```
# Laden der erforderlichen Bibliothek
library(graphics)
# Darstellen von Streudiagrammen in einer Matrix ohne obere Hälfte
pairs(~JobLevel+Age+Tenure+DistanceToHome+Education+JobMotiv+Super+
Teamwork+Salary+TrainingHours+LeftNum, data = Retention, pch = 19, upper.
panel = NULL)
```

■

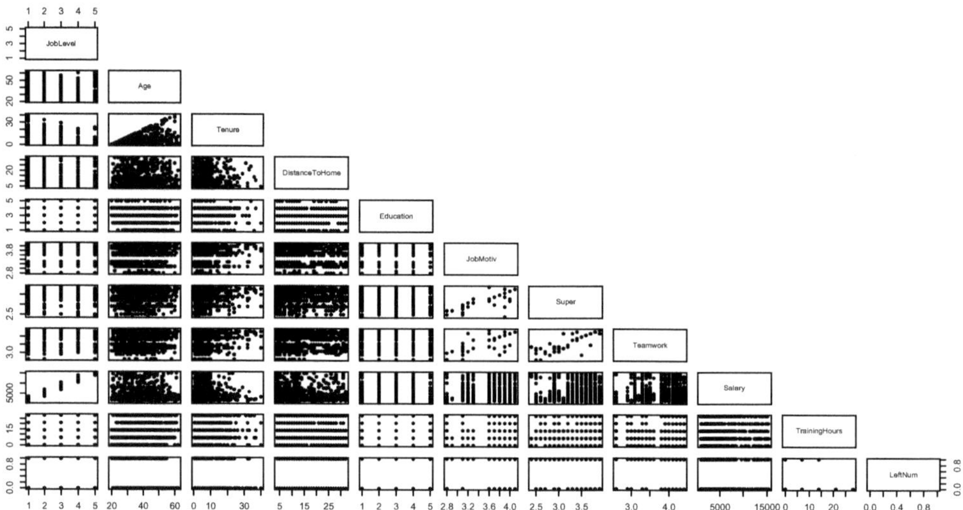

Bild 17.11 Streudiagramm für mehrere Faktoren laut Hypothese 17.4.6 gegen *Y* (LeftNum)

Die Streudiagramm-Matrix ist in Bild 17.11 dargestellt. Hier sind einige der Entdeckungen, von links nach rechts:

1. JobLevel scheint stark mit dem Gehalt (Salary) zu korrelieren. Dies ist nicht überraschend und wird höchstwahrscheinlich zu einem hohen VIF (Variance Inflation Factor ... Varianzinflationsfaktor) für beide führen. Einer von beiden muss möglicherweise aus dem Modell verbannt werden.
2. Alter und Betriebszugehörigkeit scheinen korreliert zu sein. Die Betriebszugehörigkeit wird in dem Modell möglicherweise nicht benötigt, da sie durch das Alter dargestellt werden könnte.
3. JobMotiv, Super und Teamarbeit scheinen eine gewisse Korrelation zu haben. Es könnte notwendig sein, ein oder zwei dieser Elemente aus dem Modell zu verbannen.

4. Das letzte Element in der R-Funktion für den Plot ist LeftNum. Dies bringt LeftNum, das *Y*, in die letzte Zeile und ermöglicht den Vergleich mit allen *X* in einer Reihe von Plots. Leider ist es aufgrund der binären Natur von LeftNum fast unmöglich, eine Schlussfolgerung zu ziehen. Nur TrainingHours scheint mit LeftNum korreliert zu sein. Es zeigt, dass TrainingHours über 20 nur mit LeftNum = 0 (geblieben) vorkommen.

Aufgabe 17.12: Führen Sie eine logistische Regression für mehrere Faktoren durch

```
# Laden der erforderlichen Bibliothek
library(stats)
# Erstellen des linearen Modells mittels der Logit-Funktion
model1 <- glm(LeftNum ~ JobLevel + Age + Tenure + DistanceToHome +
Education + JobMotiv + Super + Teamwork + Salary + TrainingHours,
family=binomial(link='logit'), data=Retention)
# Ausgeben der Modellkennzahlen
summary(model1)
```

Das Ergebnis dieser logistischen Regression nach Modell 1

Coefficients:

	Estimate	Std. Error	z value	Pr(>|z|)
Intercept	1.402e+01	1.071e+00	13.088	**< 2e-16** ***
JobLevel	4.965e-01	2.909e-01	1.706	0.08793
Age	- 1.003e-01	9.853e-03	- 10.178	**< 2e-16** ***
Tenure	- 3.423e-02	1.513e-02	- 2.262	**0.02369** *
DistanceToHome	- 6.508e-04	1.024e-02	- 0.064	0.94932
Education	- 4.818e-02	7.683e-02	- 0.627	0.53059
JobMotiv	9.606e-01	3.640e-01	2.639	**0.00831** **
Super	- 3.376e+00	7.709e-01	- 4.378	**1.2e-05** ***
Teamwork	5.210e-02	5.433e-01	0.096	0.92361
Salary	- 1.547e-04	8.728e-05	- 1.773	0.07626
TrainingHours	- 2.224e-01	1.402e-02	- 15.861	**< 2e-16** ***

Signif. codes: 0 '***' 0.001 '**' 0.01 '*' 0.05 '.' 0.1 ' ' 1

Null deviance:	1918.8	on 1387 degrees of freedom
Residual deviance:	1012.1	on 1377 degrees of freedom

AIC: 1034.1

■

Die AIC ist von 1367,2 auf 1034,1 gesunken, ebenso die Restabweichung von 1363,2 auf 1012,1 Dies deutet auf ein verbessertes Modell 1 hin. Eine Überprüfung der *p*-Werte (*Pr*(>|*z*|)) für alle Faktoren zeigt, dass nur sechs von zehn eine Signifikanz mit weniger als 0,05 aufweisen. Dennoch besteht, wie wir in früheren Analyseprojekten gelernt haben, die Gefahr, dass die gezeigten Kennwerte, insbesondere die *p*-Werte, durch Multikollinearität verfälscht werden. Das bedeutet, dass *X*-Variablen, potenzielle Treiber, miteinander interagieren. Wenn sie das täten, würden sie das Modell entstellen.

Einfach ausgedrückt: Wenn die Variablen JobLevel und Gehalt beide im Modell enthalten sind, ist es sehr wahrscheinlich, dass sie eine starke Korrelation aufweisen, da die Mitarbeiter vermutlich nach dem Job-Level bezahlt werden. Wenn dies korrekt ist, wird JobLevel durch Gehalt repräsentiert und umgekehrt. Dies würde zum Beispiel eine Überrepräsentation dieser Variablen bedeuten. Folglich könnte das Modell ungültig sein.

Eine häufig verwendete Methode zur Identifizierung der Multikollinearität zwischen *X* Variablen ist die Berechnung der VIF (Varianz-Inflations-Faktoren) für das Modell.

Eine Faustregel für die Interpretation von VIF:

- Etwa 1: nicht korreliert,
- Zwischen 1 und 5: mäßig korreliert,
- Größer als 5: hoch korreliert.

Aufgabe 17.13: Berechnen Sie Varianz-Inflations-Faktoren für Modell 1 und verbessern Sie das Modell

 # Laden der erforderlichen Bibliothek

library(car)

 # Berechnen der Varianz-Inflationsfaktoren (Ziel: VIF < 5)

vif(model1)

Die Liste der VIF dieser logistischen Regression (verkürzte Dezimalstellen)

JobLevel	Age	Tenure	DistanceToHome	Education	JobMotiv
15.09	1.22	1.10	1.02	1.02	2.78
Super	TeamWork	Salary	TrainingHours		
12.11	**9.49**	**15.04**	1.16		

■

Alle VIF müssen kleiner als 5 sein, um ein Modell ohne Varianzinflation (Interkorrelation) zu haben. Es ist am sichersten, jeweils einen Faktor zu entfernen, das Modell erneut auszuführen und VIF zu überprüfen.

Wie entscheiden wir, welcher Faktor entfernt werden soll? Es geht nicht um den höchsten VIF, sondern um Faktoren, die schwieriger zu messen oder zu kontrollieren sind. In unserem Fall wissen wir, dass Job-Level (JobLevel) mit dem Gehalt (Salary) korreliert ist. Beides lässt sich leicht abrufen. Das Gehalt weist jedoch mehr Variationen auf als JobLevel, weil Mitarbeiter mit dem gleichen Job-Level möglicherweise ein leicht unterschiedliches Gehalt bekommen. Dies könnte genau das Thema sein, das die Mitarbeiter während des Austrittsgesprächs ansprechen. Daher halten wir an Gehalt fest und streichen JobLevel.

Aufgabe 17.14: Reduzieren Sie schrittweise das lineare Modell und überprüfen Sie VIF und p-Values

```
# Reduzieren des Modells um JobLevel
model2 <- glm(LeftNum ~ Age + Tenure +DistanceToHome + Education +
JobMotiv + Super + Teamwork + Salary + TrainingHours,
family=binomial(link='logit'), data=Retention)
# Berechnen der Varianz-Inflationsfaktoren (Ziel: VIF < 5)
vif(model2)
# Weiteres Reduzieren des Modells um Teamwork
model3 <- glm(LeftNum ~ Age + Tenure + DistanceToHome + Education +
JobMotiv + Super + Salary + TrainingHours, family=binomial(link='logit'),
data=Retention)
# Berechnen der Varianz-Inflationsfaktoren (Ziel: VIF < 5)
vif(model3)
# Weiteres Reduzieren des Modells um DistanceToHome, Education,
Salary
model4 <- glm(LeftNum ~ Age + Tenure + JobMotiv + Super + TrainingHours,
family=binomial(link='logit'), data=Retention)
# Ausgeben der Modellkennzahlen für Modell 4
summary(model4)
```

■

Die Variable Teamarbeit wurde gestrichen, weil Super (Führungspraxis) ein Vermittler für Teamarbeit sein könnte, in der Annahme, dass die Arbeit an den Fähigkeiten der Vorgesetzten wahrscheinlich auch die Teamarbeit verbessern könnte. Nun zeigt unser Modell 3 keine Multikollinearität.

Nach Prüfen von Modell 3 gibt es noch drei Faktoren (**DistanceToHome, Education, Salary**) mit einem *p*-Wert über 0,05, die entfernt werden.

Das Ergebnis dieser logistischen Regression in Modell 4 sieht wie folgt aus (Dezimalstellen verkürzt):

Coefficients:

	Estimate	Std. Error	z value	Pr(>|z|)
(Intercept)	14.00	1.03	13.66	**< 2e-16** ***
Age	-0.10	0.01	-10.23	**< 2e-16** ***
Tenure	-0.03	0.02	-2.29	**0.02201** *
JobMotiv	0.97	0.36	2.70	**0.00687** **
Super	-3.31	0.37	-8.99	**< 2e-16** ***
TrainingHours	-0.22	0.01	-15.89	**< 2e-16** ***

Signif. codes: 0 '***' 0.001 '**' 0.01 '*' 0.05 '.' 0.1 ' ' 1

Null deviance:	1918.8 on 1387 degrees of freedom
Residual deviance:	1015.5 on 1382 degrees of freedom

AIC: 1027.5

Alle Faktoren in Modell 4 sind signifikant. Nun stellt sich die Frage, ob sich das Modell im Vergleich zum Vorgängermodell verbessert hat. Erstens ist AIC gesunken. Die Restabweichung ist etwa gleich groß.

Aufgabe 17.15: Berechnen Sie McFadden's Pseudo-R^2 für das neue Modell

```
# Laden der erforderlichen Bibliothek
install.packages("pscl")
library(pscl)
# Berechnen von McFadden R²
pR2(model4)
```

Der Output dieses neuen McFadden R^2 ist wie folgt:

Passendes Nullmodell für Pseudo-R^2

Llh	llhNull	G2	McFadden	r2ML	r2CU
-507.76	-959.42	903.33	**0.47**	0.48	0.64

■

McFadden's R^2 hat sich von 29 % auf jetzt 47 % verbessert. In den Hypothesen 2 und 3 haben wir festgestellt, dass die Organisationseinheit und der Familienstand wichtige Faktoren für Y (Left = Entscheidung zur Kündigung) sind. Daher beziehen wir beide Treiber in das Modell ein.

Aufgabe 17.16: Hinzufügen von Familienstand und Abteilung zur logistischen Regression

 # Hinzufügen von Abteilung und Familienstand zum allgemeinen linearen Modell

```
model5 <- glm(LeftNum ~ Department + Age + MaritalStatus + Tenure +
JobMotiv + Super + TrainingHours, family = binomial(link='logit'),
data=Retention)
```

 # Ausgabe der Kennzahlen für Modell 5

```
summary(model5)
```

■

Die Analyse des Ergebnisses der Zusammenfassung des Modells 5 sagt uns, dass wir die Betriebszugehörigkeit aus dem Modell streichen sollten, da sie unbedeutend (*p*-Wert = 0,083) geworden ist.

Aufgabe 17.17: Verkürzen Sie das Modell um Tenure

 # Verkürzen des Modells um Amtszeit (Tenure)

```
model6 <- glm(LeftNum ~ Department + Age + MaritalStatus + JobMotiv +
Super + TrainingHours, family = binomial(link='logit'), data=Retention)
```

 # Ausgabe der Kennzahlen für Modell 6

```
summary(model6)
```

Ergebnisse des Modell 6 sind wie folgt (Dezimalstellen verkürzt):

Coefficients:

	Estimate	Std. Error	z value	Pr(>|z|)
(Intercept)	23.34	1.78	13.107	< 2e-16 ***
DepartmentAir and Sea	0.61	0.29	2.08	0.03733 *
DepartmentHR	- 1.53	0.62	- 2.46	0.01378 *
DepartmentLand	0.76	0.36	2.11	0.03452 *
DepartmentProjects	- 2.71	0.44	- 6.14	8.19e-10 ***
DepartmentSales	2.30	0.41	5.69	1.30e-08 ***
DepartmentSCM	- 1.24	0.42	- 2.96	0.00307 **
Age	- 0.11	0.01	- 10.19	< 2e-16 ***
MaritalStatus2_married	- 1.30	0.20	- 6.40	1.59e-10 ***
MaritalStatus3_divorced	- 0.14	0.26	- 0.55	0.58212
JobMotiv	1.28	0.57	2.267	0.02341 *
Super	- 6.18	0.58	- 10.69	< 2e-16 ***
TrainingHours	- 0.23	0.02	- 14.35	< 2e-16 ***

Null deviance:	1918.84 on 1387 degrees of freedom
Residual deviance:	**822.07** on 1375 degrees of freedom

AIC: 848.07

Modell 6 sagt uns Folgendes:

1. Die *p*-Werte aller Faktoren *X* sind signifikant, das heißt beeinflussen nachweisbar das Ergebnis *Y* (Left). Der *p*-Wert der Stufe 3_divorced (geschieden) von MaritalStatus ist nicht signifikant. Das könnte auf der geringen Anzahl von geschiedenen Mitarbeitern basieren. Eine kleine Stichprobe zeigt sich oft in höheren *p*-Werten. Das erfordert keine Änderung des Modells.
2. Die Grundlage für Familienstand (MaritalStatus) ist ledig mit dem Namen „1_ single", der nicht erwähnt wird. Sowohl verheiratete als auch geschiedene Mitarbeiter haben offensichtlich ein geringeres Austrittsrisiko – erkennbar am geringeren Faktor (Estimate) – als alleinstehende Mitarbeiter. Dies macht Sinn.
3. Unterschiedliche Einstellungen für die Variable Abteilung (Department) führen zu unterschiedlichen Ergebnissen. Die Basis ist die erste in alphabetischer Reihenfolge „Admin", die nicht in der Liste aufgeführt ist. Die Abteilung „Air and Sea" hat einen positiven Koeffizienten (Estimate), daher hat das Personal in dieser Abteilung eine höhere Wahrscheinlichkeit, ein höheres Risiko, die Abteilung zu verlassen.
4. Prädiktor Alter (Age) ist negativ. Da das Ergebnis *Y* Left = 1 und Stayed = 0 ist, verringert sich mit zunehmendem Alter die Wahrscheinlichkeit für die freiwillige Kündigung von Mitarbeitern. Dies ist erklärbar.
5. Die Arbeitsmotivation (JobMotiv) hat einen kleinen positiven Koeffizienten, was bedeutet, dass eine höhere Arbeitsmotivation die Wahrscheinlichkeit des Ausscheidens erhöht. Dies widerspricht dem gesunden Menschenverstand. Da es sich bei der Arbeitsmotivation um einen Gruppenindikator handelt, der aus der Abteilung oder Sektion stammt, beschließen wir, ihn zu entfernen. Nach dem Entfernen ändert sich McFadden nicht. Das heißt, JobMotiv ist signifikant, aber nicht wichtig.
6. Die Führungspraxis (Super) scheint ein wichtiger Prädiktor zu sein.
7. Die Bedeutung von Trainingsstunden (TrainingHours) wurde bereits früher festgestellt.

Aufgabe 17.18: Verkürzen Sie das Modell um JobMotiv und berechnen Sie McFadden's R^2

 # Verkürzen des Modells um JobMotiv

```
model7 <- glm(LeftNum ~ Department + Age + MaritalStatus + Super + TrainingHours, family = binomial(link='logit'), data=Retention)
```

 # Erzeugen von McFadden's R^2

```
pR2(model7)
```

■

Das jüngste Modell 7, das die oben genannten Faktoren einbezieht, scheint der beste Prädiktor für die Wahrscheinlichkeit einer Kündigung zu sein. AIC und Restabweichung sind niedrig, während McFadden's R^2 mit 56,9 % den höchsten Wert aufweist.

17.4.7 Berechnung der Vorhersagegenauigkeit

Um unser Modell für Vorhersagen verwenden zu können, ist es wichtig, zu wissen, wie gut das Modell ist.

Aufgabe 17.19: Berechnen Sie die Vorhersagegenauigkeit für das endgültige Modell

 # Berechnen des geschätzten Y nach Modell 7

```
Retention$LeftFit <- predict(model7, type='response')
```

 # Berechnen der Entscheidung nach 50/50-Regel auf der Basis von Modell 7

```
Retention$LeftFit10 <- ifelse(Retention$LeftFit > 0.5,1,0)
```

 # Berechnen der Vorhersagegenauigkeit für Modell 7

```
PredictAccuracy <- 1-mean(Retention$LeftFit10 != Retention$LeftNum)
```

 # Ausgabe der Vorhersagegenauigkeit

```
PredictAccuracy
```

 # Erstellen der Kreuztabelle für Vorhersage versus Entscheidung

```
Retention$LeftDecision <- ifelse(Retention$LeftFit > 0.5,"Leave","Stay")
xtab <- table(Retention$Left,Retention$LeftDecision)
```

 # Darstellen des Ballonplots für das Verhältnis von Vorhersage und Entscheidung

```
balloonplot(t(xtab), main ="Vorhersagegenauigkeit 85.88%", xlab ="Entscheidung", ylab="Vorhersage", label=TRUE, show.margins=TRUE)
```

■

Wie zuvor wurden die Ergebniswerte (Retention$LeftFit) anhand des endgültigen Modells 7 ermittelt. Sie wurden verwendet, um die Entscheidung in Retention$LeftFit10 zu speichern. Durch Vergleich von LeftNum mit LeftFit10 wurde die Vorhersagegenauigkeit berechnet.

Infolgedessen zeigt die Spalte LeftFit in Tabelle Retention die modellierte Wahrscheinlichkeit, für eine Kündigung auf der Grundlage aller Faktoren in Modell 7, während LeftFit10 die Entscheidung Left (1) oder Stayed (0) auf der Grundlage des Schwellenwertes von 50 % enthält.

Vorhersagegenauigkeit 85.88%

Vorhersage \ Entscheidung	Leave	Stay	
Left	**550**	**101**	651
Stayed	**95**	**642**	737
	645	743	1388

Bild 17.12 Konfusionsmatrix der Vorhersagegenauigkeit für das neueste Modell 7

Bild 17.12 zeigt dieses Verhältnis. Korrekte Vorhersagen sind:

- 642 (46,3 %) Mitarbeiter, für die ein Verbleiben modelliert wurde, die geblieben sind, und
- 550 (39,6 %) Mitarbeiter, für die Ausscheiden modelliert wurde, die gegangen sind.

Falsche Vorhersagen sind

- 95 (6,8 %) Mitarbeiter, für die Bleiben modelliert wurde, die jedoch das Unternehmen verlassen haben, und
- 101 (7,3 %) Mitarbeiter, die nach Modell kündigen würden, die jedoch geblieben sind.

Das bedeutet, dass 642 + 550 von 1388 Vorhersagen richtig sind. Somit liegt die Vorhersagegenauigkeit unseres Modells 5 bei etwa 85,88 %.

Das bedeutet auch, dass die Fehlklassifikationsrate (Fehlerquote) 95 + 101 von 1388 beträgt. Die Fehlerquote liegt somit bei 14,12 %.

Es gibt eine letzte Frage, die sich ein Analytiker stellen könnte: Welche der Prädiktoren sind wichtiger, welche sind weniger wichtig?

17.4.8 Priorisierung von Prädiktoren

Die Dominanzanalyse wird helfen, Prädiktoren hinsichtlich ihrer relativen Bedeutung für das Ergebnis des Vorhersagemodells zu priorisieren (Azen, 2009). Die Dominanzanalyse bestimmt die Veränderung von McFadden's R^2, wenn dem Modell ein bestimmter Faktor hinzugefügt wird. Mit den folgenden *R*-Funktionen überprüfen wir genau dies und stellen es grafisch dar.

Aufgabe 17.20: Führen Sie eine Dominanzanalyse für Modell 7 durch

```
# Laden der erforderlichen Bibliothek
install.packages("dominanceanalysis")
library(dominanceanalysis)
# Durchführen der Dominanzanalyse des logistischen Regressions-
modells 7
domAn <-dominanceAnalysis(model7)
# Berechnen der mittleren Beiträge nach McFadden
averageContribution(domAn,fit.functions = "r2.m")
# Darstellen des allgemeinen Dominanzplots
plot(domAn, fit.function = "r2.m")
```

Das Ergebnis dieser Dominanzanalyse liest sich wie folgt:

Average Contribution by predictor

	Department	Age	MaritalStatus	Super	TrainingHours
r2.m	0.052	0.081	0.059	0.128	0.249

■

Bild 17.13 gibt einen klaren Hinweis darauf, wie die Prioritäten zu setzen sind, wenn die Mitarbeiterfluktuation verringert werden soll.

1. Am wichtigsten ist, dass die Mitarbeiter das Gefühl haben wollen, dass sie geschätzt, d.h. entwickelt werden.
2. Zweitens schätzen sie einen Chef, der weiß, was es braucht, um sie zu unterstützen und zu führen.
3. Das Alter macht einen verständlichen Unterschied. Jüngere Mitarbeiter sind eher bereit, sich zu verändern und einen besseren Platz zu finden, wenn sie nicht gut behandelt werden.
4. Dies steht im Einklang mit dem Familienstand. Alleinstehende sind meist die Jüngeren, die flexibler sind, ihren Arbeitsplatz zu wechseln.
5. Die Abteilung selbst macht keinen Unterschied, aber, so scheint es, das Arbeitsklima und der Führungsstil, die sie in der Abteilung vorfinden.

Dies ist ein Analyseergebnis, das wir in der Lage sein sollten, an das Management zu „verkaufen“.

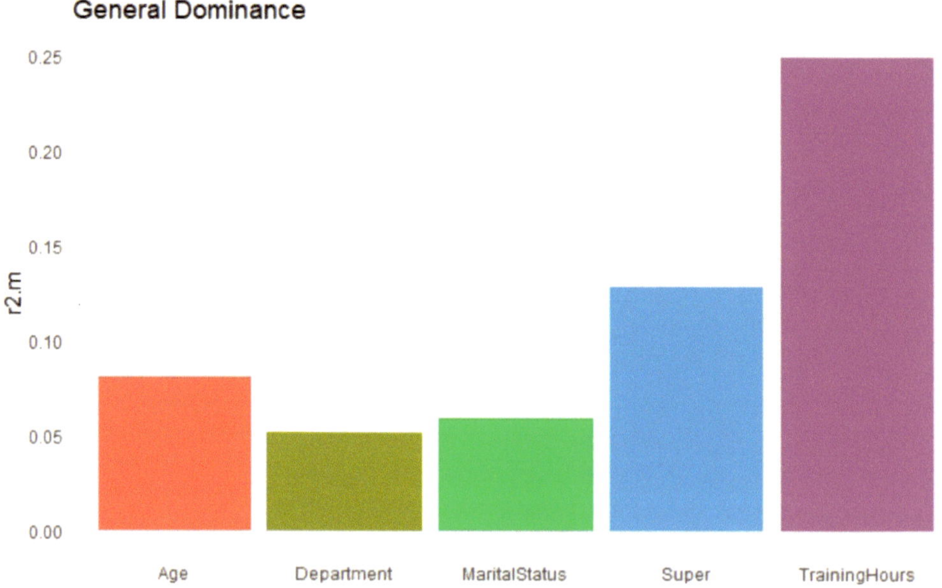

Bild 17.13 Relative Bedeutung der Prädiktoren für die Entscheidung zum Kündigen

Aus den endgültigen Koeffizienten können wir eine Formel zur Berechnung der Wahrscheinlichkeit erstellen, mit der ein Mitarbeiter das Unternehmen verlässt. Eine Beispielberechnung für einen bestimmten Satz von Eingangsvariablen wird in Bild 17.14 präsentiert.

Bei einem 35-jährigen verheirateten Angestellten, der in der Personalabteilung arbeitet, in den letzten zwölf Monaten eine viertägige Schulung erhalten hat und einen „durchschnittlichen“ Vorgesetzten hat, besteht ein Austrittsrisiko von etwa 4 %.

Berechnung des Risikos eines Mitarbeiters zu kündigen

Coefficient	Faktor	Eingabe:	Kündigungsrisiko
- 0,11256	**Age**	35	4,03%
- 5,34730	**Super**	2,8	
- 0,23072	**TrainingHours**	28	
-	**Familienstand: ledig**	0	
- 1,30310	**Familienstand: verheiratet**	1	
- 0,15144	**Familienstand: geschieden**	0	
-	**Abteilung: Admin**	0	
0,62470	**Abteilung: Air and Sea**	0	
- 1,70549	**Abteilung: HR**	1	
1,06825	**Abteilung: Land**	0	
- 3,03180	**Abteilung: Projects**	0	
2,09575	**Abteilung: Sales**	0	
- 0,94305	**Abteilung: SCM**	0	
25,21131	Intercept		

Bild 17.14 Excel-Vorlage zur Berechnung der Wahrscheinlichkeit für die freiwillige Kündigung von Mitarbeitern

Natürlich lässt sich die Vorhersage des Kündigungsrisikos auch mit R vornehmen:

Aufgabe 17.21: Führen Sie eine Vorhersage für Modell 7 durch

```
# Laden der erforderlichen Eingaben
toPredict <- data.frame(Age=35, Super=2.8, TrainingHours=28,
MaritalStatus="2_married", Department = "HR")
# Berechnen der Vorhersage (Risiko, dass Mitarbeiter kündigt)
ProbabilityToLeave <- predict(model7, newdata = toPredict, type="response")
# Printing output
ProbabilityToLeave
```

Das Ergebnis dieser Vorhersage mit Modell 7 ist 0,040 328, das heißt 4,03 %.

Damit haben wir zwei sehr einfache Möglichkeiten zur Anwendung der Vorhersageformel. Dies hilft uns bei der Berechnung des Risikos für Mitarbeiter, das Unternehmen vorzeitig zu verlassen.

17.5 Geschäftsentscheidung vorbereiten

Zu Beginn wurde das Analyseteam beauftragt, auf die folgenden Ergebnisse hinzuarbeiten:

1. Identifizieren der Hauptgründe, der Hauptfaktoren, für die Mitarbeiterabwanderung bei MySupplyChain.
2. Entwickeln eines Modells zur Vorhersage der Fluktuation von Mitarbeitern bei MySupplyChain und Schulung der Personalabteilung in der Anwendung dieses Modells.
3. Empfehlen von Maßnahmen zur Eindämmung der Abwanderung bei MySupplyChain mit dem Ziel von weniger als 15% innerhalb der nächsten zwölf Monate.

Hier sind die von der Leitung geforderten Ergebnisse:

17.5.1 Haupttriebkräfte zur Fluktuation von Mitarbeitern

Die wichtigsten Gründe für das Ausscheiden von Mitarbeitern aus unserer Organisation sind:

- Fehlende Entwicklungsmöglichkeiten, insbesondere die Ausbildung, die ihnen geboten werden. Aufgrund der Datenverfügbarkeit beinhaltet das Modell ausschließlich Trainingsstunden als Variable für die Entwicklungsmöglichkeiten. Allerdings sollten die Maßnahmen einen größeren Rahmen spannen und weitergehende Entwicklungsmöglichkeiten einschließen.
- Die Führungspraktiken entsprechen nicht den Erwartungen der Mitarbeiter. Diese Schlussfolgerung wurde aus Befragungsergebnissen der Mitarbeiterzufriedenheit für Organisationseinheiten abgeleitet. Sie sollte mit weiteren Mitteln wie einem 360-Grad Feedback ergänzt werden, um den Vorgesetzten gezielt helfen zu können und nicht allgemeine Fortbildungsmaßnahmen für jeden zu verordnen.
- Es ist wahrscheinlicher, dass jüngere Mitarbeiter das Unternehmen verlassen als ältere Mitarbeiter.
- Es ist wahrscheinlicher, dass Singles die Organisation verlassen als verheiratete oder geschiedene Mitarbeiter.
- Die Mitarbeiterfluktuation ist von Abteilung zu Abteilung unterschiedlich. Die Triebkräfte sind wahrscheinlich in den Ergebnissen der Umfrage zum Mitarbeiterengagement zu finden.

Das entwickelte Modell kann sicher seine Funktion erfüllen. Einige Aussagen des Modells stellen keine Überraschung dar, andere sind zumindest so nicht erwartet worden. Jedoch sollte immer nach neuen Erkenntnissen Ausschau gehalten werden, um es zu ergänzen und zu verbessern.

17.5.2 Modell zur Vorhersage von Personal, das die Organisation verlässt

Das Analyse-Team hat ein einfach zu verwendendes Modell entwickelt. Dieses Modell wurde in Excel implementiert und steht zur Verwendung zur Verfügung. Dieses kann damit von allen Führungskräften benutzt werden (Bild 17.14).

17.5.3 Maßnahmen zur Eindämmung der Fluktuation

Nachdem Sie die Treiber für Fluktuation kennen, müssen Sie sich fragen: Welches ist die Mitarbeitergruppe mit einem hohen Einfluss auf den Geschäftserfolg und einem hohen Kündigungsrisiko? Danach sollten Sie die Maßnahmen priorisieren.

In MySupplyChain erkennt die Personalabteilung, dass ein anspruchsvolles Arbeitspensum einem Mitarbeiter unter Umständen nur wenig Raum zum Lernen lässt, was ihn davon abhalten kann, seine Karriere voranzutreiben. Die Personalabteilung beschließt eine Reihe von Maßnahmen:

- Einplanen einer „Lernzeit" für jeden Mitarbeiter. Das heißt, der Vorgesetzte muss sicherstellen, dass Mitarbeiter die erforderliche Zeit zum Lernen bekommen und nutzen. Mitarbeiter und Vorgesetzte werden an der Inanspruchnahme der Lernzeit gemessen.
- In vierzehntägigen Brownbag-Sitzungen werden interessante Themen wie „Programmieren von RPA", „R für Anfänger" während der Mittagspause angeboten. Brownbag bedeutet die Bereitstellung des Mittagessens, meist eines Sandwiches als Anreiz – oftmals in einer braunen Tüte. Auf diese Weise wird die Gewohnheit zum Lernen aufgebaut und die Zeit dafür geschützt.
- Es wird darauf hingearbeitet, jährliche Lernfestivals aufzubauen, die über einen Zeitraum von zwei Wochen einen Strauß von Themen anbieten und für jeden offen sind. Es wird über einen Anreiz zur Teilnahme nachgedacht. Der beste Anreiz ist allerdings das Angebot von interessanten und modernen Themen, die von Profis in packender Weise präsentiert werden.
- Das Lernen im Job wird umstrukturiert und intensiviert.
- Nicht nur das Lernen, sondern auch das Lehren wird verbessert. Oftmals finden sich Kollegen in der Situation als Ausbilder, ohne dafür trainiert zu sein. Dafür gibt es jetzt auch formale Weiterbildung mit Zertifikat.

Es wird eine weitere Liste von Maßnahmen vorgeschlagen und umgesetzt, die die Rolle der Führungskräfte als Coach und als Entwicklungs- und Karriereberater stärken werden. Unter anderem wird es zur Pflicht, jährlich ein persönliches Entwicklungsgespräch mit jedem Mitarbeiter zu führen und dies in einem individuellen Entwicklungsplan zu dokumentieren (Tan, 2014).

■ 17.6 Schlussfolgerung

Wie immer machen das Sammeln und Analysieren von Daten ein Ende mit Anekdoten und Gerüchten.

Susan hatte sich regelmäßig gegen den Druck der Abteilungsleiter nach Anpassung der Gehaltsstruktur zu rechtfertigen, da dies als Heilmittel gegen Mitarbeiterfluktuation angesehen wurde. Nach der Analyse ist klar, dass andere Faktoren die Abwanderung von Mitarbeitern erklären.

Natürlich kann man mit Gehalt und gutem Namen neue Mitarbeiter anlocken. Damit kann man sie aber nicht langfristig binden.

Auch war in der Vergangenheit die Rede davon, dass die Entfernung zum Wohnort ein wichtiger Grund für die Abwanderung von Mitarbeitern sei. Nach sorgfältiger Analyse ist klar: Die Entfernung zum Wohnort spielt keine Rolle bei der Entscheidung von Mitarbeitern zu kündigen.

Dieses Gerücht war entstanden, weil einige wenige Personen für Logistikjobs zum Vorstellungsgespräch ins Hauptquartier eingeladen worden waren. Am ersten Arbeitstag bemerkten sie zu ihrer Überraschung, dass sie die meiste Arbeitszeit in einem weit entfernten Lagerhaus und nicht im Hauptquartier verbringen würden. Dies passierte nur einigen wenigen Mitarbeitern, bevor die Personalabteilung den Ort der zukünftigen Tätigkeit in der Werbung und im ersten Vorstellungsgespräch in den Vordergrund stellte. Was als Nachteil erschien, verwandelte sich für einige Neueinstellungen in einen Vorteil.

Eine ähnliche Erklärung gibt es für das Gerücht um Geschäftsreisen als Grund zur Kündigung. Es gibt sicherlich Menschen, die gerne reisen, und andere, die es nicht mögen, zumindest vorübergehend – wegen der Ankunft ihres Babys oder aus anderen Gründen. Wenn das Kind erwachsen ist, reisen sie gerne wieder. Wenn der Vorgesetzte seine Mitarbeiter wirklich kennt, kann das eingeplant werden, und diese Mitarbeiter werden dafür dankbar sein.

Auch die Beschäftigung mit Projekten im Gesundheitswesen hat uns einige wichtige Erkenntnisse beschert. Während der Arbeit in der Blutbank fragten wir uns, wie wir Leute für die Nachtschicht begeistern könnten. Dann werden hauptsächlich gelegentliche Bluttests für die Zuordnung von Blutbeuteln zu Patienten für dringende Operationen in Krankenhäusern durchgeführt. Zu unserer Überraschung gab es kein Problem damit, Personen für diese nächtliche Tätigkeit einzustellen. Durch offensive Werbung für Nachtschicht wurden Personen gefunden, die gerne nur nachts arbeiten wollten. Manche Menschen befinden sich in einer Phase ihres Lebens, in der die Nachtschicht für sie perfekt funktioniert. Der Job des Vorgesetzten ist es, seine Mitarbeiter zu kennen und den passenden Job für sie zu finden. Damit wird die Fluktuation sinken.

17.7 Überlegungen zu den wichtigsten verwendeten Analysewerkzeugen

Im vorhergehenden Fall wurde eine Reihe von Analyseinstrumenten eingesetzt. Das besondere Merkmal dieses Falles ist die diskrete, binäre *Y*-Variable (Left), die zwischen Stayed (geblieben) und Left (gegangen) unterscheidet. Diese *Y*-Variable ist daher eine Kategorie. Um einige der Werkzeuge anwenden zu können, wurde dieses *Y* in ein numerisches, binomiales *Y* (LeftNum) umgewandelt, das 1 für „Left" und 0 für „Stayed" anzeigt. Die Informationen sind die gleichen, aber sie eignen sich für einige Werkzeuge, die numerische Daten erfordern und keine Kategorien akzeptieren.

Viele Aufgaben wurden mit Microsoft Excel und seiner leistungsstarken Pivot-Tabelle erledigt. Microsoft Excel bietet eine Palette von Plots, die angewendet wurden.

Die Datenaufbereitung, wie z. B. die Überprüfung auf leere Zellen und das Auffüllen mit dem Spaltendurchschnitt für numerische Inhalte, wurde in R ausgeführt. Da es sich in diesem Fall um ein diskretes, binäres *Y* handelt, werden die Instrumente Zwei-Proportionen-Test, Chi^2-Test und logistische Regression eingesetzt.

Die erstgenannten Instrumente wurden bereits erläutert, die logistische Regression wird hier beschrieben:

Tabelle 17.2 Logistische Regression

Daten in ***X***:	Kontinuierlich, keine Normalität erforderlich. Kann für diskrete Ordinaldaten angewendet werden. Diskrete *X* (Gruppen) können als Faktoren verwendet werden.
Daten in ***Y***:	Diskrete *Y* – Zählungen, binär oder ordinal
Null-Hypothese H_0:	Keine signifikante Beziehung zwischen einem *X* und *Y*
Alternative Hypothese H_A:	Mindestens ein *X* beeinflusst *Y* signifikant.

Tabelle 17.2 Logistische Regression *(Fortsetzung)*

Entscheidung:	1. Wenn mehrere *X*, müssen alle VIF < 5 sein. Ziehen Sie in Betracht, *X* mit hoher VIF zu entfernen. 2. *X* hat signifikanten Einfluss, wenn der *p*-Wert von *X* < 0,05. Entfernen Sie nichtsignifikante *X* und wiederholen Sie das Modell. 3. Schauen Sie sich die AIC (Akaike Information Criteria) an, die der angepassten R^2 in multipler Regression ähnlich ist. AIC ist zu minimieren. 4. Null- und Residualabweichung sind vergleichbar mit der Gesamtsumme der Quadrate und der Residualsumme der Quadrate bei der multiplen linearen Regression. Die Residualsumme ist zu minimieren. 5. McFadden's R^2 hat eine ähnliche Bedeutung wie R^2 in der multiplen linearen Regression. Je höher McFadden's R^2, desto besser ist das Modell ($0 < R^2 < 1$) 6. Die Vorhersagegenauigkeit kann durch den Vergleich des Modelloutputs mit den beobachteten Werten berechnet werden.
Annahmen:	Abhängige Variable soll binär sein. Bei einer binären Regression sollte die Faktorstufe 1 der abhängigen Variablen *Y* für das gewünschte Ergebnis stehen. Das Modell sollte wenig oder keine Multi-Kollinearität (VIF < 5) aufweisen.
R-Code:	**# Laden der erforderlichen Bibliothek** library(graphics) **# Darstellen von Paaren von numerischen Spalten ohne obere Hälfte** pairs(~JobLevel + Age + Tenure + DistanceToHome + Education + JobMotiv + Super + Teamwork + Salary + TrainingHours + LeftNum, data = Retention, pch = 19, upper.panel = NULL) **# Laden der erforderlichen Bibliothek** library(stats) **# Bilden des linearen Modells der logistischen Regression** model <- glm(LeftNum ~ JobLevel + Age + Tenure + DistanceToHome + Education + JobMotiv + Super + Teamwork + Salary + TrainingHours, family=binomial(link='logit'), data=Retention) **# Ausgeben der Regressionsergebnisse** summary(model) **# Laden der erforderlichen Bibliothek** library(car) **# Berechnen der VIF (Objective: VIF < 5)** vif(model)

```
# Laden der erforderlichen Bibliothek
library(pscl)
# Brerechnen von McFaddens R2
pR2(model)
# Berechnen der Modelldaten für Y in einer neuen Spalte
Retention$LeftFit <- predict(model, type='response')
# Berechnen der Entscheidung entsprechend Modell-
daten (50/50)
Retention$LeftFit10 <- ifelse(Retention$LeftFit > 0.5,1,0)
# Berechnen der Vorhersagegenauigkeit für das Modell
PredictAccuracy <- 1-mean(Retention$LeftFit10 !=
Retention$LeftNum)
# Ausgeben der Vorhersagegenauigkeit
PredictAccuracy
# Erstellen der Kreuztabelle für Entscheidung versus
Vorhersage
Retention$LeftDecision <- ifelse(Retention$LeftFit >
0.5,"Leave","Stay")
xtab <- table(Retention$Left,Retention$LeftDecision)
# Darstellen der Kreuztabelle in Ballonplot
balloonplot(t(xtab), main = "Vorhersagegenauigkeit",
xlab = "Entscheidung", ylab = "Vorhersage", label = TRUE,
show.margins=TRUE)
# Laden der erforderlichen Bibliothek
install.packages("dominanceanalysis")
library(dominanceanalysis)
# Durchführen der Dominanzanalyse des logistischen
Regressionsmodells
domAn <-dominanceAnalysis(model)
# Erstellen der mittleren Beiträge für alle Modellfaktoren
averageContribution(domAn,fit.functions = "r2.m")
# Darstellen der Dominanzanalyse-Ergebnisse in Säulen-
diagramm
plot(domAn, fit.function = "r2.m")
# Laden von X-Daten für die Vorhersage von Y
toPredict <- data.frame(Age=35, Super=2.8, Training-
Hours=28, MaritalStatus="2_married", Department = "HR")
# Berechnen der Vorhersage für die geladenen X-Daten
ProbabilityToLeave <- predict(model, newdata = toPredict,
type="response")
# Ausgabe der Vorhersagegenauigkeit
ProbabilityToLeave
```

Zusätzlich zeigen wir noch einmal die Anwendung des Chi²-Tests, da dieser einige zusätzliche Funktionen enthält, die für unsere Leser nützlich sein könnten.

Tabelle 17.3 Chi²-Test

Daten in ***X***:	Diskrete *X* - Gruppen (1, 2 ... *n*)
Daten in ***Y***:	Diskrete *Y* - Zählungen
Null-Hypothese H_0:	$P_1 = P_2 = ... = P_n$
Alternative Hypothese H_A:	Mindestens ein Anteil *P* ist signifikant höher oder geringer.
Entscheidung:	Wenn der *p*-Wert < 0,05 ist, verwerfen H_0 und akzeptieren H_A.
Annahmen:	Die erwarteten Werte in allen Zellen der Kreuztabelle müssen mindestens 5 betragen.
R-Code:	**# Laden der erforderlichen Bibliothek** install.packages("rstatix") library(rstatix) **# Erstellen der Kreuztabelle für Department versus Left** xtab <- xtab <- table(Retention$Left, Retention$Department) **# Durchführen des Chi-square-Tests** Xsq <- chisq.test(xtab) Xsq # Print Chi-squared test Xsq$observed # Print observed values Xsq$expected # Print expected values Xsq$stdres # Print standardised residuals **# Erzeugen des Ballonplots für Komponenten** library("gplots") balloonplot(t(xtab), main ="Fluktuation pro Abteilung", xlab ="Abteilungen", ylab="Entscheidung", label = FALSE, show.margins = FALSE) **# Erzeugen der Darstellung der standardisierten Residuen von stayed/left je Abteilung** library("corrplot") corrplot(Xsq$stdres, is.cor = FALSE) **# Darstellen der Beiträge zu Chi square in stayed/left je Abteilung** contribution <- 100*Xsq$residuals^2/Xsq$statistic corrplot(contribution, is.cor = FALSE)

Übung

Nachdem Sie diesen Teil studiert haben, werden Sie in der Lage sein, die folgenden Fragen zu beantworten:

- Welche Datentypen in *X* und *Y* erfordern eine logistische Regression?
- Was ist die Null-Hypothese für die logistische Regression?
- Was sind Annahmen für die Gültigkeit eines logistischen Regressionsmodells?
- Wie werten sie die Ergebnisse der logistischen Regression aus?
- Was ist eine Konfusionsmatrix und was sagt sie über die Prognosegenauigkeit aus?
- Was wird bei der Dominanzanalyse eines logistischen Regressionsmodells untersucht?
- Wie können die Koeffizienten des logistischen Regressionsmodells verwendet werden, um die Wahrscheinlichkeit eines bestimmten Ergebnisses in *Y* für bestimmte Einstellungen von Faktoren in *X* zu berechnen?

Bitte führen Sie die folgenden Schritte aus:

1. Laden Sie die Daten für diesen Fall herunter. Benutzen Sie die vorne eingedruckten Zugangsdaten und die Hinweise in Abschnitt „Zusatzmaterial zum Download“.
2. Erstellen Sie ein Modell nur für *X*1: TrainingHours (Trainingsstunden), *X*2: Super (Bewertung des Führungsstils) und *X*3: Age (Alter).
3. Bewerten Sie das Modell mit allen notwendigen Indikatoren.
4. Stellen Sie die Streumatrix und die Vorhersagematrix (Konfusionsmatrix) dar.
5. Vergleichen Sie in diesem Fall das Modell mit Modell 7.
6. Prognostizieren Sie das Risiko, dass eine 42-jährige Angestellte der Admin-Abteilung mit zehn Ausbildungsstunden im letzten Jahr und einer Bewertung von 3,5 in Führungspraxis das Unternehmen verlässt.
7. Bereiten Sie einen kurzen Bericht über Ihre Ergebnisse vor.

■

Teil V: Implementieren der Datenanalytik

„Jedes Unternehmen hat in seiner Zukunft Big Data, und jedes Unternehmen wird letztendlich im Datengeschäft tätig sein“

Thomas H. Davenport

Heute haben die meisten Organisationen erkannt, dass die Entwicklung ihrer analytischen Fähigkeiten für ihre Zukunft von wesentlicher Bedeutung ist. Und sie wissen, dass die Verantwortung für Daten und deren Analyse nicht an IT und Statistiker delegiert werden kann. Die Datenanalytik muss von Managern und Mitarbeitern übernommen werden, damit sie Teil des normalen Geschäftslebens wird.

In diesem Teil wird ein Fahrplan für den Aufbau einer erfolgreichen Datenanalyse-Umgebung skizziert.

Inhalt

- Bessere Entscheidungen treffen – Was heißt das?
- Schritte zur Implementierung der Datenanalyse
- Sicherstellung der Unterstützung durch das Management
- Begeisterung für die Datenanalyse und ihre Vorteile schaffen
- Einen Wissensbestand aufbauen – klein anfangen
- Einsatz von Analytik zum Abbau von Silos
- Den Analysekreislauf schließen – die Erfolge absichern

Höhepunkte

Nachdem Sie diesen Teil abgeschlossen haben, werden Sie in der Lage sein ...

- die Vorteile der Anwendung von Datenanalytik in Entscheidungssituationen zu erkennen
- die Faktoren für eine erfolgreiche Anwendung der Datenanalyse in einer Organisation zu benennen

- die Schritte für den Aufbau von erforderlichen Kompetenzen zu planen
- die Stufen zum Aufbau einer erfolgreichen und dauerhaften Datenanalytik-Umgebung zu erläutern
- ein Modell für offene und geschlossene Rückkopplungsschleifen für die Datenanalytik zu implementieren
- den Aufbau einer erfolgreichen Datenanalytik-Kultur in Ihrer Organisation zu unterstützen

18 Bessere Entscheidungen treffen

Das Wissen um das Risiko, falsch zu liegen

Datenanalyse unterstützt bessere Entscheidungen (Gallo, 2018). In früheren Kapiteln haben wir versucht, diesen Fakt mit Beispielen zu belegen. Doch was bedeutet das eigentlich? Welche Art von Entscheidung wäre ohne Datenanalyse unvorteilhaft gewesen? Schließlich sind Entscheidungen schon lange vor der Konzentration auf Daten getroffen worden. Und wer sagt, dass diese Entscheidungen schlecht waren?

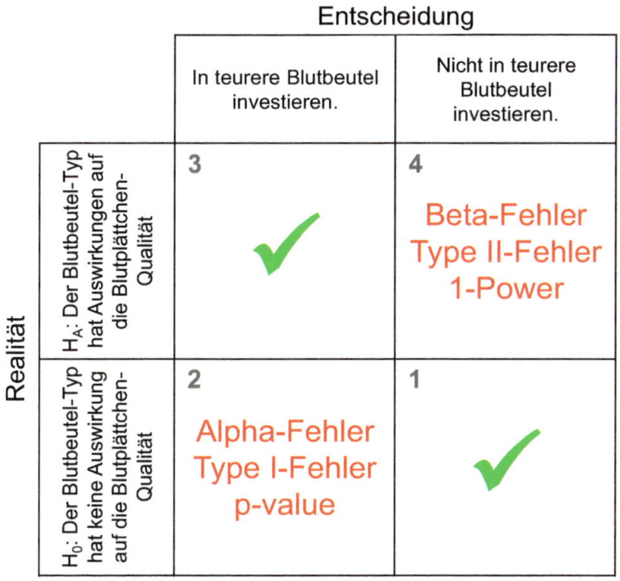

		Entscheidung	
		In teurere Blutbeutel investieren.	Nicht in teurere Blutbeutel investieren.
Realität	H_A: Der Blutbeutel-Typ hat Auswirkungen auf die Blutplättchen-Qualität	3 ✓	4 Beta-Fehler Type II-Fehler 1-Power
Realität	H_0: Der Blutbeutel-Typ hat keine Auswirkung auf die Blutplättchen-Qualität	2 Alpha-Fehler Type I-Fehler p-value	1 ✓

Bild 18.1 Mögliche Fehler bei der Entscheidungsfindung

Lassen Sie uns einen Blick auf eine dieser Entscheidungen werfen, die wir im Fall „Warum vergeuden wir Blut?“ beschrieben haben. Bei der Arbeit an diesem Fall erwähnten die wissenschaftlichen Mitarbeiter der Blutbank, dass die Art des Blutbeutelmaterials die Menge des Blutplättchen-Abfalls beeinflusst. Sie deuteten an, dass Blutbeutel des Typs C4 eine unterdurchschnittliche Qualität liefern, während Beutel vom Typ F6 eine bessere Ausbeute garantieren.

Wären wir ihrem Rat gefolgt, hätten wir eine beträchtliche Summe in die teureren Blutbeutel des Typs F6 investiert.

In den meisten Fällen kennen wir die Realität nicht. Das ist der Grund, warum wir Daten sammeln und versuchen, zu schlussfolgern, was unsere Daten nahelegen. Alle statistischen Tests sowie Regressionsmodelle funktionieren auf ähnliche Weise. Die unbekannte Realität und unsere Entscheidung ergeben vier verschiedene Kombinationen, von denen zwei zu richtigen und zwei zu falschen Schlussfolgerungen führen (Bild 18.1).

18.1 Mögliche Fehler bei der Entscheidungsfindung

Das sind die potenziellen Situationen, in denen wir uns befinden, wenn wir Entscheidungen treffen:

18.1.1 Fall 1: Es gibt keinen Unterschied, und wir entscheiden, dass es keinen gibt – kein Fehler

Dies ist eine richtige Entscheidung.

Wir gehen davon aus, dass alle Blutbeutel-Typen ein ähnliches Ergebnis in Bezug auf die Verschwendung von Blutplättchen liefern. In Wirklichkeit gibt es keinen Beweis dafür, dass der Typ des Blutbeutels einen Unterschied in der Menge des Thrombozyten-Verlusts macht.

18.1.2 Fall 2: Es gibt keinen Unterschied und wir entscheiden, dass es einen gibt – Typ-I-Fehler

Dies ist eine falsche Entscheidung.

Wir nehmen an, dass die Verwendung von Blutbeuteln des Typs F6 zu einer geringeren Verschwendung von Blutplättchen führen würde. In der Realität macht die Art des Blutbeutels jedoch keinen Unterschied in der Menge des Blutplättchen-Verlusts.

Das Risiko für diese Situation ist immer im *p*-Wert angegeben. Der *p*-Wert ist das Risiko, bei der Annahme einer Differenz falsch zu liegen. In diesem Fall bedeutet ein *p*-Wert von 0,2647, dass die Wahrscheinlichkeit, in die vermeintlich besseren

Blutbeutel zu investieren und keinen geringeren Abfall zu erhalten, bei 26,47 % liegt. Wer würde eine Investition tätigen, wenn das Risiko, sie zu verschwenden, 26,47 % beträgt?

Der p-Wert ist das Risiko, bei der Annahme einer Differenz falsch zu liegen.

18.1.3 Fall 3: Es gibt einen Unterschied, und wir entscheiden, dass es einen gibt – kein Fehler

Dies ist eine richtige Entscheidung.

Wir gehen davon aus, dass die Verwendung von Blutbeuteln des Typs F6 zu einer geringeren Verschwendung von Thrombozyten führen würde. Und in Wirklichkeit macht die Art des Blutbeutels einen Unterschied in der Menge der Verschwendung aus.

18.1.4 Fall 4: Es gibt einen Unterschied, aber wir entscheiden, dass es keinen gibt – Typ-II-Fehler

Dies ist eine falsche Entscheidung.

Wir nehmen an, dass alle Typen von Blutbeuteln ein ähnliches Ergebnis in Bezug auf den Verlust von Blutplättchen liefern. In Wirklichkeit machen die Blutbeutel-Typen jedoch einen Unterschied in Bezug auf die Menge des erzeugten Schadens.

Wenn wir die Entscheidung treffen, dass es keinen Unterschied gibt, entscheiden wir auf der Grundlage des p-Wertes. In diesem Buch arbeiten wir mit einem Schwellenwert, einem Alpha von 0,05 = 5 %. Wenn der p-Wert höher als 5 % ist, nehmen wir an, dass es keinen Unterschied gibt. Dennoch können wir immer noch berechnen, unter welchen Umständen wir eine scheinbar vorhandene Differenz finden könnten.

Wenn der p-Wert zu hoch ist, d. h. der Unterschied nicht signifikant ist, kann dies verschiedene Gründe haben:

- Der Unterschied ist zu gering. Die potenzielle Verringerung der Thrombozyten-Verluste durch die Verwendung von Blutbeuteln vom Typ F6 im Vergleich zu Blutbeuteln des Typs C4 ist nicht groß genug, um erkannt zu werden.
- Der für beide Blutbeutel-Typen verwendete Probenumfang ist zu klein. Es liegen nicht genügend Informationen vor, um den scheinbar bestehenden Unterschied zu belegen.

- Es liegt auf der Hand, dass das Alpha, das wir für die Entscheidungsfindung verwenden, Einfluss darauf hat, ob wir einen Unterschied finden oder nicht. Ein kleineres Alpha macht es schwieriger, einen Unterschied zu finden. Bei einem größeren akzeptierten Risiko lässt sich der Unterschied offensichtlich leichter entdecken.

Lassen Sie uns die Stichprobengröße berechnen, die in diesem Fall zur Ermittlung eines Unterschieds erforderlich ist. Der maximal zulässige Beta-Fehler ist repräsentiert in 1-Power. Wir folgenden dem meistverwendeten zulässigen Beta-Fehler von 20 %, das heißt, wir setzen Power auf 80 % = 0,8 und verwenden R für diese Aufgabe.

Aufgabe 18.1: Laden des Pakets pwr und berechnen der benötigten Stichprobengröße

Öffnen Sie R Studio.

```
# Laden des für die Analyse erforderlichen Pakets pwr
install.packages("pwr")
library(pwr)
# Berechnen der Stichprobengröße für Anteil 1 = 10 % und Anteil 2 =
11,3 %. Power = 0.8. Alpha = 0.05
pwr.2p.test(        h = ES.h(p1 = 0.100, p2 = 0.113),
                    power = 0.8,
                    sig.level = 0.05,
                    alternative = "two.sided")
```

Das Ergebnis dieser Berechnung des erforderlichen Stichprobenumfangs:

```
Difference of proportion power calculation for binomial distribution (arcsine
transformation)
h = 0.04216097
n = 8831.114
sig.level = 0.05
power = 0.8
alternative = two.sided
NOTE: same sample sizes
```

■

Wir haben die in unserem Fall erläuterten Bedingungen verwendet: Verschwendungsanteil von C4 = 11,3 % und F6 = 10,0 %. Wir halten unseren Alpha-Wert bei 5 % (sig.level) und setzen die Power auf 80 %, ein häufig verwendeter Wert für Power.

Das Ergebnis besagt: Damit sich dieser Unterschied unter den gegebenen Bedingungen als signifikant erweisen kann, benötigen wir mindestens 8831 Tests mit jedem Blutbeutel-Typ.

Nun stellt sich die Frage: Ist diese Verbesserung um 1,3 % weniger Verschwendung gut genug? Wenn ja, würde es sich wahrscheinlich auszahlen, mehr Tests durchzuführen, um die Investition zu rechtfertigen. Es kann jedoch durchaus sein, dass nach der Entnahme von mehr als 8831 Einheiten mit jedem Blutbeutel-Typ der Unterschied immer noch nicht signifikant ist. Das bedeutet nur, dass es keinen wirklichen, keinen signifikanten Unterschied gibt.

Mehr Daten zu sammeln führt nicht zwangsläufig zur Entdeckung des vermuteten Unterschieds! ■

■ 18.2 Bessere Entscheidungen treffen – der Statistik nicht blind vertrauen

Bei der Überprüfung des Einflusses der Zentrifuge auf die Menge der Verschwendung von Thrombozyten-Beuteln führten wir einen Chi²-Test durch und erhielten einen *p*-Wert von 2,56 %. Da dieser Wert unter unserem akzeptablen Alpha-Risiko von 5 % liegt, kommen wir zu dem Schluss, dass die für die Thrombozyten-Extraktion verwendete Zentrifuge einen Einfluss auf die Menge des produzierten Abfalls hat. Die Zentrifuge C9 scheint schlechter als die anderen zu sein.

Das ist korrekt, nicht wahr?

Es lohnt sich immer, die Daten zu plotten. Bei der Darstellung der Daten in einem Zeitreihendiagramm wurde deutlich, dass die Zentrifuge C9 nicht immer einen höheren Abfall produziert. Es gab ein klares Muster mit „schlechten Tagen“ für C9 und „normalen Tagen“ für dasselbe Gerät. Bei einer weiteren Überprüfung wurde festgestellt, dass nur bestimmte Bediener, die vorzugsweise auf der Zentrifuge C9 arbeiteten, erhöhten Abfall lieferten.

Am Ende wurde eine beträchtliche Investition für eine neue Zentrifuge vermieden, nachdem der Fall ganzheitlich betrachtet und gesunder Geschäftssinn angewandt wurde.

Wenn Sie Statistik anwenden, sollten Sie Ihren Geschäftssinn und Ihren gesunden Menschenverstand in höchster Alarmbereitschaft halten. ■

18.2.1 Signifikanter Unterschied bedeutet nicht wichtiger Unterschied

Nachdem Daten für die Beziehung zwischen Blutbeutel-Typ und Abfallmenge gesammelt worden waren, ergab die Berechnung eine Differenz von 1,3 % Abfall für zwei verschiedene Typen. Der Hypothesentest konnte keinen signifikanten Unterschied nachweisen. Es könnte sein, dass der Unterschied durch eine Vergrößerung der Stichprobe für signifikant befunden werden würde.

Die eigentliche Frage ist, ob ein signifikanter Unterschied von 1,3 % wirtschaftlich sinnvoll ist. Würde sich der in teurere und angeblich bessere Blutbeutel investierte Geldbetrag durch die zusätzlichen Einheiten, die an das Krankenhaus verkauft werden könnten, amortisieren? Diese Berechnung ist recht einfach und sollte in einer solchen Situation durchgeführt werden.

Ein signifikanter Unterschied ist nicht unbedingt ein geschäftsrelevanter Unterschied. ■

18.2.2 Ein nichtsignifikanter Unterschied könnte für die Organisation wichtig sein

Bei der Analyse der Daten für den Fall „Haben wir genug Mitarbeiter für unsere Organisation? – Personalplanung für transaktionale Prozesse" zeigten die Patientenzahlen für bestimmte Behandlungsarten einen leichten Rückgang von Januar bis Dezember 2019. Dieser Rückgang war in keiner Weise signifikant mit einem *p*-Wert für die Regression von 0,488 und einem R^2 von nur 4,92 %.

Dieser unbedeutende, d. h. nicht nachgewiesene Trend bedeutete einen Rückgang der Patientenzahl im Dezember um 388 im Vergleich zum Januar 2019.

Nun könnten wir warten, bis sich dieser Trend zu einem bedeutenden Trend entwickelt. Oder wir könnten vernünftigerweise beginnen, über die Ursachen für den Rückgang nachzudenken, bevor er sich verschlimmert – immer mit dem Gedanken, dass es vielleicht gar keinen Rückgang gibt.

Ein nichtsignifikanter Unterschied könnte ein schwaches Signal für eine signifikante und geschäftsrelevante Veränderung darstellen. Erwägen Sie, sich vorzubereiten. ■

18.3 Schlussfolgerung

Das Sammeln, Aufbereiten und Analysieren von Daten sind wichtige Schritte aber nicht hinreichend für eine richtige Schlussfolgerung. Um zu einer Entscheidung zu gelangen, sind folgende Gesichtspunkte nicht aus den Augen zu verlieren:

1. Ist die durch die Daten vorgeschlagene Entscheidung absolut eindeutig, oder könnte mit wenig Risiko eine andere getroffen werden? Wenn beispielsweise der p-Wert für einen Test 0,061 beträgt, dann sollte bei einem Alpha-Risiko von 5 % der hypothetisierte Unterschied als nicht signifikant abgelehnt werden. Allerdings verbietet es Ihnen in einem solchen Fall niemand, ein Risiko von 6,1 % anzunehmen und den Unterschied als gegeben zu akzeptieren. Die Entscheidung wird von Ihnen getroffen, nicht von einem Test.
2. Wenn ein von einem statistischen Werkzeug vorgeschlagene Schlussfolgerung scheinbar allen Erfahrungen widerspricht, sollten Sie nicht blind der Statistik vertrauen, sondern Ihre Vorgehensweise untersuchen. Wahrscheinlich wurden Daten aus versteckten Kategorien vermischt, so dass die Analyse das Offensichtliche nicht bestätigt. Suchen Sie dann nach weiteren Variablen X in Ihren Daten, nach weiteren Ursachen für Muster, die bei der Analyse helfen könnten. Datenanalytik bewegt sich selten direkt von der Aufgabenstellung zum Ziel, sondern wird sehr wahrscheinlich mehrere Iterationen erfordern.
3. Vergessen Sie nie, dass der Fokus auf Daten nicht den Fokus vom eigentlichen Ziel vergessen machen sollte. Was auch immer wir analysieren hat das Ziel, den Menschen zu dienen, das heißt Kunden, Kollegen und Partnern. Einerseits sollten Ihre Entscheidungen nicht von der Meinung von Kollegen oder Vorgesetzten beeinflusst werden. Andererseits sollten wir bei unserer Analysetätigkeit nicht aus den Augen verlieren, dass Ergebnisse oftmals Fehler oder Missstände aufdecken und damit auf Personen zeigen. Lassen Sie nicht zu, dass Ihre Daten zu diesem Zweck missbraucht werden.

Suchen Sie nicht nach Schuldigen, sondern nach Lösungen.

19 Sicherstellung des Erfolgs

19.1 Grundsätzliches

Die Nutzung von Daten und Analysen zur Verbesserung der Entscheidungsfindung, zur Steigerung der Produktivität und zur Erlangung eines Wettbewerbsvorteils auf dem Markt ist eine Chance für jedes Unternehmen. Wenn man verschiedene Quellen darüber konsultiert, wie Datenanalytik in einer Organisation implementiert werden kann, entsteht der Eindruck, dass es bei der Datenanalytik in erster Linie um die Implementierung einer neuen IT-Umgebung und einer ausgefallenen Analysesoftware geht.

Wir denken, dieser Eindruck ist teilweise falsch.

Die Implementierung der Datenanalytik muss in hohem Maße individuell angepasst werden. Der Grad der Automatisierung hängt von Faktoren wie Art des Geschäfts, Transaktionsvolumen und Größe der Organisation und vielen anderen ab.

Es gibt bestimmte Organisationen, die ein voll automatisiertes System implementiert haben, das Daten aus internen und externen Quellen sammelt, die Daten verarbeitet und analysiert und einige Aktionen in sehr kurzer Zeit durchführt. Die Ergebnisse dieser Systeme landen täglich in unseren elektronischen Postfächern, manche sind hilfreich, manche sind es nicht.

Einige Systeme sind halbautomatisch. Sie erledigen einen Teil der Aufgaben automatisch und präsentieren die Informationen dann dem Entscheidungsträger. Eine Suchmaschine könnte als ein solches System betrachtet werden. Wir machen uns nie Gedanken über all die Datenquellen, die eine Suchmaschine anzapft, um uns die Informationen zu beschaffen, nachdem wir eine Frage gestellt haben. Wir erhalten nur das Ergebnis. Dieses Ergebnis muss von uns selbst überprüft werden, bevor es für einen bestimmten Zweck verwendet, oder als Link über einen WhatsApp-Chat versendet oder eine Entscheidung zum Kauf getroffen wird.

Dieser Prozess, eine Uhr für einen Verwandten, unseren Schwiegersohn, zu kaufen, ist immer noch halbautomatisch oder hybrid, weil dabei viel menschliches Eingreifen im Spiel ist. Bevor wir die Uhr kaufen, ziehen wir wahrscheinlich verschiedene Quellen in Betracht, um die besten technischen Parameter zu erhalten, die zu unserem Schwiegersohn passen. Wir konsultieren Suchmaschinen, um Spezifikationen und Preise zu vergleichen. Da der billigste Preis in diesem Fall ein lausiges Entscheidungskriterium ist, wenden wir andere Kriterien wie Herkunftsland und Marke an. Und, unterschätzen Sie nicht den persönlichen Geschmack. Wenn Sie Uhrenhersteller sind und uns helfen wollen, diesen Prozess zu automatisieren – viel Glück.

Wenn Sie dieser Uhrenhersteller sind und Ihre Lieferkette automatisieren möchten, indem Sie dem Verhalten von Online-Käufern oder Online-Suchern folgen, könnten Sie mehr Glück haben.

Als Ergebnis der Datenanalytik von Online-Shops und Online-Portalen sind wir ziemlich sicher, dass wir Werbung für genau die Art von Uhr erhalten, die wir online gekauft haben. Sie können aus der Tatsache, dass diese Werbung noch Monate nach dem Kauf der Uhr weiterläuft, ohne dass wir die Möglichkeit haben, sie zu stoppen, schließen, dass die Datenanalytik nur zur Hälfte erfolgt ist. Wir würden dies als schiefgegangene Datenanalytik bezeichnen.

Die Roboter, die diese Aufgabe übernehmen, sind von Menschen entwickelt worden. Die Datenwissenschaftler, die Routinen für diese Art von Robotern erstellen, folgen einem sehr ähnlichen Datenanalytikzyklus. Die Schwellenwerte, die in das Programm für das Starten oder Stoppen des Sendens dieser Anzeigen eingegeben werden, scheinen jedoch nicht sehr durchdacht zu sein.

Andere Dienstleistungsanbieter führen intelligentere Analysen durch und entwickeln hilfreiche Routinen. Wir haben zum Beispiel die Angewohnheit, Blumen, Überraschungen oder Geschenke an bestimmte Personen zu schicken. Ich bin den Dienstleistungsanbietern sehr dankbar, wenn sie mich daran erinnern, dass bestimmte Geburtstage oder Jahrestage wiederauftauchen. Meine Frau schätzt es sehr, dass ich unseren Hochzeitstag nicht vergesse. Und ich wiederum schätze diese Art von Service. Das sind vollautomatische Roboter, die diese Arbeit erledigen, nachdem einige Datenanalytiker dafür eine recht unkomplizierte Routine entwickelt haben. Eine vereinfachte Version davon wäre ein Makro in Ihrem eigenen Outlook, das eine E-Mail verschickt – falls eine Erinnerung die Aufgabe nicht erfüllt. Dies wäre für die Leute, die normalerweise den Wecker ignorieren.

Smart Home ist eine Realität

Wir waren recht erfolgreich bei der Implementierung intelligenter Schalter und Kameras mit Timer- und App-Steuerung für fast alles im Haus. Theoretisch könnten wir unser Wohnzimmer von einem Kreuzfahrtschiff im Südpazifik aus blind steuern – wenn wir es müssten. Die meisten dieser Systeme sind Hybride, einige sind voll automatisiert.

Jetzt wollen wir weiter vorankommen. Einer meiner Träume ist es, einen Kühlschrank zu haben, der Milch und Bier bestellt, wenn ein Mindestbestand erreicht ist. Das funktioniert bei Kühlschränken mit speziellen Schaltern zur Erkennung bestimmter Behälter. Diese Systeme gehen jedoch davon aus, dass sich die Milch immer rechts und das Bier links in der Tür befindet. Sie berücksichtigen nicht die Kreativität meiner Frau, die derartige Systeme leicht überlasten würde. Das System muss intelligenter sein als das.

Wenn beispielsweise alle Waren mit einem RFID-Code versehen sind - wie es im Laden ohnehin meist üblich ist - und der Kühlschrank RFID lesen kann, ist diese Automatisierung ein Kinderspiel.

Auch dieses System des Kühlschranks folgt unserem Datenanalytikzyklus:

Datenerfassung: Das System erkennt täglich, wie viele Milch- oder Bierflaschen sich im Kühlschrank befinden.

Datenanalyse: Diese Informationen werden durch den Vergleich mit einem Schwellenwert analysiert.

Entscheidung und Aktion: Bevor eine Bestellung ausgelöst wird, prüft der Kühlschrank, ob wir Urlaub im Kalender oder andere Bestellstopps haben. Wenn ok, geht die Bestellung heraus.

All dies ist nicht kompliziert und wird wahrscheinlich schon sehr bald Realität sein. Es braucht nur ein kleines RFID-Lesegerät, das an das Smart-Home-System angeschlossen wird. Der Rest ist eine Leichtigkeit. ■

Wir erkennen an, dass es Geschäftsaktivitäten gibt, die nicht so leicht zu automatisieren sind. Und bevor man etwas automatisieren kann, müssen sowohl das Geschäft als auch seine Automatisierungsmöglichkeiten vollständig verstanden werden. Andernfalls werden wir noch mehr Opfer von schiefgelaufenen automatisierten Analysen werden.

Was braucht es also, um Datenanalytik in einer Organisation zu implementieren, die nicht weit von der Startlinie entfernt ist?

■ 19.2 Schritte zur Implementierung der Datenanalytik

Datenanalytik beginnt nicht mit dem Kauf von Software, die die Darstellung wunderbarer neuer Diagramme ermöglicht. Und es fängt auch nicht damit an, dass man einige Leute zu einigen Datenanalytik-Workshops schickt, in der Hoffnung, dass sie die Organisation ändern, wenn sie zurückkommen.

Das werden sie nicht.

Es braucht mehr als das, um sicherzustellen, dass die Datenanalytik Teil der Kultur wird - in jeder Art von Organisation.

Bild 19.1 Erfolgsfaktoren für die Bildung einer Datenanalytik-Kultur

Einige Faktoren zum Bilden einer erfolgreichen Datenanalytik-Kultur (Bild 19.1):

- Sorgen Sie dafür, dass nicht zu früh delegiert wird. Mitglieder des Managements sollten in einem Workshop über die Grundlagen der Datenanalytik informiert werden, sodass sie geschäftsrelevante Aufgaben für die Datenanalytik stellen und die Ergebnisse der Datenanalytik nutzen können. Das Management sollte entscheiden, wann und in welchem Bereich Datenanalytik eingeführt wird.
- Leiten Sie die Themen für Datenanalytik-Aufgaben aus dem Management-Workshop ab. Bieten Sie Datenanalytik-Workshops für Mitarbeiter an. Ein Datenanalytik-Workshop sollte praxisnahe Aufgaben in Projektteams bearbeiten und sollte Coaching beinhalten.
- Stellen Sie sicher, dass das Management weiterhin die Datenanalytik-Aktivitäten überwacht und die neu erworbenen Fähigkeiten umsetzt. Ergebnisse von Datenanalytik Projekten sollten genutzt, implementiert und kommuniziert werden.
- Vermeiden Sie, dass die Datenanalytik auf bestimmte Abteilungen beschränkt wird. Stellen Sie funktionsübergreifende Teams zusammen, um Probleme von weitem Interesse zu lösen.
- Nachdem genügend Wissen und Erfahrung gesammelt wurde, sollten Sie erwägen, die Hard- und Softwarebasis zu erweitern, um den Umfang der Datenanalytik zu vergrößern und zu verfeinern.

- Kommunizieren Sie interessante Ergebnisse und deren Bedeutung für das Unternehmen, sodass Datenanalytik zum integralen Bestandteil der täglichen Arbeit, der Planung und der Berichterstattung wird.

19.3 Managementunterstützung sicherstellen

Wann immer jemand über die Ziele der Datenanalytik und Datenwissenschaft spricht, steht das Treffen datenbasierter Entscheidungen ganz oben auf der Liste. Wer trifft diese Entscheidungen, nachdem die Daten gesammelt, transformiert und analysiert wurden?

Das Management!

Wie Amy Gallo (Gallo, 2018) erwähnt, ist es daher erforderlich für das Management, Datenanalytik-Fähigkeiten aufzubauen und zu erweitern, bevor es andere dazu auffordert.

„Die Datenanalytik-Revolution, die jetzt im Gange ist, hat das Potenzial, die Art und Weise zu verändern, wie Unternehmen organisieren, arbeiten, Talente managen und Werte schaffen. Das beginnt erst, sich in einigen wenigen Unternehmen zu vollziehen – typischerweise in solchen, die große Vorteile aus ihren Daten ziehen – aber es ist weit von der Norm entfernt“ (Mayhew, Saleh, & Williams, 2016).

Der Grund dafür ist, dass Führungskräfte nicht immer die Vorteile des Einsatzes der Datenanalytik in ihren Organisationen sehen. Sie halten die Datenanalytik für komplex und herausfordernd. Daher überlassen sie es der Datenanalytik-Abteilung oder den Datenanalysten. Sie gehen davon aus, dass die Datenanalytik ein Fachgebiet wie die Informationsverarbeitung ist, das wir bei Bedarf konsultieren.

Dies könnte jedoch aus mindestens zwei Gründen ein Fehler sein:

Erstens ist der Trend zu datengetriebenen, d. h. besseren Entscheidungen nicht in erster Linie für Datenanalysten relevant, sondern für alle Manager und Mitarbeiter einer Organisation zentral. Wenn sie die aus den Daten extrahierten Informationen nicht verstehen, können sie die alten und neuen Analytik-Instrumente nicht in vollem Umfang nutzen. Noch wichtiger ist, dass sie ein gewisses Verständnis des Analytik-Umfelds benötigen, um Fragen oder Hypothesen so formulieren zu können, dass die Analytik wirklich helfen kann.

Zweitens: Wie können wir von anderen erwarten, dass sie die Datenanalytik übernehmen, wenn Manager nicht zeigen, dass ihnen das wichtig ist und sie Datenanalytik verstehen und auch wollen. Es gibt einen deutlichen Unterschied zwischen diesen beiden Aussagen:

„Gehen Sie und lernen Sie etwas über Datenanalytik. Man weiß nie, wann wir sie brauchen."

„Wir erleben einen zu großen Verlust an Blutprodukten in unserem Spendenprozess, der uns x Dollar pro Monat kostet. Informieren Sie sich über Datenanalytik und verwenden Sie diese, um zu beantworten, warum wir kostbares Blut verschwenden. Ich möchte, dass unsere Organisation in der Lage ist, diese Art von Problemen intern zu analysieren und zu lösen. Schlagen Sie mir vor, wie ich etwas darüber lernen kann."

Wenn die zweite Aussage von einem Manager kommt, treibt sie die Dinge in die richtige Richtung. Sie deutet an, dass auch Manager lernen müssen und wollen. Datenanalytik ist nicht etwas, das man vollständig delegieren kann. Manager müssen die Schlüsselkonzepte verstehen, um sie in vollem Umfang nutzen zu können.

Beginnen Sie mit einer kurzen Einführung in die Datenanalytik für das Managementteam. Am besten wäre es, wenn der Vortragende mit Daten aus der Organisation vorbereitet wird und diese für einige Analysen zusammen mit den Teilnehmern verwendet.

Dieses Wissen ermöglicht es dem Managementteam, Entscheidungen über die nächsten Schritte zu treffen. Unserer Erfahrung nach gibt es nur einen Bruchteil der Führungskräfte und Mitarbeiter, die mit dem A und O der Datenanalytik vertraut sind.

„Das Verständnis von Variation ist der Schlüssel zum Erfolg im Geschäftsleben."

W. Edwards Deming

Der Hauptgrund, warum Manager über Datenanalytik Bescheid wissen müssen, ist die Notwendigkeit, die richtigen Fragen für die Datenanalytik generieren und die Antworten verstehen zu können.

Während ihres Management-Workshops können sie die erstere Fähigkeit üben, geschäftsrelevante Fragen zu entwickeln, die ihre Datenanalytik-Teams beantworten müssen, wenn sie ihren eigenen Workshop durchlaufen.

Eine Universität in Singapur richtete einen Lenkungsausschuss für Datenanalytik ein, der sich aus dem Chief Human Resource Officer, dem Chief Finance Officer und einigen anderen funktionalen Leitern zusammensetzt. Ihre Aufgabe ist es, über Schritte zur Umsetzung der Datenanalytik zu entscheiden, die Mitarbeiter auszuwählen, die über die Einführung und Grundlagen hinaus geschult werden, und datenwissenschaftliche Projekte von der geschäftlichen Frage bis zur geschäftlichen Entscheidung oder Umsetzung auszuwählen und zu überwachen.

Zu einer Video-Präsentation für unser Hauptquartier in Stamford/CT war Anne mit einer beeindruckenden PowerPoint-Präsentation gut vorbereitet. Diese vierteljährlichen Präsentationen zur Projektüberprüfung wurden regelmäßig im Rahmen unserer Projektarbeit durchgeführt. Zu Beginn, nach Abschluss der Analyse und kurz vor Projektabschluss mussten die Projekte unserem SVP vorgestellt werden.

Anne erläuterte ihr neues Projekt zur Analyse der Effizienz des Callcenters. Nachdem sie die Projektdefinition vorgestellt hatte, wurde sie vom Chef in Stamford unterbrochen.

„Wie haben Sie dieses Projekt abgeleitet? Haben Sie Daten, die zeigen, dass Ihre Effizienz unter dem Durchschnitt liegt? Was hat Ihr Projekt mit Kundenzufriedenheit zu tun?“

Anne konnte weder Daten vorweisen, noch konnte sie ihre Aufgabe mit der Kundenzufriedenheit in Verbindung bringen.

„Bitte, gehen Sie zurück und sammeln Sie Daten zur Effizienz des Callcenters. Ich möchte, dass wir an etwas Wichtigem arbeiten. Oder ändern Sie Ihr Projekt.“

Nach diesem Vorfall waren wir immer vorbereitet, sowohl die Projektauswahl als auch unsere Verbesserungsvorschläge mit sauber erhobenen und ausgewerteten Daten zu belegen.

Als General Electric vor etwa zwanzig Jahren ihr berühmtes Six Sigma einführte, sorgte das Unternehmen dafür, dass das Management den Worten Taten folgen ließ. Und das taten sie in beeindruckender Art und Weise. ■

■ 19.4 Begeisterung für die Datenanalytik und deren Vorteile erzeugen

Datenanalytik ist natürlich nicht das attraktivste Thema für einen Einführungsworkshop, weil es nach Daten, Statistik und Programmierung riecht. Auch wenn dieser Eindruck nicht ganz falsch ist, gibt es Möglichkeiten, selbst diesen Workshop interessant zu gestalten.

Zunächst einmal muss klar sein, dass die Datenanalytik einen Mehrwert für die Teilnehmer darstellt. Das Wissen um Herrn Gauß und seine Glockenform erscheint niemandem wirklich als Schlüssel für das Überleben der Organisation. Wir müssen es besser machen.

Wie bereits erwähnt, sollte jede Schulung über Datenanalytik oder Datenwissenschaft erst nach der Analyse der Bedürfnisse der Schulungsteilnehmer beginnen. Dazu ist es erforderlich, ihre täglichen Arbeitsprozesse zu untersuchen und Situationen zu bestimmen, in denen vorhandene Daten besser analysiert werden könnten, um Informationen mit Mehrwert zu generieren. Daraus könnte sich auch die

Notwendigkeit ergeben, zusätzliche Daten zu sammeln. All dies sollte den Teilnehmern bei ihrer täglichen Arbeit helfen.

Beispielsweise ist die Analyse des Grundes für die Verschwendung teurer Beutel mit Blutplättchen, anstatt sie an Krankenhäuser zu verkaufen, eine sehr praktische Anwendung der Datenanalytik. Und sie ist keineswegs voll von Statistiken, sondern vielmehr eine intelligente Nutzung vorhandener Daten, die zum großen Teil in MS Excel analysiert werden – wie im Fallbeispiel gezeigt wurde.

Beispielsweise trägt das Verständnis der Triebkräfte für das Ausscheiden von Mitarbeitern aus der Organisation dazu bei, viele Gerüchte und Mythen über dieses Thema zu zerstreuen. Und es liefert eine datengestützte Rechtfertigung für einige Organisationsentwicklungsaktivitäten – wie die Einführung eines Mentoring-Programms oder die Ausbildung von Führungskräften in Coaching-Fähigkeiten, die sonst schwer zu „verkaufen" sind (siehe Fallbeispiel „Was treibt unser Personal aus dem Unternehmen?").

„Aber ich hasse Statistiken", sagte John, als wir ihn das erste Mal trafen. Er sagte dies am ersten Tag seines Lean-Six-Sigma-Trainings, nachdem er von seinem Chef zur Leitung eines Projekts überredet worden war. Dann entschuldigte er sich und erklärte, dass seine Datenanalytik-Kenntnisse sehr begrenzt seien, und er sah eine reale Chance, dass er dem Programm nicht folgen könne, wenn ein solches Thema zur Sprache käme.

Glücklicherweise war John aufgeschlossen und klug. Er „überlebte" die herausfordernden Workshops und war sehr fleißig bei der Anwendung des Gelernten in seinem Projekt. Werkzeuge, die er wirklich schätzte und benutzte, waren Box-Plots und ANOVA. Und das lag nicht daran, dass diese Werkzeuge sehr attraktiv waren oder dass John plötzlich eine Vorliebe für die Statistiken entwickelte.

Der Grund dafür, dass es John Spaß machte, besonders diese Werkzeuge zu benutzen, war die Anwendung. Er erkannte, dass der Box-Plot das beste Werkzeug war, um seine Geschichte über die Schwachstellen in seinem Personal-Einstellungsprozess zu erzählen. Und die ANOVA war nur eine Möglichkeit, das Bild, die Geschichte mit einigen Statistiken zu untermauern.

Am Ende hielt John stolz eine hervorragende Projektpräsentation, in der er seine neu erworbenen Fähigkeiten präsentierte.

Dies war nicht das Ende. Er hat solche Werkzeuge immer dann eingesetzt, wenn sie gebraucht wurden. Und als stellvertretender Direktor sorgt er dafür, dass jeder in seiner Verantwortung mit grundlegenden Datenanalytik-Fähigkeiten ausgestattet wird. ■

Es ist wichtig, den Schwerpunkt vom Erlernen von Datenanalytik-Tools zu verlagern auf das Aneignen von praktischen Methoden, die relativ einfach zu begreifen und anzuwenden sind und sicherlich für Mitarbeiter und Organisation von Vorteil sein sollten. Vergessen Sie nicht: Die meisten Mitarbeiter wollen bei ihrer Arbeit ihr Bestes geben, und sie wollen neue Kompetenzen erwerben. Heutzutage ist die Datenanalyse eine wertvolle Ergänzung für den Lebenslauf eines jeden Mitarbeiters. Es sollte nicht allzu schwer sein, Personal zur Teilnahme an dieser Art von Entwicklungsaktivitäten zu motivieren.

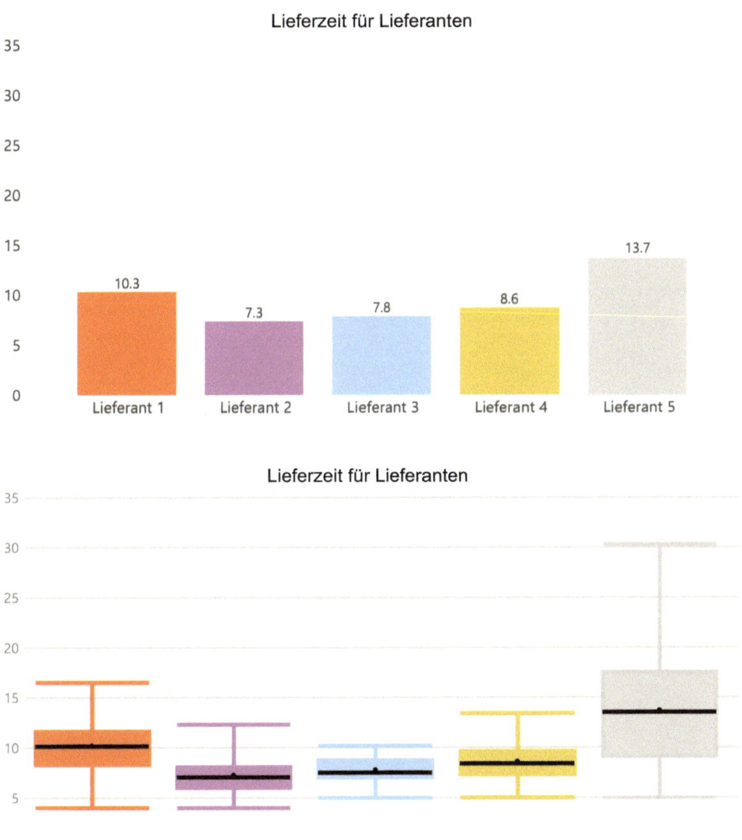

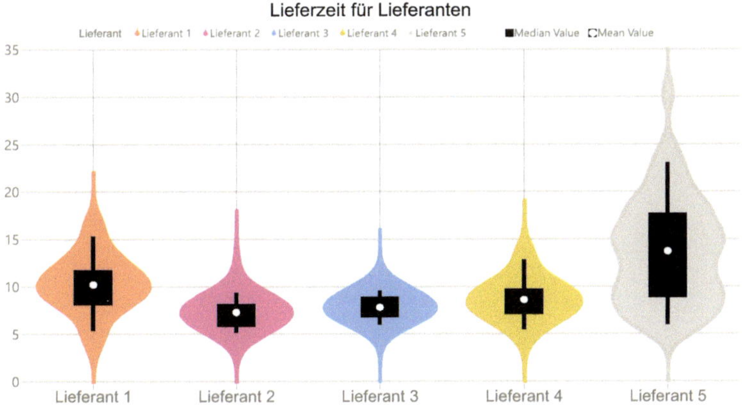

Bild 19.2 Drei Wege zur Darstellung desselben Datensatzes

Abgesehen vom Inhalt, machen Sie Ihre Darstellung der Analyseergebnisse für die Augen Ihres Publikums ansprechend. Selbst grundlegende Tools wie MS Excel und insbesondere MS Power BI bieten Möglichkeiten, die Ausgabe zu verschönern.

Die Verwendung eines Balkendiagramms, aus dem hervorgeht, dass die durchschnittliche Lieferzeit von Lieferant 2 die niedrigste ist, sollte keine Option sein (obere Darstellung in Bild 19.2). Ihr Publikum verdient es, mehr als das zu erfahren.

Box-Plots als Teil von MS Excel und MS Power BI bieten dem Publikum viel mehr Informationen (mittleres Diagramm in Bild 19.2). Neben dem Mittelwert im Balkendiagramm werden Minimum, Q1, Median, Q3 und Maximum dargestellt und potenzielle Ausreißer hervorgehoben.

Eine Kombination aus Box-Plot und Violin-Plot hat noch mehr zu bieten (untere Darstellung in Bild 19.2). Zusätzlich zum reichen Informationsgehalt des Box-Plots veranschaulichen die Geigenformen die Verteilung der Datenpunkte zwischen Minimum und Maximum (oder Ausreißer).

Es wäre überraschend, wenn sich das Publikum nicht für die Bedeutung dieser Art von Darstellung interessieren würde. Und es besteht eine gute Chance, dass Ihre Kollegen lernen wollen, wie man das macht.

Viele Unternehmen würden schon wesentlich gewinnen, wenn die meisten Balken- oder Säulendiagramme in Box-Plots umgewandelt werden könnten, wann immer die Daten dies zulassen.

■ 19.5 Wissen aufbauen – fangen Sie klein an

Der Wissensschatz für Datenwissenschaftler und Datenanalytiker ist sehr umfassend. Es gibt nicht viele Menschen, die das gesamte Spektrum erreichen müssen. Es ist vernünftig, den Wissensbestand ausgehend von der für den genauen Arbeitsplatz zeitkritischen Fähigkeit zu entwickeln.

Als wir mit dem Training zur Einführung in die Datenanalyse begannen, erkannten wir, dass etwa die Hälfte unserer Teilnehmer eine gute Lernerfahrung machen konnten, als wir ihnen die Möglichkeit eröffneten, mit eher grundlegenden Werkzeugen zu spielen.

Zwei Bestseller: Pivot Table und Box-Plots, alles im guten, alten MS Excel erstellt!

Einerseits würde ich jemanden nicht Datenanalytiker nennen, nur weil er diese einfachen Werkzeuge beherrscht. Andererseits, wenn es so einfach ist, Menschen für Datenanalyse zu interessieren und kleine Erfolgserlebnisse zu schaffen, dann sollten wir das auf jeden Fall nutzen. Natürlich hatten diese Teilnehmer auch Berührung mit Normalverteilung, *t*-Test und Regression. Aber wenn wir wetten müssten, welche Werkzeuge sie anfangs am meisten benutzen würden, würde ich viel auf Pivot-Tabellen und Box-Plots setzen.

Und, das ist völlig in Ordnung.

Ein Kunde in der Logistikbranche hat Mitarbeiter und Aufsichtspersonen in grundlegenden RPA-Fähigkeiten geschult. Dies dient der Unterstützung der Automatisierung des Dokumenten-Workflows. Die RPA-Bots helfen dem Personal bei der Durchführung alltäglicher Arbeiten wie der Erstellung periodischer Berichte und der Überprüfung der Vollständigkeit von Dokumenten im Workflow-Prozess.

Die Mitarbeiter standen dieser Einführung positiv gegenüber, da sie ihren Arbeitsaufwand für manuelle Eingaben drastisch verringert sahen. Und sie sind sogar begeistert von der selbstständigen Programmierung und Wartung ihrer Roboter. ■

■ 19.6 Analysen zum Aufbrechen von Silos verwenden

Es ist ganz normal, dass der Beginn für den Aufbau von Datenanalytik-Fähigkeiten und damit die Arbeit an Projekten innerhalb von Abteilungen beginnt. Es ist eine sicherere Arbeitsumgebung, um etwas Neues zu erproben und im Falle des Scheiterns es ohne Gesichtsverlust erneut zu versuchen.

Allerdings kann die Datenanalytik selten den gesamten Zyklus von der Geschäftsfrage über die Datenerfassung, Datenaufbereitung, Datenanalytik bis hin zur Geschäftsentscheidung innerhalb des Silos der Abteilung durchlaufen. Es wäre sehr überraschend, wenn nicht mindestens einer dieser Schritte, höchstwahrscheinlich die Datenerfassung, eine Brücke zu einer anderen Abteilung erfordert, um zusätzliche Daten zur Vervollständigung des Bildes zu erhalten.

Nach unserer Erfahrung ist dies eine sehr gute Entwicklung für die Organisation. Abteilungen sind nur organisatorische Vehikel. Abteilungen spiegeln in der Regel nicht den Fluss der Wertschöpfung wider, weder für Kunden noch für Mitarbeiter. Die Wertschöpfung erfordert meist funktionsübergreifende Prozesse, ebenso wie die Datenanalytik – wenn sie einen Mehrwert schaffen soll.

Fast alle in diesem Buch bearbeiteten Fälle bedürfen funktionsübergreifender Perspektiven, um das Beste aus der Datenanalytik herauszuholen. Im Fallbeispiel „Warum zahlt die Finanzabteilung unsere Auftragnehmer verspätet aus?“ kann die

Finanzabteilung allein das Problem der verspäteten Zahlungen an Lieferanten nicht lösen, ohne die Geschäftseinheiten einzubeziehen, die – wie wir nach einiger Datenerhebung und -auswertung wissen – zu lange auf den Rechnungen ihrer Auftragnehmer sitzen. Im Fall „Warum vergeuden wir kostbare Blutprodukte?" wäre es von Vorteil, die kritischen Anforderungen an Blutplättchen mit dem Krankenhaus zu klären, um wertvolle Blutprodukte vor dem Vernichten zu bewahren.

Und vergessen Sie nicht, dass durch die Bildung funktionsübergreifender Teams für die Datenanalytik das Zeigen mit dem Finger vermieden wird, was das Ergebnis der Sammlung von Daten über Prozesse sein könnte, die von Menschen durchgeführt werden.

Erlauben Sie es nicht, Daten für Schuldzuweisungen an Personen zu verwenden. Geben Sie stattdessen dem Prozess die Schuld. ■

■ 19.7 Kreislauf schließen

Wir leben in einer Zeit kontinuierlicher Veränderungen, die teilweise allmählich, teilweise abrupt vorkommen.

Was bedeutet dies für unsere Datenanalytik-Tätigkeiten? Es besteht die Notwendigkeit, kritische Indikatoren kontinuierlich zu überwachen. Die einfachste Art der Überwachung, eine offene Feedback-Schleife, nutzt die Mittel eines Dashboards, was oftmals das Ergebnis eines Datenanalytik-Projekts ist. Dieses Dashboard wird dem Management regelmäßig vorgelegt, wo neue Entwicklungen diskutiert werden, die zu einer neuen Geschäftsfrage und einem neuen Analysezyklus führen können.

Die fortgeschrittenere Version der Überwachung ist eine geschlossene Rückkopplungsschleife, eine automatische Anpassung im Prozess, die durch automatische Datenerfassung, -bereinigung und -analyse gesteuert wird. Diese automatischen Anpassungen sind seit Langem Teil von Herstellungsprozessen. Der Vorteil dieser Mechanismen besteht darin, dass menschliche Eingriffe auf ein absolutes Minimum reduziert werden. In Dienstleistungsunternehmen sind menschliche Eingriffe notwendig und können nicht auf die Art und Weise reduziert werden, wie die Fertigung dies erreicht.

Nehmen wir das Beispiel des Falles „Warum zahlt Finanzen unsere Auftragnehmer verspätet aus?". Wir sind uns alle einig, dass es wichtig ist, Lieferanten pünktlich zu zahlen, da neue Projekte mit dem jeweiligen Lieferanten verzögert werden, wenn wir dies nicht tun. Die Lösungen für diesen Fall sind höchstwahrscheinlich

Richtlinienänderungen, Änderungen in der Verfahrensanweisung, Systemerinnerungen usw. All diese Änderungen sind keine Poka-Yoke-Lösungen, die automatisch greifen, falls wir den Prozess vernachlässigen. Geschäftseinheiten und die Finanzabteilung können den Prozess immer noch ungewollt verzögern, wenn die Begleichung der Lieferantenrechnung aus dem Blickfeld gerät. Selbst eine vom System generierte Mahnung ist nur eine E-Mail unter 200 anderen E-Mails. Die meisten von ihnen werden von den Geschäftseinheiten als wichtiger angesehen.

Bild 19.3 Ausführen der Analytik-Feedback-Schleife

Ein Ausweg ist das Veröffentlichen der Daten zur Zahlungsdisziplin nach Geschäftseinheiten auf dem monatlichen Dashboard für das Managementteam. Kein Manager möchte auf diesem Dashboard mit einer ungünstigen Information in Verbindung gebracht werden, wenn es sich vermeiden lässt.

Dashboards haben mindestens zwei Funktionen. Erstens fördern sie das richtige Verhalten. Zweitens zeigen sie an, wann es an der Zeit ist, den Analysezyklus erneut zu beginnen.

> *„Wir kombinieren menschliches Fachwissen mit präzisen statistischen Modellen und liefern zeitnahe, zuverlässige Informationen zur Unterstützung unserer Entscheidungsprozesse."*
>
> *André Birrenbach, CIO, Rotkäppchen-Mumm Sektkellereien GmbH*

■ 19.8 Datenanalytik-Implementierung überprüfen

Woher wissen Sie, dass Sie die Datenanalytik in Ihrer Organisation erfolgreich etabliert haben? Die Checkliste in Tabelle 19.1 kann Ihnen helfen, den Status Ihrer Analytik-Implementierung zu beurteilen.

Tabelle 19.1 Scorecard für den Status der Implementierung der Datenanalytik

	Nr.	Erklärung	Ja/Nein
Grundlagen schaffen	01	Das Managementteam wurde in Tools und Methoden der Datenanalytik geschult.	
	02	Jede Organisationseinheit verfügt über Datenanalysten.	
	03	In allen Geschäftsbereichen und Prozessen wurden geschäftsrelevante Indikatoren festgelegt. Vorlaufende Indikatoren haben Vorrang vor nachlaufenden Indikatoren.	
	04	Aus diesen Indikatoren werden regelmäßig Daten erhoben. Je nach Indikator täglich, wöchentlich oder monatlich. Längere Intervalle sind Ausnahmen.	
	05	Die Daten werden nach der Erfassung mit bewährten grafischen und statistischen Methoden analysiert. Geschäftsrelevante Informationen werden extrahiert.	
	06	Geschäftsrelevante Informationen werden in mehrstufigen Dashboards aggregiert und der jeweiligen Organisationseinheit präsentiert.	
	07	Geschäftsentscheidungen basieren auf Datenanalytik-Informationen	
Erweiterte Fähigkeiten aufbauen	08	Daten werden zur Erstellung von Vorhersagemodellen für Kunden-Verhalten verwendet.	
	09	Daten werden verwendet, um prädiktive Modelle für die Vorhersage und Steuerung der Unternehmensleistung zu formulieren.	
	10	Daten werden verwendet, um prädiktive Modelle für das Verhalten und die Leistung des Personals zu generieren.	
	11	Prädiktive Datenanalytik-Modelle sind Teil von Management-Dashboards.	
	12	Bei Geschäftsentscheidungen werden Informationen aus Vorhersagemodellen berücksichtigt.	
Fähigkeiten verinnerlichen	13	Organisationseinheiten informieren sich regelmäßig über Analytik- und KI-Lösungen für ihre Prozesse.	
	14	Organisationseinheiten bilden Mitarbeiter über Analytik- und KI-Lösungen zur Unterstützung ihrer Prozesse aus (RPA, Expertensysteme etc.).	
	15	Organisationseinheiten entwickeln und wenden Analytik- und KI-Lösungen zur Unterstützung ihrer Prozesse an.	
Analysten entwickeln	16	Die Organisation bietet Karrierepfade für Datenanalytiker/Wissenschaftler-Rollen an.	
	17	Die Organisation bietet strukturierte Schulungen (intern oder extern) für Datenanalytiker/Wissenschaftler-Rollen an.	
	18	Die Organisation verwendet „Beiträge zur Einführung der Datenanalytik" als Teil der Mitarbeiterbewertung und -anerkennung.	

Diese Tabelle enthält 18 Aussagen in vier Kategorien, nämlich

- Grundlagen schaffen.
- Erweiterte Fähigkeiten aufbauen.
- Fähigkeiten verinnerlichen.
- Analysten entwickeln.

Zuerst sollten die Grundlagen geschaffen werden. Erst danach sollten erweiterte Datenanalytik-Fähigkeiten aufgebaut werden.

Sie wissen, dass die Datenanalytik Teil der Unternehmenskultur ist, wenn Ihre Mitarbeiter Ihnen mit einigen bemerkenswerten Diagrammen berichten, dass sie erfolgreich Daten für einen ihrer Schlüsselprozesse gesammelt und analysiert haben und daher eine Änderung vorschlagen, die zu einer Reduzierung der Zykluszeit um x% und einer höheren Kundenzufriedenheit führen wird.

Am besten wäre es, wenn Ihre Mitarbeiter ihre Erklärung beendeten mit:

„Das habe ich selbst gemacht!"

Übung

Nachdem Sie diesen Teil abgeschlossen haben, können Sie die folgenden Fragen beantworten:

- Was sind die Unterschiede zwischen halbautomatischen und vollautomatischen Datenanalytik-Systemen?
- Was sind Schritte zum Aufbau einer Datenanalytik-Kultur?
- Welche Vorbildfunktion muss das Management bei der Anwendung der Datenanalytik haben?
- Warum müssen für eine effektive Datenanalytik-Kultur alle Abteilungen einbezogen werden?
- Was ist der Unterschied zwischen offenen und geschlossenen Feedback-Schleifen für die Datenanalytik?
- Was sind Erfolgsfaktoren für einen Aufbau einer Datenanalytik-Kultur?

■

20 Literatur und Links

Literatur

Azen, Razia; Traxel, Nicole: *Using Dominance Analysis to Determine Predictor Importance in Logistic Regression. Journal of Educational and Behavioural Statistics.* American Educational Research Association, Washington 2009

Bass, Bernard: *Full Range Leadership Development: Manual for the Multifactor Leadership Questionnaire.* Mind Garden, Menlo Park 1997

Becker, Brian; Huselid, Mark; Ulrich, Dave: *The HR Scorecard: Linking People, Strategy, and Performance.* Harvard Business Press, Brighton 2001

Benjamini, Yoav; Hochberg, Yosef: *Controlling the false discovery rate: a practical and powerful approach to multiple testing.* Journal of the Royal Statistical Society: Series B. Wiley Online Library, Hoboken 1995

Bruns, Andreas: *Qualität im Privatkundengeschäft von Kreditinstituten. In: Simultan hybride Qualitätsstrategie im Privatkundengeschäft von Kreditinstituten.* Deutscher Universitäts-Verlag, Wiesbaden 2006

Burnham, Kristin: *DATA ANALYTICS VS. DATA SCIENCE: A BREAKDOWN.* Northeastern University, Boston 2020

Capgemini Consulting: *Operational Analytics: A Strategic Priority that Remains Unexploited.* Capgemini, Berlin 2017

Chew, Jian Chieh: *Making Sense of Binary Logistic Regression.* iSixSigma , Ridgefield 2017

Data Never Sleeps 7.0. Domo, London 2020

Date, Sachin: *The Akaike Information Criterion.* Von towards data science: *https://towardsdatascience.com/the-akaike-information-criterion-c20c8fd832f2* abgerufen am 09.11.2019

Davenport, Thomas H.: *Data Scientist: The Sexiest Job of the 21st Century.* Harvard Business Review, Watertown 2012

Eyung, Lim: *How to build a service blueprint and what you can achieve with it.* Govtech Singapore: *https://www.tech.gov.sg/media/technews/how-to-build-service-blueprint-and-what-you-can-achieve-with-it* abgerufen am 1.8.2019

Farmer, Steven; Tierney, Pamela: *Creative Self-Efficacy Development and Creative Performance Over Time.* Journal of Applied Psychology, 277--293. American Psychological Association, Washington 2010

Gallo, Amy: *4 Analytics Concepts Every Manager Should Understand.* Harvard Business Review, Watertown 2018

Global Business Driven HR Transformation: The Journey Continues. Deloitte Consulting LLP, 2011

Hayashi, Chikio: *What is Data Science ? Fundamental Concepts and a Heuristic Example*. Springer Japan, Kobe 1998

Hennessy, Julie; Lecinski, Jim: *5 Ways to Know Your Customer Better Than Your Competitors Do*. KelloggInsight: *https://insight.kellogg.northwestern.edu/article/5-ways-to-know-your-customer-better-than-your-competitors-do* abgerufen am 1. 5. 2019

Holt, Daniel; Armenakis, Achilles; Feild, Hubert: *Readiness for organizational change: The systematic development of a scale*. The Journal of Applied Behavioral Science, Vol. 43, N° 2, 232 – 255. SAGE Publications, Thousand Oaks 2007

Janssen, Onne: *Job demands, perceptions of effort: Reward fairness and innovative work behaviour*. Journal of Occupational and Organizational Psychology, Vol. 73, No. 3, 287 – 302. Wiley-Blackwell, Hoboken 2000

Jensen, Vera: *Internet Uses More Than 10 % Of The World's Electricity*. Inside Scandinavian Business, Malmo 2019

Kaufmann, Uwe H.: *Praxisbuch Lean Six Sigma. Werkzeuge und Beispiele*. Hanser, München 2012

Kotu, Vijay; Deshpande, Bala: *Jaccard Coefficient*. In Data Science (S. 221 – 261). Elsevier, Amsterdam 2019

Lane, David M.: *Normal Distributions*. Von Online Statistics Education: An Interactive Multimedia Course of Study: *http://onlinestatbook.com/2/normal_distribution/normal_distribution.html* abgerufen am 3. 6. 2019

Luthans, Fred; Youssef, Carolyn; Avolio, Bruce: *Psychological Capital: Developing the Human Competitive Edge*. Oxford: Oxford University Press, Oxford 2007

Maslow, Abraham: *The Psychology of Science*. Gateway Books, Southlake 1969

Mayhew, Helen; Saleh, Tamin; Williams, Simon: *Making data analytics work for you – instead of the other way around*. McKinsey Digital, McKinsey & Company, New York 2016

Miller, Robert Burnham; Cryer, Jonathan D.: *Statistics for business: Data analysis and modeling*. Duxbury Press, Pacific Grove 1994

O'Malley, Joe: *Every Book Ever Published Could Conceivably Fit On To A Single Storage Device*. Von gizmodo.co.uk: *https://www.gizmodo.co.uk/2016/12/every-book-ever-published-would-fit-on-to-one-hard-disk/* abgerufen am 08. 12. 2016

Pierce, Freddie: *Motorola's Six Sigma Journey: In pursuit of perfection*. Supply Chain Digital, BizClik Media Group, Norwich 2011

Rath & Strong's: *Six Sigma Leadership Handbook*. Aon Management Consulting. John Wiley & Sons, Hoboken 2003

Revelle, Jack B.: *Quality Essentials: A Reference Guide from A to Z*. ASQ Quality Press. Von ASQ Quality Press: *https://asq.org/quality-resources/kano-model* abgerufen 2004

Rohrmann, Bernd: *Verbal qualifiers for rating scales: Sociolinguistic considerations and psychometric data*. Project Report. University of Melbourne, Melbourne 2007

Russom, Philip: *Big Data Analytics*. TDWI BEST PRACTICES REPORT. TDWI, Renton 2011

Scott, Susanne; Bruce, Reginald: *Determinants of innovative behavior: A path model of individual innovation in the workplace*. Academy of Management Journal. Vol. 37, No. 3, 580 – 607. Academy of Management, New York 1994

Tan Amy BC: *Balancing Customer Satisfaction and Productivity*. COE Partners: *https://coe-partners.com/balancing-customer-satisfaction-and-productivity*, Singapore 2018

Tan, Amy BC: *Excuse Me, Why Should HR Know About Six Sigma?* COE Partners: *https://coe-partners.com/hr-know-six-sigma/*, Singapore 2015

Tan, Amy BC: *Strategic Workforce Planning*. COE Partners: *https://coe-partners.com/services/strategic-workforce-planning/*, Singapore 2016

Tan, Amy BC; van Dun, Desirée Hermina; Wilderom, Celeste: *Perceived support for innovation and individual innovation readiness as mediators between transformational leadership and innovative work behaviour*. 19th International CINet Conference, (S. 11). Dublin, 2018

Tan, Elysia: *Gemba? I was There*. COE Partners: *https://coe-partners.com/gemba-i-was-there/*, Singapore 2017

Tukey, John: *The Future of Data Analysis*. The Annals of Mathematical Statistics, 1 - 67. Institute of Mathematical Statistics, Maryland 1962

Ulrich, Dave: *DAVE ULRICH ON THE OUTSIDE-IN VIEW OF HR*. Think:Act Magazine. Axel Springer Verlag, Berlin 2013

Xia, Belle Selene; Gong, Peng: *Review of business intelligence through data analysis*. Benchmarking. Emerald Group Publishing, Bingley 2014

Links

coe-partners.com/hr-know-six-sigma/

coe-partners.com/making-sense-of-the-wilcoxon-test/

hbr.org/2018/10/4-analytics-concepts-every-manager-should-understand

medium.com/@springboard_ind/data-science-vs-data-analytics-how-to-decide-which-one-is-right-for-you-41e7bdec080e

onlinestatbook.com/2/normal_distribution/normal_distribution.html

www.capgemini.com/wp-content/uploads/2017/07/going_big-_why_companies_need_to_focus_on_operational_analytics.pdf

www.domo.com/learn/data-never-sleeps-7#/

www.gizmodo.co.uk/2016/12/every-book-ever-published-would-fit-on-to-one-hard-disk/

www.healthline.com/health/number-of-cells-in-body

www.information-age.com/tesco-saves-millions-with-supply-chain-analytics-123456972/

www.insidescandinavianbusiness.com/article.php?id=356

www.jstor.org/stable/2346101

www.nodegraph.se/how-much-data-is-on-the-internet/

www.northeastern.edu/graduate/blog/data-analytics-vs-data-science/

www.rolandberger.com/en/Point-of-View/Dave-Ulrich-on-the-outside-in-view-of-HR.html

www.northeastern.edu/graduate/blog/data-analytics-vs-data-science/

www.supplychaindigital.com/procurement/motorolas-six-sigma-journey-pursuit-perfection

21 Stichwortverzeichnis

22 Zusatzmaterial zum Download

Sie erhalten zu diesem Buch kostenlos Zusatzmaterialien zum Download. Diese finden Sie auf dem Download-Portal des Verlags:

plus.hanser-fachbuch.de

Geben Sie bitte nachfolgenden Code ein:

`plus-k8jd0-d34sf`

Es stehen zum Download im zip-Format bereit:

- Alle in den Fallstudien dieses Buches verwendeten Daten (Format Microsoft Excel)
- Datenanalysen (Format Microsoft Excel vorbereitet, teilweise mit der eingebauten Makrosammlung „Data Analysis Tools" und mit R Studio)
- Alle grafischen und analytischen Ergebnisse sind in den jeweiligen Microsoft Excel, Microsoft Power BI und R Studio sowie R Markdown-Dateien enthalten.

Nachfolgende Tabelle zeigt die einzelnen Arbeitshilfen im Überblick:

Beschreibung	Dateiname
Einleitung	Norm.xlsx Norm.pbix
Kapitel 3 Einführung in die Datenanalytik	PlateletDonation.xlsx Kapitel03.Rproj
Kapitel 6 Fall: Toll, wir haben uns verbessert ... oder nicht?	Great.xlsx Kapitel06.Rproj TwoProportionTest.xlsx
Kapitel 7 Fall: Was beeinflusst unsere Patientenzufriedenheit?	ClinicSurvey.xlsx Kapitel07.Rproj
Kapitel 8 Fall: Wie erstellt man ein Dashboard zur Patientenzufriedenheit	ClinicSurvey.xlsx ClinicSurveyStacked.xlsx ClinicSurvey.pbix

Beschreibung	Dateiname
Kapitel 10 Fall: Welcher Anbieter hat die bessere Produktqualität?	FridgeMaker.xlsx ProcessCapability.xlsx
Kapitel 11 Fall: Warum bezahlt die Finanzabteilung unsere Auftragnehmer verspätet aus?	DaysToPay.xlsx Kapitel11.Rproj
Kapitel 12 Fall: Warum vergeuden wir kostbare Blutprodukte?	PlateletWaste.xlsx Kapitel12.Rproj TwoProportionTest.xlsx
Kapitel 14 Fall: Was macht unsere Organisation innovativ?	InnoReady.xlsx InnoReady.pbix
Kapitel 15 Fall: Ist unsere Personalstärke angemessen?	ClinicVisit.xlsx
Kapitel 16 Fall: Was bedeutet das Ergebnis unserer Umfrage zum Engagement?	EES.xlsx Kapitel16.Rproj TwoProportionTest.xlsx
Kapitel 17 Fall: Was verursacht unsere Personalfluktuation?	Retention.xlsx Kapitel17.Rproj
Kapitel 18 Bessere Entscheidungen treffen	Kapitel18.Rproj

23 Die Autoren

Amy BC Tan

Amy BC Tan ist ausgebildete Elektroingenieurin mit einem Master of Science. Zurzeit arbeitet sie an ihrem PhD in Personalführung und Innovationsmanagement mit der Universität Twente in den Niederlanden.

Sie war über viele Jahre in leitenden Funktionen im Personalmanagement tätig. Vom Standort Singapur aus bediente sie als regionale Managerin für Personalentwicklung in Nokia alle Standorte in Asien und Australien. Danach übernahm sie die Rolle als Personaldirektor von Aon Asia, wo sie neben der Modernisierung des Personalwesens die Einführung von Six Sigma als Black Belt mit mehreren Green Belts verantwortete. Über mehrere Jahre leitete sie als Direktorin die Abteilung Personalwesen (People Matters) und weitere administrative Funktionen des Arbeitsministeriums (Ministry of Manpower) in Singapur, wo sie die Transformation und Stärkung des Personalwesens initiierte und umsetzte.

Im Organisationskomitee der ersten Olympischen Jugendspiele diente sie als Personaldirektor (Director Workforce) mit der Verantwortung für etwa 600 Mitarbeiter und 20 000 Freiwillige.

Seit 2010 ist Amy BC Tan Partner und Direktor im Beratungsunternehmen COE Pte Ltd mit Standorten in Singapur und weiteren asiatischen Staaten mit Spezialisierung auf Organisationsentwicklung.

Amy ist ausgebildeter und praktizierender Lean Six Sigma Black Belt und ist zertifiziert in MBTI, DISC, Harrison Assessment und Belbin Team Roles und weiteren Werkzeugen zur Organisationsberatung.

In ihrer Beratungstätigkeit unterstützt Amy multinationale Unternehmen und Organisationen des öffentlichen Dienstes in der systemischen Strategie- und Organisationsentwicklung sowie im Innovations- und Changemanagement.

Amy BC Tan doziert zu diesen Themen an mehreren Universitäten in Singapur und Europa.

Uwe H Kaufmann

Uwe H Kaufmann ist ausgebildeter und promovierter Ingenieur. Er hat mehr als zwanzig Jahre Erfahrung in der Umsetzung einer breiten Palette von Organisationsentwicklungsaufgaben in multinationalen Unternehmen in Europa, Amerika und Asien sowie in Organisationen des öffentlichen Dienstes in Singapur, China und weiteren Staaten in Asien und im Pazifik.

Bevor Uwe H Kaufmann das Beratungsunternehmen COE Pte Ltd (www.COE-Partners.com) in Singapur gründete, war er beim TÜV Rheinland, bei General Electric Capital sowie bei Aon Deutschland und Aon Asia tätig. In TÜV Management Systems unterstützte er als Mitarbeiter und später Abteilungsleiter europäische und asiatische Unternehmen beim Optimieren der Management-Systeme. Als Direktor und Master Black Belt in einer Bankorganisation von General Electric war er verantwortlich für die Implementierung von Six Sigma und die Ausbildung und das Coachen von Green und Black Belts mit dem Fokus auf Erhöhung von Kundenzufriedenheit und Profitabilität. Als Regionaler Direktor hatte er die Verantwortung für den Aufbau der Management-Beratung als Sparte von Aon Asia.

Als Partner und Geschäftsführer von COE betreut Uwe H Kaufmann seine Kunden in einer weiten Palette von Organisationsentwicklungsaufgaben. Dazu zählen Dienstleistungen zur Ermittlung und Analyse von Kundenzufriedenheit und -wünschen, zur Innovation und Verbesserung der organisatorischen Abläufe sowie zur Entwicklung, Weiterbildung und Motivation des Personals.

Uwe H Kaufmann ist als Dozent an mehreren Universitäten und Weiterbildungsorganisationen tätig.